陳志欣・潘伯申　編譯

基礎有機化學

Organic Chemistry
John McMurry

9e

CENGAGE

Australia • Brazil • Canada • Mexico • Singapore • United Kingdom • United States

```
基礎有機化學 / John McMurry 原著；陳志欣，潘伯申
編譯. -- 初版. -- 臺北市：新加坡商聖智學習，
2020.09
    面；公分
    譯自：Organic Chemistry, 9th ed.
    ISBN 978-957-9282-86-4 (平裝)

    1.有機化學

346                                    109012454
```

基礎有機化學

© 2021年，新加坡商聖智學習亞洲私人有限公司台灣分公司著作權所有。本書所有內容，
未經本公司事前書面授權，不得以任何方式（包括儲存於資料庫或任何存取系統內）作全
部或局部之翻印、仿製或轉載。

© 2021 Cengage Learning Asia Pte. Ltd.
Original: Organic Chemistry, 9e
    By John McMurry
    ISBN: 9781305080485
    ©2016 Cengage Learning
    All rights reserved.

    1 2 3 4 5 6 7 8 9 20 24 3 2 1 0

出 版 商	新加坡商聖智學習亞洲私人有限公司台灣分公司
	104415 臺北市中山區中山北路二段 129 號 3 樓之 1
	http://www.cengageasia.com
	電話：(02) 2581-6588　傳真：(02) 2581-9118
原　　著	John McMurry
編　　譯	陳志欣・潘伯申
總 經 銷	臺灣東華書局股份有限公司
	地址：10045 臺北市中正區重慶南路一段 147 號 3 樓
	http://www.tunghua.com.tw
	郵撥：00064813
	電話：(02) 2311-4027
	傳真：(02) 2311-6615
出版日期	西元 2020 年 09 月　初版一刷

ISBN 978-957-9282-86-4

(20CRM0)

《基礎有機化學》中譯本序

　　《基礎有機化學》主要探討化學分子的立體結構、反應性以及不同有機化合物在反應進行過程中化學鍵如何生成與斷裂，其所包含之知識可以做為探索各種不同化學相關學門研究的基礎，也是化學、化學工程、材料科學、高分子化學、生物化學、生命科學、食品科學、動物科學、醫學、藥學等科系學生所必須修讀的基本科目。

　　為使化學相關科系的大專院校學生能夠更精準且有效率地學習有機化學，我們選擇了知名有機化學家 John McMurry 所著之 Organic Chemistry 第九版，以符合台灣口語表達及閱讀習慣的方式進行中文編譯。考量到教師授課及學生學習時間的限制，此書重新整理了原書的重點章節，在不影響原書架構的前提下進行編譯。全書內容除了針對課文本身、圖文、表格詳加闡述及註釋之外，亦囊括大多數章節中及章節後之習題。其目的希望讀者除了將課文內容詳加學習之外，也能夠針對書中所提供的習題詳加練習，以增進對有機化學的了解。

　　這個譯本能夠順利完成需要感謝淡江大學化學系的同學、同事，以及東華書局同仁的建議與幫忙。最重要的是家人的支持與鼓勵，是我們在授課及研究之餘得以繼續努力完成這項編譯工作的最大動力。另外，特別感謝嘉南藥理大學醫藥化學系汪文忠教授，不辭撥冗依據原歐亞書局出版汪文忠翻譯《基礎有機化學》第九版提供範圍建議，嘉惠學子。於此一併致謝。

　　本書在編譯過程中力求精準無誤，科學專業名詞除了力求與原文同義之外，也適當地保留了原文以供對照。本書雖然歷經多次校稿，然而錯誤在所難免，書中若有任何疏漏及誤植之處，還望各界方家指正，使本書更盡完備。

淡江大學化學系
陳志欣
潘伯申　謹識
2020 年 8 月 1 日

目錄

1 分子結構、鍵結及酸鹼定義

1-1	原子結構：原子核、軌域和電子組態	3
1-2	化學鍵結理論的建立	6
1-3	化學鍵生成：價鍵理論	9
1-4	sp^3 混成軌域與甲烷和乙烷的結構	10
1-5	sp^2 混成軌域與乙烯的結構	13
1-6	sp 混成軌域與乙炔的結構	15
1-7	極性共價鍵：電負度	17
1-8	酸與鹼：布忍斯特-洛瑞定義法	19
1-9	酸與鹼：路易士定義法	20
1-10	化學結構的畫法	24

2 有機化合物：烷類、環烷類和其立體化學

2-1	官能基	30
2-2	烷類和烷類異構物	36
2-3	烷基	40
2-4	烷類的命名	43
2-5	烷類的性質	48
2-6	乙烷的構型	49
2-7	環烷類的命名	51
2-8	環烷類中的順-反異構化	54
2-9	環烷類的構型	57
2-10	環己烷的軸鍵和赤道鍵	59

3 正四面體中心的立體化學

3-1	鏡像異構物和正四面體碳原子	68
3-2	分子的對掌性	69
3-3	光學活性	72
3-4	決定立體組態的序列法則	74
3-5	非鏡像異構物	80
3-6	內消旋化合物	81
3-7	天然物中的對掌性	84

4 烯類和炔類：命名、結構和反應機制

4-1	烯類和炔類的命名	89
4-2	烯類的順-反異構化	93
4-3	烯類的立體化學和 E, Z 命名	95
4-4	烯類的穩定度	97
4-5	以反應機制來討論有機反應是如何發生	98
4-6	極性反應：HBr 加成至乙烯	101
4-7	用彎曲箭號來描述極性反應的機制	104

5 烯類和炔類的反應

5-1	烯類的親電子加成反應：馬可尼可夫法則	111
5-2	碳陽離子的結構和穩定性	114
5-3	烯類的水合反應：H_2O 加成至烯類	116
5-4	烯類的鹵化反應：X_2 加成至烯類	116
5-5	烯類的還原反應：H_2 加成至烯類	119
5-6	共軛雙烯	122
5-7	烯丙基陽離子的穩定性：共振	122

| 5-8 | 炔類的反應 | 124 |

6 有機鹵化物

6-1	鹵烷類的命名與結構	130
6-2	鹵烷類的製備	131
6-3	親核取代反應	133
6-4	S_N2 取代反應	134
6-5	S_N1 取代反應	139
6-6	脫去反應	144
6-7	E2、E1 和 E1cB 脫去反應	147
6-8	S_N1、S_N2、E1、E1cB、E2 反應性摘要	148

7 苯與芳香族

7-1	芳香族化合物的命名	155
7-2	苯的結構與穩定性	158
7-3	親電子的芳香環取代反應：溴化反應	160
7-4	其他芳香環取代反應	162
7-5	芳香環的烷基化及醯化反應：傅-克反應	165
7-6	芳香族雜環化合物與多環芳香化合物	170

8 醇類、苯酚類、醚類及其含硫衍生物

8-1	醇類、苯酚類與醚類的命名	176
8-2	醇類、苯酚類與醚類的性質	179
8-3	羰基化合物合成醇類	183
8-4	醇類的反應	186
8-5	醇類的氧化反應	188

8-6	苯酚類的反應	190
8-7	硫醇與硫醚	192

9 醛類與酮類：親核加成反應

9-1	羰基化合物的性質	198
9-2	醛類與酮類的命名	200
9-3	醛類與酮類的反應	202
9-4	氫化物的親核加成反應：醇類的形成	205
9-5	水分子的親核加成反應：水合作用	206
9-6	醇類的親核加成反應：縮醛的形成	208
9-7	胺類的親核加成反應：亞胺的形成	210
9-8	α, β-不飽和醛類與酮類的共軛親核加成	211

10 羧酸與其衍生物

10-1	羧酸及其衍生物的命名	218
10-2	羧酸及其衍生物的特性	224
10-3	羧酸的酸度	225
10-4	羧酸的製備	227
10-5	羧酸及其反應	228
10-6	醯鹵化合物的反應	233
10-7	生物羧酸衍生物：硫酯與乙醯磷酸鹽	235

11 羰基 α-取代反應及縮合反應

11-1	酮-烯醇互變異構性	243
11-2	烯醇離子的反應性	246
11-3	烯醇離子的烷基化反應	247

| 11-4 | 羰基縮合反應：醛醇縮合反應 | 251 |
| 11-5 | 生物的羰基反應 | 253 |

12 胺類

12-1	胺類的命名	259
12-2	胺類的結構與特性	261
12-3	胺類的鹼性	263
12-4	胺類的合成	266
12-5	雜環胺類	269

附錄 A　名詞釋義　　　　　　　　　　　　　　**277**
附錄 B　習題解答　　　　　　　　　　　　　　**283**
索引　　　　　　　　　　　　　　　　　　　　**295**

分子結構、鍵結及酸鹼定義 1

© Kostyantyn Ivanyshen/Shutterstock.com

1-1 原子結構：原子核、軌域和電子組態

1-2 化學鍵結理論的建立

1-3 化學鍵生成：價鍵理論

1-4 sp^3 混成軌域與甲烷和乙烷的結構

1-5 sp^2 混成軌域與乙烯的結構

1-6 sp 混成軌域與乙炔的結構

1-7 極性共價鍵：電負度

1-8 酸與鹼：布忍斯特-洛瑞定義法

1-9 酸與鹼：路易士定義法

1-10 化學結構的畫法

什麼是有機化學？而你又為何要學習有機化學？這些問題的答案就存在你的生活四周。每個生物體都是由有機化合物所組成。像是組成頭髮、皮膚和肌肉的蛋白質，控制基因遺傳的 DNA，提供人體所需營養的食物，以及治療疾病的藥物都是有機化合物。任何一個對生命或生物有好奇心的人，或是想成為目前醫藥及生物科學重大進展中一分子的人，都需要先認識有機化學是什麼。以下圖為例，這些化學結構的物質名稱對你來說可能非常熟悉。而此時雖然這些結構的畫法對你來說還沒有任何意義，但是不用擔心，在不久之後，你將了解其意義，並可以畫出任何你有興趣的化學分子結構。

羅非昔布
(Rofecoxib)
(商品名：Vioxx)

阿托伐他汀
(Atorvastatin)
(商品名：Lipitor)

疼始康定
(Oxycodone)
(商品名：OxyContin)

膽固醇 (Cholesterol)　　　　　苄青黴素 (Benzylpenicillin)

　　有機化學的基礎可追溯至 1700 年代中期的煉金術開始。在當時世人對化學的認識還很少，所知的是那些從植物或動物中分離出來的「有機」物質，看似和從礦物中分離出來的「無機」物質在性質上有所不同。相較於高熔點的無機化合物來說，有機化合物通常為低熔點的固體且難以分離、純化及處理。

　　當時對許多化學家來說，有機和無機化合物之間最大的不同處是有機化合物中含有生命中所需的特有的「生命能量」。因為此特殊的「生命能量」，化學家相信有機化合物不像無機化合物一樣可以在實驗室中製備而得。然而到了西元 1816 年，Michel Chevreul 發現由鹼性物質和脂肪反應所得到的肥皂可以被分離出幾種純的有機脂肪酸之後，這樣的想法開始有了改觀。這是第一次有一個有機物質 (脂肪) 在沒有外界「生命能量」的介入下轉換成其他有機物質 (脂肪酸 + 甘油)。

$$動物脂肪 \xrightarrow[H_2O]{NaOH} 肥皂 + 甘油$$

$$肥皂 \xrightarrow{H_3O^+} 「脂肪酸」$$

　　在西元 1828 年，Friedrich Wöhler 也發現可以將無機鹽類氰酸銨轉換成人類尿液中存在的有機物質尿素，再次證明有機物質是可以被創造出來的。

$$NH_4^+ \; {}^-OCN \xrightarrow{加熱} H_2N-\underset{\underset{O}{\|}}{C}-NH_2$$

氰酸銨　　　　尿素

　　到了 1800 年代中期，科學家發現的證據已足以證明有機化合物和無機化合物之間基本上並沒有不同。除了物質的來源和結構複雜度之外，基本上可以用相同的理論來解釋所有物質的行為。而有機化合物的最明顯特徵是它們都有碳原子。

　　也因此，**有機化學**成為了含碳化合物的研究。但是為什麼碳原子這麼特殊呢？為何在目前所發現的約五千萬種化合物中，大多數都含有碳原子呢？這可以由碳原子的電子結構及其在元素週期表的位置來解釋 (圖 1-1)。碳為 4A 族的元素，它可以與其他原子共用四對價電子且形成四個強共價鍵。此外，碳原子可以彼此相互形成直線或環形的鍵結，也因此造就碳

原子和其他原子不同,可以形成非常多樣的化合物。簡單者像是甲烷,只有一個碳;十分複雜者像是 DNA,它可以有超過一億個碳原子。

圖 1-1 碳元素在元素週期表中的位置。其他在有機化合物中常見的元素則以常用來代表它們的顏色表示。

當然,並非所有有機化合物都來自於生物體。現在的化學家已經可以在實驗室中設計合成出新的有機化合物,像是藥物、染料、高分子及其他很多物質。有機化學已經深入每個人的生活中,它是非常吸引人投入的研究。

1-1 原子結構:原子核、軌域和電子組態

在普通化學的課程中你應該有學到,原子是由一個緊密且帶正電的原子核 (nucleus) 周圍環繞著大範圍帶負電的電子 (electrons) 所組成 (圖 1-2)。而原子核又是由帶正電的質子 (protons) 和電中性的中子 (neutrons) 所組成。因為原子為電中性,所以原子核中帶正電的質子數量會與原子核周圍帶負電的電子數量相同。

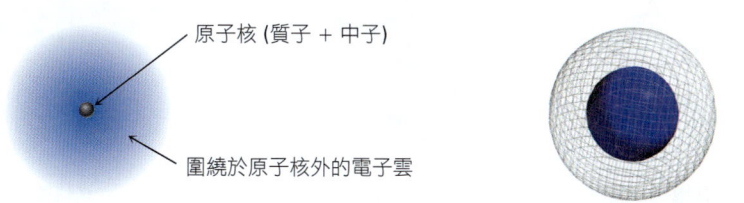

圖 1-2 原子示意圖。中央是緊密且帶正電的原子核,一個原子絕大部分的質量是由它所貢獻,而帶負電的電子則環繞在周圍。右邊的立體圖則為計算出來原子周圍的電子密度分布圖。電子密度由原子外圍向中央遞增,藍色實心區域的電子密度比灰色網狀區域的電子密度高了 40 倍。

雖然原子核的體積非常小,直徑約 $10^{-14} \sim 10^{-15}$ 公尺 (m),但它還是幾乎貢獻了所有原子的質量。電子所占據的空間範圍約是原子核周圍約 10^{-10} m,但它們的質量可以忽略。因

此，一個典型原子的直徑約為 2×10^{-10} m，或可寫成 200 皮米 (picometer，簡寫為 pm；1 pm = 10^{-12} m)。為了要知道原子到底有多小，可以想像一條細的鉛筆線條寬度大約是三百萬個碳原子加起來的寬度。許多有機化學家和生物化學家仍習慣用埃 (angstrom，Å；1 Å = 100 pm = 10^{-10} m) 這個單位來表示原子的大小，但本書仍用國際單位制 (SI 單位) 所使用的 pm 為單位來表示原子大小。

原子的種類可以用原子序 (atomic number；Z) 和質量數 (mass number；A) 來區分。原子序代表這個原子核的質子數，而質量數代表原子核中質子數和中子數的總和。同元素的所有原子都有相同的原子序，像是氫的原子序為 1、碳的原子序為 6、磷的原子序為 15 等。但是同元素的不同原子會因為中子數不同而有不同的質量數。這類含有相同原子序但是不同質量數的原子稱為**同位素** (isotopes)。

然而，原子中的電子是如何分布的呢？這觀念在普通化學的課程中也曾提過。根據量子力學模型，原子中特定電子的行為可以用波動方程式 (wave equation) 之數學式來表示。波動方程式的解稱為波函數 (wave function) 或是**軌域** (orbital)，以希臘符號 ψ 來表示。若以波函數平方 ψ^2 在三維空間中作圖則可用來描述原子核周圍的電子最可能占據的空間體積，也就是此原子的軌域。你可以想像軌域的形狀會像是你用慢速快門對原子核周圍電子拍照所得到的影像。在此影像中，軌域會看起來像是模糊的雲，代表的是電子曾經出現過的空間區域。此電子雲並沒有明顯的邊界，但為了在實際應用上有較明確的定義，我們可以把軌域的空間認定成電子在移動過程中，使用 90%~95% 時間出現的位置。

軌域看起來像什麼樣子？有四種不同的原子軌域，分別是 s、p、d、f 軌域，各自代表不同的形狀。在這四個軌域當中，我們主要討論的是 s 和 p 軌域，因為它們在有機化學中最常出現。就軌域的形狀而言，s 軌域為球形；p 軌域為啞鈴形；五個 d 軌域中有四個為雙啞鈴形，如圖 1-3 所示。第五個 d 軌域的形狀則像是拉長的啞鈴形中間套了一個甜甜圈。

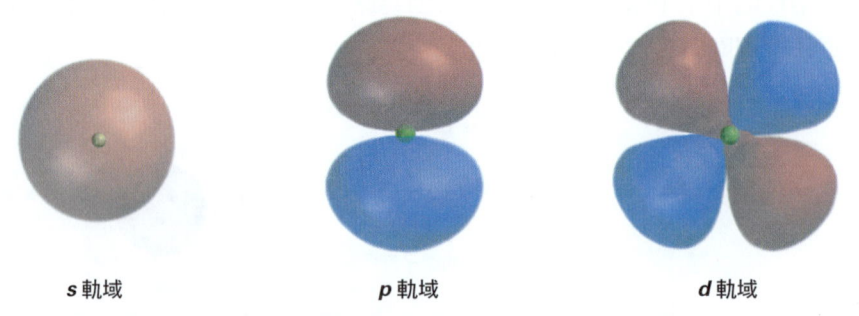

s 軌域　　　　p 軌域　　　　d 軌域

圖 1-3　s、p、d 軌域示意圖。s 軌域是圓球形，p 軌域是啞鈴形，五個 d 軌域中有四個是苜蓿葉形 (或雙啞鈴形)。

原子中的軌域可以排列在不同的**電子殼層** (electron shells) 中。不同的殼層中含有的軌域種類和數量都不同，而在殼層中的每一個軌域可以填入兩個電子。第一殼層中只有一個 $1s$ 軌域，因此只有兩個電子。第二殼層中有一個 $2s$ 軌域和三個 $2p$ 軌域，因此總共有八個電

子。第三殼層中有一個 3s 軌域、三個 3p 軌域和五個 3d 軌域，因此總共有 18 個電子。這些軌域的分類和相對能階高低請參見圖 1-4。

圖 1-4 原子中電子的能階分布圖。第一殼層中有一個 1s 軌域，最多可填入 2 個電子；第二殼層中有一個 2s 軌域和三個 2p 軌域，最多可填入 8 個電子；第三殼層中有一個 3s 軌域、三個 3p 軌域和五個 3d 軌域，最多可填入 18 個電子。每個軌域中的兩個電子分別以上下箭頭 (↑↓) 表示。

一個原子的**基態電子組態** (ground-state electron configuration) 指的是原子中有填入電子的軌域排列方式，我們可以用下面三個規則來預測此排列方式。

規則 1　先填最低能量的電子軌域。依照 $1s \to 2s \to 2p \to 3s \to 3p \to 4s \to 3d$ 的順序，此規則稱為構築理論 (Aufbau principle)。請注意 $4s$ 軌域的順序在 $3p$ 和 $3d$ 軌域中間。

規則 2　電子的自旋可以想像成地球自轉，此種自旋方式可以有兩種方向，一種朝上 (↑)，另一種朝下 (↓)。而填入同一個軌域的兩個電子必須要自旋方向不同，此規則稱為包立不相容原理 (Pauli exclusion principle)。

規則 3　如果有兩個以上相同能量的空軌域可以填入電子時，電子必須先以相同的自旋方向填入不同軌域中直到所有軌域呈半滿狀態，才能以相反自旋方向填入同一軌域，此規則稱為洪德定則 (Hund's rule)。

表 1-1 中列出了幾個這些規則如何被使用的例子。以氫原子為例，因為它只有一個電子，電子一定會填入能量最低的軌域，因此氫的基態電子組態為 $1s^1$。碳原子有六個電子，其基態電子組態為 $1s^2 2s^2 2p^2$。上標數字用於表示特定軌域中電子的數量。

習題 1-1　請寫出下列原子的基態電子組態。
(a) 氧　(b) 氮　(c) 硫

習題 1-2　下列元素的最外層電子殼層有幾個電子？
(a) 鎂　(b) 鈷　(c) 硒

表 1-1　部分元素的基態電子組態

元素	原子序	電子組態	元素	原子序	電子組態
氫	1	1s ↑↓	磷	15	3p ↑ ↑ ↑
碳	6	2p ↑ ↑ —			3s ↑↓
		2s ↑↓			2p ↑↓ ↑↓ ↑↓
		1s ↑↓			2s ↑↓
					1s ↑↓

1-2　化學鍵結理論的建立

　　1800 年代中期，化學這項新科學的發展十分迅速，化學家開始探索化合物之間的結合力為何。1858 年，克古列 (August Kekulé) 和卡伯 (Archibald Couper) 分別提出：在所有的有機化合物中，碳原子是四價的。也就是說，碳原子都是以生成四個化學鍵來與其他原子組成穩定化合物。克古列進一步提出碳原子可以一個接一個排列生成延伸的碳鏈，而此碳鏈也可以頭尾相接形成環狀化合物。

　　雖然當時克古列和卡伯正確地描述了碳原子為四價的事實，但在 1874 年前化學家仍用二維的角度來看碳原子。在那年，霍夫 (Jacobus van't Hoff) 和貝爾 (Joseph Le Bel) 提出碳原子上的四個化學鍵不是隨機排列，而是有占據特定的空間方位。從此，才將對於有機化合物的理解加入了三維的觀念。霍夫甚至提到，與碳原子形成鍵結的四個原子會以碳原子為中心，以正四面體的方式排列在正四面體的四個頂點。

　　碳原子的正四面體排列方式可參見圖 1-5。傳統上表達化學鍵三維結構的方式為：實線視為鍵與紙面在同一平面上；粗楔形線表示鍵是凸出紙面朝向讀者；虛線則表示鍵是進入紙面而遠離讀者，本書將都用此方式來表達化學鍵的位置。

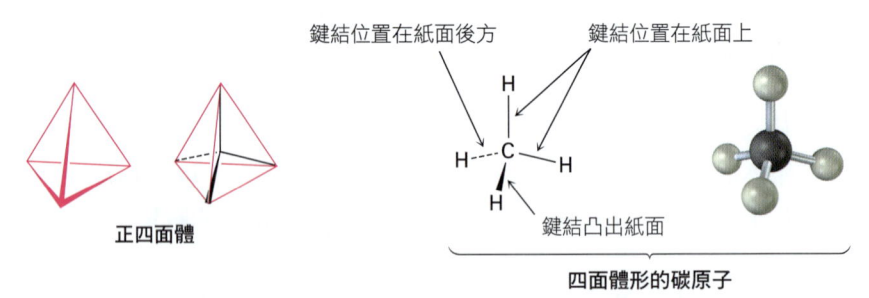

正四面體　　　　四面體形的碳原子

圖 1-5　表達碳原子正四面體結構的方式。實線視為鍵與紙面在同一平面上；粗楔形線表示鍵是凸出紙面；虛線則表示鍵是進入紙面。

　　然而為何原子之間會形成鍵結？又如何表達鍵結的概念呢？第一個問題相對容易回答，原子之間會形成鍵結的原因是鍵結後生成的化合物比分離的原子穩定，也可以說化合物比分開的原子具有較低的能量。而能量 (通常是熱的形式) 在形成化學鍵的時候會由化學系統中

釋出。相反地，化學系統需要吸收能量才能將化學鍵打斷。簡而言之，鍵的生成會釋出能量，鍵的破壞需要吸收能量。另一方面，第二個問題則比較難回答，它必須要加入原子的電子性質來解釋。

從八隅體說我們得知，當一個原子的最外層殼層 (或稱**價層**) 中填滿八個電子時，此原子會有特別的穩定性。如週期表中的 8A 族惰性氣體元素：氖 (2 + 8)；氬 (2 + 8 + 8)；氪 (2 + 8 + 18 + 8)。我們也知道主族元素所進行的化學反應是傾向於使其電子組態達到最近的惰性氣體電子組態。例如 1A 族的鹼金族元素喜歡從其最外層 s 軌域失去一個電子而成為陽離子，藉此達到惰性氣體的電子組態；而 7A 族的鹵素元素喜歡得到一個電子填入其最外層 p 軌域而成為陰離子，藉此達到惰性氣體的電子組態。所產生的陰陽離子會藉由靜電吸引力結合形成離子化合物，像是 Na^+Cl^-。

但是靠近週期表中間的元素如何生成化學鍵呢？以甲烷 (CH_4) 為例，它是天然氣中的主要成分。甲烷中的化學鍵結並不是離子鍵，主要原因是碳原子的電子組態 ($1s^2 2s^2 2p^2$) 要得到或失去四個電子而達到惰性氣體的電子組態需要太多能量。因此，碳原子要與其他原子生成化學鍵不是經由得到或失去電子，而是靠與其他原子共用電子。這種靠共用電子生成的化學鍵稱為**共價鍵** (covalent bond)，是在 1916 年由路易士 (G. N. Lewis) 所提出的。而此類由中性原子利用共價鍵所形成的化合物稱為**分子** (molecule)。

有一種簡單描述分子內共價鍵的方式是將每個原子中價層的電子用點來表示，稱為**路易士結構** (Lewis structures)，或**電子點結構** (electron-dot structures)。因此，用此方式表達時，氫原子有一個點 ($1s^1$)，碳原子有四個點 ($2s^2 2p^2$)，氧原子有六個點 ($2s^2 2p^4$)，以此類推。當分子中所有原子達到惰性氣體的電子組態 (含共用電子)，此分子則達到穩定的狀態。另一種更簡單的方式是將原子間兩個電子形成的共價鍵用線來表達，此方式稱為克古列結構，或稱**線-鍵結構** (line-bond structures)。

電子點結構
(路易士結構)

線-鍵結構
(克古列結構)

甲烷 (CH_4)   氨 (NH_3)   水 (H_2O)   甲醇 (CH_3OH)

一個原子能生成幾個共價鍵決定在此原子還需要幾個價電子才能達到惰性氣體的電子組態。氫有一個價電子 ($1s^1$)，它需要再多一個電子才能達到氦的電子組態 ($1s^2$)，因此它可以生成一個共價鍵。碳有四個價電子 ($2s^2 2p^2$)，它需要再多四個電子才能達到氖的電子組態 ($2s^2 2p^6$)，因此它可以生成四個共價鍵。同理，氮有五個價電子 ($2s^2 2p^3$)，因此它可以生

成三個共價鍵。氧有六個價電子 ($2s^2 2p^4$)，因此它可以生成兩個共價鍵。鹵素有七個價電子 ($ns^2 np^5$)，因此它可以生成一個共價鍵。

$$H- \quad -\overset{|}{\underset{|}{C}}- \quad -\overset{..}{N}- \quad -\overset{..}{\underset{..}{O}}- \quad \overset{..}{\underset{..}{:}}\overset{..}{F}- \quad \overset{..}{\underset{..}{:}}\overset{..}{Cl}- \quad :\overset{..}{\underset{..}{Br}}- \quad :\overset{..}{\underset{..}{I}}-$$

一個共價鍵　　四個共價鍵　　三個共價鍵　　二個共價鍵　　　　一個共價鍵

未用於生成鍵結的價電子稱為**孤對電子** (lone-pair electrons) 或未鍵結電子 (non-bonding electrons)。以氨上的氮原子為例，它在三個共價鍵中共用了六個價電子，它另外還有一對價電子未用於生成共價鍵而成為未鍵結電子對。為了節省時間，在畫線-鍵結構時，未鍵結電子對通常省略不畫，但是必須知道它的存在，因為未鍵結電子對在化學反應中是非常重要的。

$$H:\overset{..}{N}:H \quad 或 \quad H-\overset{..}{\underset{|}{N}}-H \quad \left[或 \quad H-\overset{}{\underset{|}{N}}-H \right]$$
　　　H　　　　　　　　H　　　　　　　　　H

氨

練習題 1-1　預測原子可生成多少鍵結

磷要跟幾個氫原子鍵結生成磷化氫 ($PH_?$)？

策略　看看磷在週期表中的位置，想想磷還需要多少個電子才能達到八隅體？

解答　磷在週期表中屬於 5A 族，有五個價電子。它需要與再分享三個電子來達到八隅體，因此磷要跟三個氫原子鍵結生成磷化氫，化學式為 PH_3。

練習題 1-2　畫出電子點結構和線-鍵結構

畫出氯甲烷 (CH_3Cl) 的電子點結構和線-鍵結構。

策略　記得一個鍵結是代表兩個電子，它是以線的方式畫在兩個原子之間。

解答　氫有一個價電子；碳有四個價電子；氯有七個價電子。因此，氯甲烷的電子點結構和線-鍵結構分別為：

氯甲烷

習題 1-3　請用實線、楔形線和虛線來畫出氯仿分子 ($CHCl_3$) 的正四面體結構。

習題 1-4 請將下列表達乙烷 (C₂H₆) 的方式轉換成用實線、楔形線和虛線來標示出每個碳原子的正四面體結構 (灰色 = C，象牙色 = H)。

乙烷

習題 1-5 下列物質的完整分子式為何？
(a) CCl$_?$　(b) AlH$_?$　(c) CH$_?$Cl$_2$　(d) SiF$_?$　(e) CH$_3$NH$_?$

習題 1-6 請畫出下列分子的線-鍵結構，並標示出所有的未鍵結電子。
(a) CHCl$_3$，氯仿　(b) H$_2$S，硫化氫　(c) CH$_3$NH$_2$，甲基胺　(d) CH$_3$Li，甲基鋰

習題 1-7 為何有機分子不能有 C$_2$H$_7$ 的化學式？

1-3 化學鍵生成：價鍵理論

　　電子對在原子之間是如何被分享而形成化學鍵的？目前常用兩個模型來描述共價鍵，一是**價鍵理論** (valance bond theory)，另一個則是分子軌域理論 (molecular orbital theory)。這兩種模型各有其優缺點，而化學家傾向看場合來交互使用這兩種理論。價鍵理論較容易用視覺化的方式來呈現，因此在本書中主要是用價鍵理論來描述共價鍵。

　　根據價鍵理論，共價鍵的生成源自於當兩個原子相互靠近，且一個單電子填滿的軌域和另一個單電子填滿的軌域重疊時。此時，電子成對存在於重疊的軌域中，且同時被兩個原子的原子核吸引，因而將原子鍵結在一起。例如，在 H$_2$ 分子中，H–H 鍵結是由於兩個單電子填滿的氫原子 1s 軌域相互重疊而成。

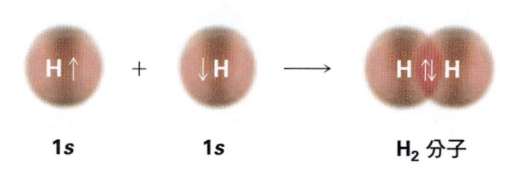

　　H$_2$ 分子中的重疊軌域形狀像是拉長的蛋形，就像把兩個圓球體放在一起壓扁會得到的形狀。若將一個平面插入軌域的中間，所產生的橫切面會是圓形。也就是說，H–H 鍵是圓柱形對稱，如圖 1-6 所示。如此以兩個原子軌域在原子核之間的一直線上做頭對頭的重疊所生成的鍵結稱為 **sigma (σ) 鍵**。

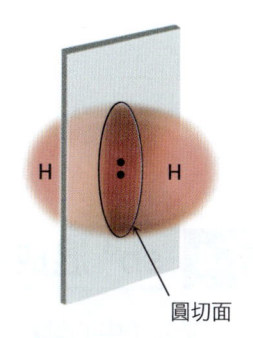

圖 1-6 H$_2$ 分子中 H–H σ 鍵的圓柱形對稱形狀，中間的橫切面是圓形。

在 2H· → H₂ 此生成鍵的反應進行過程中會釋放出 436 kJ/mol (104 kcal/mol) 的能量。可以想成是此反應的產物 H₂ 分子比反應物兩個 H· 原子少了 436 kJ/mol 的能量，也因此產物比反應物穩定，此 H–H 鍵的**鍵結強度** (bond strength) 可視為 436 kJ/mol。也就是說，必須提供 436 kJ/mol 的能量來將 H₂ 分子拆開成氫原子 (圖 1-7)。

圖 1-7 兩個氫原子和 H₂ 分子的相對能階圖。H₂ 分子的能量比兩個氫原子少了 436 kJ/mol (104 kcal/mol)，所以當 H₂ 分子生成時會釋放出 436 kJ/mol 的能量。反過來說，打斷 H–H 鍵需要吸收 436 kJ/mol 的能量。

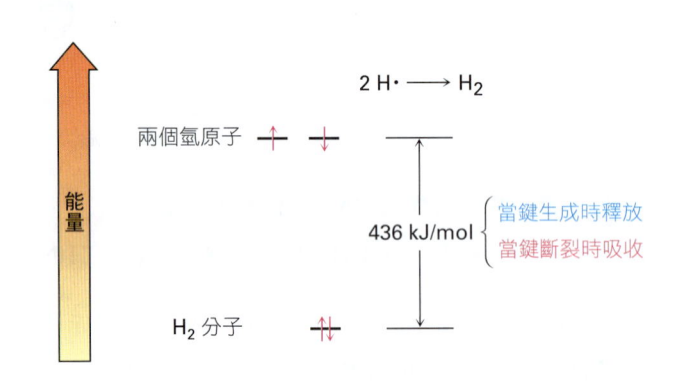

H₂ 分子中兩個氫原子核的距離有多近呢？因為原子核帶正電，如果它們距離太近會相互排斥。然而，如果它們距離太遠又會無法共用鍵結電子。因此，原子核之間有一個最佳的距離可使其穩定度最大 (圖 1-8)。此距離稱為**鍵長** (bond length)，H₂ 分子的鍵長是 74 pm。每個共價鍵都有其鍵能和鍵長。

圖 1-8 兩個 H 原子間距離和能量之關係圖。當能量最小時，原子核之間的距離為**鍵長**。

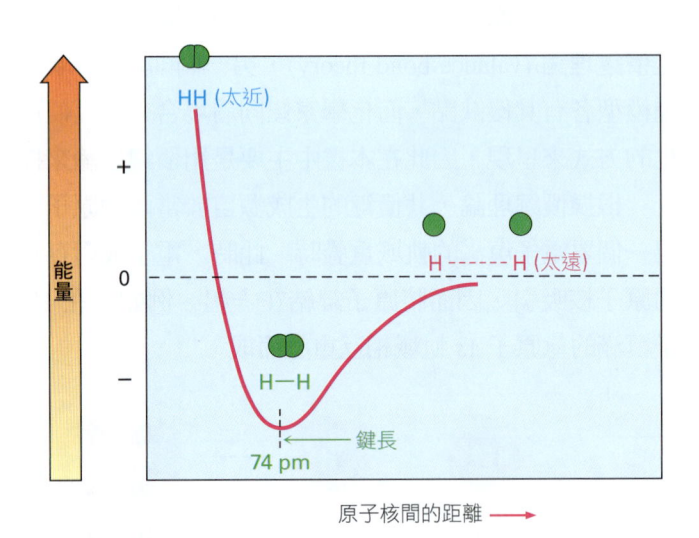

1-4 sp^3 混成軌域與甲烷和乙烷的結構

氫分子中的鍵結比較單純，而在含有四價碳原子的有機分子中的鍵結就複雜許多。以甲烷 (CH₄) 為例，我們之前提過碳原子有四個價電子 ($2s^2 2p^2$)，會生成四個鍵結。因為碳原子用兩種軌域 ($2s$ 和 $2p$) 來形成鍵結，我們可以預期甲烷分子有兩種不同的 C–H 鍵。然而，

事實上，甲烷的四個 C–H 鍵是完全一樣的，且此四個鍵以正四面體的方式在空間中排列。那我們要如何解釋這個現象？

在 1931 年，Linus Pauling 對此問題提出答案，他說明了一個 s 軌域和三個 p 軌域如何用數學方式合併 (或混成) 在一起而形成四個以正四面體方式排列的相同軌域。如圖 1-9 所示，這些以正四面體方式排列的軌域稱為 sp^3 混成軌域。請注意 sp^3 的上標數字 3 是說明有多少個 p 軌域被用來混成 sp^3 軌域，不是表示軌域中所填入的電子數。

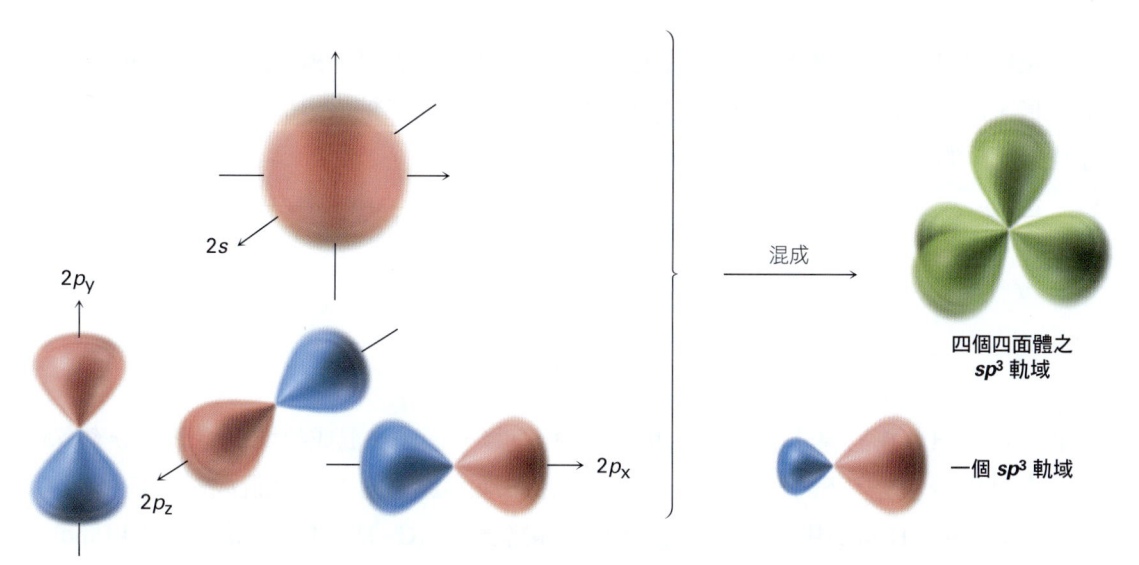

圖 1-9 四個排列成為正四面體的 sp^3 混成軌域 是由一個 s 軌域 和三個 p 軌域 (紅/藍色) 混合而成。sp^3 混成軌域有兩個節點且形狀不對稱，因此當它們相互重疊排列時會有方向性且生成強的鍵結。

混成的觀念解釋了碳原子如何用正四面體形狀生成四個相等的 sp^3 鍵結，但並沒有解釋這為何會發生。我們可以從混成軌域的形狀得到答案。當一個 s 軌域和三個 p 軌域混成時，生成的 sp^3 混成軌域是不對稱的。sp^3 混成軌域其中一個葉瓣比較大，表示它可與另一個軌域更有效率地重疊而生成鍵結。因此，sp^3 混成軌域所生成的化學鍵結比單純用 s 或 p 軌域所生成的化學鍵結來得穩定。

如同先前所說，不對稱 sp^3 軌域的生成是因為 p 軌域的兩個葉瓣在波函數上有不同的正負號。因此，當 p 軌域和 s 軌域混成時，帶正號的 p 軌域葉瓣會和 s 軌域相加，而會和帶負號的 p 軌域葉瓣相減。因此所形成的每個混成軌域會是不對稱的結構且朝固定方向排列。

當碳原子上四個相同的 sp^3 混成軌域各與一個氫原子的 1s 軌域重疊時，會生成四個相同的 C–H 鍵而形成甲烷分子。甲烷中的每一個 C–H 鍵能為 439 kJ/mol (105 kcal/mol)，鍵長則為 109 pm。因為這四個鍵有固定的立體結構，故可定義它的鍵角。甲烷分子中 H–C–H 鍵所形成的角度為 109.5°，它也稱為正四面體角。因此，甲烷的結構可以表示為如圖 1-10。

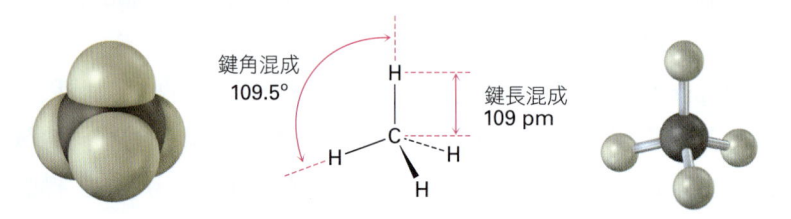

圖 1-10 甲烷的結構，鍵長為 109 pm，鍵角為 109.5°。

用來解釋甲烷結構的軌域混成形式也可以用來解釋其他碳原子相互鍵結所生成的鏈狀或環狀結構，以此方式可以說明數以萬計的有機化合物結構。乙烷 (C_2H_6)，是含有 C–C 鍵的分子中最簡單的分子。

一些表達乙烷的方式

我們可以想像在乙烷分子中的兩個碳原子相互以一個 sp^3 混成軌域重疊形成 σ 鍵 (圖 1-11)。每個碳原子上剩下的三個 sp^3 混成軌域會和三個氫原子的 $1s$ 軌域混成六個 C–H 鍵。乙烷分子中的 C–H 鍵與甲烷分子中的類似，但鍵能較弱 (C–H 鍵能，乙烷：421 kJ/mol；甲烷：439 kJ/mol)。乙烷分子中的 C–C 鍵長則為 154 pm，其鍵能為 377 kJ/mol。乙烷分子中的每個鍵角都近似於正四面體的 109.5°。

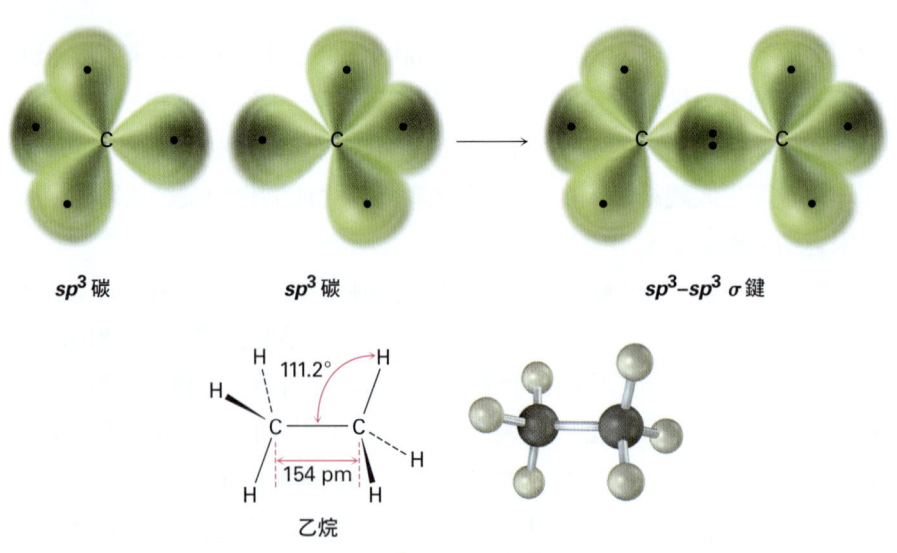

sp^3 碳　　　sp^3 碳　　　sp^3–sp^3 σ 鍵

乙烷

圖 1-11 乙烷的結構。C–C 鍵的生成是由 sp^3 混成軌域重疊形成 σ 鍵。

習題 1-8 請畫出丙烷 (CH₃CH₂CH₃) 的線-鍵結構。請寫出每個鍵角的大小，並指出整個分子的形狀。

習題 1-9 己烷是汽油中的成分之一。請將以下己烷的分子模型轉換成線-鍵結構 (灰色 = C；象牙色 = H)。

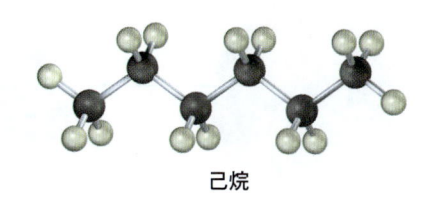

己烷

1-5 sp² 混成軌域與乙烯的結構

　　甲烷和乙烷中的化學鍵結是由共用鍵結原子之間的一對電子所形成，稱為單鍵。然而，在 150 年前就發現碳原子之間也可以藉由共用兩對電子形成雙鍵；或共用三對電子形成參鍵。舉例來說，乙烯的結構為 H₂C=CH₂，其中有一個雙鍵，而乙炔的結構為 HC≡CH，其中有一個參鍵。

　　如何用價鍵理論來形容雙鍵和參鍵呢？我們在先前的章節中討論 sp³ 混成軌域時，曾提到碳原子的四個價殼電子軌域混合後會得到四個一樣的 sp³ 混成軌域。但如果是 2s 軌域只和三個 2p 軌域其中兩個混合時，形成的就會是三個 sp² 混成軌域，剩餘的一個 2p 軌域則維持不變。如同 sp³ 軌域一樣，每個 sp² 軌域也是不對稱形狀，且有特定的排列方向，也因此它們可以生成化學鍵。如圖 1-12 所示，三個 sp² 軌域排列在同一平面上，彼此之間的角度為 120°。剩餘的 2p 軌域則垂直排列於 sp² 軌域的平面上。

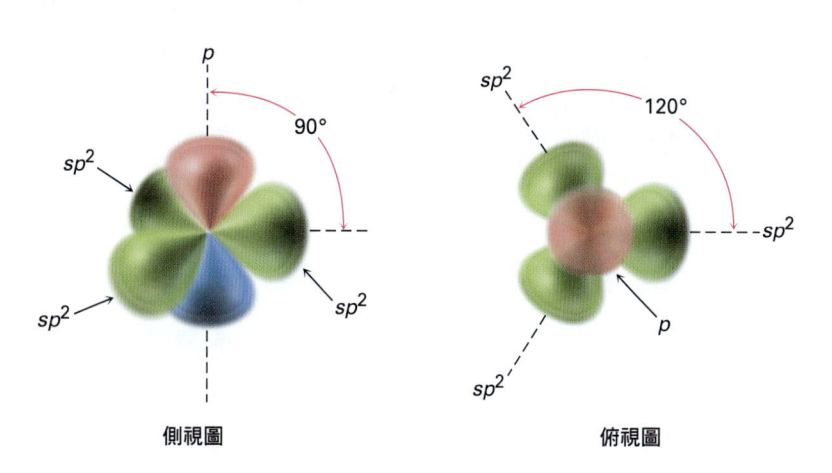

圖 1-12 sp² 混成軌域的形狀。三個相等的 sp² 軌域排列在同一平面上，彼此之間的角度為 120°。未參與混成的 2p 軌域 (紅/藍色表示) 則垂直排列於 sp² 軌域的平面上。

側視圖　　俯視圖

　　當兩個以 sp² 混成的碳原子彼此靠近時，它們會以 sp²-sp² 正面重疊的方式形成一個強的 σ 鍵。同時，未混成 p 軌域的側面也會彼此靠近而產生作用力，進而形成 π 鍵。這樣的鍵結方式是由一個 sp²-sp² 的 σ 鍵加上一個 2p-2p 的 π 鍵組合在一起，共用了四個電子，稱

為碳-碳雙鍵 (圖 1-13)。此處 σ 鍵的電子占據兩原子核之間的空間，而 π 鍵的電子則占據了兩原子核中線上方和下方的空間。

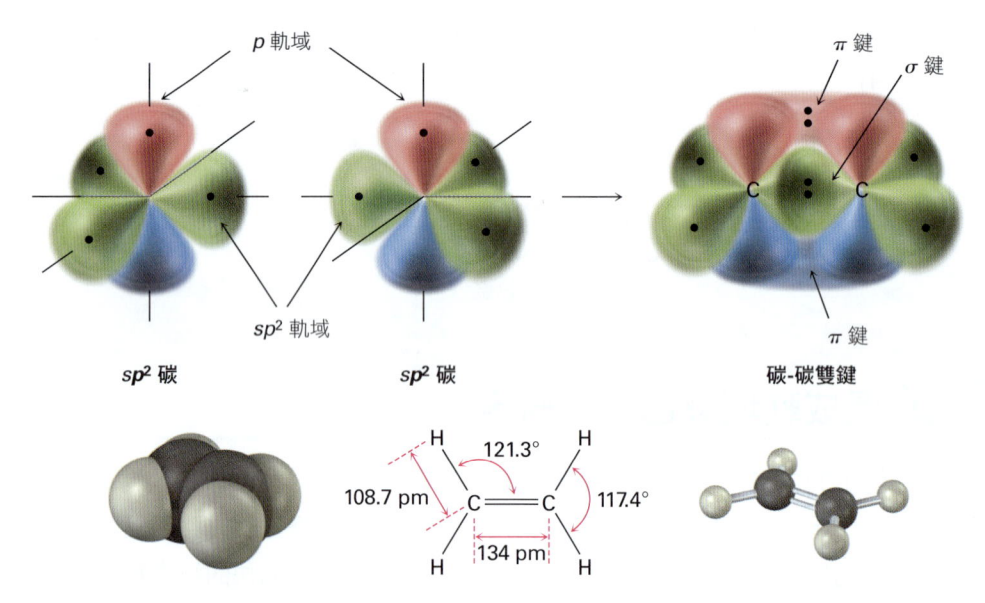

圖 1-13 乙烯的結構。乙烯的雙鍵一部分為 sp^2 軌域正面重疊的 σ 鍵，另一部分為未混成 p 軌域 (紅/藍色表示) 側面重疊的 p 鍵。π 鍵的電子占據了兩原子核中線上方和下方的空間。

要完成乙烯的結構還需要有四個氫原子與分別剩餘的四個 sp^2 混成軌域形成 σ 鍵。因此乙烯是平面的結構，每個 H–C–H 或 H–C–C 鍵角大約是 120° (準確的 H–C–H 鍵角是 117.4°；H–C–C 鍵角是 121.3°)。每個 C–H 鍵的鍵長是 108.7 pm，鍵能為 464 kJ/mol (111 kcal/mol)。

因為碳-碳雙鍵共用了四個電子，你應該會認為乙烯中的碳-碳雙鍵的鍵長比乙烷中的碳-碳單鍵鍵長來得短，且其鍵能比較強。乙烯的 C=C 鍵長為 134 pm，鍵能為 728 kJ/mol (174 kcal/mol)。相較之下，乙烷的 C–C 鍵長為 154 pm，鍵能為 377 kJ/mol。碳-碳雙鍵的鍵能會比單鍵鍵能的兩倍來得小一些，主要是因為側面重疊的 π 鍵能量會比正面重疊 σ 鍵的能量小。

練習題 1-3　畫出電子點結構和線-鍵結構

甲醛 (CH_2O) 常用於生物實驗中作為組織的防腐劑，其分子結構中有一個碳-氧雙鍵。請畫出甲醛的電子點結構和線-鍵結構，並指出碳原子的軌域混成形式。

策略　我們知道氫原子會形成一個共價鍵，碳原子會形成四個共價鍵，而氧原子會形成兩個共價鍵。請憑著感覺，並用嘗試錯誤法將這些原子連接在一起。

解答　以下是唯一能將兩個氫原子、一個碳原子和一個氧原子根據上述原則結合在一起的方法：

電子點結構　　　線-鍵結構

就像乙烯中的碳原子一樣，甲醛中的碳原子有雙鍵存在，因此其軌域是 sp^2 混成軌域。

習題 1-10　請畫出丙烯 ($CH_3CH=CH_2$) 的線-鍵結構。請指出每個碳原子的混成軌域形式，並寫出每個鍵角大小。

習題 1-11　請畫出 1,3-丁二烯 ($H_2C=CH-CH=CH_2$) 的線-鍵結構。請指出每個碳原子的混成軌域形式，並寫出每個鍵角大小。

習題 1-12　以下是阿斯匹靈 (乙醯水楊酸) 的分子模型。請指出阿斯匹靈中每個碳原子的混成軌域形式，並指出哪個原子上有孤電子對 (灰色 = C、紅色 = O、象牙色 = H)。

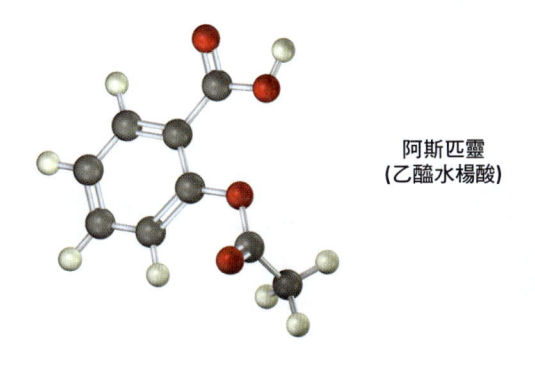

阿斯匹靈
(乙醯水楊酸)

1-6　sp 混成軌域與乙炔的結構

　　碳原子除了共用兩個和四個電子分別形成單鍵和雙鍵之外，它還可以共用六個電子形成參鍵，乙炔 (H−C≡C−H) 分子中即有參鍵的存在。為了解釋分子中的參鍵，我們必須用第三種方式來描述軌域的混成，也就是所謂的 sp 混成軌域。想像一下，若碳原子的 $2s$ 軌域不是與兩個或三個 p 軌域混成，而是只與一個 p 軌域混成，如此則會產生兩個 sp 混成軌域，剩餘的兩個 p 軌域則維持不變。這兩個 sp 混成軌域彼此以 180° 在 x 軸上排列，而剩下的兩個 p 軌域則排列在 y 軸和 z 軸上，彼此互相垂直，如圖 1-14 所示。

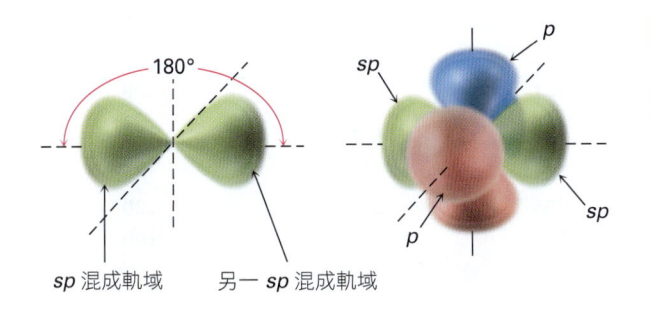

圖 1-14　sp 混成軌域。兩個 sp 混成軌域彼此以 180° 在 x 軸上排列，與剩下的兩個 p 軌域 (紅/藍色表示) 相互垂直。

sp 混成軌域　　另一 sp 混成軌域

當兩個 sp 混成的碳原子彼此相互靠近時，每個碳原子上的 sp 混成軌域會以正面重疊的方式形成一個強的 sp-sp σ 鍵。同時，每個碳原子上的 pz 軌域會以側面重疊的方式形成 pz-pz π 鍵，而 py 軌域也會以相同的方式形成 py-py π 鍵。整體來說，共用六個電子會形成碳-碳參鍵。乙炔分子結構中還有兩個剩餘的 sp 混成軌域則各自與一個氫原子形成 σ 鍵 (圖 1-15)。

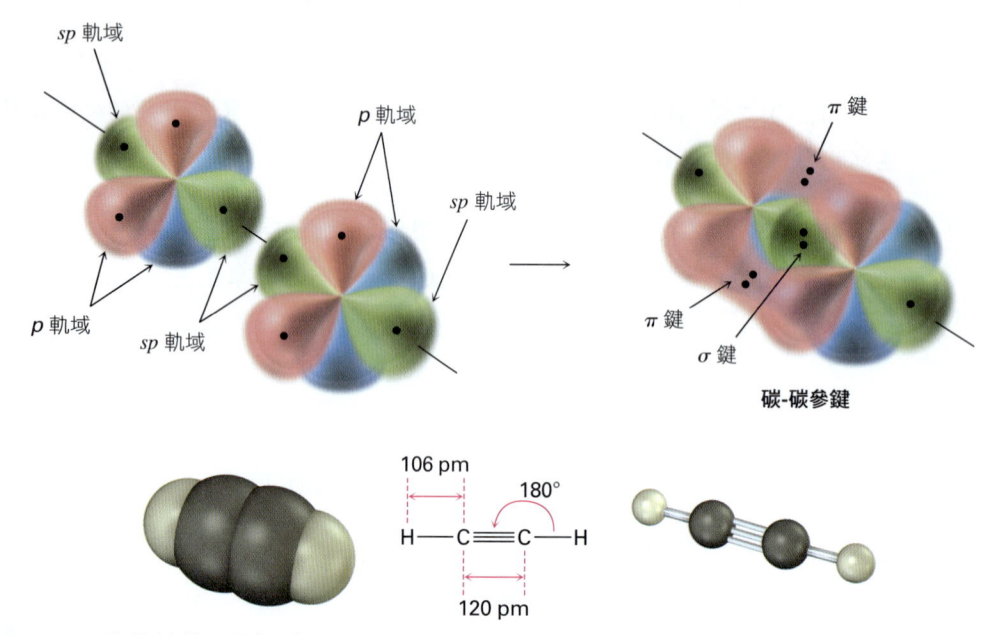

圖 1-15 乙炔的結構。兩個碳原子之間以一個 sp-sp σ 鍵和兩個 p-p π 鍵結合在一起。

如同 sp 混成軌域的形狀所示，乙炔是直線形分子，其 H−C−C 鍵角為 180°，C−H 鍵長為。乙炔的 C−H 鍵長是 106 pm，鍵能是 558 kJ/mol (133 kcal/mol)。乙炔的 C−C 鍵長則是 120 pm，鍵能是 965 kJ/mol (231 kcal/mol)，這使得 C−C 參鍵是長度最短且鍵能最大的碳-碳鍵。表 1-2 中列出了 sp、sp^2 和 sp^3 混成軌域所生成碳-碳鍵的性質差異。

表 1-2 甲烷、乙烷、乙烯和乙炔分子中 C−C 鍵和 C−H 鍵的性質比較表

分子	化學鍵種類	鍵能 (kJ/mol)	鍵能 (kcal/mol)	鍵長 (pm)
甲烷，CH_4	(sp^3) C—H	439	105	109
乙烷，CH_3CH_3	(sp^3) C—C (sp^3)	377	90	154
	(sp^3) C—H	421	101	109
乙烯，$H_2C=CH_2$	(sp^2) C=C (sp^2)	728	174	134
	(sp^2) C—H	464	111	109
乙炔，HC≡CH	(sp) C≡C (sp)	965	231	120
	(sp) C—H	558	133	106

習題 1-13 請畫出丙炔 (CH$_3$C≡CH) 的線-鍵結構。指出每個碳原子上的軌域混成形式，以及每個鍵角的大小。

1-7 極性共價鍵：電負度

到目前為止，我們已經介紹了離子鍵和共價鍵這兩種化學鍵。舉例來說，氯化鈉中的化學鍵是離子鍵。其中，鈉原子的一個電子轉移到氯原子上，形成 Na$^+$ 和 Cl$^-$，這兩種離子彼此因電性相反以靜電作用力結合在一起。另一方面，乙烷中的 C–C 鍵則是共價鍵，其中用來形成鍵結的電子被兩個相等的碳原子分享。然而，大多數的化學鍵不是單純的離子鍵或共價鍵，而是介於兩種化學鍵之間的性質。這樣的化學鍵稱作**極性共價鍵**。在此化學鍵中，形成鍵結的兩原子其中一個對鍵結電子的吸引力比另一個大，因此電子在兩原子之間的分布不是對稱的，如圖 1-16。

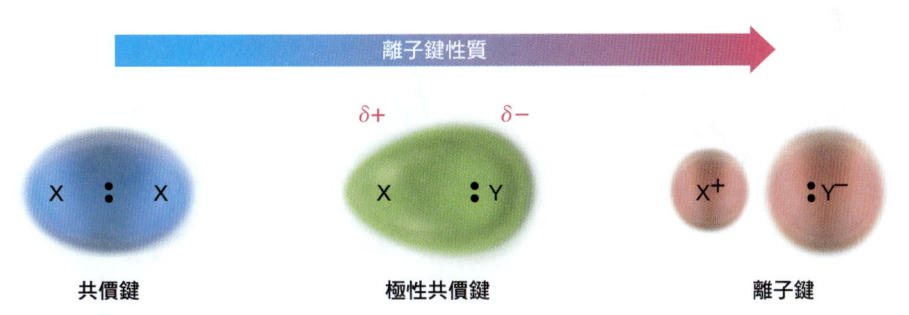

圖 1-16 從共價鍵到離子鍵的過程中，鍵結性質的連續變化是因為原子之間的電子分布不平均。符號 δ 表示部分電荷，電子較少的原子上帶部分正電 (δ+)，電子較多的原子上帶部分負電 (δ−)。

化學鍵有極性是因為每個不同原子的**電負度** (electronegativity, EN) 不同。電負度指的是在共價鍵中吸引共用電子的能力。如圖 1-17 所示，每個原子的電負度大小是隨機的，氟的電負度 (4.0) 最大；銫的電負度 (0.7) 最小。週期表左邊的金屬原子對電子的吸引力較小，因

H 2.1																	He
Li 1.0	Be 1.6											B 2.0	C 2.5	N 3.0	O 3.5	F 4.0	Ne
Na 0.9	Mg 1.2											Al 1.5	Si 1.8	P 2.1	S 2.5	Cl 3.0	Ar
K 0.8	Ca 1.0	Sc 1.3	Ti 1.5	V 1.6	Cr 1.6	Mn 1.5	Fe 1.8	Co 1.9	Ni 1.9	Cu 1.9	Zn 1.6	Ga 1.6	Ge 1.8	As 2.0	Se 2.4	Br 2.8	Kr
Rb 0.8	Sr 1.0	Y 1.2	Zr 1.4	Nb 1.6	Mo 1.8	Tc 1.9	Ru 2.2	Rh 2.2	Pd 2.2	Ag 1.9	Cd 1.7	In 1.7	Sn 1.8	Sb 1.9	Te 2.1	I 2.5	Xe
Cs 0.7	Ba 0.9	La 1.0	Hf 1.3	Ta 1.5	W 1.7	Re 1.9	Os 2.2	Ir 2.2	Pt 2.2	Au 2.4	Hg 1.9	Tl 1.8	Pb 1.9	Bi 1.9	Po 2.0	At 2.1	Rn

圖 1-17 各原子的電負度及其趨勢圖。大致上週期表中元素的電負度大小是由左往右遞增；由上往下遞減。表中的紅底為電負度最大的元素，綠底為電負度最小的元素；黃底則為電負度介於中間的元素。

此其電負度較小；而週期表右邊的氧、氮和鹵素原子對電子的吸引力較大，因此其電負度較大。有機化合物中最重要的碳原子其電負度為 2.5。

依照電負度的差異，化學鍵可大致分類為幾種。其中，若形成鍵結的兩個原子之間的電負度差值小於 0.5，可視為非極性共價鍵；若形成鍵結的兩個原子之間的電負度差值介於0.5 和 2.0 之間，可視為極性共價鍵；若形成鍵結的兩個原子之間的電負度差值大於 2.0，可視為離子鍵。舉例來說，碳 (電負度 = 2.5) 和氫 (電負度 = 2.1) 的電負度差異不大，因此 C−H 鍵為非極性共價鍵。相較之下，碳和其他其他電負度較大的原子，像是氧 (電負度 = 3.5) 和氮 (電負度 = 3.0) 的電負度差異較大，形成鍵結時電子會被電負度較大的原子吸引，因此所生成的化學鍵為極性共價鍵。在 C−O 鍵中，碳原子帶部分正電，可標示為 $\delta+$；氧原子帶部分負電，可標示為 $\delta-$。甲醇 (CH_3OH) 分子中的 C−O 鍵即為此例 (圖 1-18a)。若碳原子和電負度較小的原子形成極性共價鍵，碳原子帶部分負電，而另一個原子帶部分正電。甲基鋰 (CH_3Li) 中的 C-Li 鍵即為此例 (圖 1-18b)。

圖 **1-18** (a) 甲醇 (CH_3OH) 中的 C−O 鍵為極性共價鍵；(b) 甲基鋰 (CH_3Li) 中的 C-Li鍵為極性共價鍵。電腦模擬計算所得到的電子分布圖中，紅色表示電子密度較大，標示為 $\delta-$；藍色表示電子密度較小，標示為 $\delta+$。

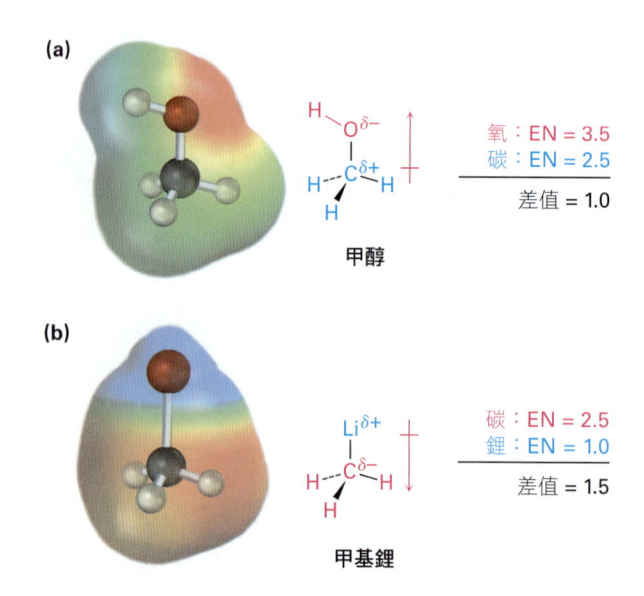

圖 1-18 中，甲醇和甲基鋰分子結構旁的十字箭頭 是用來表示化學鍵的極性方向。按照慣例，電子的分布可以用箭頭的方向來表示。箭頭尾巴 (看起來像是一個 + 號) 的電子密度較小 ($\delta+$)，而箭頭尖端的電子密度較大 ($\delta-$)。

圖 1-18 也呈現了計算所得電荷在分子中的分布範圍，在圖中以靜電勢能圖表示，以紅色表示電子較多的區域 ($\delta-$)，藍色表示電子較少的區域 ($\delta+$)。在甲醇分子中，氧原子帶部分負電因此是紅色的，碳原子和氫原子帶部分正電因此是藍綠色的。在甲基鋰分子中，鋰原子帶部分正電因此是藍綠色的，碳原子和氫原子帶部分負電因此是紅色的。靜電勢能圖的重要性在於可以迅速看出一個分子中電子密度較大和電子密度較小的原子是哪些。在本書中，我們將常用這種圖表示分子，並討論分子的電子密度分布和此分子化學反應性之間的關係。

當討論到一個原子將化學鍵極化的能力，我們常會用誘導效應來說明。**誘導效應**表達的是在 σ 鍵中鄰近原子對應於電子移動之間的關係。金屬原子，像是鋰和鎂，在誘導效應中傾向提供電子；而非金屬原子，像是氧和氮，在誘導效應中傾向接受電子。誘導效應對於解釋化學反應性相當重要，我們在本書中將時常用誘導效應解釋化學反應中觀察到的現象。

習題 1-14 下列原子組合中哪一個原子的電負度較大？
(a) Li 或 H　(b) B 或 Br　(c) Cl 或 I　(d) C 或 H

習題 1-15 請用 δ+ 和 δ− 來表示下列每個化學鍵中的極性方向。
(a) H$_3$C−Cl　(b) H$_3$C−NH$_2$　(c) H$_2$N−H　(d) H$_3$C−SH　(e) H$_3$C−MgBr　(f) H$_3$C−F

習題 1-16 請用圖 1-17 中的電負度值將以下化學鍵的極性大小由小到大排列。
H$_3$C−Li、H$_3$C−K、H$_3$C−F、H$_3$C−MgBr、H$_3$C−OH

習題 1-17 甲基胺是魚肉腐敗的臭味來源，以下是它的靜電勢能圖。請說明甲基胺分子中 C−N 鍵的極化方向。

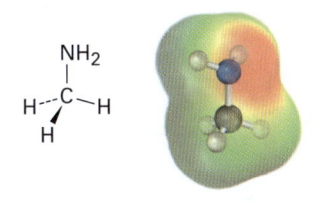

甲基胺

1-8　酸與鹼：布忍斯特-洛瑞定義法

在電負度和極性的觀念中，最重要的或許是酸度和鹼度的觀念。事實上，我們很快就會看到有機分子的酸鹼行為可以解釋大多與它們相關的化學。在過去的普通化學課本中，你應該見過兩種經常被用來定義酸度的方式，分別是：布忍斯特-洛瑞定義法以及路易士定義法。在本節和往後三節中，我們將討論布忍斯特-洛瑞定義法，而路易士定義法則將在 1.9 節中討論。

在定義上，**布忍斯特-洛瑞酸** (Brønsted-Lowry acid) 指的是可提供氫離子的物質，而**布忍斯特-洛瑞鹼** (Brønsted-Lowry base) 指的是可接受氫離子的物質 (質子這個名詞常用來當作 H$^+$ 的同義詞，其原因是中性氫原子失去價電子後會只剩下氫原子核，也就是質子)。例如，當氣態氯化氫溶於水中，極性的 HCl 分子扮演酸的角色而提供一個質子，水分子則扮演鹼的角色而接受一個質子，進而產生氯離子 (Cl$^-$) 和水合氫離子 (H$_3$O$^+$)。此酸鹼反應是可逆的，因此我們用雙向箭號來表示。

$$\text{H—Cl} + \text{H}\overset{..}{\underset{..}{\text{O}}}\text{H} \rightleftharpoons \text{Cl}^- + \text{H}\overset{..}{\underset{H}{\text{O}^+}}\text{H}$$

酸　　　　鹼　　　　　　共軛鹼　　　共軛酸

當 HCl 酸失去一個質子會生成氯離子,此離子稱為酸的**共軛鹼**;而當 H$_2$O 鹼得到一個質子會生成氫氧根離子,此離子稱為鹼的**共軛酸**。其他常見的礦物酸,像是 H$_2$SO$_4$ 和 HNO$_3$,以及有機酸,像是 CH$_3$COOH,都有類似的行為。

在廣義上,

$$\text{H—A} + :\text{B} \rightleftharpoons :\text{A}^- + \text{H—B}^+$$

酸　　　鹼　　　　共軛鹼　　共軛酸

例如:

$$\text{H}_3\text{C—C(=O)—}\overset{..}{\underset{..}{\text{O}}}\text{—H} + :\overset{..}{\underset{..}{\text{O}}}\text{—H} \rightleftharpoons \text{H}_3\text{C—C(=O)—}\overset{..}{\underset{..}{\text{O}}}:^- + \text{H}\overset{..}{\underset{..}{\text{O}}}\text{H}$$

酸　　　　　　　鹼　　　　　　共軛鹼　　　　　共軛酸

$$\text{H}\overset{..}{\underset{..}{\text{O}}}\text{H} + \text{H}\overset{..}{\underset{H}{\text{N}}}\text{H} \rightleftharpoons \text{H—}\overset{..}{\underset{..}{\text{O}}}:^- + \text{H}\overset{H}{\underset{H}{\text{N}^+}}\text{H}$$

酸　　　　鹼　　　　　　共軛鹼　　　共軛酸

請注意,水在酸鹼定義中可以是酸,也可以是鹼,這取決於它在酸鹼反應中所扮演的角色。當水分子與 HCl 反應時,它會接受一個質子而生成氫氧根離子 (H$_3$O$^+$),因此在這裡它是鹼。反之,當水分子與氨 (NH$_3$) 反應時,它會得到一個質子而生成銨離子 (NH$_4^+$) 和氫氧根離子 (OH$^-$),因此在這裡它是酸。

習題 1-18 硝酸 (HNO$_3$) 與氨 (NH$_3$) 反應會產生硝酸銨。請寫出其反應方程式,並指出哪個物質分別是酸、鹼、共軛酸產物和共軛鹼產物。

1-9 酸與鹼:路易士定義法

對於酸鹼的定義,路易士定義法則比布忍斯特-洛瑞定義法來得更廣義一些。**路易士酸** (Lewis acid) 的定義是在酸鹼反應中接受電子對的物質。反之,**路易士鹼** (Lewis base) 的定義

是在酸鹼反應中提供電子對的物質。所提供的電子對被酸和鹼共用生成共價鍵。

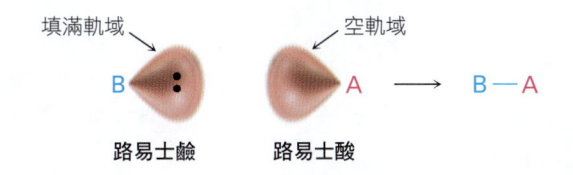

填滿軌域　　　　空軌域
B ◌ ： 　　 A ◌ ⟶ B—A
路易士鹼　　　路易士酸

路易士酸

為了要能接受電子對，路易士酸必須要有一個空的低能量軌域，或是路易士酸和氫原子之間有極性化學鍵才能提供質子。因此，路易士酸鹼定義法並不侷限於提供 H^+ 的物質。舉例來說，有許多金屬陽離子，像是 Mg^{2+}，在與鹼形成化學鍵時會接受電子對，因此都是路易士酸。有些新陳代謝反應的進行是藉由 Mg^{2+} 作為路易士酸和有機磷酸根離子當作路易士鹼所產生的酸鹼反應而發生。

路易士酸　　　路易士鹼　　　酸鹼錯合物

同樣的概念，3A 族元素的化合物，像是 BF_3 和 $AlCl_3$ 都是路易士酸，因為它們都有空軌域可以接受路易士鹼所提供的電子對，如圖 1-19 所示。相同地，許多過渡金屬化合物，像是 $TiCl_4$、$FeCl_3$、$ZnCl_2$ 和 $SnCl_4$ 等都是路易士酸。

更多路易士酸的例子如下：

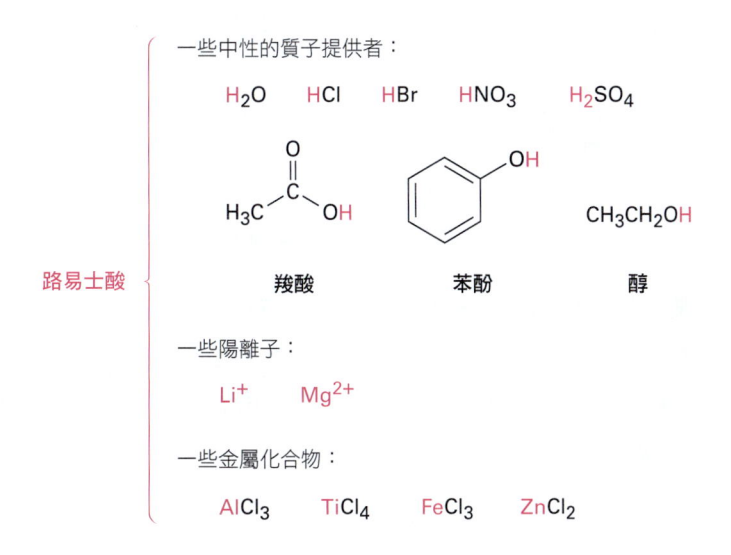

一些中性的質子提供者：
H_2O　HCl　HBr　HNO_3　H_2SO_4

羧酸　　　　苯酚　　　　醇

一些陽離子：
Li^+　Mg^{2+}

一些金屬化合物：
$AlCl_3$　$TiCl_4$　$FeCl_3$　$ZnCl_2$

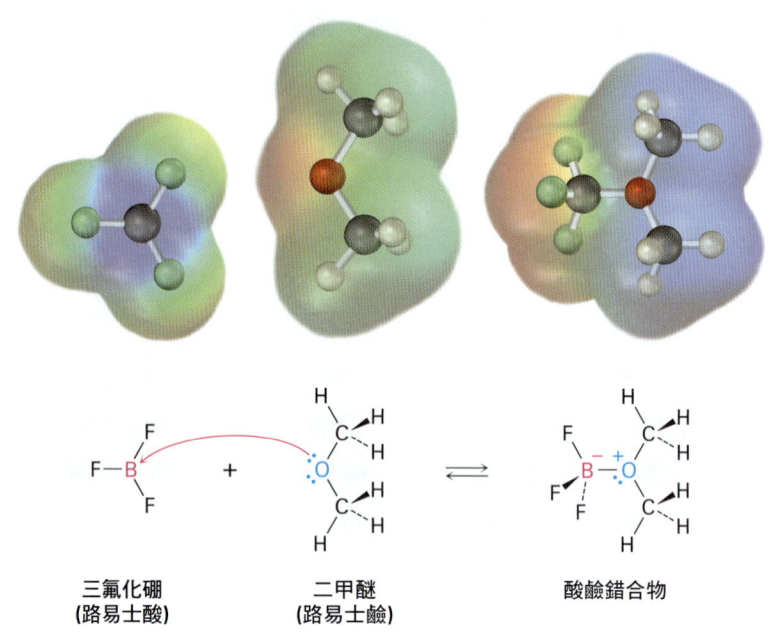

圖 1-19 三氟化硼 (路易士酸) 和二甲醚 (路易士鹼) 的反應。反應中的路易士酸接受一對電子，路易士鹼則提供一對未鍵結電子。彎曲箭號呈現了電子如何從路易士鹼轉移到路易士酸，本書將持續用此彎曲箭號來表達電子的轉移。請同時用靜電位能圖觀察硼原子在反應後因為得到電子而其負電性 (紅色) 增加，氧原子則因為貢獻出電子而正電性 (藍色) 增加。

路易士鹼

路易士定義法對於鹼的定義和布忍斯特-洛瑞定義法類似，將鹼定義成具有一對未鍵結電子對可提供給路易士酸的化合物。因此，具有兩對未鍵結電子對的水分子在形成水合氫離子 (H_3O^+) 的過程中，因為貢獻了一對電子給 H^+，所以是路易士鹼。

廣義上，大多數含氧和含氮的有機化合物因為都有孤電子對，所以都可以視為路易士鹼。二價氧的化合物有兩對孤電子對，三價氮的化合物則是有一對孤電子對。請注意下列的例子中有些化合物同時可以當作酸和鹼，水即為此例。醇和羧酸在提供 H^+ 時是酸，但若它們的氧原子接受 H^+ 時就是鹼。

1-9 酸與鹼：路易士定義法

路易士鹼 {
醇 CH₃CH₂ÖH
醚 CH₃ÖCH₃
醛 CH₃CH=Ö:
酮 CH₃CCH₃=Ö:

醯氯 CH₃CCl=Ö:
羧酸 CH₃COH=Ö:
酯 CH₃COCH₃=Ö:
醯胺 CH₃CNH₂=Ö:

胺 CH₃N(CH₃)CH₃
硫醚 CH₃SCH₃
有機三磷酸離子 CH₃O-P(=O)(O⁻)-O-P(=O)(O⁻)-O-P(=O)(O⁻)-O⁻
}

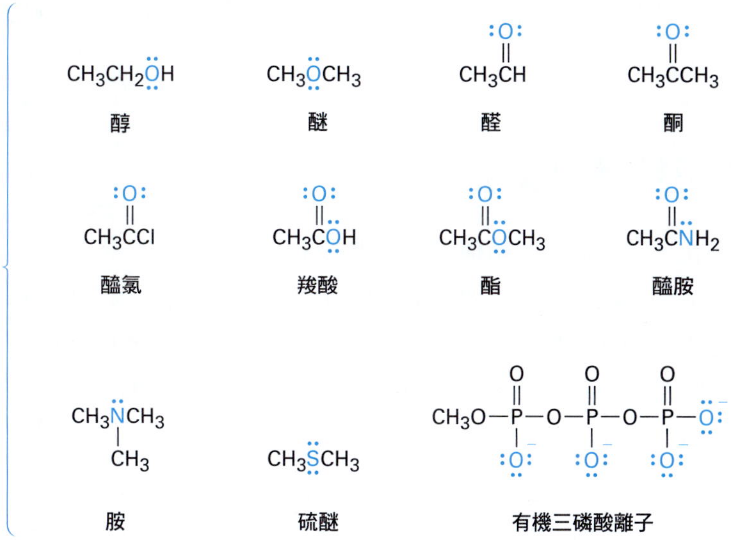

練習題 1-4 用彎曲箭號畫出電子的流動

請用彎曲箭號畫出乙醛 (CH₃CHO) 在當作路易士鹼與酸反應時的電子轉移。

策略　在酸鹼反應中，路易士鹼要提供一對電子給路易士酸，因此我們應該要鎖定乙醛上的孤電子對，並用彎曲箭號表示孤電子對如何轉移給酸的氫原子。

解答

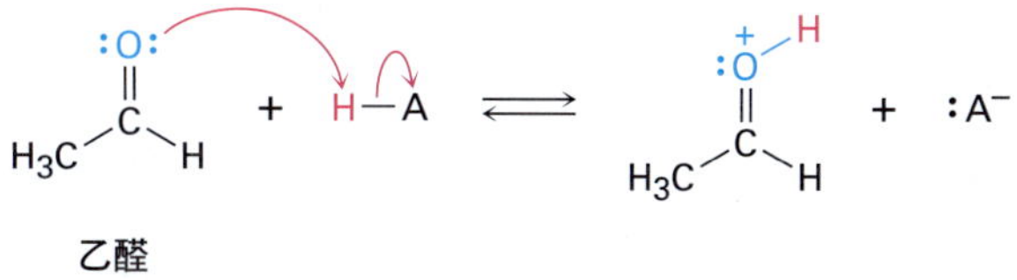

乙醛 :Ö: + H—A ⇌ ⁺ÖH + :A⁻

習題 1-19　請用彎曲箭號表示 (a) 部分的物質如何當作路易士鹼與 HCl 反應；以及 (b) 部分物質如何當作路易士酸與 OH⁻ 反應。
(a) CH_3CH_2OH、$HN(CH_3)_2$、$P(CH_3)_3$；(b) H_3C^+、$B(CH_3)_3$、$MgBr_2$。

習題 1-20　咪唑 (imidazole) 是組胺酸 (histidine)(一種胺基酸) 結構的一部分，它在酸鹼反應中可同時扮演酸與鹼。

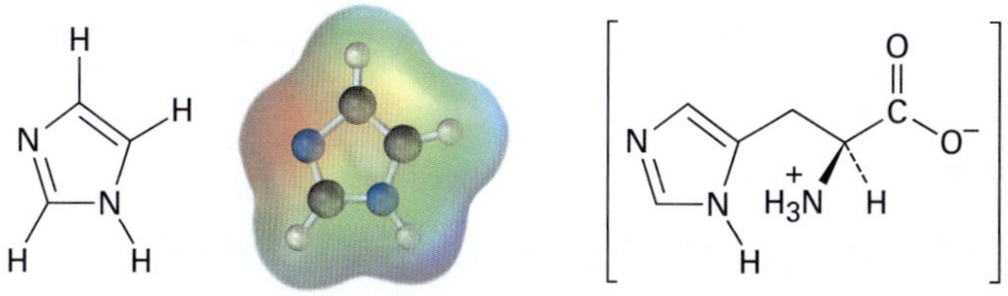

咪唑　　　　　　　　　　　組胺酸

請根據上述咪唑的靜電位能圖指出在此結構中酸性最大的氫原子和鹼性最大的氮原子分別是哪個？

1-10 化學結構的畫法

到目前為止，在我們畫的結構中是用兩原子中的一條直線來表示共價鍵的兩個電子。然而，在畫分子結構的過程中，若要仔細畫出分子中的每一個原子和化學鍵是非常麻煩的。因此，化學家想出了幾種簡化的化學結構畫法。例如在**濃縮結構** (condensed structures) 中，碳-氫和碳-碳單鍵省略不畫。如果碳原子上接三個氫原子就以 CH_3 表示；碳原子上接兩個氫原子就以 CH_2 表示，以此類推。舉例來說，2-甲基丁烷的畫法如下：

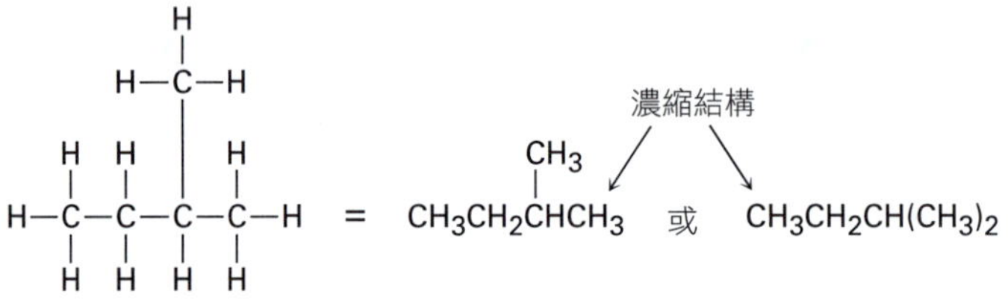

2-甲基丁烷

上述兩個分子的濃縮結構中，請注意平行碳原子之間的鍵在濃縮結構中是不畫的，而是將緊鄰的 CH_3、CH_2 和 CH 接續寫出。而為了清楚表達原子連接的位置，垂直的碳-碳鍵是要畫出來的。此外，若兩個 CH_3 接在同一個 CH 的碳原子上，則要寫成 $(CH_3)_2$。

比濃縮結構更為簡化的畫法稱為**骨架結構** (skeletal structures)，也稱為線-鍵結構，像是表 1-3 中分子結構的畫法，是比較簡明的畫法。以下為畫骨架結構的規則：

規則 1 碳原子通常不畫，取而代之是用兩條線 (鍵) 的連接點和線的端點來代表一個碳原子。為了強調或清楚表達原子的位置，碳原子有時候還是會畫出。

規則 2 接在碳原子上的氫原子不畫。因為碳原子可以接四個鍵，我們可以根據狀況看出每個碳原子上有幾個氫原子。

規則 3 除了碳原子和氫原子，其他所有的原子都要畫出。

順道提及一點，像是 $-CH_3$、$-OH$ 和 $-NH_2$ 等官能基，雖然在畫的時候都是先 C、O 和 N 原子，再畫 H 原子，但如果需要清楚表示分子中鍵結的連接點時，畫的順序會是相反的，像是 H_3C-、$HO-$ 和 H_2N-。較大的官能基，像是 $-CH_2CH_3$，如果反過來畫成 H_3CH_2C- 會造成混淆，因此則不會反過來畫。然而，這種畫法只是通則，並沒有完整定義的內容能使所有的分子結構都能符合這種規則。以下為骨架結構的一些實例：

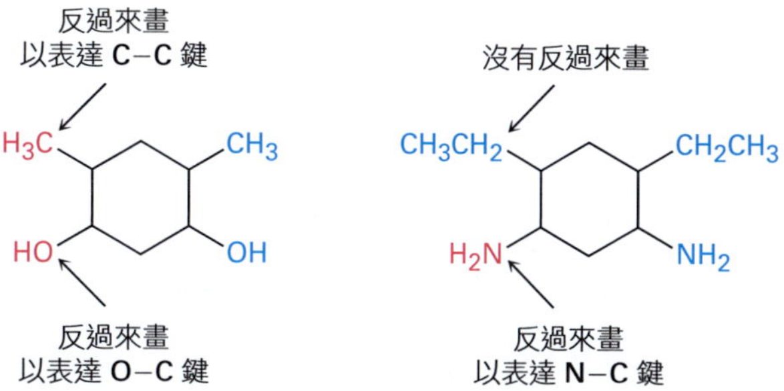

反過來畫
以表達 C–C 鍵
H_3C
CH_3
HO
OH
反過來畫
以表達 O–C 鍵
沒有反過來畫
CH_3CH_2
CH_2CH_3
H_2N
NH_2
反過來畫
以表達 N–C 鍵

表 1-3 一些化合物的 Kekulé 和骨架結構		
化合物	Kekulé 結構	骨架結構
異戊二烯，C_5H_8 (Isoprene)	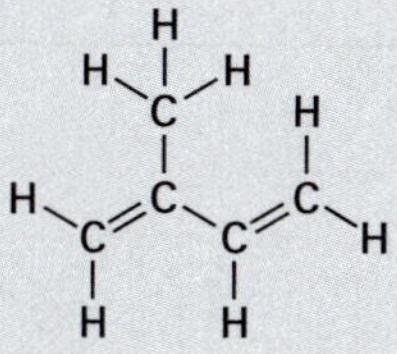	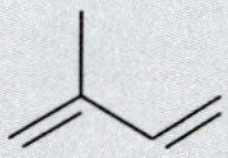
甲基環己烷，C_7H_{14} (Methylcyclohexane)	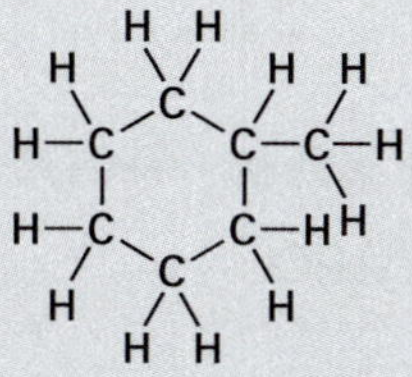	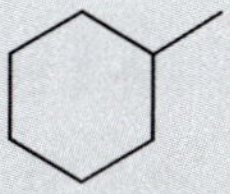
苯酚，C_6H_6O (Phenol)	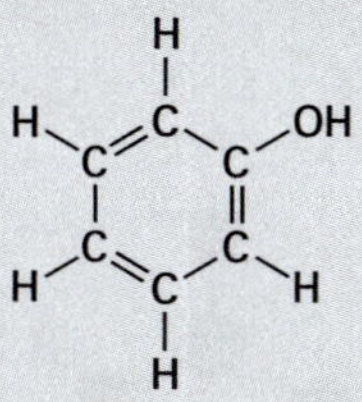	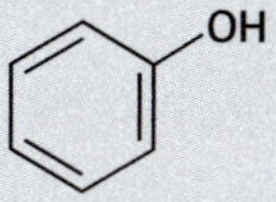

練習題 1-5 線-鍵結構的畫法

香芹酮 (carvone) 的結構如下，它是使綠薄荷 (spearmint) 有香味的一種物質。請根據以下結構指出香芹酮的每個碳原子上有幾個氫原子，並寫出其分子式。

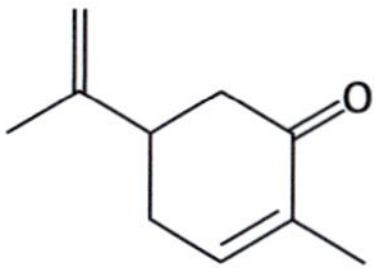

O

香芹酮

策略 若鍵的端點接了一個化學鍵，表示一個碳原子上接了三個氫原子，即 CH_3；若鍵的連接點接了兩個化學鍵，表示一個碳原子上接了兩個氫原子，即 CH_2；若鍵的連接點接了三個化學鍵，表示一個碳原子上接了一個氫原子，即 CH；若鍵的連接點接了四個化學鍵，表示

一個碳原子上沒有接任何氫原子。

解答

香芹酮 (C$_{10}$H$_{14}$O)

習題 1-21 請根據下列化合物結構指出每個碳原子上有幾個氫原子，並寫出其分子式。

(a) 腎上腺素

(b) 雌酮 (一種荷爾蒙)

習題 1-22 請畫出滿足下列分子式的骨架結構，每個結構的畫法可能不只一種。

(a) C$_5$H$_{12}$　(b) C$_2$H$_7$N　(c) C$_3$H$_6$O　(d) C$_4$H$_9$Cl

習題 1-23 對胺基苯甲酸 (*para*-aminobenzoic acid, PABA) 是許多防曬乳的成分，其分子模型結構如下。請畫出其骨架結構 (灰色＝C，紅色＝O，藍色＝N，象牙白色＝H)。

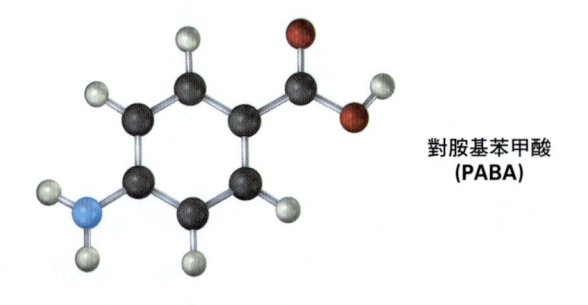

對胺基苯甲酸 (PABA)

附加習題

電子組態

1-24 下列原子的最外層價電子有幾個？

(a) 鋅　(b) 碘　(c) 矽　(d) 鐵

1-25 請寫出下列元素的基態電子組態。

(a) 鉀　(b) 砷　(c) 鋁　(d) 鍺

電子點結構和線-鍵結構

1-26 下列分子可能的分子式是什麼？

(a) NH₂OH (b) AlCl₂ (c) CF₂Cl₂ (d) CH₂O

1-27 為什麼以下的分子式不能成立？

(a) CH₅ (b) C₂H₆N (c) C₃H₅Br₂

1-28 乙腈 (C₂H₃N) 的分子結構中有一個碳-氮參鍵，請畫出它的電子點結構。此結構中，氮原子的外層有幾個電子？其中有幾個是鍵結電子？幾個是非鍵結電子？

1-29 氯乙烯 (C₂H₃Cl) 是製造 PVC (聚氯乙烯) 塑膠的原料，請畫出它的線-鍵結構。

1-30 請填入下列分子結構中缺少的未鍵結價電子：

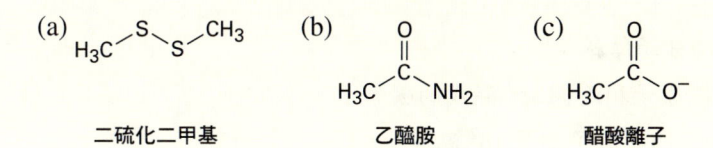

(a) H₃C–S–S–CH₃　二硫化二甲基

(b) H₃C–C(=O)–NH₂　乙醯胺

(c) H₃C–C(=O)–O⁻　醋酸離子

1-31 請將下列分子的線-鍵結構轉換成分子式：

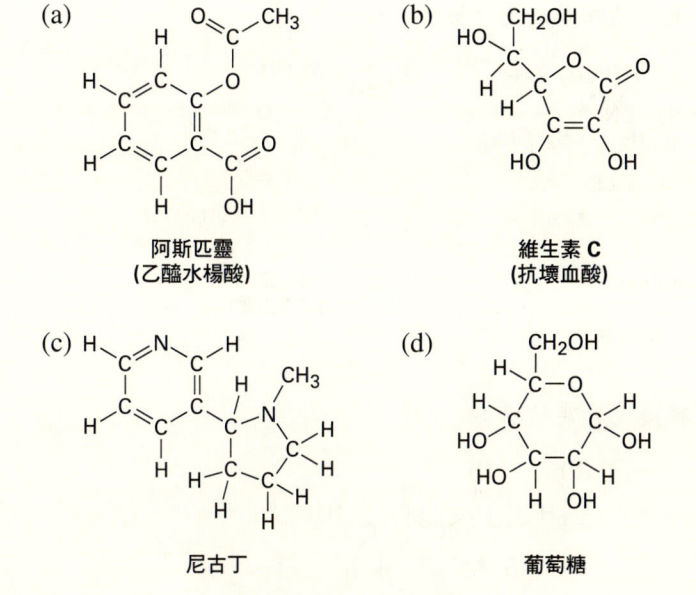

(a) 阿斯匹靈 (乙醯水楊酸)

(b) 維生素 C (抗壞血酸)

(c) 尼古丁

(d) 葡萄糖

1-32 請將下列分子式轉換成線-鍵結構：

(a) C₃H₈ (b) CH₅N (c) C₂H₆O (兩種可能) (d) C₃H₇Br (兩種可能)

(e) C₂H₄O (三種可能) (f) C₃H₉N (四種可能)

軌域混成

1-33 習題 1-28 中的乙腈分子結構中，每個碳原子的混成形式是什麼？

1-34 下列分子中，每個碳原子的混成形式是什麼？

(a) 丙烷 (Propane)　CH₃CH₂CH₃

(b) 2-甲基丙烯 (2-Methylpropene)　CH₃C(CH₃)=CH₂

(c) 丁-1-烯-3-炔 (But-1-en-3-yne) H₂C=CH—C≡CH

(d) 醋酸 CH₃COOH (含 C=O)

1-35 請根據下列結構寫出每個鍵角的大小以及紅色標示原子的混成形式。

(a) H₂N—CH₂—C(=O)—OH
甘胺酸
(一種胺基酸)

(b) 吡啶

(c) CH₃—CH(OH)—C(=O)—OH
乳酸
(酸乳的成分)

1-36 請畫出符合下列敘述的分子結構：
(a) 有兩個 sp^2 混成的碳原子和兩個 sp^3 混成的碳原子。
(b) 只有四個碳原子，每個碳原子都是 sp^2 混成。
(c) 有兩個 sp 混成的碳原子和兩個 sp^2 混成的碳原子。

1-37 下列分子中，每個碳原子的混成形式是什麼？

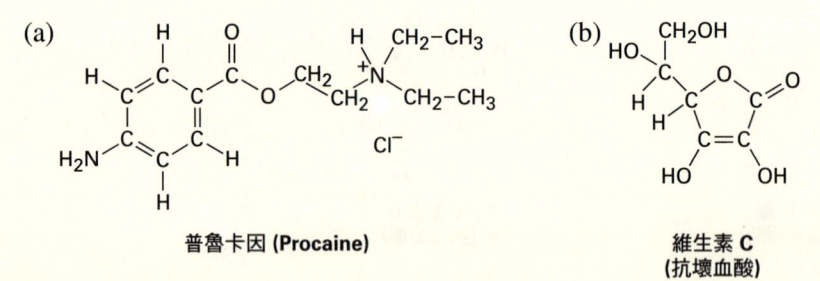

(a) 普魯卡因 (Procaine)

(b) 維生素 C
(抗壞血酸)

骨架結構

1-38 將下列分子結構的畫法轉換成骨架結構：

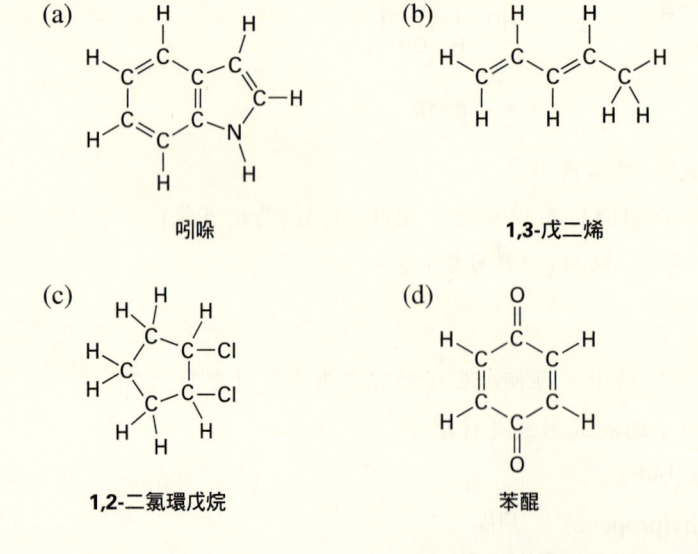

(a) 吲哚

(b) 1,3-戊二烯

(c) 1,2-二氯環戊烷

(d) 苯醌

1-39 請指出下列分子的骨架結構中，每個碳原子上接了幾個氫原子，並寫出其分子式。

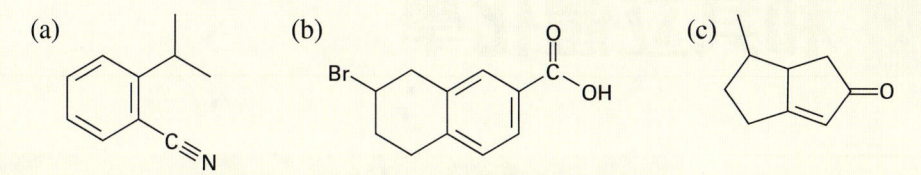

(a)　　　　　　(b)　　　　　　(c)

電負度和偶極矩

1-40 請指出下列分子中哪一個原子的電負度最大？

(a) CH_2FCl　(b) $FCH_2CH_2CH_2Br$　(c) $HOCH_2CH_2NH_2$　(d) CH_3OCH_2Li

1-41 請用課文中提供的電負度表來預測下列各組分子的化學鍵中哪一個的偶極矩比較大，並寫出每個分子偶極矩的方向。

(a) H_3C-Cl 或 $Cl-Cl$　　　　(b) H_3C-H 或 $H-Cl$

(c) $OH-CH_3$ 或 $(CH_3)_3Si-CH_3$　(d) H_3C-Li 或 $Li-OH$

1-42 下列分子中何者具有偶極矩？請指出每個偶極矩的方向。

(a)　　　(b)　　　(c)　　　(d)

酸和鹼

1-43 醇類和水一樣可以當作弱酸也可以當作弱鹼。請寫出甲醇 (CH_3OH) 和強酸(例如：HCl) 或強鹼 (例如：Na^+ $^-NH_2$) 的反應。

1-44 下列化合物何者為路易士酸？何者為路易士鹼？

(a) $AlBr_3$　(b) $CH_3CH_2NH_2$　(c) BH_3　(d) HF　(e) CH_3SCH_3　(f) $TiCl_4$

1-45 寫出下列酸-鹼反應的產物？

(a) $CH_3OH + H_2SO_4 \rightleftarrows ?$　(b) $CH_3OH + NaNH_2 \rightleftarrows ?$　(c) $CH_3NH_3^+Cl^- + NaOH \rightleftarrows ?$

1-46 請將下列物質依酸性遞增排列：

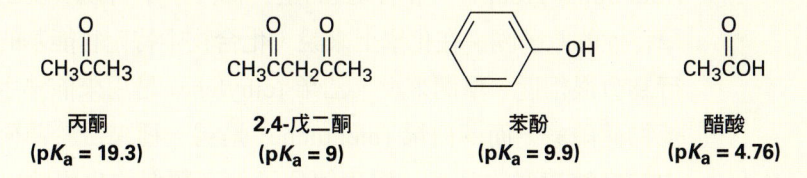

丙酮
($pK_a = 19.3$)

2,4-戊二酮
($pK_a = 9$)

苯酚
($pK_a = 9.9$)

醋酸
($pK_a = 4.76$)

1-47 銨離子 (NH_4^+，$pK_a = 9.25$) 的 pK_a 比甲基銨離子 ($CH_3NH_3^+$，$pK_a = 10.66$) 小。請問氨 (NH_3) 和甲基胺 (CH_3NH_2) 何者為比較強的鹼？請解釋其原因。

2 有機化合物：烷類、環烷類和其立體化學

2-1 官能基
2-2 烷類和烷類異構物
2-3 烷基
2-4 烷類的命名
2-5 烷類的性質
2-6 乙烷的構型
2-7 環烷類的命名
2-8 環烷類中的順-反異構化
2-9 環烷類的構型
2-10 環己烷的軸鍵和赤道鍵

© tactilephoto/Shutterstock.com

根據化學文摘 (Chemical Abstract) 的紀錄，到目前已經有超過五千萬種的有機化合物。其中的每一個化合物都有自己的物理特性，像是熔點和沸點，它們也都有自己的化學反應性。化學家根據多年的經驗將有機化合物的結構特性來分類，同一類型的化合物都有類似的化學行為。這五千萬種有機化合物的反應性並非都是隨機的。根據有機化合物的分類，有些類型的化合物反應是可以合理預測的。在本書中，我們將學習許多類型的有機化合物性質及其反應。而在這個章節中，我們將從最簡單的一類，也就是烷類 (alkanes) 開始介紹。

2-1 官能基

用來將有機化合物分類的結構特性是化合物的**官能基** (functional group)，它所代表的是一個分子中可以展現出其化學特性的原子團。在化學上來說，化合物中特定官能基的化學行為會很相近。舉例來說，乙烯 (ethylene) 是用來催熟水果的植物荷爾蒙，而薄荷烯 (menthene) 是另一種來自於薄荷精油中結構較複雜的分子，這兩個分子就有類似的化學性質。因為它們的結構中都有碳-碳雙鍵這個官能基，它們都可以與 Br_2 反應得到 Br 原子加成到碳-碳雙鍵上碳原子的產物 (圖 2-1)。這個例子說明了有機化學反應中的一種典型現象，也就是不論分子的大小和結構複雜性如何，每個分子的化學行為決定在它有哪些官能基。

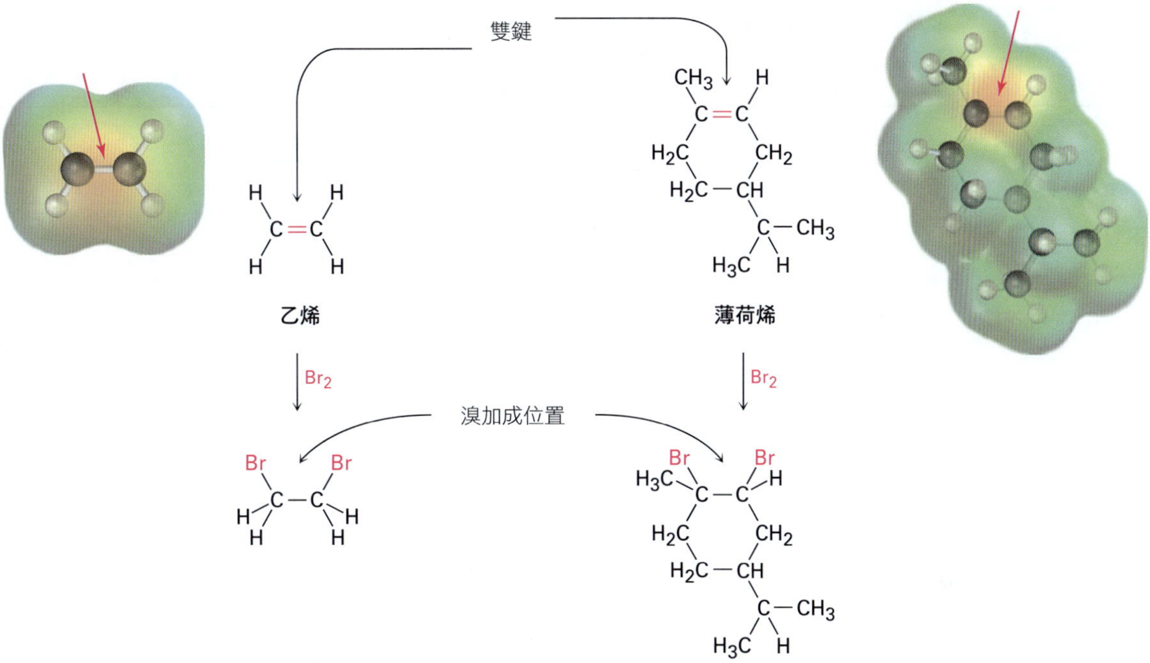

圖 2-1 乙烯和薄荷烯與溴的反應。這兩個分子中的碳-碳雙鍵官能基有類似的極性，因此它們和溴有類似的反應。分子的大小和結構複雜性對反應的影響不大。

表 2-1 列出了許多常見的官能基結構及簡單的相關化合物。其中部分官能基只有碳-碳雙鍵或參鍵，其他的則包含有鹵素、氧、氮、硫、磷原子。接下來將學習到的化學反應與這些官能基相關。

表 2-1 一些常見官能基的結構

名稱	結構*	英文命名字尾	實例
烯 (Alkene) (雙鍵)	$>C=C<$	*-ene*	$H_2C=CH_2$ 乙烯 (Ethene)
炔 (Alkyne) (參鍵)	$-C\equiv C-$	*-yne*	$HC\equiv CH$ 乙炔 (Ethyne)
芳烴 (Arene) (芳香環)	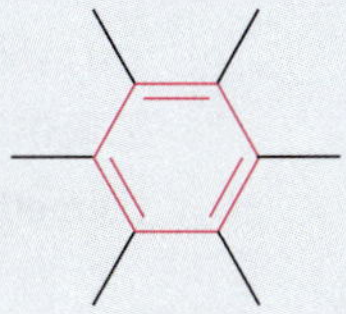	無特定	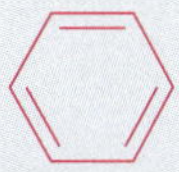 苯 (Benzene)

表 2-1　一些常見官能基的結構 (續)

名稱	結構*	英文命名字尾	實例
鹵化物 (Halide)	C–X (X = F, Cl, Br, I)	無特定	CH_3Cl 氯甲烷 (Chloromethane)
醇 (Alcohol)	C–OH	-ol	CH_3OH 甲醇 (Methanol)
醚 (Ether)	C–O–C	ether	CH_3OCH_3 二甲醚 (Dimethyl ether)
單磷酸鹽 (Monophosphate)	C–O–PO$_3^{2-}$	phosphate	$CH_3OPO_3^{2-}$ 甲基磷酸鹽 (Methyl phosphate)
雙磷酸鹽 (Diphosphate)	C–O–P(O)(O$^-$)–O–P(O)(O$^-$)–O$^-$	diphosphate	$CH_3OP_2O_6^{3-}$ 甲基二磷酸鹽 (Methyl diphosphate)
胺 (Amine)	C–N:	-amine	CH_3NH_2 甲基胺 (Methylamine)
亞胺 (Imine) 席夫鹼 (Schiff base)	C=N–C	無特定	CH_3CCH_3 (=NH) 丙酮亞胺 (Acetone imine)
腈 (Nitrile)	–C≡N	-nitrile	$CH_3C\equiv N$ 乙腈 (Ethanenitrile)
硫醇 (Thiol)	C–SH	-thiol	CH_3SH 甲硫醇 (Methanethiol)
硫化物 (Sulfide)	C–S–C	sulfide	CH_3SCH_3 硫化二甲基 (Dimethyl sulfide)
二硫化物 (Disulfide)	C–S–S–C	disulfide	CH_3SSCH_3 二硫化二甲基 (Dimethyl disulfide)

表 2-1　一些常見官能基的結構 (續)

名稱	結構*	英文命名字尾	實例
亞碸 (Sulfoxide)	C-S(=O⁻)(+)-C	sulfoxide	CH₃S(=O⁻)(+)CH₃ 二甲亞碸 (Dimethyl sulfoxide)
醛 (Aldehyde)	C-C(=O)-H	-al	CH₃CHO 乙醛 (Ethanal)
酮 (Ketone)	C-C(=O)-C	-one	CH₃COCH₃ 丙酮 (Propanone)
羧酸 (Carboxylic acid)	C-C(=O)-OH	-oic acid	CH₃COOH 乙酸 (Ethanoic acid)
酯 (Ester)	C-C(=O)-O-C	-oate	CH₃COOCH₃ 乙酸甲酯 (Methyl ethanoate)
硫酯 (Thioester)	C-C(=O)-S-C	-thioate	CH₃COSCH₃ 乙酸甲硫醇酯 (Methyl ethanethioate)
醯胺 (Amide)	C-C(=O)-N	-amide	CH₃CONH₂ 乙醯胺 (Ethanamide)
醯氯 (Acid chloride)	C-C(=O)-Cl	-oyl chloride	CH₃COCl 乙醯氯 (Ethanoyl chloride)
羧酸酐 (Carboxylic acid anhydride)	C-C(=O)-O-C(=O)-C	-oic anhydride	CH₃COOCCH₃ 乙酸酐 (Ethanoic anhydride)

*有些原子未指明所連接原子，係假設它與結構中其他的碳或氫原子相接。

有碳-碳雙鍵或參鍵的官能基

烯類、炔類和芳烴類 (芳香族化合物) 都有碳-碳雙鍵或參鍵。烯類有雙鍵，炔類有參鍵，芳烴類則是在碳原子組成的六元環中有連續交替的雙鍵和單鍵。由於其結構相似性，這些化合物都具有相似的化學性質。

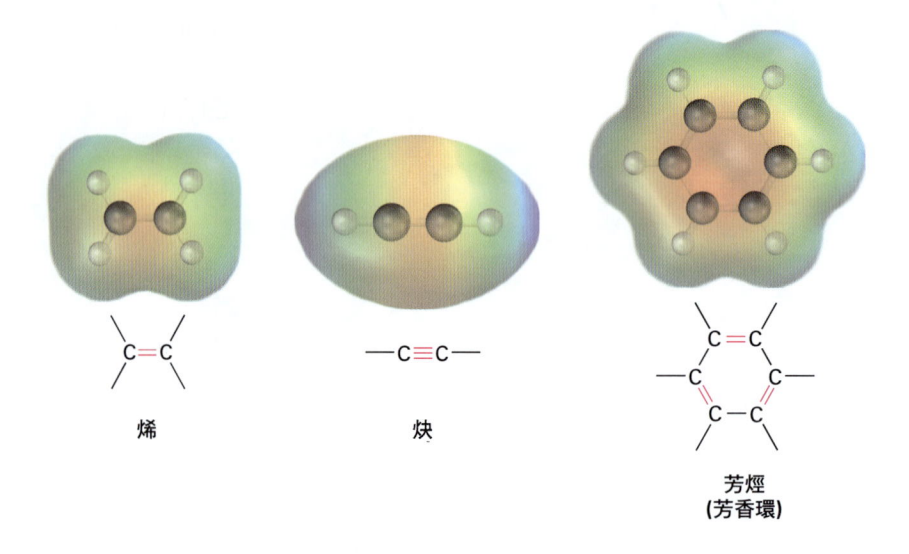

烯　　　　　　　炔　　　　　　　芳烴
　　　　　　　　　　　　　　　　（芳香環）

碳原子以單鍵鍵結到一個電負度大原子的官能基

烷基鹵化物 (鹵烷)、醇、醚、烷基磷酸鹽、胺、硫醇、硫化物和二硫化物的結構中都有碳原子以單鍵鍵結到一個電負度大的原子，像是鹵素、氧、氮和硫。其中，烷基鹵化物是碳原子以單鍵鍵結到鹵素原子 (−X)，醇是碳原子以單鍵鍵結到羥基 (−OH) 上的氧原子，醚是兩個碳原子以單鍵鍵結到同一個氧原子，有機磷酸鹽是碳原子以單鍵鍵結到磷酸基 (−OPO$_3^{2-}$) 上的氧原子，胺是碳原子以單鍵鍵結到氮原子，硫醇是碳原子以單鍵鍵結到硫醇基 (−SH) 上的硫原子，硫化物是兩個碳原子以單鍵鍵結到同一個硫原子，二硫化物是兩個碳原子分別以單鍵鍵結到一個硫原子，兩個硫原子再鍵結在一起。這些分子中都有極性的化學鍵，其中的碳原子帶部分正電 ($\delta+$)，電負度大的原子則帶部分負電 ($\delta-$)。

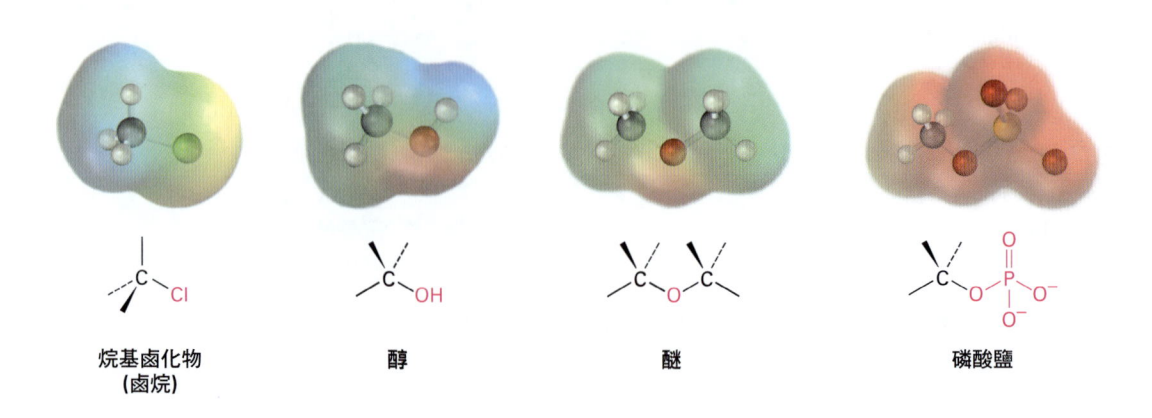

烷基鹵化物　　　　醇　　　　　　醚　　　　　　磷酸鹽
（鹵烷）

胺　　　　　　硫醇　　　　　　硫化物　　　　　　二硫化物

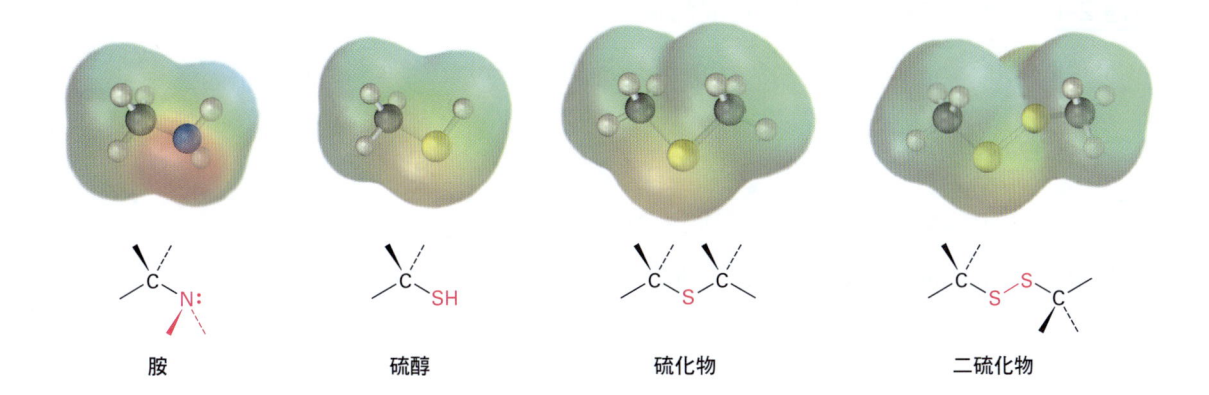

有碳-氧雙鍵 (羰基) 的官能基

在表 2-1 中，許多不同類型的官能基中都可以看到羰基 (C=O) 出現，它存在於大多數的有機化合物中，幾乎所有的生物分子中也都有羰基。這些化合物在許多狀況下都有類似的性質，但它們會因為鍵結在羰基上的原子不同而改變性質。以醛類來說，它有至少一個氫原子鍵結在羰基的碳原子上，酮類則是有兩個碳原子鍵結在羰基的碳原子上，羧酸類有一個 −OH 官能基鍵結在羰基的碳原子上，醚類有一個類似於酯類的氧原子鍵結在羰基的碳原子上，硫醇有一個類似於硫化物的硫原子鍵結在羰基的碳原子上，醯胺有一個類似於胺的氮原子鍵結在羰基的碳原子上，醯基氯化物 (簡稱醯氯) 則是有一個氯原子鍵結在羰基的碳原子上。羰基的碳原子帶部分正電 ($\delta+$)，氧原子則帶部分負電 ($\delta-$)。

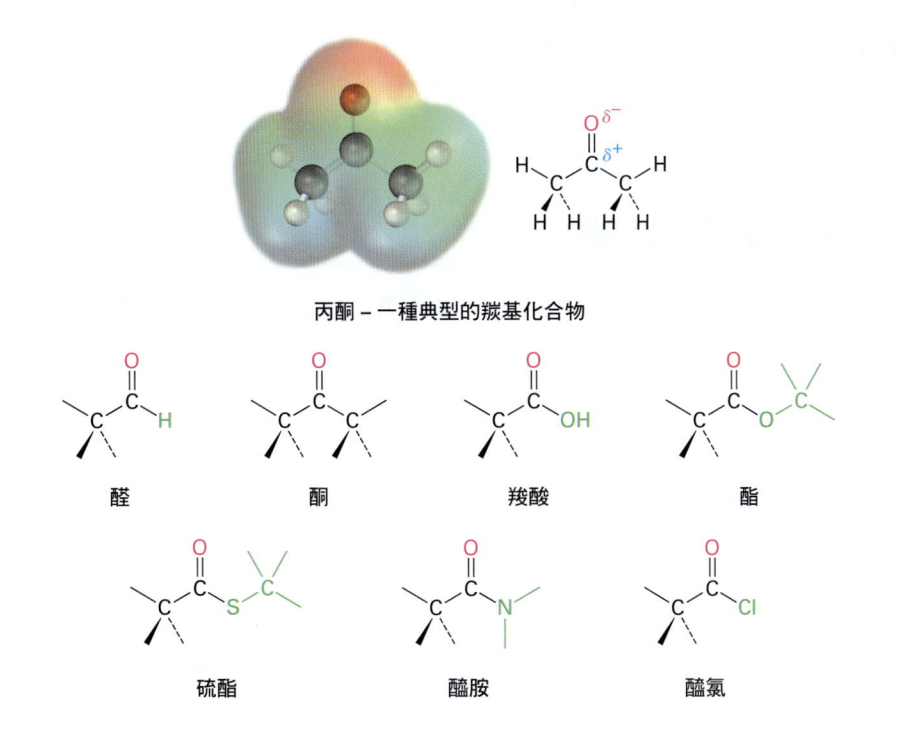

丙酮 – 一種典型的羰基化合物

醛　　　　　酮　　　　　羧酸　　　　　酯

硫酯　　　　　醯胺　　　　　醯氯

習題 2-1　請指出下列分子中有哪些官能基？

(a) 甲硫胺酸 (一種胺基酸)

CH₃SCH₂CH₂CHCOOH
　　　　　　|
　　　　　　NH₂
(上方羧基有 =O)

(b) 布洛芬 (Ibuprofen) (一種止痛藥)

(結構：異丁基-苯環-CH(CH₃)-CO₂H)

(c) 辣椒素 (capsaicin) (辣椒中的刺激性物質)

(結構：H₃CO、HO 取代之苯環-CH₂-NH-C(=O)-(CH₂)₄-CH=CH-CH(CH₃)₂)

習題 2-2　請寫出含有下列官能基的分子：

(a) 醇　(b) 芳香環　(c) 羧酸　(d) 胺　(e) 酮和胺　(f) 兩個雙鍵

習題 2-3

檳榔素 (arecoline) 是一種用來控制動物體內寄生蟲的獸醫用藥，請指出下列檳榔素分子模型中有哪些官能基？畫出其線-鍵結構並寫出分子式 (紅色＝O，藍色＝N)。

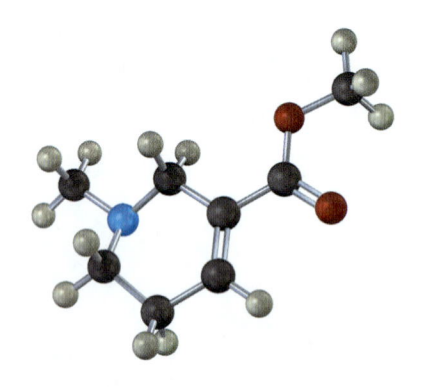

2-2　烷類和烷類異構物

　　在開始系統性的討論不同官能基之前，讓我們先討論最簡單的烷類來建立一些基本概念。在 1-4 節中，我們已經知道乙烷中的碳-碳單鍵是由碳原子的 sp^3 混成軌域做頭對頭的重疊所生成的鍵結。如果我們想像把三個、四個、五個或甚至更多個碳原子以碳-碳單鍵連結在一起，就可以得到一系列烷類 (alkanes) 分子。

甲烷　　乙烷　　丙烷　　丁烷　…等等

2-2 烷類和烷類異構物

　　烷類常被稱為飽和烴。**烴類** (hydrocarbons) 指的是只含有碳原子和氫原子的分子，**飽和** (saturated) 的意思是分子中只有碳-碳和碳-氫單鍵，因此這個分子上的每個碳原子上有最大可能的氫原子數量。烷類的通式為 C_nH_{2n+2}，n 為整數。烷類有時也被稱為**脂肪族** (aliphatic) 化合物，此名稱是由希臘字 *aleiphas* 而來，是「脂肪」的意思，其因是許多動物脂肪都含有類似於烷類的長碳鏈。

$$\begin{array}{l} \overset{O}{\underset{\|}{}} \\ CH_2OCCH_2CH_2CH_2CH_2CH_2CH_2CH_2CH_2CH_2CH_2CH_2CH_2CH_2CH_2CH_3 \\ \overset{O}{\underset{\|}{}} \\ CHOCCH_2CH_2CH_2CH_2CH_2CH_2CH_2CH_2CH_2CH_2CH_2CH_2CH_2CH_3 \\ \overset{O}{\underset{\|}{}} \\ CH_2OCCH_2CH_2CH_2CH_2CH_2CH_2CH_2CH_2CH_2CH_2CH_2CH_2CH_2CH_3 \end{array}$$

一種典型的動物脂肪

　　想想看碳原子和氫原子是如何組合成烷類的？若是一個碳原子和四個氫原子的組合，可能的結構只有一種，就是甲烷 (CH_4)。同樣地，若是兩個碳原子和六個氫原子的組合，可能的結構也只有一種，就是乙烷 (CH_3CH_3)；若是三個碳原子和八個氫原子的組合，唯一可能的結構則是丙烷 ($CH_3CH_2CH_3$)。然而，當更多碳原子和氫原子組合時，分子結構的可能性就不只一種了。例如，分子式為 C_4H_{10} 有兩種可能的結構，其中的四個碳原子可以排成直鏈，結構為丁烷；也可以排成分支狀，結構為異丁烷。相同地，分子式為 C_5H_{12} 有兩種可能的結構，更長鏈的烷類也是如此。

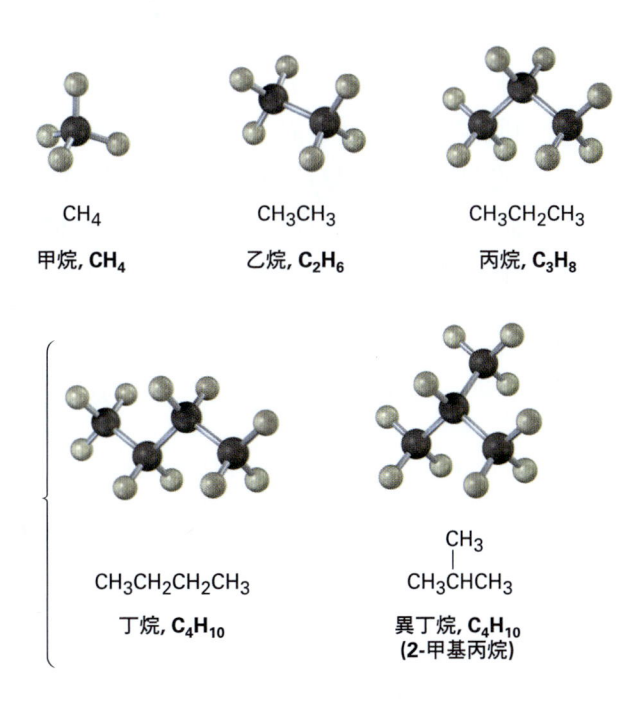

CH_4
甲烷, CH_4

CH_3CH_3
乙烷, C_2H_6

$CH_3CH_2CH_3$
丙烷, C_3H_8

$CH_3CH_2CH_2CH_3$
丁烷, C_4H_{10}

$\begin{array}{c} CH_3 \\ | \\ CH_3CHCH_3 \end{array}$
異丁烷, C_4H_{10}
(2-甲基丙烷)

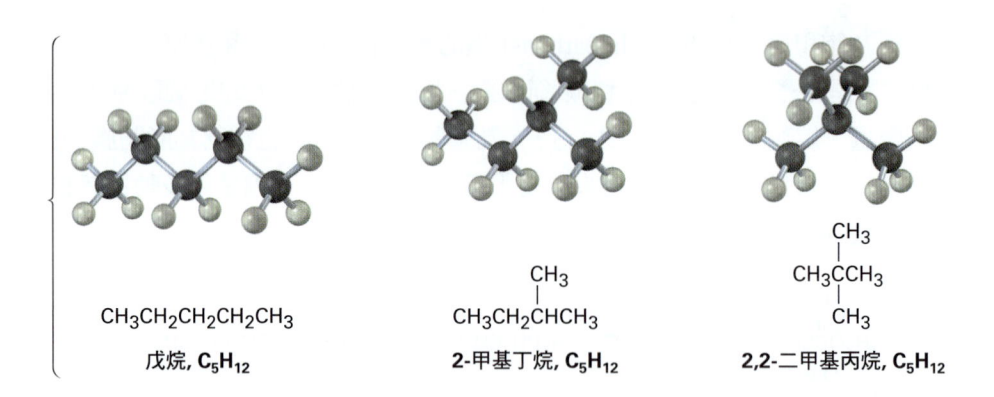

CH₃CH₂CH₂CH₂CH₃
戊烷, C₅H₁₂

CH₃
|
CH₃CH₂CHCH₃
2-甲基丁烷, C₅H₁₂

　　CH₃
　　|
CH₃CCH₃
　　|
　　CH₃
2,2-二甲基丙烷, C₅H₁₂

像是丁烷和戊烷一樣把碳原子都串接在一直列的化合物，稱為**直鏈烷類** (straight-chain alkanes) 或正烷類 (normal alkanes)。若像是 2-甲基丙烷 (異丁烷)、2-甲基丁烷和 2,2-二甲基丙烷一樣把碳原子以分支狀排列在一起的化合物，稱為**支鏈烷類** (branched-chain alkanes)。

分子式同為 C_4H_{10} 的兩個分子，或分子式同為 C_5H_{12} 的三個分子，它們雖然分子式相同，但結構不同，因此互稱為**異構物** (isomers)，其英文字義來自於希臘字首和字尾 *isos* + *meros* 的組合，其義是「由相同部分所組成」。異構物指的是化合物有相同數量和種類的原子，但排列的方式不同。像是丁烷和異丁烷這兩個化合物的原子排列方式不同，因此稱為**結構異構物** (constitutional isomers)。我們接下來很快會看到異構物的排列也有其他方式，即便是不同分子中原子以相同順序排列的化合物也可以是異構物。正如表 2-2 所示，烷類異構物可能的數量會隨著碳原子數量的增加而急速增加。

結構異構化的現象不只有烷類會發生，有機化學中其他種類的化合物也會。結構異構物的彼此之間可以是不同的碳骨架形式 (像是異丁烷和丁烷)，也可以是有不同的官能基 (像是乙醇和乙醚)，或是官能基的位置不同 (像是異丙胺和丙胺)。不論形成異構化的原因為何，結構異構物都是不同的分子，有不同的性質，但它們的分子式相同。

表 2-2　烷類異構物的數目

分子式	異構物數目
C_6H_{14}	5
C_7H_{16}	9
C_8H_{18}	18
C_9H_{20}	35
$C_{10}H_{22}$	75
$C_{15}H_{32}$	4347
$C_{20}H_{42}$	366,319
$C_{30}H_{62}$	4,111,846,763

不同的碳骨架形式
C_4H_{10}

CH₃
|
CH₃CHCH₃
2-甲基丙烷
(異丁烷)

和

CH₃CH₂CH₂CH₃
丁烷

不同的官能基
C_2H_6O

CH₃CH₂OH
乙醇

和

CH₃OCH₃
乙醚
(2 甲醚)

不同的官能基位置
C_3H_9N

NH₂
|
CH₃CHCH₃
異丙胺

和

CH₃CH₂CH₂NH₂
丙胺

我們可以用不同的方式來畫烷類的結構。例如，有四個碳原子的直鏈烷類稱為丁烷，它可以畫成圖 2-2 中的任何一種方式。這些結構只能表示出原子的連接方式，並無法表示出特定的丁烷三維構型。實際上，化學家很少畫出一個分子中所有的化學鍵，通常是以其濃縮結構 (condensed structure) 來表示，像是 CH₃CH₂CH₂CH₃ 或是 CH₃(CH₂)₂CH₃。更簡單的表示法可以寫成 n-C₄H₁₀，其中的 n 表示的是正常 (直鏈) 的丁烷。

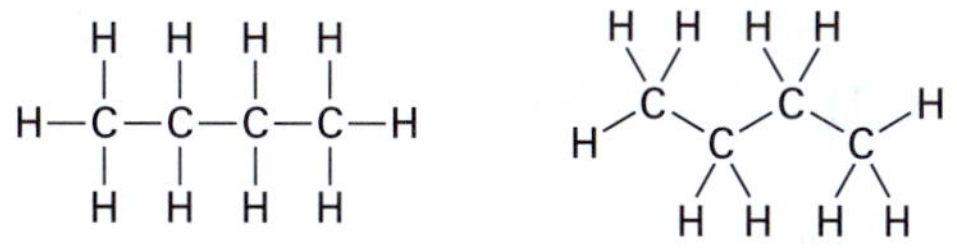

CH₃—CH₂—CH₂—CH₃ 　　CH₃CH₂CH₂CH₃ 　　CH₃(CH₂)₂CH₃

圖 2-2 不同的丁烷 (C₄H₁₀) 表示方式。不論哪種方式所表示的都是一樣的分子。這些表示方式只能說明丁烷的結構是由四個碳的直鏈所組成，並無法說明其結構的三維構型。

如表 2-3 所示，直鏈烷類的命名是依照它們有幾個碳原子而定。除了前四種烷類 (甲烷、乙烷、丙烷和丁烷) 的命名有其歷史意義之外，其他的烷類都是用希臘數字來命名。在烷類名稱的字尾加上 -ane 來表示這是一個烷類分子。因此，pent*ane* 指的是五個碳的烷類；hex*ane* 指的是六個碳的烷類；以此類推。我們之後會了解到這些烷類的命名是所有其他有機化合物命名的基礎，因此至少前十個烷類的名稱要背起來。

表 2-3　直鏈烷類命名

碳數 (n)	名稱	分子式 (C_nH_{2n+2})	碳數 (n)	名稱	分子式 (C_nH_{2n+2})
1	甲烷 (Methane)	CH₄	9	壬烷 (Nonane)	C₉H₂₀
2	乙烷 (Ethane)	C₂H₆	10	癸烷 (Decane)	C₁₀H₂₂
3	丙烷 (Propane)	C₃H₈	11	十一烷 (Undecane)	C₁₁H₂₄
4	丁烷 (Butane)	C₄H₁₀	12	十二烷 (Dodecane)	C₁₂H₂₆
5	戊烷 (Pentane)	C₅H₁₂	13	十三烷 (Tridecane)	C₁₃H₂₈
6	己烷 (Hexane)	C₆H₁₄	20	二十烷 (Icosane)	C₂₀H₄₂
7	庚烷 (Heptane)	C₇H₁₆	30	三十烷 (Triacontane)	C₃₀H₆₂
8	辛烷 (Octane)	C₈H₁₈			

練習題 2-1　異構物結構的畫法

請畫出分子式是 C₂H₇N 的兩種異構物。

策略　我們知道碳原子要接四個鍵，氮原子要接三個鍵，而氫原子只接一個鍵。先畫出碳原子，然後用嘗試錯誤法加上直覺將結構拼湊出來。

解答　有兩個異構物結構，其中一種是以 C–C–N 方式排列，另一種則是 C–N–C。

這些片段…   2 —C—   1 —N—   7 H—

拼湊成…

這些結構   H-C-C-N-H   和   H-C-N-H

習題 2-4 請畫出分子式為 C_6H_{14} 的五個異構物。

習題 2-5 請畫出符合下列描述的分子結構：
(a) 兩個分子式為 $C_5H_{10}O_2$ 的酯類異構物。
(b) 兩個分子式為 C_4H_7N 的腈類異構物。
(c) 兩個分子式為 $C_4H_{10}S_2$ 的二硫化物異構物。

習題 2-6 請根據下列描述指出有幾種可能的異構物？
(a) 分子式為 C_3H_8O 的醇類。
(b) 分子式為 C_4H_9Br 的鹵烷。
(c) 分子式為 C_4H_8OS 的硫酯。

2-3 烷基

　　如果將一個氫原子從烷類結構中移去，剩餘的部分結構稱為**烷基** (alkyl group)。烷基本身並不穩定，它必須連接到較大的分子上。烷基的命名是將其烷類的命名字尾從 -ane 改成 -yl。舉例來說，將一個氫原子從甲烷 (CH_4) 中移去會得到甲基 ($-CH_3$)；而將一個氫原子從乙烷 (CH_3CH_3) 中移去會得到乙基 ($-CH_2CH_3$)。同樣地，若將一個氫原子從直鏈烷中移去會得到一系列的烷基，如表 2-4 所示。將烷基與先前所學的官能基組合起來可以成為許多種不同的化合物，例如：

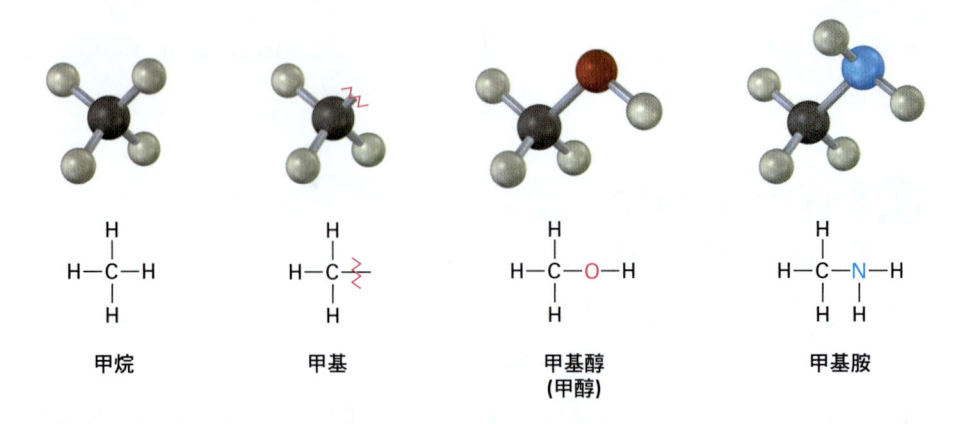

甲烷　　　甲基　　　甲基醇(甲醇)　　　甲基胺

表 2-4　一些直鏈烷基

烷類	名稱	烷基	名稱 (簡寫)
CH_4	甲烷 (Methane)	$-CH_3$	甲基 (Methyl) (Me)
CH_3CH_3	乙烷 (Ethane)	$-CH_2CH_3$	乙基 (Ethyl) (Et)
$CH_3CH_2CH_3$	丙烷 (Propane)	$-CH_2CH_2CH_3$	丙基 (Propyl) (Pr)
$CH_3CH_2CH_2CH_3$	丁烷 (Butane)	$-CH_2CH_2CH_2CH_3$	丁基 (Butyl) (Bu)
$CH_3CH_2CH_2CH_2CH_3$	戊烷 (Pentane)	$-CH_2CH_2CH_2CH_2CH_3$	戊基 (Pentyl 或 amyl)

和直鏈烷基從烷類結構中移去一個氫原子的方式一樣，支鏈烷基也是從支鏈烷類結構中移去一個氫原子所構成。三個碳原子所構成的烷類有兩種可能；四個碳原子所構成的烷類則有四種可能 (圖 2-3)。

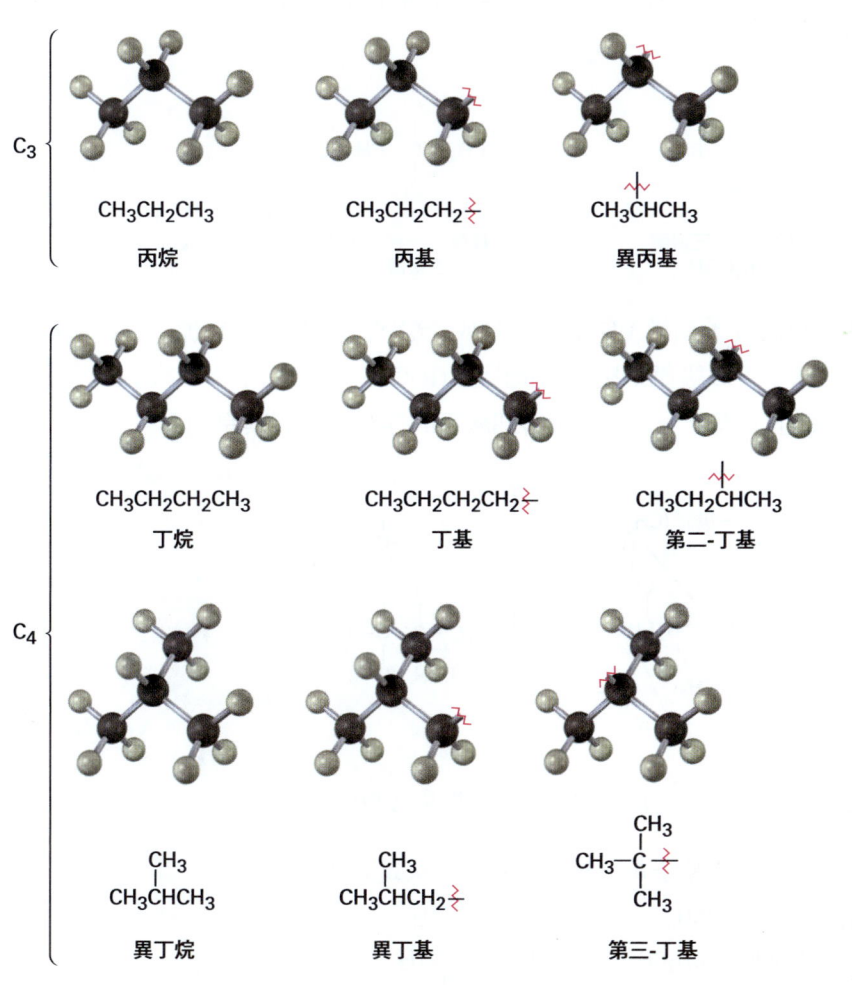

圖 2-3　三個碳原子和四個碳原子所構成的烷基結構。

C_3
- $CH_3CH_2CH_3$　丙烷
- $CH_3CH_2CH_2-$　丙基
- CH_3CHCH_3　異丙基

C_4
- $CH_3CH_2CH_2CH_3$　丁烷
- $CH_3CH_2CH_2CH_2-$　丁基
- $CH_3CH_2CHCH_3$　第二-丁基
- CH_3CHCH_3 異丁烷
- CH_3CHCH_2- 異丁基
- $CH_3-C(CH_3)_2-$ 第三-丁基

命名烷基還有一點要注意的地方。在圖 2-3 中，用來命名不同 C_4 烷基的字首，如：*sec-* (代表的是二級，secondary)；*tert-* (代表的是三級，tertiary)，指的是接在分支點碳原子上其

他碳原子的數量，有四種可能性，分別是 primary (1°；一級)、secondary (2°；二級)、tertiary (3°；三級)、quaternary (4°；四級)。

$$\begin{array}{c} R \\ | \\ H-C-H \\ | \\ H \end{array}$$ 　$$\begin{array}{c} R \\ | \\ R-C-H \\ | \\ H \end{array}$$ 　$$\begin{array}{c} R \\ | \\ R-C-R \\ | \\ H \end{array}$$ 　$$\begin{array}{c} R \\ | \\ R-C-R \\ | \\ R \end{array}$$

一級碳 (1°)　　二級碳 (2°)　　三級碳 (3°)　　四級碳 (4°)
與另一個碳原子相接　與另兩個碳原子相接　與另三個碳原子相接　與另四個碳原子相接

符號 **R** 在有機化學中被用來表示一般的官能基。所以 **R** 可以是甲基、乙基、丙基或其他任何的官能基。我們可以把 **R** 視為是此分子其他 (**R**est) 不寫明的部分。

一級、二級、三級、四級這些術語在有機化學中使用頻繁，我們可將其視為常規的用法。舉例來說，如果我們說：「檸檬酸是一種三級醇」，我們指的是它有一個醇類 (−OH) 的官能基，且此官能基接在一個與另外三個碳原子相接的碳原子上 (這裡的另外三個碳原子也可以再與其他官能基相接)。

$$\begin{array}{c} OH \\ | \\ R-C-R \\ | \\ R \end{array}$$ 　　$$\begin{array}{c} OH \\ | \\ HO_2CCH_2-C-CH_2CO_2H \\ | \\ CO_2H \end{array}$$

一般類型的三級醇，　　　檸檬酸 − 一種特定的
R_3COH　　　　　　　　　　三級醇

除此之外，我們也可以將分子結構上的氫原子分成一級、二級和三級三種。一級氫是接在一級碳上 (RCH_3) 的氫原子；二級氫是接在二級碳上 (R_2CH_2) 的氫原子；三級氫原子是接在三級碳上 (R_3CH) 的氫原子。因此，當然不會有四級氫的存在，試想其原因。

一級氫 (CH_3)
　　　　　CH_3
　　　　　　|
　　$CH_3CH_2CHCH_3$ 　=　$\begin{array}{c} H \\ | \\ H-C-H \\ H\ H\ |\ H \\ |\ \ |\ \ |\ \ | \\ H-C-C-C-C-H \\ |\ \ |\ \ |\ \ | \\ H\ H\ H\ H \end{array}$
二級氫 (CH_2)
三級氫 (CH)

習題 2-7 請畫出八種由五個碳原子組成的烷基 (戊烷基異構物)。

習題 2-8 請寫出下列分子中的碳原子是一級、二級、三級還是四級？

(a) $\begin{array}{c} CH_3 \\ | \\ CH_3CHCH_2CH_3 \end{array}$ 　　(b) $\begin{array}{c} CH_3CHCH_3 \\ | \\ CH_3CH_2CH_2CH_3 \end{array}$ 　　(c) $\begin{array}{c} CH_3\ \ \ CH_3 \\ |\ \ \ \ \ \ \ | \\ CH_3CHCH_2CCH_3 \\ | \\ CH_3 \end{array}$

習題 2-9 請寫出習題 2-8 分子中的氫原子是一級、二級還是三級？

習題 2-10 請畫出符合下列描述的烷類分子結構：
(a) 有兩個三級碳的烷類。
(b) 有一個異丙基的烷類。
(c) 有一個四級碳和一個二級碳的烷類。

2-4 烷類的命名

在過去純有機化合物較少被發現的年代，新的有機化合物是尤其發現者隨意命名的。像是尿素 (urea，CH_4N_2O) 就是一種從尿液 (urine) 中分離出來的結晶物質；嗎啡 (morphine，$C_{17}H_{19}NO_3$) 是一種止痛劑，它是根據希臘夢神的名字 Morpheus 而命名；而醋酸 (acetic acid) 則是根據「醋」的拉丁字首 *acetum* 來命名。

而隨著有機化學的知識在 19 世紀逐漸發展，所知道的化合物數量也日漸增加，因此需要一種系統性的方式來命名有機化合物。本書所採用的命名方式是由國際純化學和應用化學聯合會 (The International Union of Pure and Applied Chemistry；IUPAC) 所訂定的。

在 IUPAC 的命名系統中，一個化合物的命名基本上要分成四個部分，分別是：位標、字首、主體、字尾。「字首」指的是分子上不同的**取代** (substituent) 基；「主體」則指出此分子的主體結構，並說明有幾個碳原子在主體上；「位標」用來標示出官能基和取代基的位置；「字尾」則指出此分子主要的官能基。

位標 ― 字首 ― 主體 ― 字尾

官能基和取代基的位置　取代基種類　主結構碳數　主要官能基種類

因為我們在後面的章節將提到新的官能基類型，到時都會以 IUPAC 規則來命名。在這裡，我們將先介紹如何命名有分支的烷類化合物，並學習命名所有化合物的基本原則。除了少數非常複雜的支鏈烷類之外，大多數的的烷類都可用以下四個步驟來命名：

步驟 1 找出主結構的碳氫鏈。

(a) 找出分子中最長的碳鏈，並用此碳鏈的名稱當作主體名稱。最長的碳鏈不一定會很容易被發現，有時候必須要「轉彎」才能找出最長的碳鏈。

$$CH_3CH_2CH_2CH\text{—}CH_3 \quad \text{以有取代基的己烷命名}$$
$$\phantom{CH_3CH_2CH_2CH\text{—}}|$$
$$\phantom{CH_3CH_2CH_2CH\text{—}}CH_2CH_3$$

$$CH_3\text{—}CHCH\text{—}CH_2CH_3 \quad \text{以有取代基的庚烷命名}$$

(b) 如果有兩個一樣長的碳鏈同時出現，要選擇比較多支鏈的碳鏈為主鏈。

$$\begin{array}{c} CH_3 \\ | \\ CH_3CHCHCH_2CH_3 \\ | \\ CH_2CH_3 \end{array}$$ 非 $$\begin{array}{c} CH_3 \\ | \\ CH_3CH-CHCH_2CH_3 \\ | \\ CH_2CH_3 \end{array}$$

兩個取代基的己烷　　　　　　　　　一個取代基的己烷

步驟 2　將最長碳鏈上的原子編號。

(a) 從比較靠近第一個分支點的一端開始，將主鏈上的每個碳原子依次編號。

$$\begin{array}{c} \overset{21}{CH_2CH_3} \\ | \\ CH_3-\underset{3}{C}H\underset{4}{C}H-CH_2CH_3 \\ | \\ \underset{567}{CH_2CH_2CH_3} \end{array}$$ 非 $$\begin{array}{c} \overset{67}{CH_2CH_3} \\ | \\ CH_3-\underset{5}{C}H\underset{4}{C}H-CH_2CH_3 \\ | \\ \underset{321}{CH_2CH_2CH_3} \end{array}$$

第一個支鏈應在三號碳 (C3) 上，非四號碳 (C4)。

(b) 如果有分支點的距離主鏈兩端的距離都一樣，則從比較接近第二個分支點的一端開始編號。

$$\begin{array}{c} \overset{89}{CH_2CH_3}CH_3CH_2CH_3 \\ ||| \\ CH_3-\underset{7}{C}H\underset{6}{C}H_2\underset{5}{C}H_2\underset{4}{C}H-\underset{3}{C}H\underset{2}{C}H_2\underset{1}{C}H_3 \end{array}$$ 非 $$\begin{array}{c} \overset{21}{CH_2CH_3}CH_3CH_2CH_3 \\ ||| \\ CH_3-\underset{3}{C}H\underset{4}{C}H_2\underset{5}{C}H_2\underset{6}{C}H-\underset{7}{C}H\underset{8}{C}H_2\underset{9}{C}H_3 \end{array}$$

步驟 3　判定取代基的種類並加以編號。

(a) 將每個取代基編號，以訂出它在主鏈上連接的位置。

$$\begin{array}{c} \overset{98}{CH_3CH_2}H_3CCH_2CH_3 \\ ||| \\ CH_3-\underset{7}{C}H\underset{6}{C}H_2\underset{5}{C}H_2\underset{4}{C}H\underset{3}{C}H\underset{2}{C}H_2\underset{1}{C}H_3 \end{array}$$ 命名為壬烷 (nonane)

取代基位置：在 C3 上，CH₂CH₃　(3-乙基 或 3-ethyl)
　　　　　　在 C4 上，CH₃　　　(4-甲基 或 4-methyl)
　　　　　　在 C7 上，CH₃　　　(7-甲基 或 7-methyl)

(b) 如果有兩個取代基在同一個碳上，則將此兩個取代基編為同一個號碼。

$$\begin{array}{c} CH_3CH_3 \\ \underset{4}{|}| \\ CH_3CH_2CCH_2CHCH_3 \\ \underset{65}{}\underset{321}{} \\ CH_2CH_3 \end{array}$$ 命名為己烷 (hexane)

取代基位置：在 C2 上，CH₃　　　(2-甲基 或 2-methyl)
　　　　　　在 C4 上，CH₃　　　(4-甲基 或 4-methyl)
　　　　　　在 C4 上，CH₂CH₃　(4-乙基 或 4-ethyl)

步驟 4　將命名寫成一個單字。用破折號將不同的字首隔開，用逗號將編號隔開。如果有兩個以上不同的取代基，則以第一個字母順序排列。如果有兩個以上相同的取代基在同一個主鏈上，則用倍數字首表示，像是 *di-*、*tri-*、*tetra-* 等等，但不要將此倍數字首加入字母順序

2-4 烷類的命名　　45

排列。以下為一些命名的實例：

$$\underset{6\ \ 5\ \ 4\ \ 3}{CH_3CH_2CH_2CH}\underset{1}{-}\underset{}{CH_3}$$
位置2,1上為 CH_2CH_3

3-甲基己烷
(**3-Methyl**hexane)

$$\underset{7}{CH_3}\underset{6}{-}\underset{}{CH}\underset{5}{CH_2}\underset{4}{CH_2}\underset{3}{-}\underset{}{CH}\underset{2}{CH_2}\underset{1}{CH_3}$$
上為 8,9 CH_2CH_3，及 CH_3, CH_2CH_3

3-乙基-4,7-二甲基壬烷
(**3-Ethyl-4,7-dimethyl**nonane)

$$\underset{1\ \ 2\ \ 3\ \ 4\ \ 5\ \ 6}{CH_3CHCHCH_2CH_2CH_3}$$
上為 CH_3 及 CH_2CH_3

3-乙基-2-甲基己烷
(**3-Ethyl-2-methyl**hexane)

$$\underset{3\ \ 4}{CH_3CHCH_2CH_3}\ \ \underset{1}{}$$
有 CH_2CH_3，$CH_2CH_2CH_3$ 分支

4-乙基-3-甲基庚烷
(**4-Ethyl-3-methyl**heptane)

$$\underset{6\ \ 5\ \ 4\ \ 3\ \ 2\ \ 1}{CH_3CH_2CCH_2CHCH_3}$$
上為 CH_3, CH_3, CH_2CH_3

4-乙基-2,4-二甲基己烷
(**4-Ethyl-2,4-dimethyl**hexane)

步驟 5　將分支的取代基當作獨立的化合物來命名。在一些比較複雜的例子中，需要第五個步驟來完成命名。有時候主鏈上的取代基本身也有支鏈。例如在下面的例子中，在 C6 上的取代基是一個有甲基取代，由三個碳組成的支鏈。若要完整地將此化合物命名，要先將支鏈的取代基命名。

命名為 **2,3,6-三取代癸烷**

2-甲基丙基
(**2-methylpropyl**)
的取代基

　　將支鏈取代基以其接在主鏈上的位置編號且命名；在這個例子是主鏈上有一個 2-甲基丙基的取代基。將此取代基視為一個整體，以括弧標示，並用其名稱的第一個英文字母 (包含任何數字字首) 加入取代基的字母順序排列。

2,3-二甲基-6-(2-甲基丙基) 癸烷
2,3-Dimethyl-6-(2-methylpropyl)decane

　　再舉一個例子：

46　2　有機化合物：烷類、環烷類和其立體化學

5-(1,2-二甲基丙基)-2-甲基壬烷
5-(1,2-Dimethylpropyl)-2-methylnonane

1,2-二甲基丙基
(1,2-dimethylpropyl)
的取代基

由於歷史上傳統的使用習慣，有些簡單的烷基支鏈也可以非系統性的方式命名。

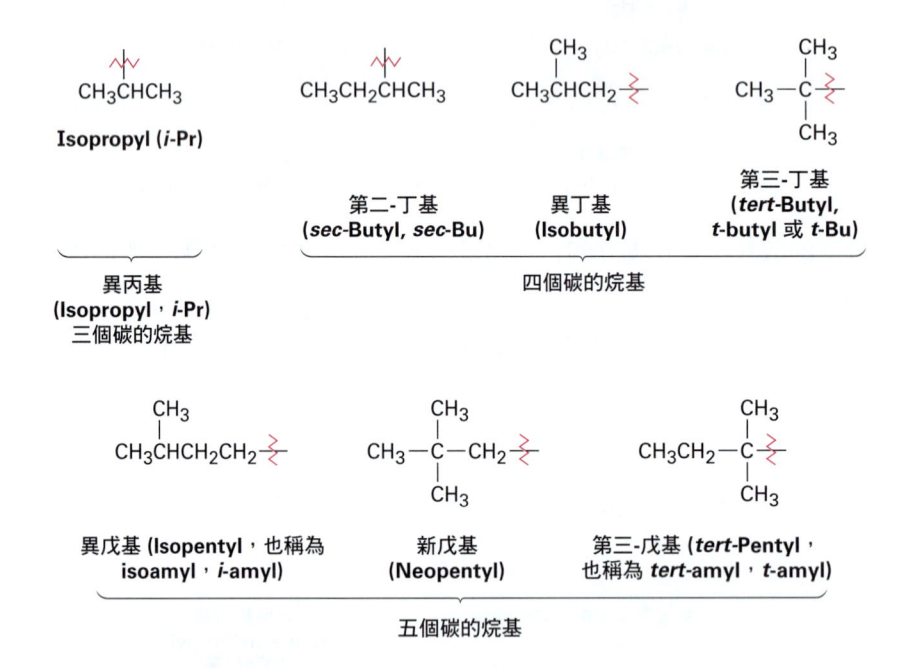

Isopropyl (*i*-Pr)

異丙基
(Isopropyl，*i*-Pr)
三個碳的烷基

第二-丁基
(*sec*-Butyl, *sec*-Bu)

異丁基
(Isobutyl)

第三-丁基
(*tert*-Butyl,
t-butyl 或 *t*-Bu)

四個碳的烷基

異戊基 (Isopentyl，也稱為 isoamyl，*i*-amyl)

新戊基
(Neopentyl)

第三-戊基 (*tert*-Pentyl，也稱為 *tert*-amyl，*t*-amyl)

五個碳的烷基

這些簡單烷基的俗名由於已經在化學的文獻中廣被使用，因此 IUPAC 也允許這樣的用法。因此，下面的化合物可以命名為 4-(1-甲基乙基) 庚烷 [4-(1-methylethyl)heptane] 或是 4-異丙基庚烷 (4-isopropylheptane)。我們只能把這些俗名記下來，可以慶幸的是要記的俗名不會太多。

4-(1-甲基乙基) 庚烷 或 4-異丙基庚烷
4-(1-methylethyl)heptane 或 4-isopropylheptane

當我們命名一個烷類時，若字首後沒有破折號，像是 iso，則此字首視為烷基名稱的一部分，因此將字首併入字母順序來命名。但若字首後有破折號，或斜體字首，像是 *sec*- 和 *tert*-，則不會將字首併入字母順序來命名。因此，isopropyl 和 isobutyl 會以 *i* 為字母順序命名的標準；但是 *sec*-butyl 和 *tert*-butyl 會以「b」為字母順序命名的標準。

練習題 2-2　烷類的命名

下列烷類的 IUPAC 命名為何？

$$\text{CH}_3\text{CHCH}_2\text{CH}_2\text{CH}_2\text{CHCH}_3$$
取代基：CH₂CH₃（於左側）、CH₃（於右側）

策略　找出此分子結構中最長的連續碳鏈，並以此作為主體名稱。此分子最長的連續碳鏈有八個碳，也就是辛烷，且有兩個甲基為取代基。以較靠近第一個甲基的端點開始編號，兩個甲基分別在 C2 和 C6 上。

解答

$$\underset{6\ 5\ 4\ 3\ 2\ 1}{\text{CH}_3\text{CHCH}_2\text{CH}_2\text{CH}_2\text{CHCH}_3}$$
上接 $\overset{7\ 8}{\text{CH}_2\text{CH}_3}$ 及 CH₃

2,6-二甲基辛烷
2,6-Dimethyloctane

練習題 2-3　將命名轉換成結構

請畫出 3-異丙基-2-甲基己烷 (3-isopropyl-2-methylhexane) 的分子結構。

策略　此分子主體是己烷 (hexane)，先畫出六個碳的主體結構。

$$\text{C–C–C–C–C–C} \quad \text{己烷}$$

接下來將兩個取代基，分別是 3-異丙基 (3-isopropyl) 和 2-甲基 (2-methyl) 接在適合的碳原子上。

$$\underset{1\ 2\ 3\ 4\ 5\ 6}{\text{C–C–C–C–C–C}}$$
C3 上接 CH₃CHCH₃ ← 將異丙基 (isopropyl) 接在 C3 上
C2 上接 CH₃ ← 將甲基 (methyl) 接在 C2 上

最後將碳原子上的氫原子補滿，即完成此結構。

解答

$$\text{CH}_3\text{CHCHCH}_2\text{CH}_2\text{CH}_3$$
上接 CH₃CHCH₃
下接 CH₃

3-異丙基-2-甲基己烷
3-Isopropyl-2-methylhexane

習題 2-11　請寫出下列化合物的 IUPAC 命名。

(a) C_5H_{12} 的三個異構物　(b) $CH_3CH_2CHCH_3$ 下接 CH_3　(c) $(CH_3)_2CHCH_2CH_3$　(d) $(CH_3)_3CCH_2CH$ 下接 CH_3，上接 CH_3

習題 2-12　請根據以下分子的 IUPAC 命名畫出其結構：
(a) 3,4-二甲基壬烷 (3,4-Dimethylnonane)
(b) 3-乙基-4,4-二甲基庚烷 (3-Ethyl-4,4-dimethylheptane)
(c) 2,2-二甲基-4-丙基辛烷 (2,2-Dimethyl-4-propyloctane)
(d) 2,2,4-三甲基戊烷 (2,2,4-Trimethylpentane)

2-5　烷類的性質

烷類有時被稱作 *paraffins*，是石蠟的意思。這個字是從拉丁字 *parum affinis* 所衍生而來，意指「微小的親和力」。從字面上的意思可知烷類和其他物質的化學親和力很小，因此烷類和實驗室中大多數的試藥都不會產生反應。烷類對於生物分子來說也相對安定，因此它們鮮少參與生物體中的化學反應。然而，烷類在適當的條件下會與氧、鹵素和一些其他物質產生反應。

烷類被用來當作燃料的時候，會與氧在引擎或鍋爐中燃燒而產生二氧化碳和水，並釋放出大量的熱能。舉例來說，甲烷 (天然氣) 會依下列式子與氧反應：

$$CH_4 + 2\,O_2 \rightarrow CO_2 + 2\,H_2O + 890 \text{ kJ/mol (213 kcal/mol)}$$

烷類與 Cl_2 混合，在紫外光 (以 $h\nu$ 表示) 的照射下會產生反應。根據反應時間與比例的不同，烷類上的氫原子會依序被氯原子取代，得到不同的氯化產物。例如甲烷會與 Cl_2 反應產生 CH_3Cl、CH_2Cl_2、$CHCl_3$ 和 CCl_4 的混合物，如下所示：

$$CH_4 + Cl_2 \xrightarrow{h\nu} CH_3Cl + HCl$$
$$\xrightarrow{Cl_2} CH_2Cl_2 + HCl$$
$$\xrightarrow{Cl_2} CHCl_3 + HCl$$
$$\xrightarrow{Cl_2} CCl_4 + HCl$$

烷類的沸點與熔點都會隨著分子量增加而提高 (圖 2-4)，其原因是分子間存在的弱分散力會隨著分子量增加而變大，當外界提供足夠的能量克服分子間的作用力時，固體才會熔化而液體才會沸騰。因此，分子量愈大的烷類會具有愈大的熔點和沸點。

另一個分子結構的效應是烷類的分支數增加會降低其沸點。因此，在相同碳數下，沒有分支的戊烷沸點 (36.1 °C) 會比有一個分支的異戊烷沸點 (27.85 °C) 及有兩個分支的新戊烷沸點 (9.5 °C) 來得高。相同地，沒有分支的辛烷沸點 (125.7 °C) 也高於有一個分支的異辛烷沸點 (99.3 °C)。有分支的烷類彼此之間較不容易靠近，因此分散力較小，沸點也較小。

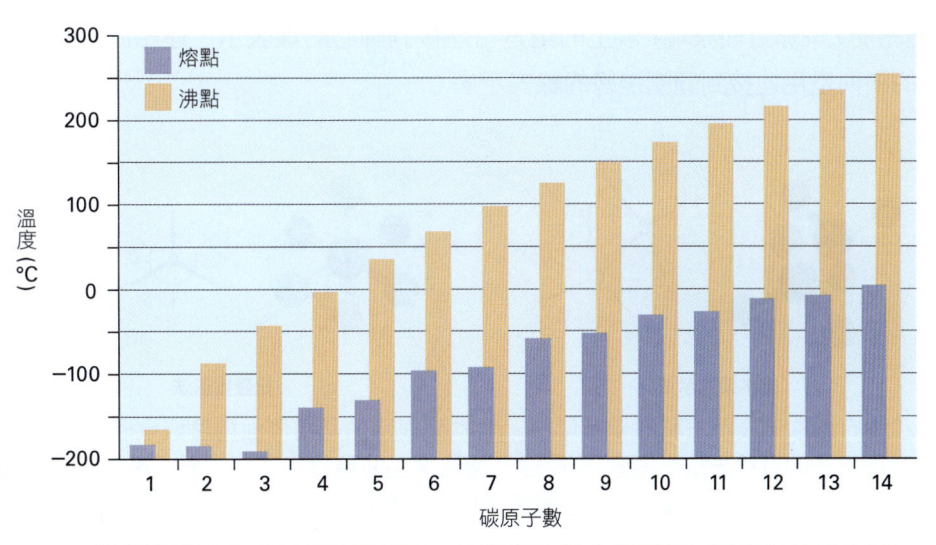

圖 2-4　C_1~C_{14} 烷類熔沸點與碳原子數關係圖。熔點與沸點會隨著碳原子數規律性地增加。

2-6 乙烷的構型

到目前為止，我們僅用二維的角度來討論分子，並未考慮分子在三維空間中原子的排列方式會對分子的性質有何影響。而**立體化學** (stereochemistry) 即為用三維方式討論化學分子的行為。在之後的章節我們會發現分子的三維結構對其性質與行為有很大的影響。

我們在 1-4 節有討論到，碳-碳單鍵是由兩個碳原子相互以一個 sp^3 混成軌域在同軸上重疊形成 σ 鍵，由於碳-碳單鍵的軌域橫切面是圓形對稱的，因此直鏈烷類的碳-碳鍵是可以旋轉的。舉例來說，乙烷的碳-碳單鍵可以自由地旋轉，所以乙烷兩個碳原子上的氫原子之間的相對空間關係是一直在改變的，如圖 2-5 所示。

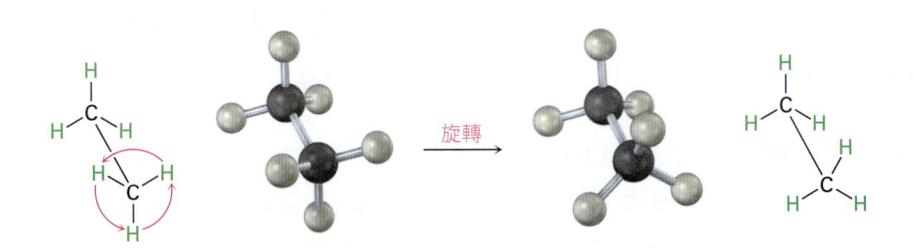

圖 2-5　乙烷分子中碳-碳單鍵的旋轉。

因為鍵的旋轉而造成不同的原子排列方式稱為**分子的構型** (conformations)。因為構型的不同產生的不同分子稱為**構型異構物** (conformers)。和結構異構物不同的是，不同的構型異構物之間的構型變化太快，是無法分離的。

構型異構物可以用兩種方式來表達，如圖 2-6。**鋸木架表示法** (sawhorse representation) 是用側面角度觀察碳-碳鍵，並將所有的碳-氫鍵畫出以表達空間中的排列。**紐曼投影法** (Newman projection) 則是從兩原子的直線末端來觀察碳-碳鍵，並且用一個圓圈代表兩個碳

原子，連結前方 (靠近觀察端) 碳上的鍵是用連接到圓心的線表示，連結於後方 (遠離觀察端) 碳上的鍵則是用連接到圓圈邊緣的線表示。

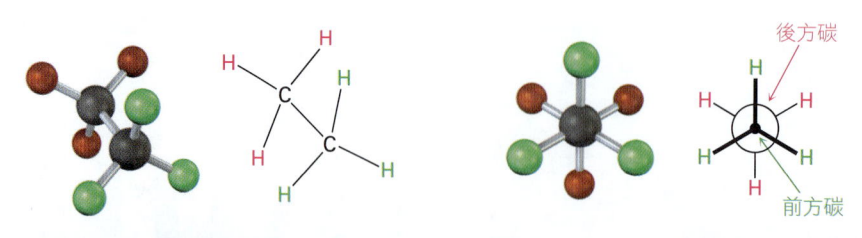

鋸木架表示法

紐曼投影法

圖 2-6 乙烷的鋸木架表示法和紐曼投影法。鋸木架表示法是用側面角度觀察碳-碳鍵，而紐曼投影法則是從兩原子的直線末端來觀察碳-碳鍵。請注意在紐曼投影法中，看起來像是六個氫原子接在同一個碳上，但事實上，接有三個綠色氫原子的碳位於接有三個紅色氫原子的碳前面。

因為構型上的差異，事實上我們無法觀察到乙烷中完全自由的旋轉。實驗顯示，要旋轉碳-碳單鍵需要克服一個小的能障 (12 kJ/mol 或 2.9 kcal/mol)。其中有某些構型的穩定性比其他構型來得高。乙烷的最穩定且能量最小的構型為當六個碳-氫鍵彼此的距離為最遠的時候，也就是以紐曼投影法觀察的**相錯** (staggered) 構型。反之，乙烷的最不穩定且能量最大的構型為當六個碳-氫鍵彼此的距離為最近的時候，也就是以紐曼投影法觀察的**相疊** (eclipsed) 構型。在任一個瞬間的時間點，乙烷的構型大約有 99% 都是相錯構型，而只有大約 1% 是相疊構型。

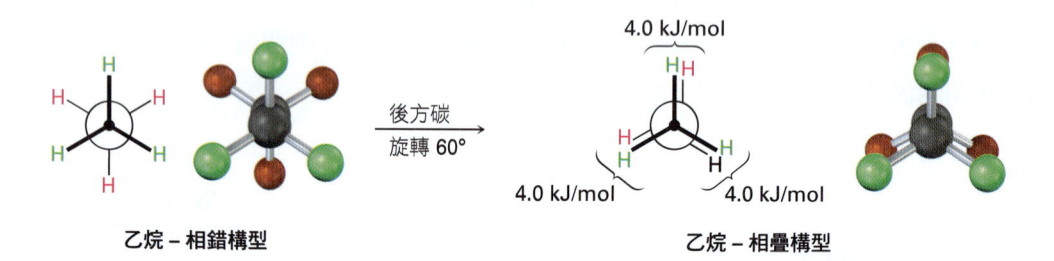

乙烷 – 相錯構型

後方碳
旋轉 60°

4.0 kJ/mol
4.0 kJ/mol
4.0 kJ/mol

乙烷 – 相疊構型

乙烷的相疊構型比相錯構型中多出來 12 kJ/mol 的能量稱為**扭轉張力** (torsional strain)。此作用力的來源有許多種說法，但最主要的是一個碳原子上碳-氫鍵的鍵結軌域與相鄰碳原子上碳-氫鍵的反鍵結軌域所產生的作用力。因此，相錯構型要比相疊構型穩定。在相疊構型中，因為 12 kJ/mol 的扭轉張力來自於三組相等的碳-氫鍵，因此每一組作用力的大小約是 4 kJ/mol (1 kcal/mol)。構型不同所產生的能障可以用位能和旋轉角度的關係圖來表示。其中的旋轉角度指的是從端點觀察前方碳原子上碳-氫鍵與後方碳原子上碳-氫鍵所形成的夾角，旋轉一圈為 0° 到 360°。如圖 2-7 所示，最小能量發生在相錯構型，而最大能量發生在相疊構型。

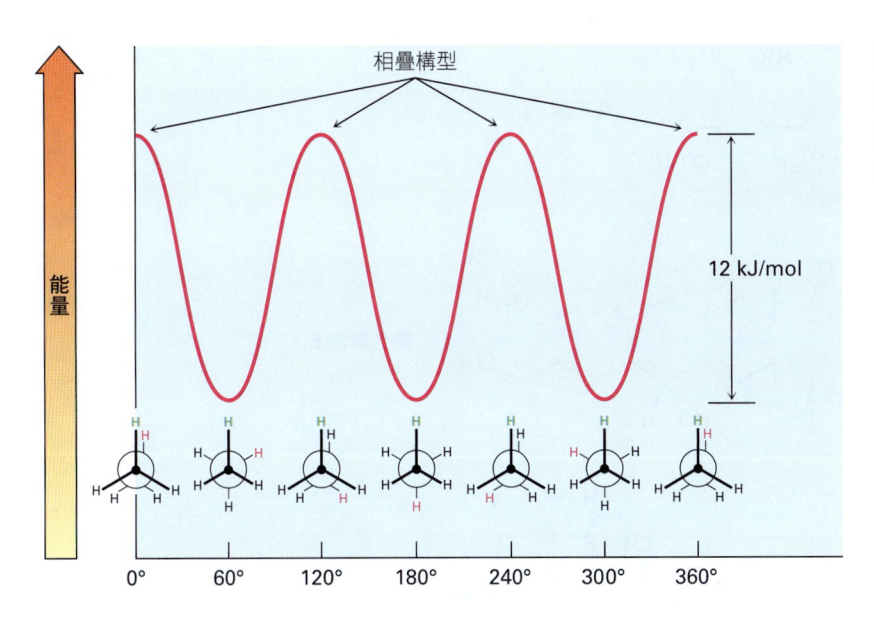

圖 2-7 乙烷中位能和旋轉角度的關係圖。相錯構型比相疊構型的能量小 12 kJ/mol。

> **練習題 2-4**　以紐曼投影法畫出分子構型

沿著 1-氯丙烷 (1-chloropropane) 的 C1-C2 鍵來觀察，用紐曼投影法畫出其最穩定和最不穩定的分子構型。

策略　有取代基烷類的最穩定構型通常是它的相錯構型，其中較大官能基的排列會以相互遠離為原則。反之，最不穩定構型通常是它的相疊構型，其中較大官能基的排列會彼此靠近。

解答

最穩定 (相錯構型)　　　最不穩定 (相疊構型)

> **習題 2-13**　請畫出丙烷中位能和旋轉角度的關係圖，並標示出其能量最高及最低的位置。

2-7　環烷類的命名

　　雖然到目前為止我們只討論了開環的化合物，但實際上大多數的有機化合物結構中都有碳原子組成的環狀結構。例如，菊花成分中菊花酸 (Chrysanthemic acid) 的結構就有一個三元環 (環丙烷)，它的酯化產物具有殺菌活性。另外，前列腺素 (Prostaglandin E$_1$) 的結構有一個五元環 (環戊烷)，它可以用來控制人體中不尋常的生理反應。再者，膽固醇類，像是皮質酮 (Cortisone)，有四個相鄰的環，其中有三個六元環 (環己烷) 和一個五元環。

菊花酸

前列腺素 E$_1$

皮質酮

飽和的環狀碳氫化合物稱作**環烷** (cycloalkanes) 或是**脂環** (alicyclic compounds)。因為環烷是以 –CH$_2$– 單元所組成的環，因此其通式為 (CH$_2$)n 或 C$_n$H$_{2n}$，其結構可以用多邊形的骨架結構來表示。

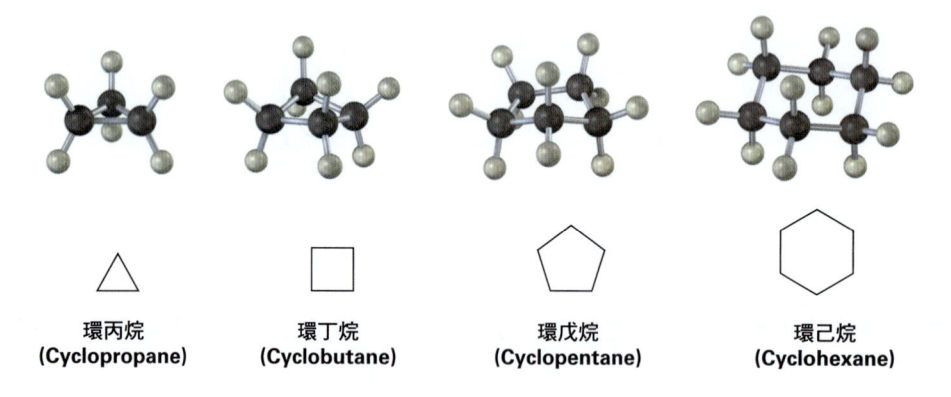

環丙烷 (Cyclopropane)　環丁烷 (Cyclobutane)　環戊烷 (Cyclopentane)　環己烷 (Cyclohexane)

環己烷的命名法和前面 2-4 節所述對於開環烷類的命名法類似。對大多數的環烷來說，其命名只有兩個步驟。

步驟 1　**找出主體結構**。數出環的碳原子數以及最大取代基的碳原子數，如果環的碳原子數大於或等於最大取代基的碳原子數，則以取代烷基的環烷類來命名。然而，如果最大取代基的碳原子數大於環的碳原子數，則以取代環烷基的烷類來命名。例如：

2-7 環烷類的命名　53

甲基環戊烷
(Methylcyclopentane)

1-環丙基丁烷
(1-Cyclopropylbutane)

（三個碳／四個碳）

步驟 2　將取代基編號並命名。若是有兩個以上烷基或鹵素取代的環烷，把取代基連接的碳當作一號碳。如果第二個在環上的取代基編號有兩種選擇，編號則以數字小的優先。若用前兩個取代基的編號還是無法明確定義，則再用第三個取代基編號來命名，原則一樣是編號則以數字小的優先。以此類推，直到可以得到各取代基都有最小的編號為止。

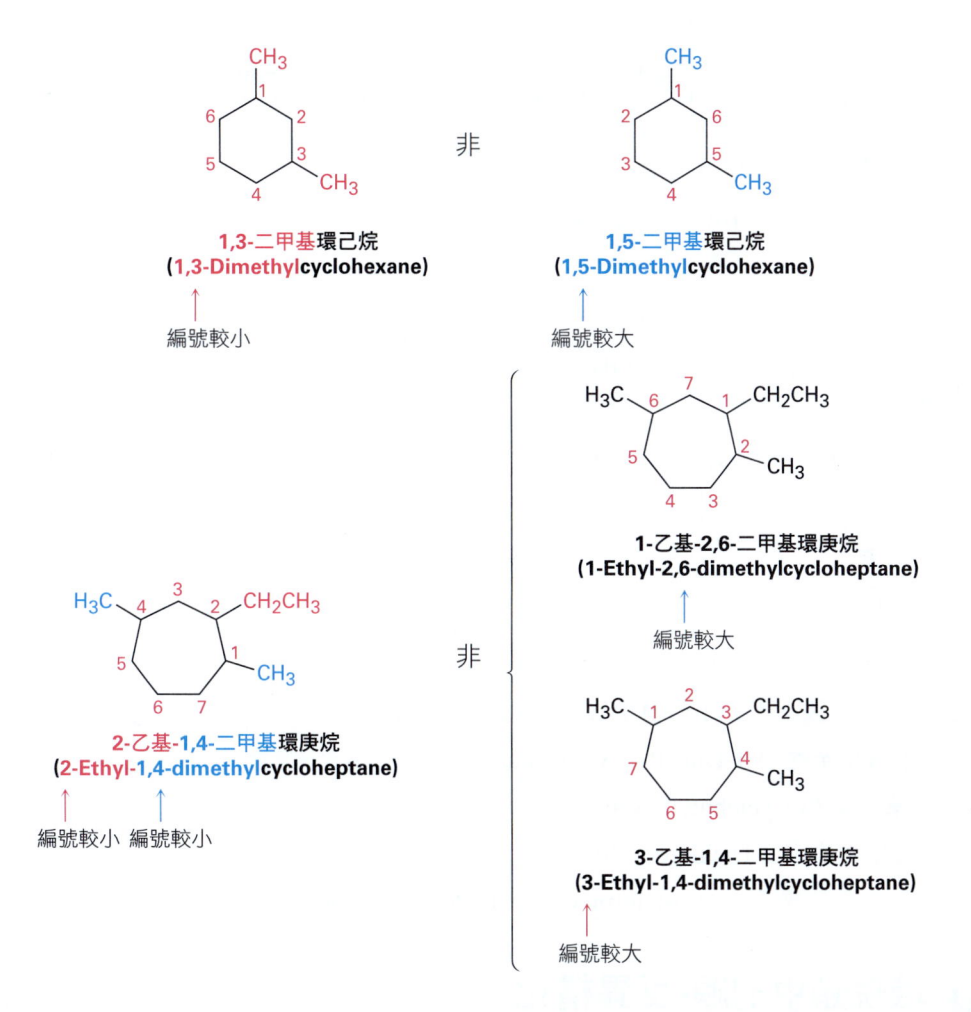

1,3-二甲基環己烷
(1,3-Dimethylcyclohexane)
↑
編號較小

非

1,5-二甲基環己烷
(1,5-Dimethylcyclohexane)
↑
編號較大

2-乙基-1,4-二甲基環庚烷
(2-Ethyl-1,4-dimethylcycloheptane)
↑　　↑
編號較小　編號較小

非 {

1-乙基-2,6-二甲基環庚烷
(1-Ethyl-2,6-dimethylcycloheptane)
↑
編號較大

3-乙基-1,4-二甲基環庚烷
(3-Ethyl-1,4-dimethylcycloheptane)
↑
編號較大
}

(a) 如果有兩個以上不同的取代基可以寫出相同的編號，則以取代基名稱的第一個字母決定優先順序。決定順序時，取代基名稱的數字字首，像是 di- 和 tri- 要忽視不列入字母順序排列。

1-乙基-2-甲基環戊烷　　　　　　2-乙基-1-甲基環戊烷
(1-Ethyl-2-methylcyclopentane)　(2-Ethyl-1-methylcyclopentane)

(b) 如果有鹵素取代基，則視為烷類取代基命名。

1-溴-2-甲基環丁烷　　　　　　2-溴-1-甲基環丁烷
(1-Bromo-2-methylcyclobutane)　(2-Bromo-1-methylcyclobutane)

習題 2-14 請寫出以下環烷的 IUPAC 命名：

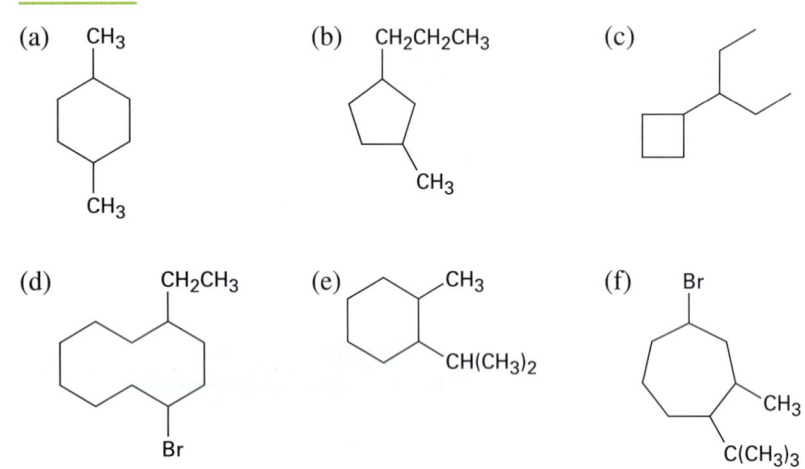

(a)　　　　　(b)　　　　　(c)

(d)　　　　　(e)　　　　　(f)

習題 2-15 請根據下列分子的 IUPAC 命名畫出其結構：
(a) 1,1-二甲基環辛烷 (1,1-Dimethylcyclooctane)
(b) 3-環丁基己烷 (3-Cyclobutylhexane)
(c) 1,2-二氯環戊烷 (1,2-Dichlorocyclopentane)
(d) 1,3-二溴-5-甲基環己烷 (1,3-Dibromo-5-methylcyclohexane)

2-8　環烷類中的順-反異構化

　　從許多方面來說，環烷類的化學行為和開環烷類非常相似，它們都是非極性分子，且反應性低。不過它們的性質還是有一些重要的不同之處。其中之一是環烷類的結構剛性比開環烷類大。相較於開環烷類中的單鍵都可以自由地旋轉，環烷類的單鍵旋轉受到限制。例如由三個碳原子組成的環丙烷來說，其分子結構平面且有剛性。要使環丙烷中的單鍵旋轉必須要

打斷其他的鍵來開環才有可能 (圖 2-8)。

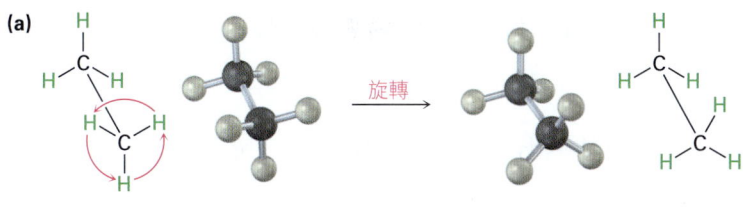

圖 2-8　乙烷和環丙烷中碳-碳鍵的旋轉。(a) 在乙烷中，碳-碳鍵是可以旋轉的，但是在 (b) 環丙烷中，單鍵旋轉必須要打斷其他的鍵來開環才有可能。

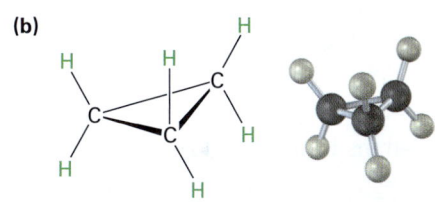

在較大的環烷類中，碳-碳鍵的旋轉自由度會增加。當組成環烷的碳原子數目在 25 個以上的時候，分子結構會十分鬆散，因此旋轉自由度會和開環烷類類似。然而在常見的環烷類中 ($C_3–C_7$)，分子的轉動是非常受到限制的。

因為環形結構的關係，當環烷類從平面的側邊觀察時會有上下兩面之分。因此，有取代基的環烷類會有異構化的現象。舉例來說，1,2-二甲基環丙烷 (1,2-dimethylcyclopropane) 有兩個異構物。其中一個的兩個甲基在同一面，另一個的兩個甲基則在不同面 (圖 2-9)。這兩個異構物都是穩定的化合物，在沒有化學鍵打斷或重組的狀況下，這兩個異構物是無法彼此轉換的。

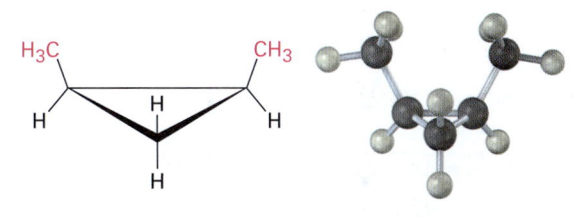

順-1,2-二甲基環丙烷
(*cis*-1,2-Dimethylcyclopropane)

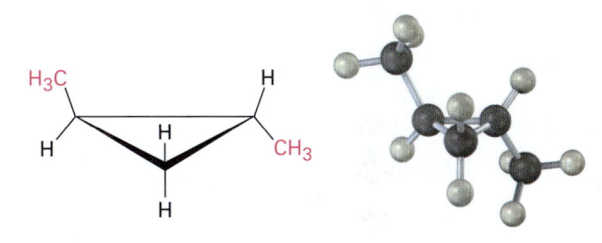

反-1,2-二甲基環丙烷
(*trans*-1,2-Dimethylcyclopropane)

圖 2-9　1,2-二甲基環丙烷有兩種異構物，其中一個的兩個甲基在環的同一面 (順式)，另一個的兩個甲基則在不同面 (反式)。這兩個異構物無法彼此之間轉換。

不像結構異構物 (如：丁烷和異丙烷) 的原子排列有不同的順序，1,2-二甲基環丙烷的

兩種異構物原子排列順序相同，只是原子在空間上的方位不同。這些原子排列順序相同，但在立體空間中原子排列的方位不同的化合物，稱為**立體異構物** (stereoisomers)。**立體化學** (stereochemistry) 一詞便是用來討論分子在三維空間中化學結構和反應性的化學。

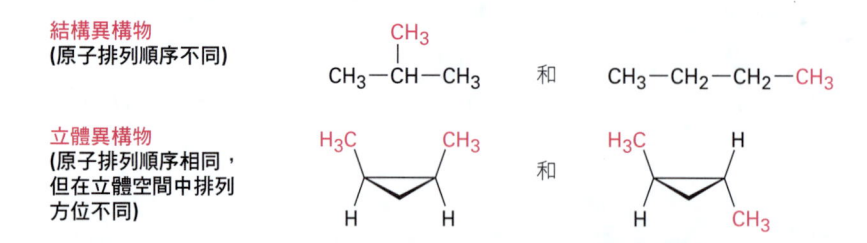

結構異構物
(原子排列順序不同)

立體異構物
(原子排列順序相同，但在立體空間中排列方位不同)

1,2-二甲基環丙烷屬於立體異構物中的**順-反異構物** (cis-trans isomers)，其字首 *cis-* (拉丁字義為「在同一邊」) 和 *trans-* (拉丁字義為「在不同邊」) 是用來區分兩種異構物的不同。順反異構化的現象常發生在有取代的環烷類以及許多環形生物分子上。

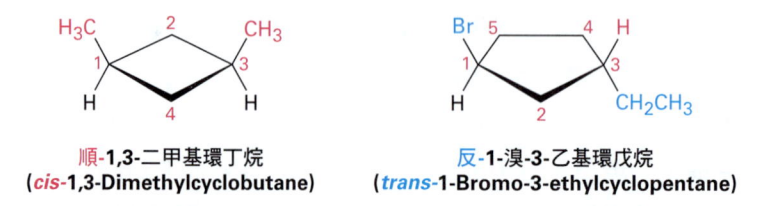

順-1,3-二甲基環丁烷
(*cis*-1,3-Dimethylcyclobutane)

反-1-溴-3-乙基環戊烷
(*trans*-1-Bromo-3-ethylcyclopentane)

練習題 2-5　環烷類的命名

請寫出下列物質包含順反字首 (*cis-* 或 *trans-*) 的命名：

(a)　(b)

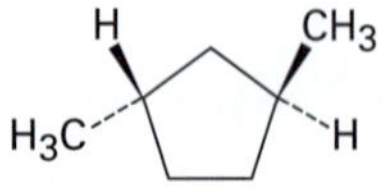

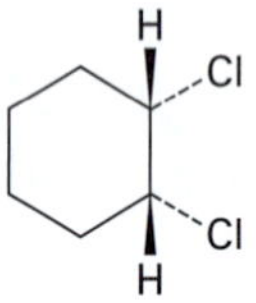

策略　上面結構的畫法表示環在頁面的平面上，而楔型鍵在頁面之上，虛線鍵在頁面之下。兩個取代基若都在頁面上或頁面下為順式，一上一下則為反式。

解答
(a) 反-1,3-二甲基環戊烷 (*trans*-1,3-Dimethylcyclopentane)
(b) 順-1,2-二氯環己烷 (*cis*-1,2-Dichlorocyclohexane)

習題 2-16　請寫出下列物質包含順反字首的命名：

(a)　(b)

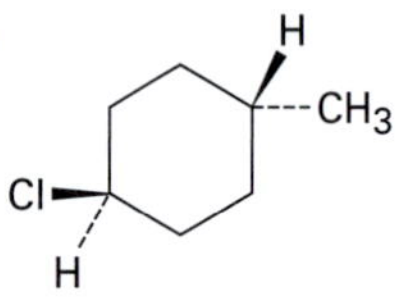

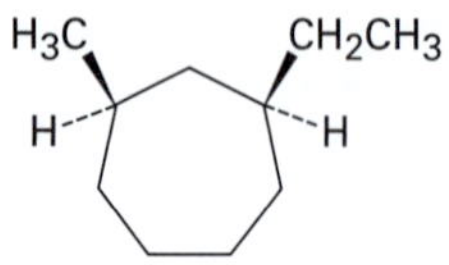

習題 2-17　請畫出下列分子的結構：

(a) 反-1-溴-3-甲基環己烷 (*trans*-1-Bromo-3-methylcyclohexane)
(b) 順-1,2-二甲基環丁烷 (*cis*-1,2-Dimethylcyclobutane)
(c) 反-1-第三-丁基-2-乙基環己烷 (*trans*-1-*tert*-Butyl-2-ethylcyclohexane)

習題 2-18 請寫出下列物質包含順反字首的命名(紅棕色 = Br)：
(a)   (b)

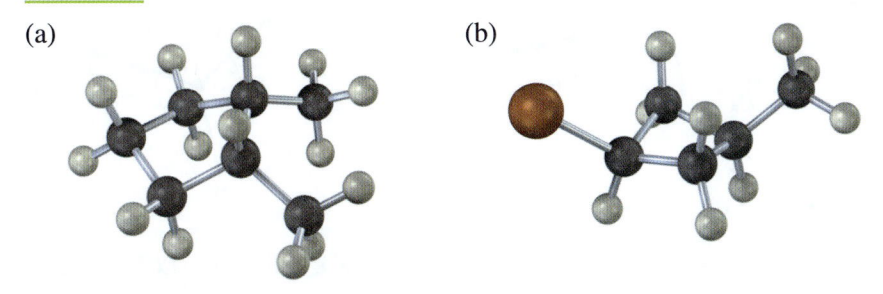

2-9 環烷類的構型

烷類中的碳原子混成軌域為 sp^3，其鍵角約為 109°。然而，三元環的環丙烷為平面三角形的結構，其碳-碳鍵角為 60° 而非 109°。另外，四元環的環丁烷為正方形的結構，其碳-碳鍵角為 90°，也不是 109°。早期的化學家認為這類較小的環烷類結構有**環張力** (ring strain) 的存在，因此它們會比較不穩定。因為環張力的存在，不同碳原子數組成環烷類的構型必然有所不同。這裡我們將介紹不同環烷類的構型。

環丙烷

環丙烷是張力最大的環烷類，主要原因是它 60° 的 C–C–C 鍵角所產生的**角張力** (angle strain)。除此之外，環丙烷的結構中由於鄰近碳原子的 C–H 鍵彼此為相疊構型，因此也有很大的扭轉張力 (torsional strain)，如圖 2-10 所示。

圖 2-10 環丙烷的構型。可以看出鄰近碳原子的 C–H 鍵彼此為相疊構型，因此有很大的扭轉張力。圖 (b) 是沿著環丙烷中 C–C 鍵方向觀察的紐曼投影法。

環丁烷

環丁烷的角張力比環丙烷來得小，但因為環丁烷比環丙烷有較多的氫原子，因此其扭轉張力較大。整體來說，環丁烷和環丙烷的總張力是相似的，環丁烷的總張力是 115 kJ/mol (27.5 kcal/mol)，而環丙烷的總張力是 110 kJ/mol (26.4 kcal/mol)。環丁烷的結構有一點彎

曲，其中一個碳原子會和另外三個碳原子的平面成 25°，如圖 2-11 所示。這樣排列的原因是要增加分子的角張力而減少扭轉張力，直到兩種張力加總達到最小能量為止。

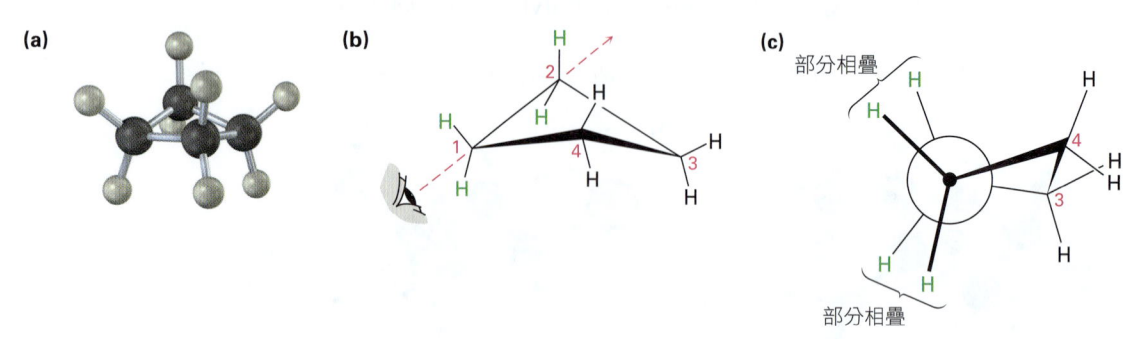

圖 2-11 環丁烷的構型。圖 (c) 是沿著環丁烷中 C–C 鍵方向觀察的紐曼投影法，可以看出鄰近碳原子的 C–H 鍵彼此為部分相疊構型。

環戊烷

環戊烷的總張力很小，大約是 26 kJ/mol (6.2 kcal/mol)。平面構型的環戊烷雖然沒有角張力，但有大的扭轉張力。因此，實際上環戊烷會扭曲成皺褶的非平面構型以達到增加角張力和減少扭轉張力之間的平衡。環戊烷中的四個碳原子會在同一平面上，而第五個碳原子會在平面的上面或下面。此構型中大多數的 C–H 鍵彼此為近似相錯構型，如圖 2-12 所示。

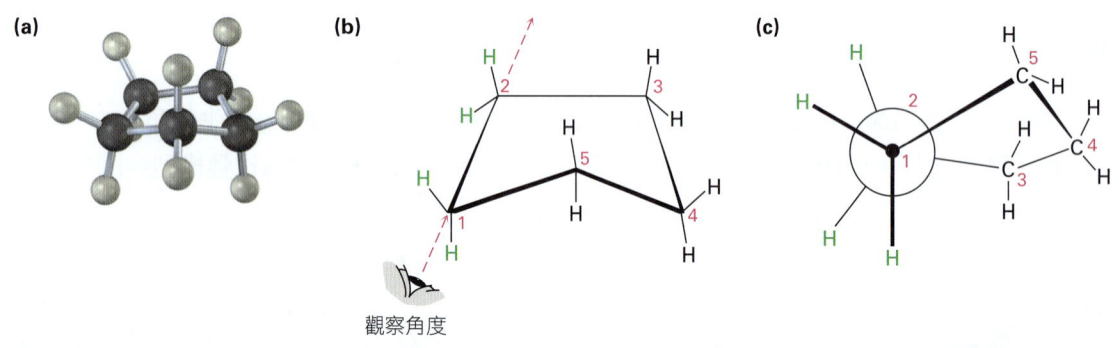

圖 2-12 環戊烷的構型。1~4 號碳原子在同一平面上，但 5 號碳原子在平面之上。圖 (c) 是沿著環戊烷中 C1–C2 鍵方向觀察的紐曼投影法，可以看出鄰近碳原子的 C–H 鍵彼此為近似相錯構型。

環己烷

有取代的環己烷是最常見的環烷類且廣泛地存在於自然界中。類固醇和許多藥物的結構之中都有環己烷的存在。舉例來說，調味劑中常見的**薄荷腦 (menthol)** 的結構就是六元環上有三個取代基。

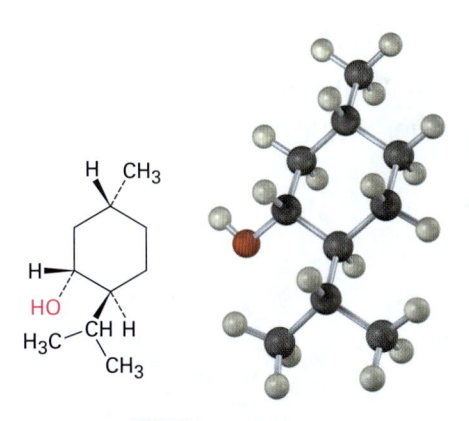

薄荷腦 (menthol)

　　為了減少張力，環己烷採用的是三維的立體構型，此構型形狀類似於躺椅，有椅背、座位和腳凳，因此稱為**椅型** (chair conformation)，如圖 2-13 所示。椅型的環己烷中所有的 C–C–C 鍵角都接近正四面體的 109°，且所有鄰近的 C–H 鍵彼此都是相錯構型，因此它既沒有角張力，也沒有扭轉張力。

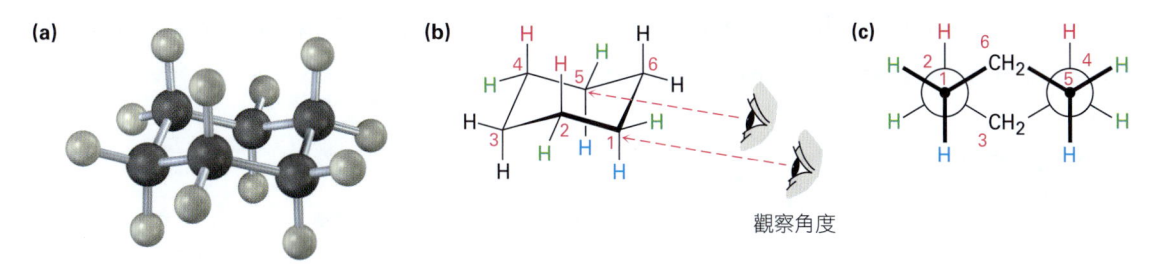

(a)　　　　　　　　　(b)　　　　　　　　　(c)

觀察角度

圖 **2-13**　無張力的椅型環己烷。結構中所有的 C–C–C 鍵角都是 111.5°，接近正四面體的 109°，且所有鄰近的 C–H 鍵彼此都是相錯構型。

2-10　環己烷的軸鍵和赤道鍵

　　椅型的環己烷有許多不同的特性。舉例來說，若環己烷結構中有取代基，其化學性質會受到其構型的影響。簡單碳水化合物 (例如：葡萄糖) 的環己烷構型就有這樣的性質。

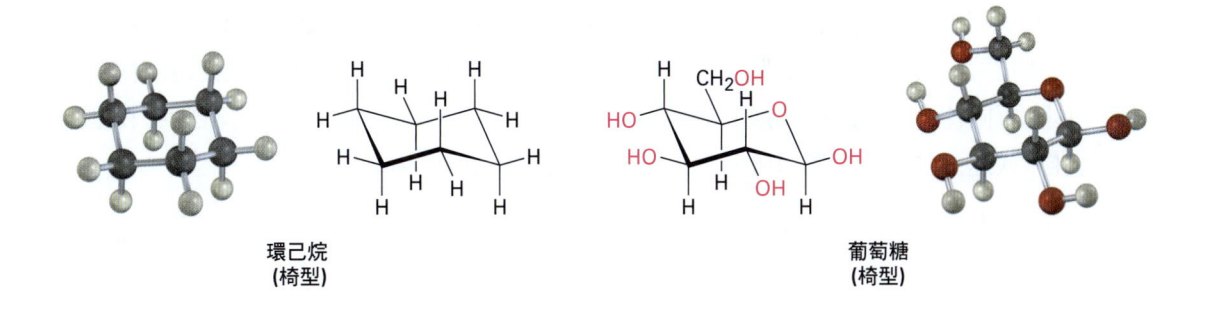

環己烷
(椅型)

葡萄糖
(椅型)

另一個環己烷的結構特徵是取代基在環上有兩種可能的位置，分別是**軸向位置** (axial position) 和**赤道位置** (equatorial position)(圖 2-14)。環己烷的六個軸向位置與環平面互相垂直，六個赤道位置大約在環平面上，像是環的赤道。

圖 **2-14** 環己烷的軸向位置和赤道位置。六個在軸向位置上的氫平行於環軸，六個在赤道位置上的氫圍繞於環赤道。

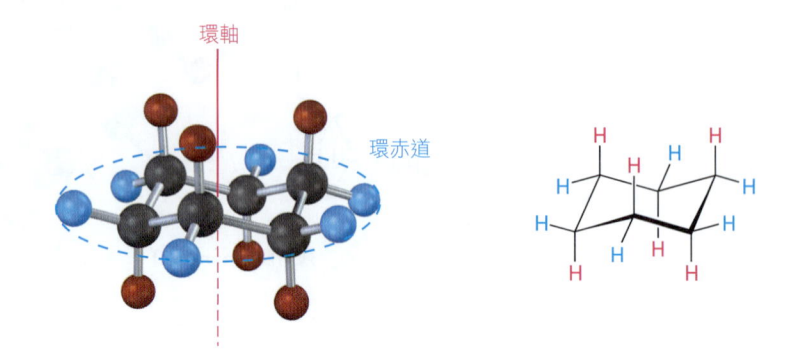

因為椅型的環己烷的氫原子有軸向和赤道兩個位置，因此如果環己烷有一個取代基的時候，我們會預期會有兩種異構物存在。但事實上不是這樣。由於椅型環己烷在室溫下會快速且不斷地進行構型之間的轉換，甲基環己烷 (methylcyclohexane)、溴環己烷 (bromocyclohexane)、環己醇 (cyclohexanol) 等單取代環己烷都只有一種構型存在。這種構型轉換的現象稱為**環翻轉** (ring-flip)，如圖 2-15 所示。

圖 **2-15** 椅型環己烷中的環翻轉現象造成軸向位置和赤道位置之間互相轉換。原先環己烷上的軸向位置在環翻轉後變成赤道位置；而原先環己烷上的赤道位置在環翻轉後變成軸向位置。

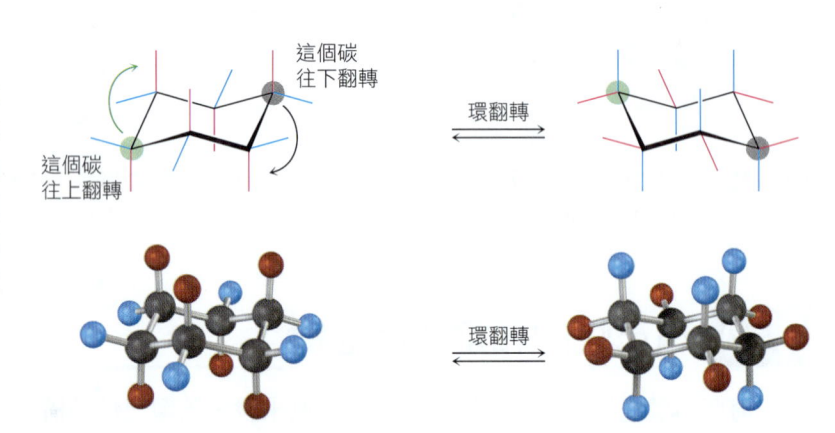

如圖 2-15 所示，在椅型的環己烷結構的翻轉過程中，中間四個碳原子的位置不變，而在兩端的兩個碳原子翻折到相反的位置。此過程會導致原本在軸向位置的取代基在翻轉之後變成在赤道位置，反之亦然。舉例來說，軸向取代的溴環己烷在環翻轉後變成赤道取代的環己烷。因為不同椅型構型之間轉換的能量障礙只有 45 kJ/mol (10.8 kcal/mol)，此過程在室溫下進行非常快速，也因此我們只會看到一種結構，而非兩種異構物同時存在。

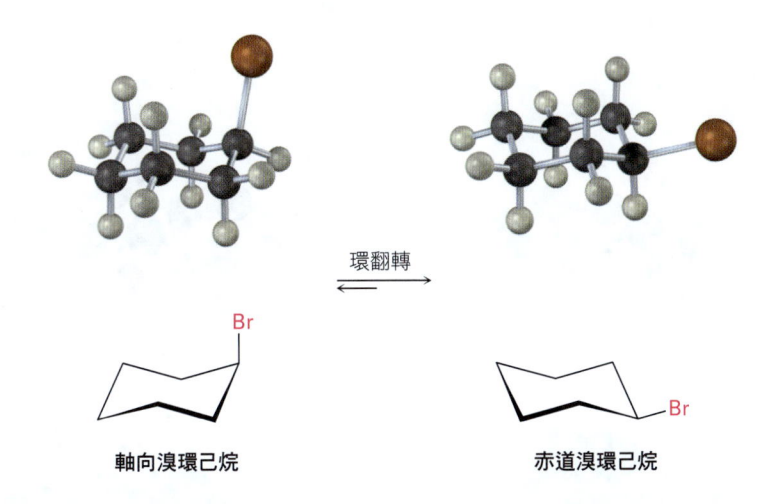

2-10 環己烷的軸鍵和赤道鍵　61

環翻轉
⇌

Br
軸向溴環己烷

Br
赤道溴環己烷

練習題 2-5　畫出取代環己烷的椅子構型

畫出 1,1-二甲基環己烷 (1,1-dimethylcyclohexane) 的椅子構型，分別指出甲基的位置是在軸向還是赤道位置。

策略　畫出如圖 2-15 的椅型環己烷，然後將兩個甲基放在同一個碳上。在環平面上的甲基是赤道位置，而在環平面之上或之下的甲基是軸向位置。

解答

軸向甲基
CH₃
　CH₃
赤道甲基

習題 2-19　畫出環己醇 (cyclohexanol) 的兩種椅子構型，標示出所有的氫原子，並指出取代基是在軸向還是赤道位置。

習題 2-20　畫出反-1,4-二甲基環己烷 (*trans*-1,4-dimethylhexane) 的兩種椅子構型，並指出取代基是在軸向還是赤道位置。

雖然環己烷的構型翻轉在室溫下可以快速地進行，但是單取代環己烷的兩種構型穩定度不是一模一樣的。例如，甲基環己烷的赤道構型就比軸向構型來得穩定，能量差為 7.6 kJ/mol (1.8 kcal/mol)。其他的單取代環己烷也有一樣的狀況，取代基在赤道位置會比在軸向位置穩定。甲基環己烷的赤道構型和軸向構型的能量差異造成在任一瞬間赤道構型的甲基環己烷比例約為 95%，而軸向構型的甲基環己烷比例只有約 5%。此不同構型之間的能量差來自於 **1,3-雙軸作用力** (1,3-diaxial interaction) 所產生的立體阻礙。C1 上的軸向甲基位置太靠近

C3 和 C5 上的軸向氫原子，造成了 7.6 kJ/mol 的立體張力 (圖 2-16)。

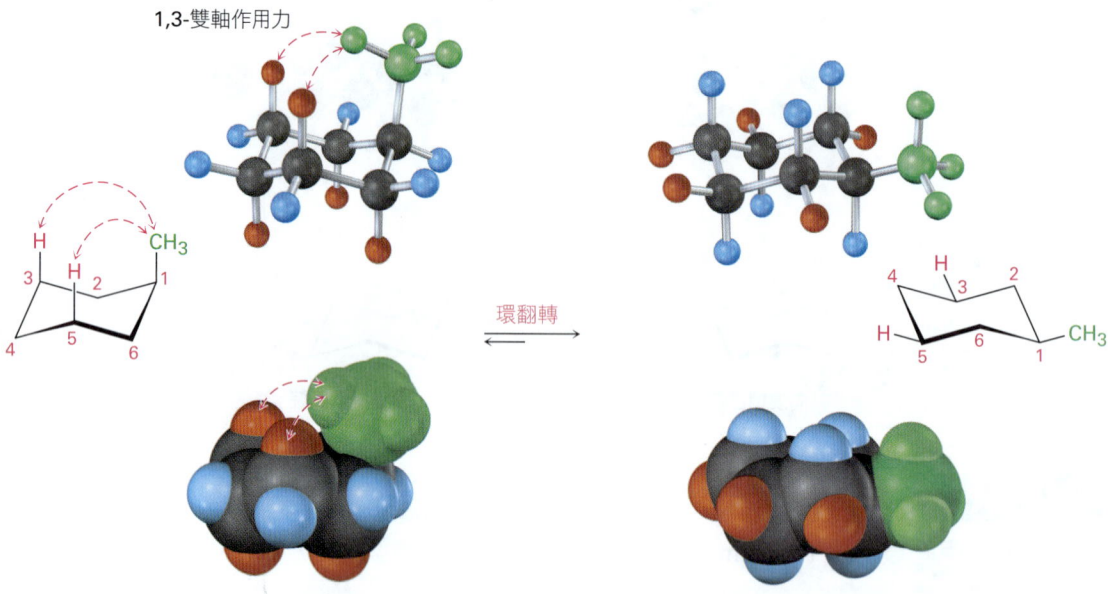

圖 2-16 甲基環己烷軸向構型和赤道構型之間的轉換。赤道構型比軸向構型穩定 7.6 kJ/mol。

1,3-雙軸作用力所造成的能量差現象普遍發生在所有的單取代環己烷結構上，由於立體張力的大小與取代基的大小有關，當取代基變大時，立體張力所造成的能量差也隨之增加。

附加習題

官能基

2-21 請寫出下列分子中官能基的位置和名稱。

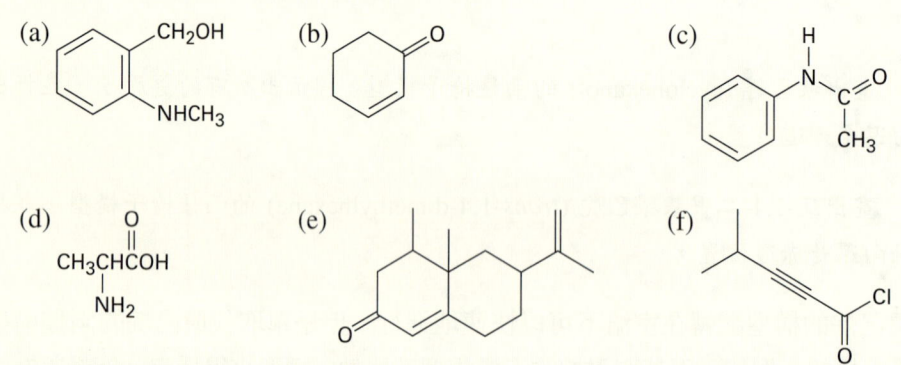

(a) 鄰-(NHCH₃)-苯甲醇
(b) 環己-2-烯-1-酮
(c) N-苯基乙醯胺
(d) CH₃CH(NH₂)COOH
(e) (含酮基的雙環萜類結構)
(f) 4-甲基-2-戊炔醯氯

2-22 請寫出符合下列描述的分子結構：

(a) 有五個碳原子的酮   (b) 有四個碳原子的醯胺   (c) 有五個碳原子的酯
(d) 有芳香環的醛   (e) 有酮基的酯   (f) 有胺基的醇

異構物

2-23 請畫出符合下列描述的分子結構(有多個可能的結構)：

(a) 分子式為 C_8H_{18} 的三種異構物

(b) 分子式為 $C_4H_8O_2$ 的兩種異構物

2-24 請畫出庚烷 C_7H_{16} 的九種異構物。

2-25 下列的各組化學分子結構中，哪些代表一樣的化合物？哪些又代表不一樣的化合物？

(a)
$$CH_3CHCH_3 \quad CH_3CHCH_3 \quad CH_3CHCH_3$$
(with Br/CH₃ substituents)

(b) 三種二羥基苯結構

(c)
$$CH_3CH_2CHCH_2CH_3 \quad HOCH_2CH_2CHCH_3 \quad CH_3CH_2CH_2CHCH_2OH$$
(帶 CH_2OH、CH_2CH_3、CH_3 等取代基)

化合物命名

2-26 請畫出所有戊烷的單溴取代物 ($C_5H_{11}Br$) 並命名其結構。

2-27 請畫出 2,5-二甲基己烷所有的單氯取代物 ($C_8H_{17}Cl$) 並命名其結構。

2-28 請畫出下列結構：

(a) 2-甲基庚烷 (2-Methylheptane)

(b) 4-乙基-2,2-二甲基己烷 (4-Ethyl-2,2-dimethylhexane)

(c) 4-乙基-3,4-二甲基辛烷 (4-Ethyl-3,4-dimethyloctane)

(d) 2,4,4-三甲基庚烷 (2,4,4-Trimethylheptane)

(e) 3,3-二乙基-2,5-二甲基壬烷 (3,3-Diethyl-2,5-dimethylnonane)

(f) 4-異丙基-3-甲基庚烷 (4-Isopropyl-3-methylheptane)

2-29 寫出下列分子的 IUPAC 命名：

(a) $CH_3CHCH_2CH_3$ (帶 CH_3)

(b) $CH_3CH_2CCH_3$ (帶 CH_3、CH_3)

(c) $CH_3CHCH_2CH_3$ (帶 H_3C、CH_3)

(d) $CH_3CH_2CHCH_2CHCH_3$ (帶 CH_2CH_3、CH_3)

(e) $CH_3CH_2CHCH_2CCH_3$ (帶 CH_3、CH_2CH_3、CH_3)

(f) $CH_3C-CCH_2CH_3$ (帶 H_3C、CH_3、H_3C、CH_3)

2-30 請寫出己烷 C_6H_{14} 五種異構物的命名。

2-31 請說明下列化合物命名為何有誤？

(a) 2,2-二甲基-6-乙基庚烷 (2,2-Dimethyl-6-ethylheptane)

(b) 4-乙基-5,5-二甲基戊烷 (4-Ethyl-5,5-dimethylpentane)

(c) 3-乙基-4,4-二甲基己烷 (3-Ethyl-4,4-dimethylhexane)

(d) 5,5,6-三甲基辛烷 (5,5,6-Trimethyloctane)

(e) 2-異丙基-4-甲基庚烷 (2-Isopropyl-4-methylheptane)

2-32 請寫出下列物質的結構及其 IUPAC 命名。

(a) 一個有兩個甲基和兩個乙基取代的己烷　(b) 一個有 3-甲基丁基取代的烷類

分子構型

2-33 針對 2-甲基丁烷 (2-methylbutane) (或稱異戊烷，isopentane)，沿著 C2−C3 鍵的方向觀察：

(a) 以紐曼投射法畫出最穩定結構。

(b) 以紐曼投射法畫出最不穩定結構。

2-34 針對 2,3-二甲基丁烷 (2,3-dimethylbutane)，沿著 C2−C3 鍵的方向觀察會有三種可能的相錯結構。請說明這三種結構的相對能量大小為何？

環烷異構物

2-35 請畫出五種分子式為 C_5H_{10} 的環烷類分子。

2-36 請畫出順-1,2-二溴環戊烷 (cis-1,2-dibromocyclopentane) 的兩種結構異構物。

2-37 請畫出反-1,3-二甲基環丁烷 (trans-1,3-dimethylcyclobutane) 的立體異構物。

2-38 請分辨下列各組化合物為相同化合物、互為結構異構物、互為立體異構物或是無關的化合物。

(a) 順-1,3-二溴環己烷 (cis-1,3-dibromocyclohexane) 和反-1,4-二溴環己烷 (trans-1,4-dibromocyclohexane)

(b) 2,3-二甲基己烷 (2,3-dimethylhexane) 和 2,3,3-三甲基戊烷 (2,3,3-trimethylpentane)

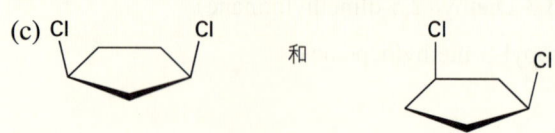

(c)

2-39 請畫出反-1,2-二氯環丁烷 (trans-1,2-dichlorocyclobutane) 的三種異構物，並指出它們各自為結構異構物還是立體異構物。

2-40 請指出下面葡萄糖分子結構中的各組 −OH 官能基是順式 (cis) 還是反式 (trans) 關係？(紅-藍，紅-綠，紅-黑，藍-綠，藍-黑，綠-黑)

葡萄糖

環烷類構型和穩定度

2-41 羥皮質酮 (Hydrocortisone) (或稱氫化可體松) 是一種由腎上腺製造的天然荷爾蒙，常用於治療發炎、嚴重過敏以及許多其他症狀。下圖羥皮質酮的結構中的 −OH 官能基是在軸向位置還是赤道位置？

羥皮質酮

2-42 1,2-雙取代的環烷類的兩個取代基，必須一個在軸向位置，另一個在赤道位置，像是順-1,2-二氯環己烷 (*cis*-1,2-dichlocyclohexane)，請說明其原因。

2-43 請畫出薄荷醇的兩種椅子構型，並指出哪一種構型比較穩定。

薄荷醇

2-44 反-十氫化萘 (*trans*-decalin) 比其順式結構穩定，而順-雙環 [4.1.0] 庚烷 (*cis*-bicyclo[4.1.0]heptane) 則比其反式結構穩定，請說明其原因。

反-十氫化萘
(*trans*-decalin)

順-雙環 [4.1.0] 庚烷
(*cis*-bicyclo[4.1.0]heptane)

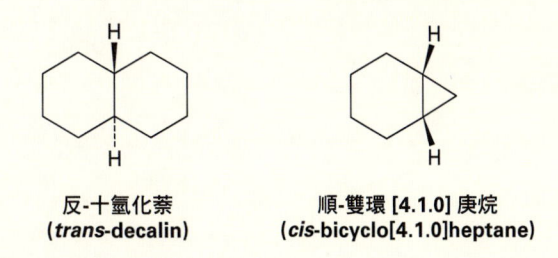

2-45 他汀類藥物 (statin) 是世界上最常用的處方藥，像是辛伐他汀 (simvastatin，商品名為 Zocor)、普拉伐他汀 (pravastatin，商品名為 Pravachol) 和阿托伐他汀 (atorvastatin，商品名為 Lipitor)。請回答下列問題：
(a) 辛伐他汀結構上標示的兩個鍵互為順式還是反式？
(b) 普拉伐他汀結構上標示的三個鍵互為順式還是反式？

(c) 為何在阿托伐他汀結構上標示的三個鍵不能互為順式或反式？

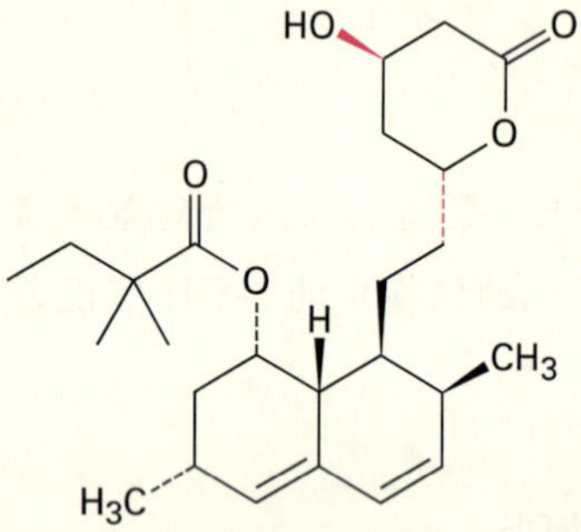

辛伐他汀
Simvastatin
(Zocor)

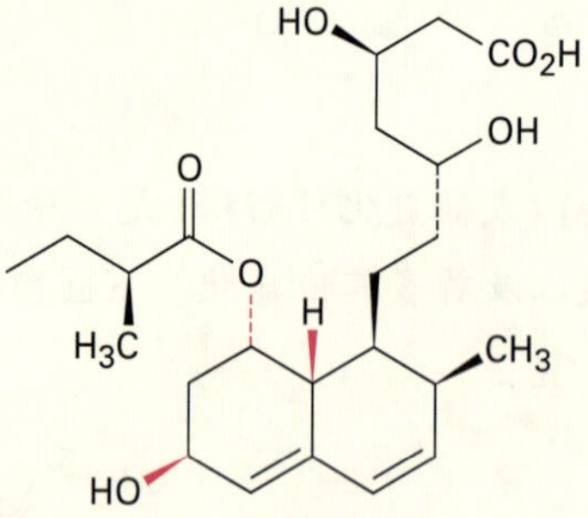

普拉伐他汀
Pravastatin
(Pravachol)

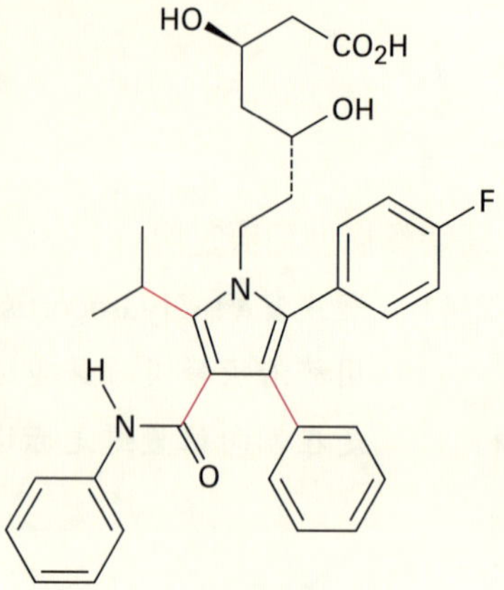

阿托伐他汀
Atorvastatin
(Lipitor)

正四面體中心的立體化學

© Bart Brouwer/Shutterstock.com

3-1 鏡像異構物和正四面體碳原子
3-2 分子的對掌性
3-3 光學活性
3-4 決定立體組態的序列法則
3-5 非鏡像異構物
3-6 內消旋化合物
3-7 天然物中的對掌性

你平時的慣用手是左手還是右手？你或許不會花時間去想這個理所當然的問題，但人類的慣用手卻影響了生活中許多的事物。例如樂器 (像是雙簧管和黑管) 或是運動裝備 (像是壘球手套) 在使用上都有左右手之分。又例如左撇子寫的字常會讓人覺得很特殊。造成這些現象的原因是我們的雙手並非一模一樣，而是互為鏡像 (mirror images)。你可以試試看，當你把左手放在鏡子前，所看到的影像會像是右手。

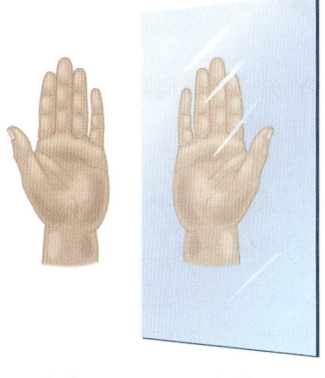

左手　　右手

對掌性這個現象在有機化學和生物化學中也非常重要，主因是構成有機分子的主要原子-碳原子是 sp^3 混成軌域，其正四面體結構有類似左右手的鏡像關係。對掌性現象普遍存在於藥物分子與大多數人體內的分子，像是胺基酸、碳水化合物、核酸等。此外，有許多和生命運行的化學反應與酵素有關，而分子的對掌性也使得酵素和其受質之間的作用力可以精準的被

控制。

3-1 鏡像異構物和正四面體碳原子

分子的對掌性是怎麼造成的呢？讓我們用圖 3-1 的分子鏡像結構來解釋。圖中左方有三個分子結構分別為 CH_3X、CH_2XY 和 CHXYZ，右方鏡中呈現的則為這三個分子的鏡像結構。CH_3X 和 CH_2XY 分子結構與其鏡像一模一樣，因此它們沒有對掌性。如果分別製作這兩個分子及其鏡像的模型，就會發現分子模型和鏡像模型中對應的原子是可以完全重疊的。相較之下，CHXYZ 分子結構就和它的鏡像並非一模一樣。因此，無法將這個分子及其鏡像的模型重疊在一起，此現象就像左手和右手無法交疊一樣，它們並非完全一樣的結構。

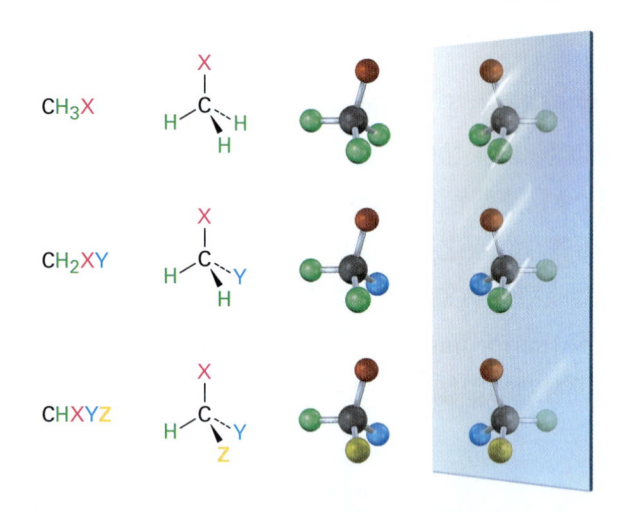

圖 3-1 正四面體碳原子及其鏡像。CH_3X 和 CH_2XY 分子結構與其鏡像一模一樣，而 CHXYZ 分子不是。CHXYZ 分子與鏡像的關係如同於左手和右手的關係。

當分子與鏡像結構不同時，此分子所代表的立體異構物稱為**鏡像異構物** (enantiomers) (希臘字 *enantio*，相反的)。鏡像異構物彼此之間的關係就像左右手的關係一樣，它發生的條件是一個正四面體碳原子上接了四個不同的取代基 (不一定要是 H)。舉例來說，乳酸 (lactic acid)(2-羥丙酸，2-hydroxypropanoic acid) 分子結構的中心碳原子上接了四個不同取代基，分別為 $-H$、$-OH$、$-CH_3$、$-CO_2H$，因此乳酸分子會有一對鏡像異構物存在，其名稱分別為 (+)-乳酸和 (−)-乳酸。這兩種鏡像異構物都存在於優酪乳中，但在肌肉組織中只會有 (+)-乳酸存在。

乳酸：分子式為 CHXYZ

(+)-乳酸　　　　　(−)-乳酸

　　無論再怎麼努力，你都無法將 (+)-乳酸和 (−)-乳酸的立體結構重疊。你會發現當其中兩個取代基的位置重疊的時候，另外兩個取代基的位置就無法重疊了 (圖 3-2)。

圖 3-2　嘗試將乳酸鏡像結構重疊的結果。(a) 當 −H 和 −OH 取代基重疊的時候，−CO₂H 和 −CH₃ 取代基便無法重疊；(b) 而當 −CO₂H 和 −CH₃ 取代基重疊的時候，−H 和 −OH 取代基便無法重疊。

3-2　分子的對掌性

　　當分子無法和其鏡像結構重疊時，此分子稱為**對掌性** (chiral，來自希臘字 *cheir*，意為「手掌」，名詞為 chirality) 分子。對掌性分子無法和其鏡像異構物完全重疊。

　　要如何得知一個分子是否為對掌性分子呢？判斷的原則是：分子結構中若存在對稱面，則此分子就不是對掌性分子。當分子從中間切開時，若切開的兩個平面互為鏡像，此切面即為對稱面。舉例來說，喝咖啡用的馬克杯就有對稱面，如果將馬克杯從中間切成兩半，這兩半會互為鏡像。然而，手掌就沒有對稱面，若將手掌切成兩半，這兩半則不會互為鏡像 (圖 3-3)。

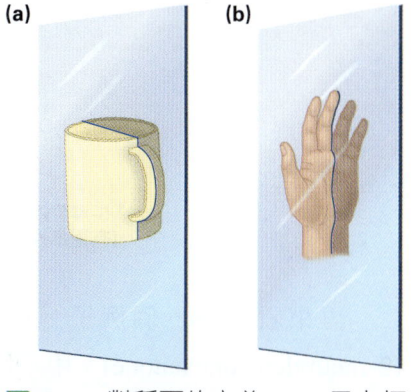

圖 3-3　對稱面的定義。(a) 馬克杯將其從中間切開後的兩個平面互為鏡像，因此具有對稱面；(b) 手掌將其從中間切開後的兩個平面無法互為鏡像，因此不具有對稱面。

具有對稱面的分子必與其鏡像結構重疊，因此不具有對掌性，或稱為**非對掌性** (achiral)。如圖 3-4 所示，有一個對稱面的丙酸分子 (CH₃CH₂CO₂H) 是非對掌性分子，然而，沒有對稱面的乳酸分子 (CH₃CH(OH)CO₂H) 則是對掌性分子。

圖 3-4 非對掌性丙酸分子和對掌性乳酸分子的差異。丙酸有對稱面，使得分子的兩邊互為鏡像，而乳酸沒有像這樣的對稱面。

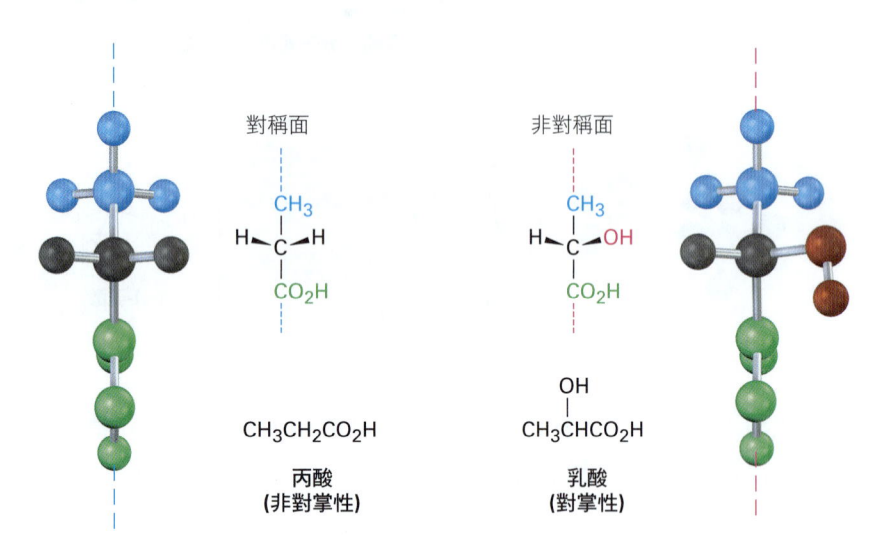

對稱面　　　　非對稱面

CH₃CH₂CO₂H　　CH₃CHCO₂H
　　　　　　　　　OH

丙酸　　　　　　乳酸
(非對掌性)　　　(對掌性)

有機分子的對掌性經常源自於其分子有一個碳原子四面體中心，而此中心接了四個不同的取代基，乳酸分子結構中的中心碳原子就是這樣的例子。此類的碳原子稱為**對掌性中心** (chirality center)，或稱為立體中心 (stereocenter) 和不對稱中心 (asymmetric center)。

對於結構複雜的分子來說，由於中心碳原子是否接了四個不同官能基不是很容易看得出來，因此要判斷是否有對掌性中心是需要練習的。官能基的差別常常不能只看對掌性中心旁邊的原子。舉例來說，5-溴癸烷 (5-bromodecane) 有四個不同的官能基接在 C5 (對掌性中心，以星號標示) 上，因此為對掌性分子。其中的丁基和戊基取代是相似的，但並不相同。丁基和戊基的不同要從正四面體中心的碳原子向外延伸到第四個原子以後才分辨得出來。

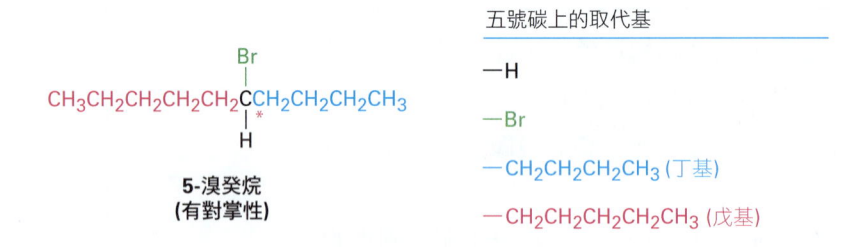

五號碳上的取代基

CH₃CH₂CH₂CH₂C*CH₂CH₂CH₂CH₃
　　　　　　　Br
　　　　　　　H

5-溴癸烷
(有對掌性)

—H
—Br
—CH₂CH₂CH₂CH₃ (丁基)
—CH₂CH₂CH₂CH₂CH₃ (戊基)

再來看另外一個例子，甲基環己烷 (methylcyclohexane) 和 2-甲基環己酮 (2-methylcyclohexanone)。甲基環己烷結構中因為沒有一個碳原子上接了四個不同的官能基，因此不具有對掌性。在判斷上，由於有兩個以上一樣的原子接在碳上，—CH₂— 和 —CH₃ 的碳原子可以直接排除是立體中心的可能性。那剩下的 C1 呢？C1 上接了一個 —CH₃ 官能基、一個 —H 原子以及環上的 C2 和 C6。這其中 C2 和 C6 是相等的，再往下看的 C3 和 C5 也相等。因此，C6–C5–C4 取代基可以視為和 C2–C3–C4 取代基完全一樣，所以甲

基環己烷沒有對掌性。另一個判斷非對掌性的方式是甲基環己烷有分子內對稱面，此對稱面存在於通過甲基及環上的 C1 和 C4 的平面。

2-甲基環己酮的狀況就不同了。2-甲基環己酮沒有分子內對稱面，且 C2 分別接了 −CH₃ 取代基、−H 原子、−COCH₂− 環上的鍵 (C1)、−CH₂CH₂− 環上的鍵 (C3)，因此它是非對掌性分子。

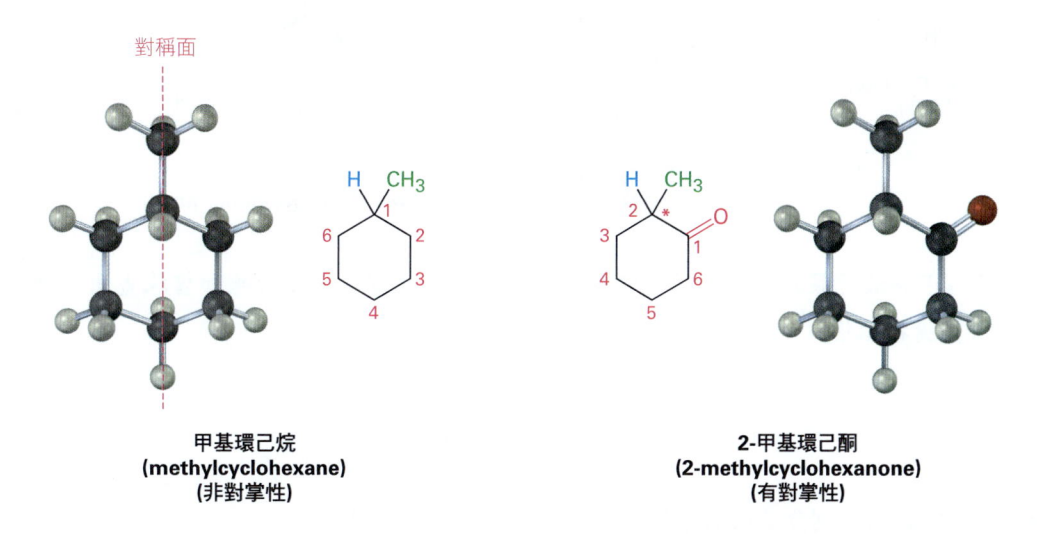

甲基環己烷
(methylcyclohexane)
(非對掌性)

2-甲基環己酮
(2-methylcyclohexanone)
(有對掌性)

以下有更多對掌性分子的例子，其中有標示的碳原子是對掌性中心。你或許有注意到 −CH₂−、−CH₃、C=O、C=C、C≡C 的碳原子無法成為對掌性中心。你可以思考看看為什麼是這樣。

香芹酮 (Carvone) (薄荷油)

努卡酮 (Nootkatone) (葡萄柚油)

練習題 3-1　畫出對掌性分子的三維結構

請畫出一個有對掌性的醇類結構。

策略　醇類分子需要有 −OH 官能基。而要讓一個醇類分子有對掌性，要將四個不同的官能基接在同一個碳原子上，像是 −H、−OH、−CH₃ 和 −CH₂CH₃。

解答

2-丁醇
(2-Butanol)
(有對掌性)

習題 3-1 下列哪一個物質有對掌性？
(a) 汽水罐　(b) 螺絲起子　(c) 螺絲釘　(d) 鞋子

習題 3-2 下列哪一個分子有對掌性？若有，請指出每個分子的對掌性中心。

(a) 毒芹鹼 (Coniine)
(毒參)

(b) 薄荷腦 (Menthol)
(香料)

(c) 右美沙芬 (Dextromethorphan)
(止咳劑)

習題 3-3 丙胺酸是胺基酸的一種，它具有對掌性。請用實線、楔形線和虛線畫出兩種丙胺酸的鏡像異構物結構。

CH_3CHCO_2H　丙胺酸（含 NH_2 基）

習題 3-4 請指出下列分子的對掌性中心 (綠 = Cl、黃綠 = F)。

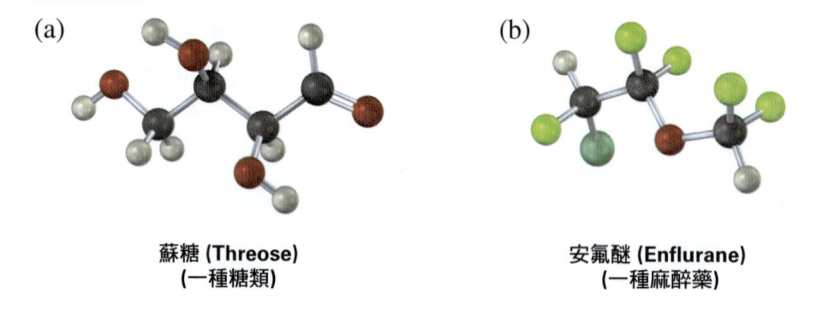

(a) 蘇糖 (Threose)
(一種糖類)

(b) 安氟醚 (Enflurane)
(一種麻醉藥)

3-3 光學活性

　　分子對掌性的研究最早是源自於 19 世紀初一位法國的物理學家 Jean-Baptise Biot 對於平面偏極光性質的研究。普通光束是由無限多個與光徑垂直平面中振盪的電磁輻射波所組成。然而，當一普通光束射向偏光鏡時，只有一種在平面中振盪的光波會通過，此通過的光線稱為平面偏極光。在其他平面中振盪的光波都會被偏極光擋住而無法通過。

　　Biot 觀察到的重要現象是當平面偏極光通過特定有機分子 (像是糖或樟腦) 的溶液時，此平面偏極光的方向會旋轉一特定 α 角。不是每個有機分子都有這個現象，但有此現象的分子稱為有**光學活性** (optically active)。

　　平面偏極光旋轉的角度可用名為偏光儀 (polarimeter) 的一種儀器來測量 (圖 3-5)。作法是將含有有機分子的溶液放入樣品管中，當平面偏極光通過樣品槽時，偏極光的平面方向會

旋轉。然後此光線會再射向第二個稱為分析鏡 (analyzer) 的偏光鏡。藉由旋轉分析鏡來使光線全部通過分析鏡，便可得知新的偏極光平面以及偏極光平面旋轉的程度。

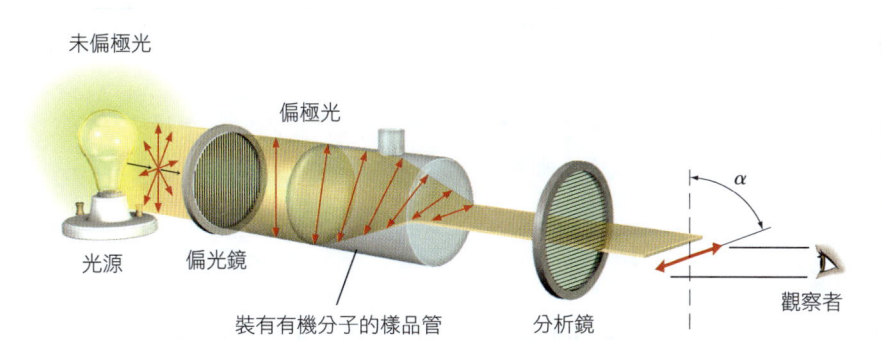

圖 3-5 偏光儀的示意圖。平面偏極光通過有光學活性的有機分子溶液後，偏極光的平面方向會旋轉。

使用偏光儀除了可以測量偏極光旋轉的角度之外，還可以測量偏極光旋轉的方向。若從觀察者的角度往分析鏡方向看過去，有些光學活性分子會將偏極光朝左邊旋轉 (逆時鐘方向)，稱為**左旋** (levorotatory)；也有些光學活性分子會將偏極光朝右邊旋轉 (順時鐘方向)，稱為**右旋** (dextrorotatory)。按照慣例，左旋分子的命名之前要加上負號 (−)，而右旋分子的命名之前要加上正號 (+)。舉例來說，(−) - 嗎啡 (morphine) 是左旋，而 (+) - 蔗糖 (sucrose) 是右旋。

在偏光儀實驗中所觀察到的偏極光旋轉角度 (或稱為旋光度) 會受到偏極光所遇到的光學活性分子數量所影響。相對地，偏極光所遇到的光學活性分子數量決定在樣品的濃度和光徑長度。如果樣品中有光學活性分子的濃度加倍，則測量到的旋光度也會加倍。如果樣品的濃度一樣，但是光通過樣品管的路徑長度變成兩倍，則量到的旋光度也會加倍。此外，偏極光旋轉角度也會因為入射光的波長不同而有不同的結果。

若要將旋光度用較有意義的方式表達，用以比較不同分子對偏極光的旋轉能力，我們必須要用標準方式測量分子的**比旋光度** (specific rotation, $[\alpha]_D$)，其定義是當入射光線的波長為 589.6 nm (也稱為鈉 D 譜線)、樣品管的光徑 l 是 1 dm (1 dm = 10 cm)、樣品的濃度 c 是 1 g/cm^3 時所測量到的旋光度。

$$[\alpha]_D = \frac{\text{測量到的旋光度}}{\text{光徑長 } l \text{ (dm)} \times \text{濃度 } c \text{ (g/cm}^3\text{)}} = \frac{\alpha}{l \times c}$$

當旋光性的數據以此標準方式表達的時候，特定光學活性分子的比旋光度 ($[\alpha]_D$) 就成為此分子的特定物理性質。例如：(+)-乳酸 $[\alpha]_D$ = +3.82，而 (−)-乳酸 $[\alpha]_D$ = −3.82。也就是說，這兩個鏡像異構物的旋光度大小相等，但方向相反。請注意比旋光度的單位為 deg · cm^2/g，但是通常不標示出來。表 3-1 中列出了一些有機分子的比旋光度。

表 3-1　一些有機分子的比旋光度

化合物	$[\alpha]_D$	化合物	$[\alpha]_D$
青黴素 V	+233	膽固醇	−31.5
蔗糖	+66.47	嗎啡	−132
樟腦	+44.26	古柯鹼	−16
氯仿	0	醋酸	0

練習題 3-2　計算比旋光度

將 1.20 g 的古柯鹼 ($[\alpha]_D = -16$) 溶解於 7.50 mL 的氯仿並放入光徑長為 5.00 cm 的樣品管，請問量測到的旋光度會是多少？

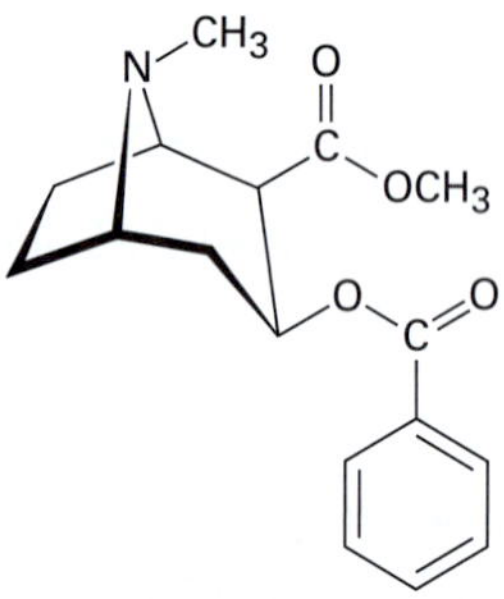

古柯鹼

策略　因為 $[\alpha]_D = \dfrac{\alpha}{l \times c}$，所以 $\alpha = l \times c \times [\alpha]_D$

這裡 $[\alpha]_D = -16$，$l = 5.00$ cm $= 0.500$ dm，$c = 1.20$ g/7.50 cm^3 $= 0.160$ g/cm^3

解答　$\alpha = (-16) \times (0.500) \times (0.160) = -1.3°$

習題 3-5　練習題 3-2 中的古柯鹼是左旋還是右旋？

習題 3-6　若將 1.50 g 從毒芹萃取得到的毒芹鹼溶解於 10.0 mL 的乙醇並放入光徑長為 5.00 cm 的樣品管，所量測到的旋光度是 +1.21°，請問毒芹鹼的比旋光度是多少？

3-4　決定立體組態的序列法則

雖然畫出分子平面結構可以讓我們知道分子中取代基的位置，但是也需要一種分子的表達方式可以讓我們知道分子中每個立體中心的取代基在三維空間中排列方式，或稱為分子的**構型** (configuration)。這個方法會運用到一種將連接在對掌性中心的四個取代基排列順序的規則，然後用這個順序來判斷分子的對掌性。提出此觀念的化學家將此方法稱為**序列法則** (Cahn-Ingold-Prelog rules)，其規則如下：

規則 1　先找出直接接在對掌性中心原子上的四個原子，用原子序將這四個原子排列大小順

序。原子序最大的原子排序為 1，原子序最大的原子排序為 4 (通常是氫原子)。若是同位素之間的比較，較重的同位素排序較高。因此，有機化合物中常見原子的排序如下：

原子序　　　　 35　17　16　15　 8　 7　 6　(2)　(1)
較高的排序　　 Br > Cl > S > P > O > N > C > ^{2}H > ^{1}H　較低的排序

規則 2　如果不能用取代基連接對掌性中心的第一個原子的原子序排出順序，就往下比第二個原子、第三個原子、第四個原子，直到可以分出大小順序為止。例如：$-CH_2CH_3$ 取代基和 $-CH_3$ 取代基中連接對掌性中心的第一個原子都是碳原子，因此用規則一來排序是一樣的。但是用到規則 2 的時候，$-CH_2CH_3$ 的排序就會比 $-CH_3$ 來得高，因為 $-CH_2CH_3$ 連接的第二個原子是碳，而 $-CH_3$ 連接的第二個原子是氫。請參考以下有關規則 2 的例子：

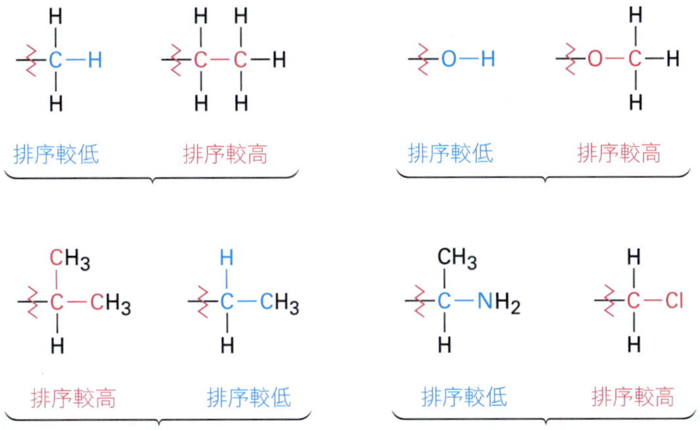

排序較低　　排序較高　　　　排序較低　　排序較高

排序較高　　排序較低　　　　排序較低　　排序較高

規則 3　連接多重鍵的原子排序會和此原子連接多個單鍵的排序一樣。例如：醛基 ($-CH=O$) 取代的碳原子接了一個碳氧雙鍵，它的排序是和碳原子以兩個單鍵接到氧原子的排序是一樣的。

這個碳連接到　　這個氧連接到　　等同於　　這個碳連接到　　這個氧連接到
H、O、O　　　　C、C　　　　　　　　　　　H、O、O　　　　C、C

以下提供更多兩個取代基排序相同的例子：

這個碳連接到　　這個碳連接到　　等同於　　這個碳連接到　　這個碳連接到
H、C、C　　　　H、H、C、C　　　　　　　H、C、C　　　　H、H、C、C

這個碳連接到 C、C、C

這個碳連接到 H、C、C、C

等同於

這個碳連接到 C、C、C

這個碳連接到 H、C、C、C

　　將連接到對掌性中心的四個取代基排列好之後，我們可以用對掌性中心碳原子周圍的取代基排序來描述此分子的立體化學構型。先將排序為 4 的取代基放於遠離我們的方向，接下來看另外三個方向朝向我們的取代基，其相對位置會像是方向盤上有三個握手輻條的關係（圖 3-6）。將三個取代基的位置依照排序 1 → 2 → 3 連接成彎曲箭號，若此箭號為順時鐘方向，則稱此對掌性中心為 **R 構型** (拉丁字 *rectus*，字義為「右方」)。相反的，若此箭號為逆時鐘方向，則稱此對掌性中心為 **S 構型** (拉丁字 *sinister*，字義為「左方」)。

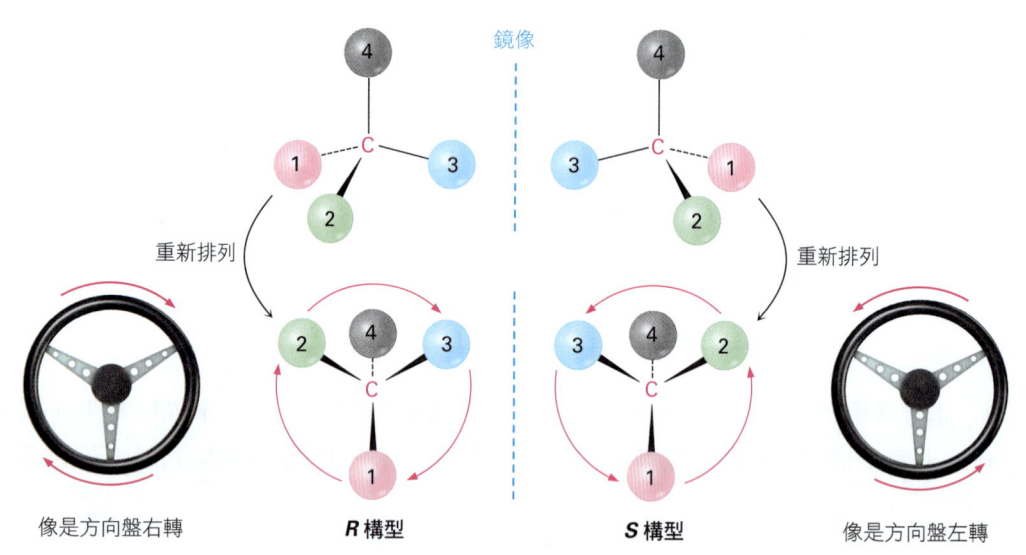

像是方向盤右轉　　　　**R 構型**　　　　**S 構型**　　　　像是方向盤左轉

圖 3-6　判斷對掌性中心的構型。將排序最低的取代基 (4) 放於遠離觀察者的方向，另外三個取代基方向朝向觀察者。若將取代基位置排序 1→2→3 連接成彎曲箭號為順時鐘方向，則此對掌性中心為 R 構型。若彎曲箭號為逆時鐘方向，則此對掌性中心為 S 構型。

　　我們舉圖 3-7 中的 (−)-乳酸為例來說明它的構型是如何判斷的。序列法則一很清楚告訴我們排序 1 是 −OH，排序 4 是 −H，但因為 −CH$_3$ 和 −CO$_2$H 的第一個原子都是碳，無法判斷其順序。然而，根據序列法則二，因為 −CO$_2$H 的第二個原子是氧，−CH$_3$ 的第二個原子是氫，我們可以很清楚判斷 −CO$_2$H 的排序在 −CH$_3$ 之前。然後，將此分子的角度旋轉到排序 4 的取代基方向朝向後方，也就是遠離觀察者的方向，因為排序 1 (−OH) → 2(−CO$_2$H) → 3(−CH$_3$) 連接成彎曲箭號為順時鐘方向，因此 (−)-乳酸為 R 構型。用一樣的方法來判斷 (+)-乳酸的構型會得到相反的結果。

3-4 決定立體組態的序列法則

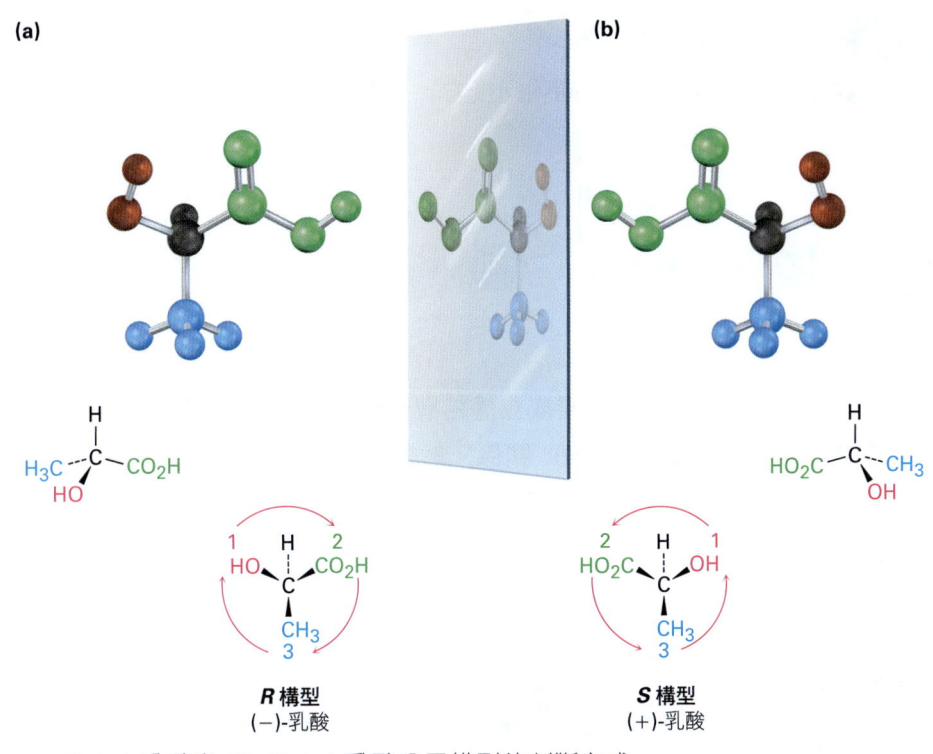

圖 3-7 (a) (R)-(−)-乳酸和 (b) (S)-(+)-乳酸分子構型的判斷方式。

我們在看自然界存在的這兩個例子。如圖 3-8 所示，這兩個分子都是 S 構型，但旋光性的方向卻不同。(S)-甘油醛是左旋，而 (S)-丙胺酸是右旋。因此可見旋光性的方向及角度和分子的 R、S 構型並沒有關聯性。

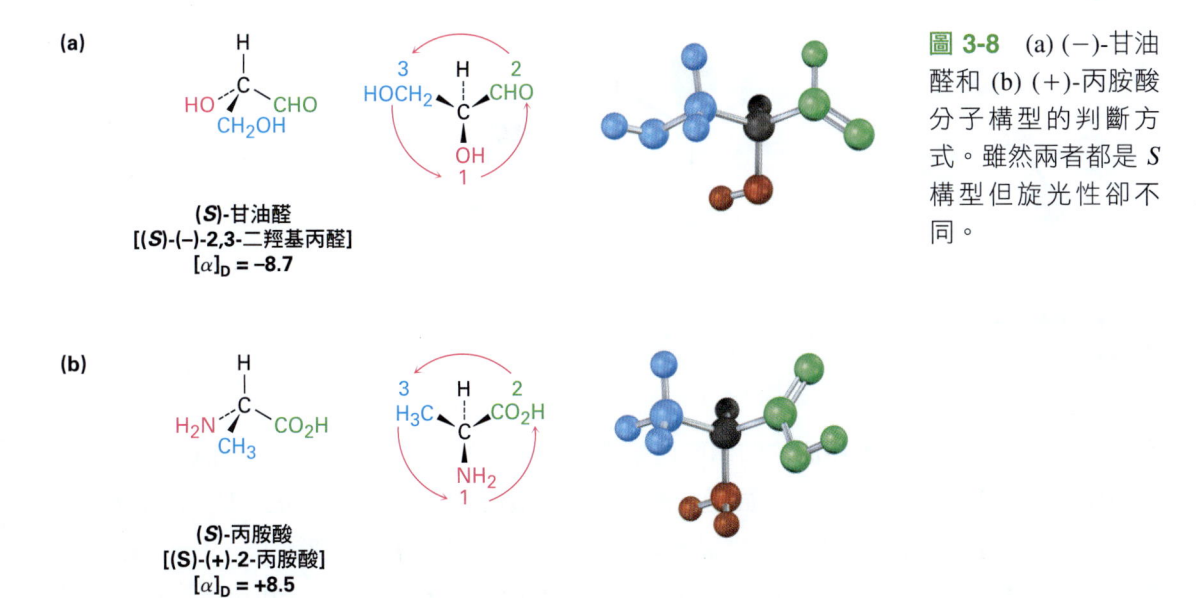

(a)

(S)-甘油醛
[(S)-(−)-2,3-二羥基丙醛]
$[\alpha]_D = -8.7$

(b)

(S)-丙胺酸
[(S)-(+)-2-丙胺酸]
$[\alpha]_D = +8.5$

圖 3-8 (a) (−)-甘油醛和 (b) (+)-丙胺酸分子構型的判斷方式。雖然兩者都是 S 構型但旋光性卻不同。

練習題 3-3　判斷對掌性中心的構型

將下列結構中排序最低的取代基的方向朝向後方，進而判斷此分子是 R 構型還是 S 構型？

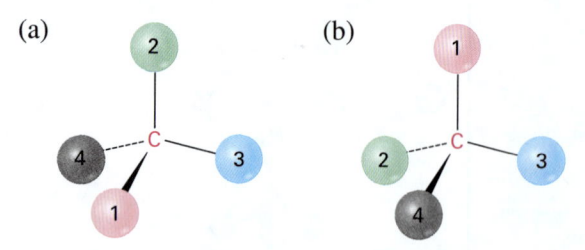

(a)　　　　　　　(b)

策略　需要一點練習來將對掌性中心看成立體結構。首先可以先把觀察者的角度定在排序最後取代基方向的對向，也就是互成 180° 關係。然後用觀察者角度重新畫出所看到的取代基位置。

解答　在 (a) 中，你觀察的位置是在頁面之前的右上方，會看到取代基 2 在左方，取代基 3 在右方，取代基 1 在下方，因此會得到 R 構型。

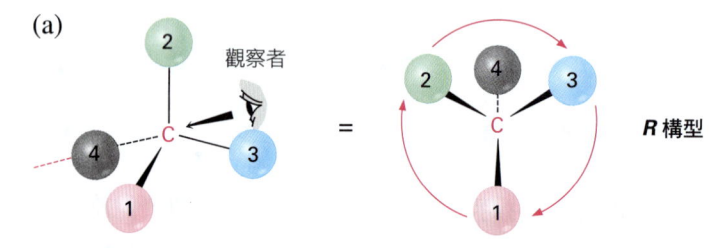

(a)

= R 構型

在 (b) 中，你觀察的位置是在頁面之後的左上方，會看到取代基 3 在左方，取代基 1 在右方，取代基 2 在下方，因此會得到 R 構型。

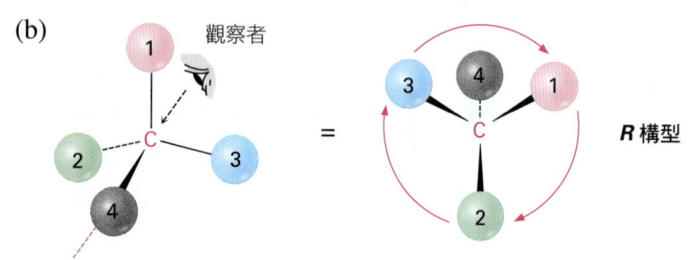

(b)

= R 構型

練習題 3-4　畫出特定鏡像異構物的三維結構

畫出 (R)-2-氯丁烷的正四面體結構。

策略　先將連接在對掌性中心的四個取代基排序，依序是 (1) $-Cl$、(2) $-CH_2CH_3$、(3) $-CH_3$、(4) $-H$。將分子畫成正四面體結構，將排序最低的取代基 (這裡是 $-H$) 朝向後方，另外三個取代基方向會朝向自己。然後將朝向自己的三個取代基位置依照 1 → 2 → 3 連接成彎曲箭號得到順時鐘方向 (向右轉)。最後將分子稍微傾斜使後方的氫原子可以被看到。在回

答此類問題時，用分子模型輔助空間方位的判斷是很有幫助的。

解答

(R)-2-氯丁烷

習題 3-7 下列各組官能基中哪一個的排序較高？

(a) −H 或 −Br (b) −Cl 或 −Br (c) −CH₃ 或 −CH₂CH₃

(d) −NH₂ 或 −OH (e) −CH₂OH 或 −CH₃ (f) −CH₂OH 或 −CH=O

習題 3-8 寫出下列各組官能基的排序？

(a) −H、−OH、−CH₂CH₃、−CH₂CH₂OH

(b) −CO₂H、−CO₂CH₃、−CH₂OH、−OH

(c) −CN、−CH₂NH₂、−CH₂NHCH₃、−NH₂

(d) −SH、−CH₂SCH₃、−CH₃、−SSCH₃

習題 3-9 將下圖中排序最低的取代基的方向朝向後方，然後判斷此分子是 *R* 還是 *S* 構型？

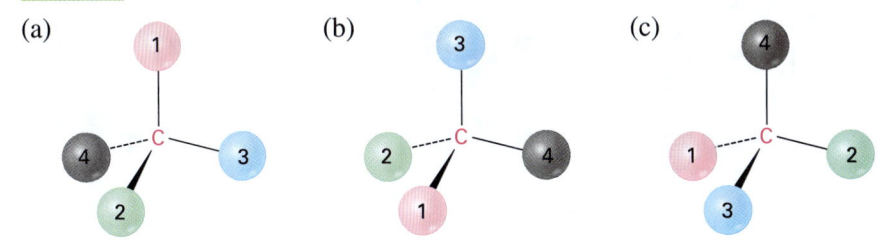

(a) (b) (c)

習題 3-10 判斷下列每一個分子的對掌性中心是 *R* 還是 *S* 構型？

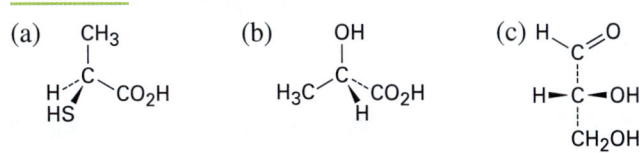

(a) (b) (c)

習題 3-11 請畫出 (*S*)-2-戊醇 [(*S*)-2-pentanol；2-羥戊烷，2-hydroxypentane] 的正四面體結構。

習題 3-12 下圖為一種胺基酸甲硫胺酸 (methionine) 的分子模型 (藍色 = N，黃色 = S)。請判斷其對掌性中心是 *R* 還是 *S* 構型？

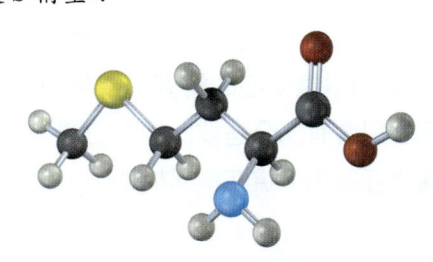

3-5 非鏡像異構物

只有一個對掌性中心的分子結構相對簡單，每個分子只會有兩個鏡像異構物，像是乳酸、丙胺酸和甘油醛都是這類分子。然而，當分子結構中有兩個以上的對掌性中心時，狀況就複雜多了。一般來說，一個分子若有 n 個對掌性中心，它就會有 2^n 個立體異構物 (實際上可能會少一些)。以蘇胺酸 (threonine) (2-胺基-3-羥丁酸) 為例，因為它有 2 個對掌性中心 (C2 和 C3)，所以會有 4 個可能的立體異構物，如圖 3-9 所示。你可以試著看看圖中所標示的 R、S 構型是否正確。

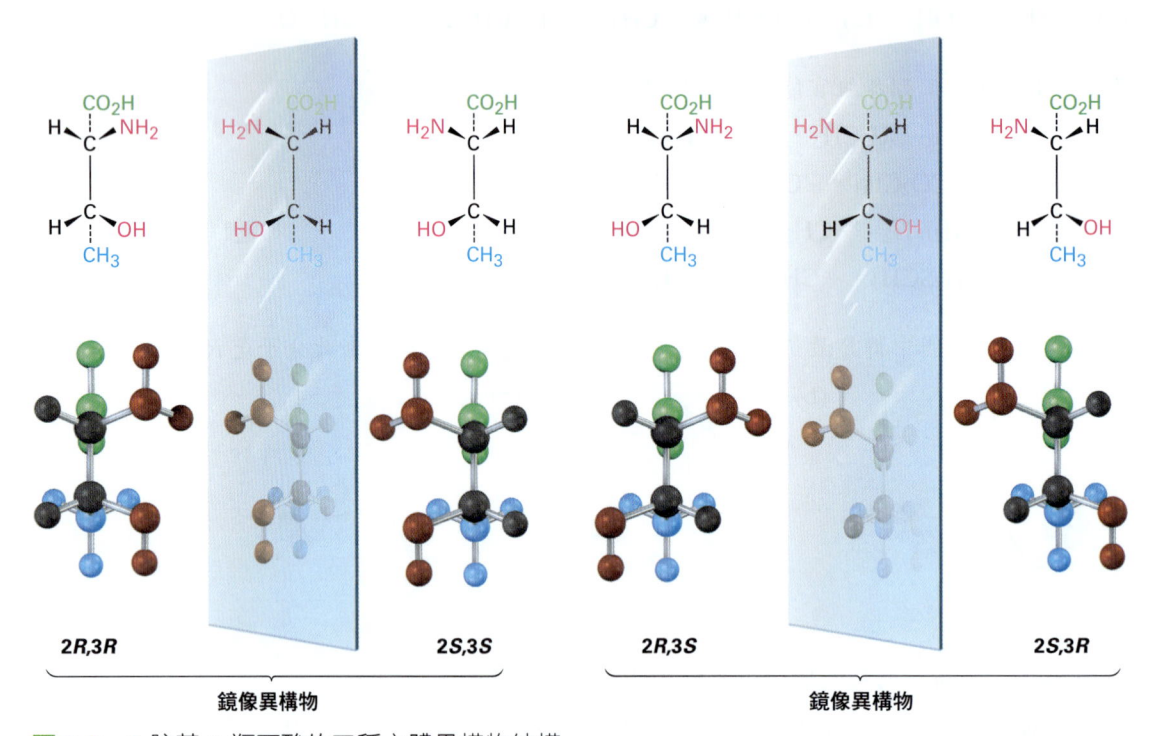

圖 3-9　2-胺基-3-羥丁酸的四種立體異構物結構。

2-胺基-3-羥丁酸的四種立體異構物可以分成兩組鏡像異構物。其中的 2R,3R 立體異構物是 2S,3S 立體異構物的鏡像異構物；另外的 2R,3S 立體異構物是 2S,3R 立體異構物的鏡像異構物。但這其中不互為鏡像異構物分子之間的相互關係又是什麼？例如：2R,3R 和 2R,3S 立體異構物之間有何關係？它們彼此互為立體異構物，但又不是鏡像異構物。要描述這種關係，我們要用到一個新的名詞——**非鏡像異構物** (diastereomers)。

非鏡像異構物是指兩個立體異構物之間不互為鏡像關係。兩個非鏡像異構物看起來很相似但它們並不相同，而且不互為鏡像。請注意，鏡像異構物和非鏡像異構物的不同之處在於：兩個鏡像異構物之中，每個對掌性中心的構型一定是彼此相反的；若是兩個非鏡像異構物中，每個對掌性中心的構型只會有部分是彼此相同而部分是彼此相反。表 3-2 中完整列出了蘇胺酸四種立體異構物的相互關係。這四種異構物中，只有其中的 2S,3R 異構物 [α]$_D$ =

−28.3 存在於自然界的植物和動物之中，它也是人體所需要的營養成分。大多數的生物分子是有對掌性的，但有對掌性生物分子的立體異構物通常只會有一個存在於自然界中。

表 3-2　蘇胺酸四種立體異構物的相互關係

立體異構物	鏡像異構物	非鏡像異構物
2R,3R	2S,3S	2R,3S 和 2S,3R
2S,3S	2R,3R	2R,3S 和 2S,3R
2R,3S	2S,3R	2R,3R 和 2S,3S
2S,3R	2R,3S	2R,3R 和 2S,3S

習題 3-13 請問嗎啡分子(結構如下)會有幾個對掌性中心？理論上嗎啡會有幾個可能的立體異構物？

嗎啡

習題 3-14 下圖為一種胺基酸異白胺酸 (isoleucine) 的分子模型 (藍色 = N)。請判斷它的每一個對掌性中心是 R 還是 S 構型？

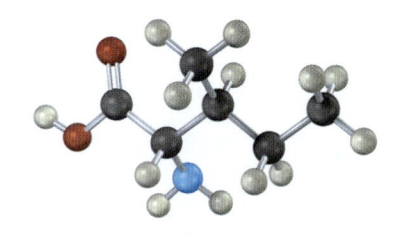

3-6　內消旋化合物

讓我們再討論另一個對掌性中心數量大於一個的化合物：酒石酸，它的四種立體異構物結構如下：

2R,3R　　鏡像　　2S,3S　　　　2R,3S　　鏡像　　2S,3R

2R,3R 和 2S,3S 結構是不能重疊的鏡像，因此它們是一對鏡像異構物。然而，2R,3S 和 2S,3R 結構雖互為鏡像，但 2R,3S 結構旋轉 180° 後可以和 2S,3R 結構完全重疊，因此它們是一樣的結構。

從圖 3-10 可以看出，2R,3S 和 2S,3R 這兩個相同結構有分子內對稱面，此分子內對稱面在 C2 和 C3 之間，將分子結構切成互為鏡像的兩邊。雖然 2R,3S 和 2S,3R 結構中都有兩個對掌性中心，但由於有分子內對稱面，所以它們不具有對掌性。像這類有對掌性中心但不具有對掌性的分子，稱為內消旋化合物 (meso compounds)。因為有兩個相同的立體異構物，酒石酸總共有三種立體異構物的形式，其中兩種是鏡像異構物，另一種是內消旋異構物。

圖 3-10 酒石酸分子中存在 C2 和 C3 之間的對稱面，因此它不是對掌性分子。

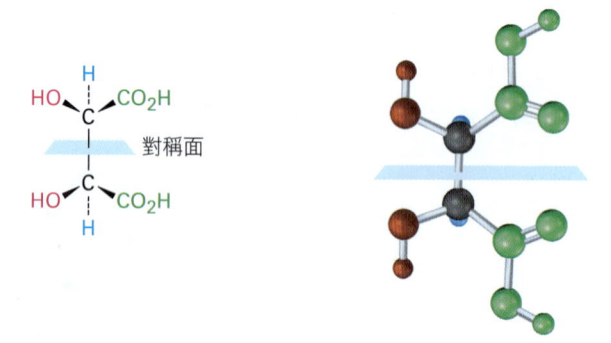

表 3-3 中列出了三種酒石酸立體異構物的物理性質。(+)-酒石酸和 (−)-酒石酸的熔點、溶解度和密度都相同，但它們使偏極光旋轉的方向是相反的。酒石酸的內消旋異構物與 (+)-酒石酸和 (−)-酒石酸互為非鏡像異構物。相較之下，它們的物理性質也相差許多。

表 3-3　三種酒石酸立體異構物的物理性質

立體異構物	熔點 (°C)	$[\alpha]_D$	密度 (g/cm³)	在水中的溶解度 (20°C，g/100 mL)
(+)	168−170	+12	1.7598	139.0
(−)	168−170	−12	1.7598	139.0
內消旋	146−148	0	1.6660	125.0

練習題 3-5　區分對掌性化合物和內消旋化合物

順-1,2-二甲基環丁烷 (*cis*-1,2-dimethyle yclobutane) 結構中有對掌性中心嗎？它是對掌性分子嗎？

策略　要判斷分子內是否有對掌性中心，要先尋找分子內是否有連接四個不同取代基的碳原子。而判斷分子是否有對掌性的原則是看此分子是否有分子內對稱面。並不是所有有對掌性中心的分子都有對掌性，內消旋化合物即是例外。

解答　從順-1,2-二甲基環丁烷的結構中可以看出兩個接有甲基的碳原子 (C1 和 C2) 都是對掌性中心。整體而言，此分子中有一個在 C1 和 C2 之間的分子內對稱面，所以它是非對掌性的。也因此，它是內消旋化合物。

習題 3-15　下列哪一個結構是內消旋化合物？

(a)　(b)　(c)　(d)

習題 3-16　下列哪一個分子有內消旋形式？

(a) 2,3-丁二醇 (2,3-Butanediol)　(b) 2,3-戊二醇 (2,3-Pentanediol)

(c) 2,4-戊二醇 (2,4-Pentanediol)

習題 3-17　請問下列結構是否代表內消旋化合物？如果是的話，請指出其分子內對稱面的位置。

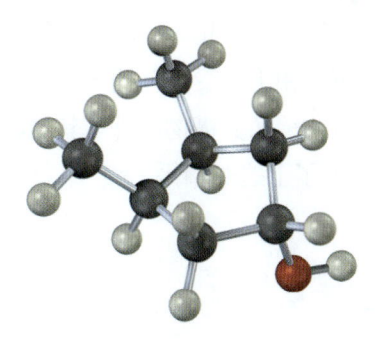

3-7 天然物中的對掌性

雖然對掌性分子的不同鏡像異構物有相同的物理性質，但它們的生物性質通常都不盡相同。例如：(+)-1,8-二烯萜有橘子和檸檬的香味，而 (−)-1,8-二烯萜則有松樹的香味。

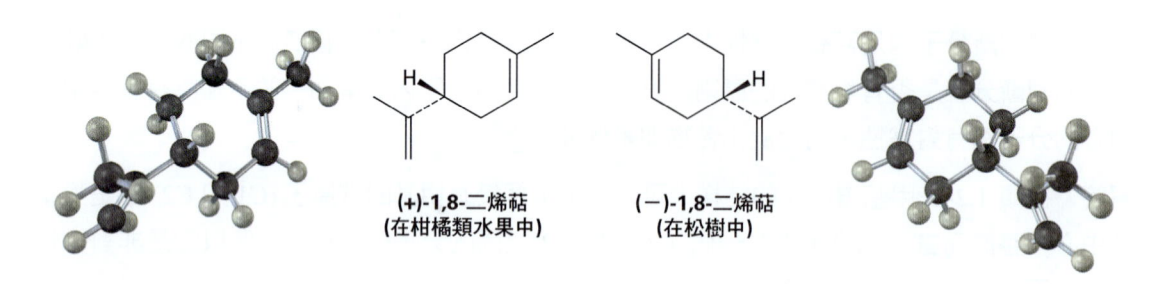

(+)-1,8-二烯萜
(在柑橘類水果中)

(−)-1,8-二烯萜
(在松樹中)

藥物分子中也有許多這種對掌性影響其生物性質的例子，像是氟西汀 (Fluoxetine)，一種常被使用的抗憂鬱藥物，其商品名為百憂解 (Prozac)。外消旋的氟西汀 (fluoxetine) 用來治療憂鬱症有很好的效果，但對治療偏頭痛是無效的。然而，純的 (S)-氟西汀鏡像異構物對於預防偏頭痛就有很好的效果。

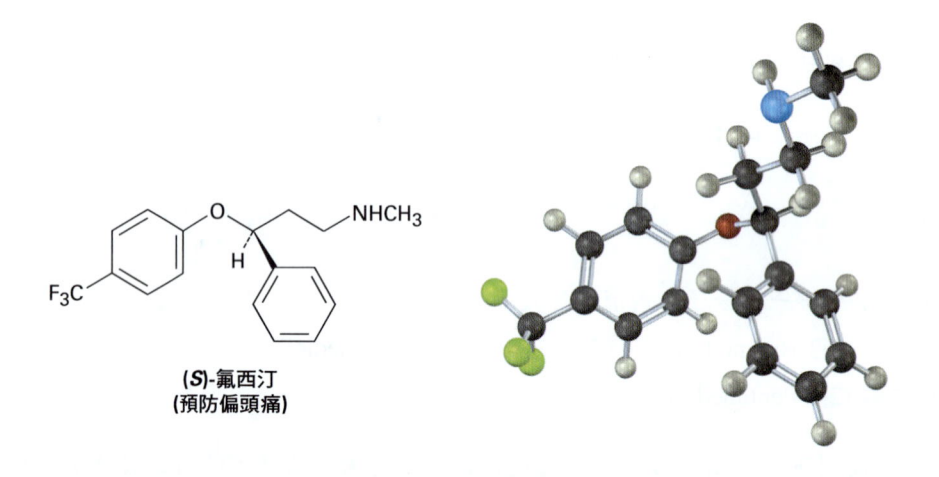

(S)-氟西汀
(預防偏頭痛)

為何不同的鏡像異構物會有如此不同的生物性質呢？一個分子如要具有生物作用，它必須能夠與一個形狀互補的受體相互結合在一起。但因為生物受體都是有對掌性的，對掌性分子只會有一種鏡像異構物的形狀可以和生物受體互補，就像是右手手套只適合右手，用左手是無法穿戴的狀況一樣。除了特定的鏡像異構物之外，其他鏡像異構物結構是無法和生物受體形狀互補而結合的。圖 3-11 表示了上述的關係。

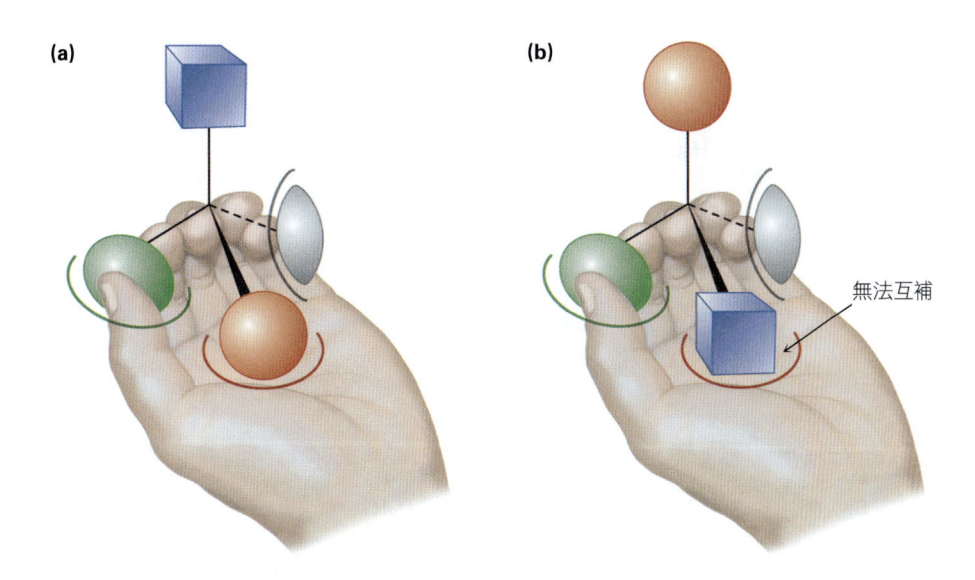

圖 3-11　想像左手是一個生物受體與對掌性物質結合，在空間中的關係為：(a) 有一種鏡像異構物和手掌可以完美結合，其中綠色的取代基接到大拇指，紅色的取代基接到掌心，灰色的取代基接到小指，藍色的取代基在手掌之外；(b) 然而，另一種鏡像異構物就無法和手掌結合，當紅色的取代基接到掌心且灰色的取代基接到小指時，掌心的位置是藍色的取代基，而是紅色的取代基在手掌之外。

附加習題

對掌性和光學活性

3-18　下列化合物哪些具有對掌性？畫出其結構並標示出對掌性中心。
(a) 2,4-二甲基庚烷 (2,4-Dimethylheptane)
(b) 5-乙基-3,3-二甲基庚烷 (5-Ethyl-3,3-dimethylheptane)
(c) 順-1,4-二氯環己烷 (*cis*-1,4-Dichlorocyclohexane)

3-19　畫出符合下列敘述的對掌性分子：
(a) 分子式為 $C_5H_{11}Cl$ 的氯烷　(b) 分子式為 $C_6H_{14}O$ 的醇
(c) 分子式為 C_6H_{12} 的烯　(d) 分子式為 C_8H_{18} 的烷

3-20　有八個醇類分子的分子式都為 $C_5H_{12}O$，請畫出所有的結構並指出哪些分子是有對掌性的。

3-21　紅黴內酯 B (Erythronolide B) 是紅黴素 (erythromycin，一種廣效型抗生素) 的生物前驅物，其分子結構如下。請問紅黴素有幾個對掌性中心，請標示出來。

紅黴內酯 B

判斷對掌性中心的構型

3-22 下列各組結構中，哪些是相同的鏡像異構物？哪些是不相同的鏡像異構物？

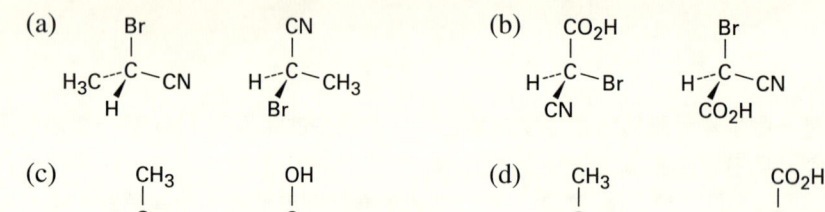

(a)

(b)

(c)

(d)

3-23 下列各組二氯戊烷 (dichloropentane) 之間的比旋光度有何差別？

(a) (2*R*,3*R*)-dichloropentane 和 (2*S*,3*S*)-dichloropentane

(b) (2*R*,3*S*)-dichloropentane 和 (2*S*,3*R*)-dichloropentane

3-24 (2*S*,4*R*)-2,4-辛二醇 [(2*S*,4*R*)-2,4-octanediol] 的鏡像異構物立體化學結構為何？(-*diol* 字尾表示此分子有兩個 –OH 官能基)

3-25 (2*S*,4*R*)-2,4-辛二醇 [(2*S*,4*R*)-2,4-octanediol] 的兩個非鏡像異構物立體化學結構為何？

3-26 將下圖中排序最低的取代基的方向朝向後方，然後判斷此分子是 *R* 還是 *S* 構型？

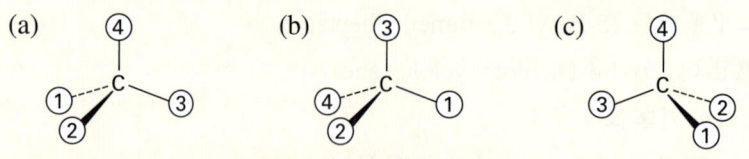

(a) (b) (c)

3-27 請依照序列法則將下列各組取代基依序排列。

(a) —CH=CH₂, —CH(CH₃)₂, —C(CH₃)₃, —CH₂CH₃

(b) —C≡CH, —CH=CH₂, —C(CH₃)₃,

(c) —CO₂CH₃, —COCH₃, —CH₂OCH₃, —CH₂CH₃

(d) —C≡N, —CH₂Br, —CH₂CH₂Br, —Br

3-28 請判斷下列分子的對掌性中心是 *R* 構型還是 *S* 構型？

(a) 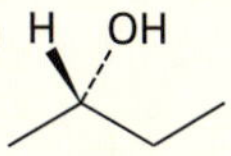 (b) 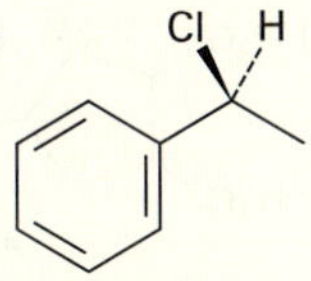 (c) 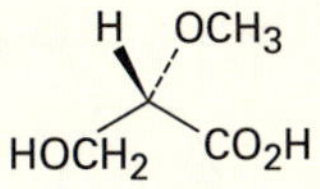

3-29 請判斷下列分子中每一個對掌性中心是 *R* 還是 *S* 構型？

(a) 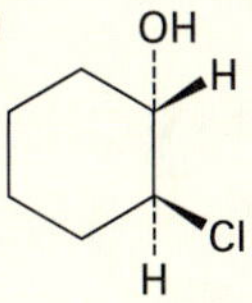 (b) 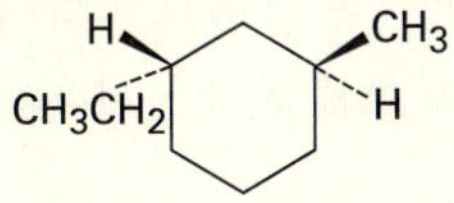 (c) 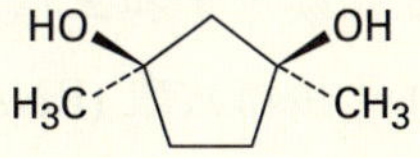

3-30 請畫出下列分子對掌性中心的正四面體結構。

(a) (*S*)-2-氯丁烷 [(*S*)-2-Chlorobutane]

(b) (*R*)-3-氯-1-戊烯 [(*R*)-3-Chloro-1-pentene] [$H_2C{=}CHCH(Cl)CH_2CH_3$]

3-31 請判斷下列分子中每一個對掌性中心是 *R* 還是 *S* 構型？

(a) 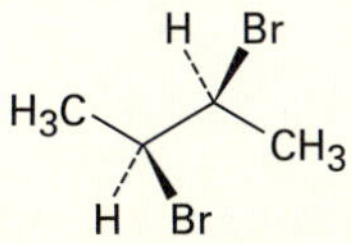 (b) 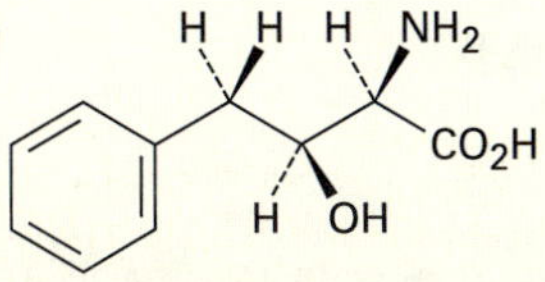

3-32 請判斷下列抗壞血酸 (維生素 C) 分子中每一個對掌性中心是 *R* 還是 *S* 構型？

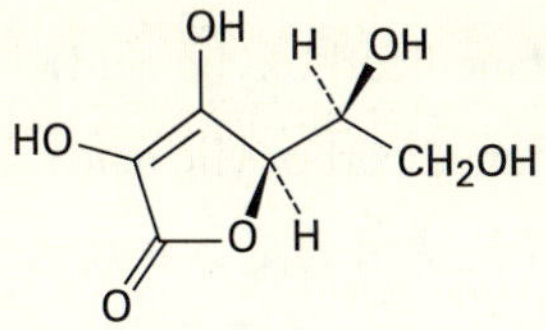

抗壞血酸

3-33 請判斷下列紐曼投影結構中的對掌性中心是 *R* 還是 *S* 構型？

(a) 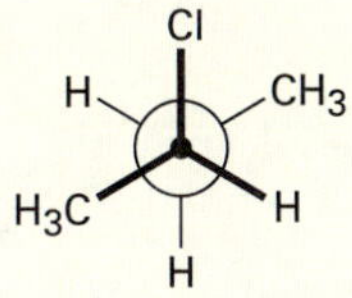 (b) 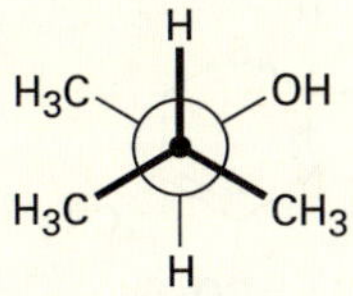

內消旋化合物

3-34 請畫出符合下列敘述的結構：

(a) 分子式為 C_8H_{18} 的內消旋化合物

(b) 分子式為 C_9H_{20} 的內消旋化合物

(c) 有兩個分別為 *R* 和 *S* 構型對掌性中心的化合物

3-35 畫出下列分子的內消旋結構，並指出分子內對稱面的位置：

(a) 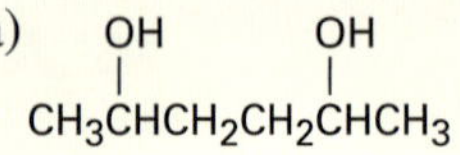 CH₃CHOHCH₂CHOHCH₃ (b) 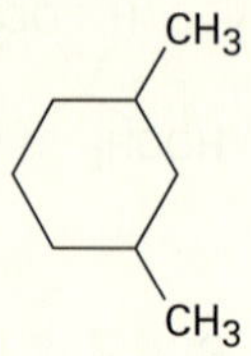 1,3-二甲基環己烷 (c) 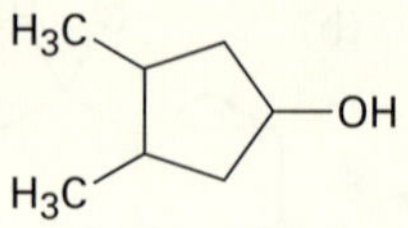 1,2-二甲基-3-羥基環戊烷

3-36 畫出一個有五個碳原子和三個對掌性中心的內消旋化合物結構。

3-37 核糖 (Ribose) 是核糖核酸 (RNA) 的基本組成成分，其結構如下：

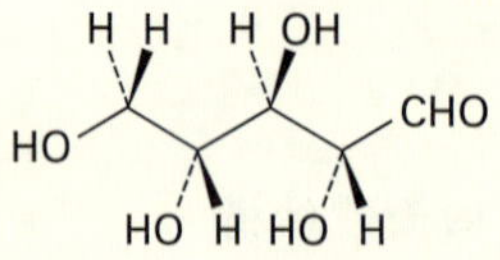

核糖

(a) 請問核糖有幾個對掌性中心？對掌性中心的位置在哪裡？
(b) 請問核糖有幾個立體異構物？
(c) 請畫出核糖的鏡像異構物。
(d) 請畫出核糖的非鏡像異構物。

一般問題

3-38 請畫出下列分子所有可能的立體異構物，並指出每個異構物之間的相互關係。在這些異構物中，哪些有光學活性？

(a) 1,2-環丁烷二甲酸 (1,2-cyclobutanedicarboxylic acid)
(b) 1,3-環丁烷二甲酸 (1,3-cyclobutanedicarboxylic acid)

3-39 頭孢氨苄 (Cephalexin) 是美國最常被使用的處方抗生素，其商品名是 Keflex。請判斷下圖頭孢氨苄分子中每一個對掌性中心是 R 還是 S 構型？

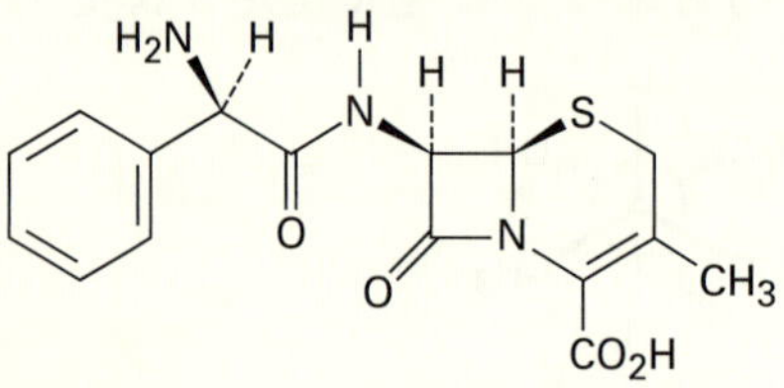

頭孢氨苄

3-40 氯黴素 (Chloramphenicol) 是一種非常有效的抗生素，它在 1947 年從委內瑞拉鏈黴菌 (*Streptomyces venezuelae*) 中被分離出來，能夠用來對抗許多種細菌感染，特別是傷寒 (typhoid fever)。請判斷下圖氯黴素分子中每一個對掌性中心是 R 還是 S 構型？

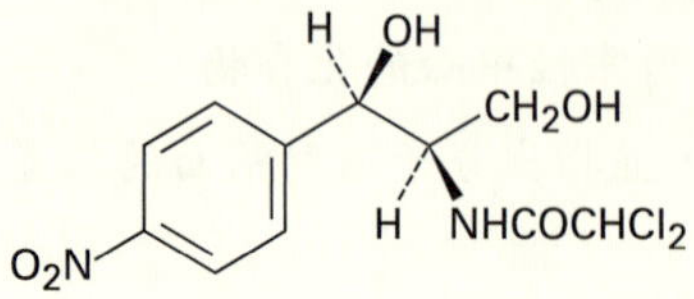

氯黴素

烯類和炔類：命名、結構和反應機制

4

4-1 烯類和炔類的命名
4-2 烯類的順-反異構化
4-3 烯類的立體化學和 E, Z 命名
4-4 烯類的穩定度
4-5 以反應機制來討論有機反應是如何發生
4-6 極性反應：HBr 加成至乙烯
4-7 用彎曲箭號來描述極性反應的機制

© Aspen Photo/Shutterstock.com

碳氫化合物的結構中若有一個碳-碳雙鍵，則此分子稱為烯類 (alkenes)，或稱為烯烴 (olefins)。自然界中有很多烯類的物質。例如：乙烯是一種用來催熟水果的植物荷爾蒙；α-蒎烯 (α-pinene) 是松節油的主要成分；人的一生中不能缺少的 β-胡蘿蔔素也是一種有 11 個雙鍵的化合物，它是一種橘色的色素，是胡蘿蔔顏色的來源。β-胡蘿蔔素是人類攝取維生素 A 的重要來源，它被認為可以抵抗特定癌症的發生。

乙烯　　　α-蒎烯

β-胡蘿蔔素
(橘色色素和維生素 A 的前驅物)

4-1 烯類和炔類的命名

烯類和炔類因為結構中分別有雙鍵和參鍵，而烷類結構中只有單鍵。以結構通式來說，烷類為 C_nH_{2n+2}，烯類為

4 烯類和炔類：命名、結構和反應機制

C_nH_{2n}，炔類為 C_nH_{2n-2}，和相同碳數的烷類相比有數量較少的氫原子。舉例來說，乙烷分子式為 C_2H_6，乙烯為 C_2H_4，乙炔為 C_2H_2。也因此，烷類可稱為是飽和的 (saturated)，而烯類和炔類可稱為是**不飽和的** (unsaturated)。

烯類的命名方式大多類似於先前在 2.4 節描述用於烷類的命名方式。和烷類字尾 *-ane* 不同的是，烯類用的字尾是 *-ene*，用以區分兩者不同的官能基。烯類的命名步驟如下：

步驟 1　**找出主結構的碳氫鏈**。找出分子中最長含有雙鍵的碳鏈，並用此碳鏈的名稱當作主體名稱，以 *-ene* 為字尾。

$$\begin{array}{cc} \text{CH}_3\text{CH}_2 \quad\quad\quad \text{H} \\ \text{C}=\text{C} \\ \text{CH}_3\text{CH}_2 \quad\quad\quad \text{H} \end{array}$$

命名為 戊烯　　　非　　己烯，因為六個碳的長鏈中沒有雙鍵

步驟 2　**將主結構碳鏈上的碳原子編號**。從比較靠近雙鍵的一端開始，將主鏈上的每個碳原子依次編號。如果雙鍵的位置距離兩端的距離一樣，則選擇從比較靠近第一個分支點的一端開始編號。這樣的規則可以確保雙鍵的位置有最小的編號。

$$\text{CH}_3\text{CH}_2\text{CH}_2\text{CH}=\text{CHCH}_3 \quad\quad\quad \overset{\text{CH}_3}{\underset{}{\text{CH}_3\text{CHCH}=\text{CHCH}_2\text{CH}_3}}$$
　6　 5　 4　 3　 2　 1　　　　　　　　 1　 2　 3　 4　 5　 6

步驟 3　**寫出完整的化學命名**。將取代基根據其在主鏈上的位置編號，並將它們依英文字母順序排列。雙鍵的位置用第一個碳的位置編號，並將編號寫在主體名稱之前。如果有兩個以上的雙鍵，則要將每一個雙鍵的位置都標示出來，然後用字尾 *-diene* 表示有兩個雙鍵，用字尾 *-triene* 表示有三個雙鍵，以此類推。

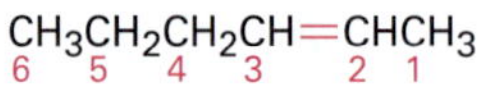

2-己烯
(2-Hexene)

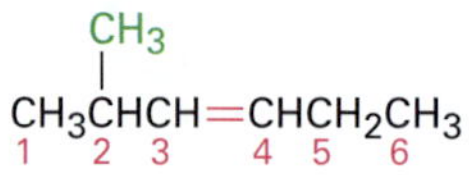

2-甲基**-3-**己烯
(2-Methyl-3-hexene)

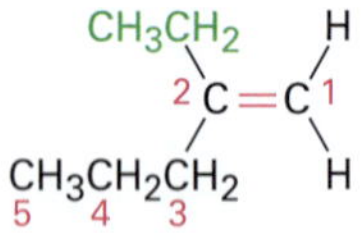

2-乙基**-1-**戊烯
(2-Ethyl-1-pentene)

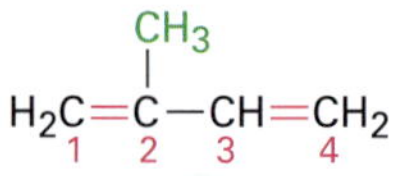

2-甲基**-1,3-**丁二烯
(2-Methyl-1,3-butadiene)

在 1993 年時 IUPAC 修改了對於烯類命名的建議，原本標定雙鍵位置的數字要寫在全名之前，但後來改成要直接寫在雙鍵之前。像是 2-butene 要改寫成 but-2-ene。但這個用法到目前還未被化學界的人接受而採用，因此在這本書中我們還是用舊的命名方式。但要注意有時候你還是會看到新的命名系統被採用。

新命名系統：	2,5-二甲基庚-3-烯 (2,5-Dimethylhept-3-ene)
舊命名系統：	2,5-二甲基-3-庚烯 (2,5-Dimethyl-3-heptene)

結構：CH₃CH₂CHCH=CHCHCH₃（編號 7 6 5 4 3 2 1，4、2 位有 CH₃ 取代）

3-丙基己-1,4-二烯 (3-Propylhexa-1,4-diene)
3-丙基-1,4-己二烯 (3-Propyl-1,4-hexadiene)

結構：H₂C=CHCHCH=CHCH₃（編號 1 2 3 4 5 6，3 位有 CH₂CH₂CH₃ 取代）

環烯類的命名法與直鏈烯類相似，但因環烯分子沒有兩個端點來判斷哪一個離雙鍵的位置比較近，所以直接把雙鍵命名在 C1 和 C2 之間，使得雙鍵和第一個取代基的位置都有最小的編號。也因為雙鍵的碳原子編號一定是 C1 和 C2，在命名時不用特別寫出來。

1-甲基環己烯
(1-Methylcyclohexene)

1,4-環己二烯
(1,4-Cyclohexadiene)

1,5-二甲基環戊烯
(1,5-Dimethylcyclopentene)

基於過去傳統上使用的習慣，有些烯類的命名常用俗名來稱呼，而沒有用標準的命名系統。舉例來說，從乙烷 ethane 衍生出來的乙烯 ethene，但乙烯的俗名 *ethylene* 被使用已久，所以 IUPAC 也接受這樣的命名。表 4-1 中列出了一些常見且被 IUPAC 認可的烯類俗名。其他還有像是 –CH₂ 取代基稱為**亞甲基** (methylene group)；H₂C=CH– 取代基稱為**乙烯基** (vinyl group)；H₂C=CHCH₂– 取代基稱為**烯丙基** (allyl group)。

H₂C=	H₂C=CH–	H₂C=CH–CH₂–
亞甲基	乙烯基	烯丙基

表 4-1　一些常見的烯類俗名

化合物	系統命名	俗名
H₂C=CH₂	乙烯 (Ethene)	乙烯 (Ethylene)
CH₃CH=CH₂	丙烯 (Propene)	丙烯 (Propylene)
(CH₃)₂C=CH₂	2-甲基丙烯 (2-Methylpropene)	異丁烯 (Isobutylene)
H₂C=C(CH₃)–CH=CH₂	2-甲基丁-1,3-二烯 (2-Methylbuta-1,3-diene)	異戊二烯 (Isoprene)

習題 4-1 請寫出下列化合物的 IUPAC 命名。

(a) H₂C=CHCH(CH₃)CH(CH₃)CCH₃ (with CH₃ below)

H₂C=CHCHCCH₃ with H₃C, CH₃ above and CH₃ below

(b) CH₃CH₂CH=C(CH₃)CH₂CH₃

(c) CH₃CH=CHCH(CH₃)CH=CHCH(CH₃)CH₃

(d) CH₃CH₂CH₂CH=CHCH(CH₂CH₃)CH₂CH₃

習題 4-2 請畫出下列 IUPAC 命名的結構：

(a) 2-甲基-1,5-己二烯 (2-Methyl-1,5-hexadiene)
(b) 3-乙基-2,2-二甲基-3-庚烯 (3-Ethyl-2,2-dimethyl-3-heptene)
(c) 2,3,3-三甲基-1,4,6-辛三烯 (2,3,3-Trimethyl-1,4,6-octatriene)
(d) 3,4-二異丙基-2,5-二甲基-3-己烯 (3,4-Diisopropyl-2,5-dimethyl-3-hexene)

習題 4-3 請寫出下列環烯類化合物的命名。

(a) 環己烯含兩個 CH₃ 取代基
(b) 環庚烯含兩個 CH₃ 取代基
(c) 環戊烯含 CH(CH₃)₂ 取代基

習題 4-4 請將下列用舊系統命名的化合物改成新系統命名，並畫出其結構：

(a) 2,5,5-三甲基-2-己烯 (2,5,5-Trimethyl-2-hexene)
(b) 2,3-二甲基-1,3-環己二烯 (2,3-Dimethyl-1,3-cyclohexadiene)

　　炔類的命名大致上和烷類與烯類的命名方式相同。找出分子中最長含有參鍵的碳鏈，並用此碳鏈的名稱當作主體名稱，以 -yne 為字尾。從比較靠近參鍵的一端開始將主鏈上的每個碳原子依次編號，參鍵的位置以能使第一個參鍵的碳原子有最小編號為原則。

CH₃CH₂CHCH₂C≡CCH₂CH₃ （上方第6碳接 CH₃）
 8   7   6   5   4 3 2 1

從比較靠近參鍵的一端開始編號

6-甲基-3-辛炔
(6-Methyl-3-**octyne**)
新命名法：6-甲基辛-3-炔
(6-Methyl**oct-3-yne**)

　　同時有兩個參鍵的化合物稱為雙炔 (diynes)，同時有三個參鍵的化合物稱為參炔 (triynes)，以此類推。同時有雙鍵和參鍵的化合物稱為烯炔 (enynes)，而不是炔烯 (ynenes)。烯炔的命名要從較接近第一個多重鍵的一端開始編號。若雙鍵和參鍵距離端點的距離一樣時，則要以雙鍵的碳編號較小為優先。例如：

HC≡CCH₂CH₂CH₂CH=CH₂
 7 6 5 4   3   2   1

1-庚烯-6-炔
1-Hepten-6-yne
(新命名法:庚-1-烯-6-炔)
(Hept-1-en-6-yne)

HC≡CCH₂CH(CH₃)CH₂CH₂CH=CHCH₃
 1 2 3   4   5   6   7 8 9

4-甲基-7-壬烯-1-炔
4-Methyl-7-nonen-1-yne
(新命名法:4-甲基壬-7-烯-1-炔)
(4-Methylnon-7-en-1-yne)

炔類取代基的命名類似於烷類和烯類取代基,是由其原本名稱更改字尾而來。

CH₃CH₂CH₂—   CH₃CH₂CH=CH—   CH₃CH₂C≡C—
丁基 (Butyl)   **丁烯基 (Butenyl)**   **丁炔基 (Butynyl)**
(烷類取代基)   (烯類取代基)   (炔類取代基)

習題 4-5 請寫出下列炔類化合物的命名:

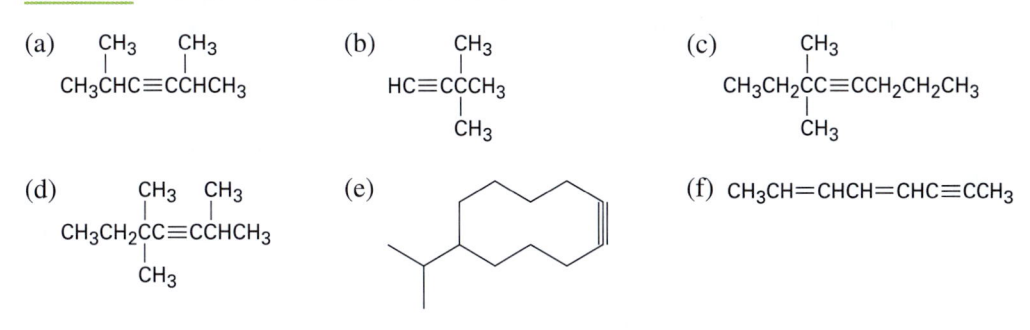

(a) CH₃CHC≡CCHCH₃ (with two CH₃ groups)

(b) HC≡CCCH₃ (with two CH₃ groups)

(c) CH₃CH₂CC≡CCH₂CH₂CH₃ (with two CH₃ groups)

(d) CH₃CH₂CC≡CCHCH₃ (with CH₃ groups)

(e) (cyclodecene with isopropyl substituent)

(f) CH₃CH=CHCH=CHC≡CCH₃

習題 4-6 分子式為 C₆H₁₀ 的炔類異構物有七種,請寫出每一個化合物的命名,並畫出其結構。

4-2 烯類的順-反異構化

　　之前在 2.6 節我們提過烷類的碳-碳單鍵是可以自由旋轉的,但是烯類的碳-碳雙鍵並無法有一樣的性質。碳-碳雙鍵是由 σ + π 鍵組成,若要將烯類的碳-碳雙鍵旋轉 180 度,勢必會先破壞由 p 軌域重疊而成的 π 鍵,然後重新組成一個新的 π 鍵。因此,旋轉雙鍵所需克服的能障會大於雙鍵本身的能量,大約需要 350 kJ/mol (84 kcal/mol)。相較之下,先前也提過旋轉乙烷的碳-碳單鍵需克服的能障只有 12 kJ/mol。

　　因為碳-碳雙鍵無法自由旋轉,若雙鍵的兩個碳原子上分別接了不是氫原子的兩個不同取代基時 (例如:2-丁烯),這兩個取代基的位置可以在雙鍵的同一側,也可以在雙鍵的不同側,雙取代的環烷類也有一樣的現象。也因為這樣,這兩種 2-丁烯的結構無法自動互相轉換,它們是不同且可被分離的化合物。就像雙取代的環烷類一樣,我們將這種化合物稱為順-反立體異構物 (*cis-trans* stereoisomers)。取代基在同一側的 2-丁烯異構物稱為順-2-丁烯 (*cis*-2-butene);取代基在不同側的 2-丁烯異構物稱為反-2-丁烯 (*trans*-2-butene)(圖 4-1)。

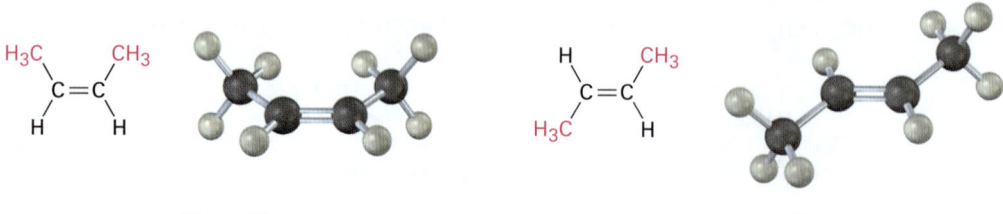

4 烯類和炔類：命名、結構和反應機制

順-2-丁烯
(*cis*-2-Butene)

反-2-丁烯
(*trans*-2-butene)

圖 4-1 2-丁烯的順-反異構物結構。順式異構物的兩個甲基取代基在雙鍵的同一側，而反式異構物的兩個甲基取代基在雙鍵的不同側。

順-反異構化現象不僅發生在雙取代的烯類，只要分子結構中雙鍵的兩個碳原子上分別接了兩個不同取代基時，都會有這樣的現象。然而，只要雙鍵的其中一個碳接了兩個相同的取代基，就不會有順-反異構化的發生 (圖 4-2)。

圖 4-2 烯類發生順-反異構化的條件。化合物結構中雙鍵的其中一個碳原子接了兩個相同的取代基，就不會有順-反異構化的發生。

相同分子，非順-反異構物。

不同分子，互為順-反異構物。

習題 4-7 常見家蠅的性誘劑是一種名為順-9-二十三碳烯的直鏈烯類，分子式為 $C_{23}H_{48}$。請畫出它的結構。

例題 4-8 下列哪一個化合物有一對順-反異構物存在？請畫出其順-反異構物結構，並指出每個異構物的構型為何？

(a) $CH_3CH=CH_2$
(b) $(CH_3)_2C=CHCH_3$
(c) $CH_3CH_2CH=CHCH_3$
(d) $(CH_3)_2C=C(CH_3)CH_2CH_3$
(e) $ClCH=CHCl$
(f) $BrCH=CHCl$

習題 4-9 請寫出下列烯類結構包含順反定義的命名。

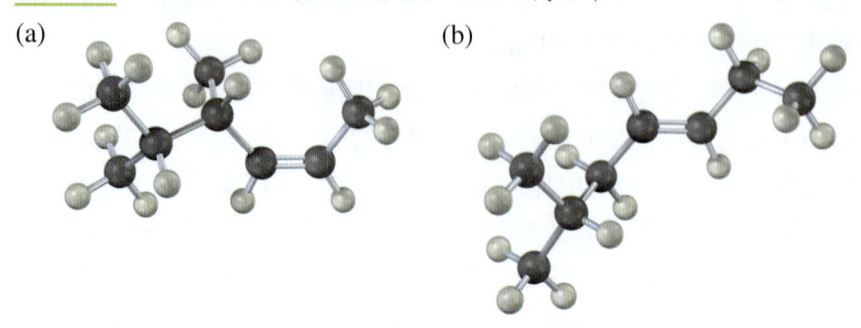

(a)

(b)

4-3 烯類的立體化學和 *E*, *Z* 命名

　　前一節提到的順-反異構物命名僅可用於雙取代的烯類 (烯類雙鍵的兩個碳原子上分別接了不是氫原子的兩個不同取代基)。若是烯類雙鍵的兩個碳原子上分別接了不是氫原子的三個或四個不同取代基時，就需要用另一種更廣義的方法來定義雙鍵的構型。這種方法稱為 *E*, *Z* 系統命名法，並採用和之前定義對掌性中心構型相同的序列法則。其命名規則如下：

規則 1　雙鍵的兩個碳原子接的取代基要分開來看。找出接在同一個碳原子上的兩個取代基，並用取代基當中用來連接雙鍵第一個原子的原子序大小來排序。

規則 2　如果用取代基連接雙鍵第一個原子的原子序大小來排序無法分出高低時，則看連接雙鍵第二個原子的原子序，甚至是第三個原子的原子序，直到可以排出高低次序為止。

規則 3　連接多重鍵的原子要視它為連接到相等數量的單鍵。

　　一旦將連接到不同雙鍵碳原子的取代基分別排出高低順序後，再用整個分子結構來判斷。如果兩個雙鍵碳原子上，較高排序的取代基在雙鍵的同一側，則此分子為 ***Z* 構型** (源自於德文 zusammen，意指「共同」)。較高排序的取代基在雙鍵的不同兩側，則此分子為 ***E* 構型** (源自於德文 entgegen，意指「相反」)。

E 雙鍵構型
(較高排序的取代基在雙鍵的不同側)

Z 雙鍵構型
(較高排序的取代基在雙鍵的相同側)

　　讓我們以下面 2-氯-2-丁烯的兩個異構物為例，因為氯的原子序比碳還大，所以 –Cl 取代基的排序比 –CH₃ 取代基的排序高。然而，甲基的排序又比氫原子高，由此得知在下方異構物 (a) 的結構中，較高排序的取代基在不同側，所以異構物 (a) 為 *E* 構型。反之，在下方異構物 (b) 的結構中，較高排序的取代基在相同側，所以異構物 (b) 為 *Z* 構型。

(a) (*E*)-2-氯-2-丁烯　　　　　　(b) (*Z*)-2-氯-2-丁烯

可以用下列的幾個例子再次確認你對雙鍵立體構型的判斷是否正確：

(E)-3-甲基-1,3-戊二烯
[(E)-3-Methyl-1,3-pentadiene]

(E)-1-溴-2-異丙基-1,3-丁二烯
[(E)-1-Bromo-2-isopropyl-1,3-butadiene]

(Z)-2-羥基甲基-2-丁烯酸
[(Z)-2-Hydroxymethyl-2-butenoic acid]

練習題 4-1　判斷烯類的 E 和 Z 構型

下列化合物的雙鍵是 E 構型還是 Z 構型？

策略　分別找出雙鍵上接在同一個碳原子上的兩個取代基，並用序列法則來將取代基排序。然後，判斷兩個碳原子上，較高排序的取代基在雙鍵的同側還是反側。

解答　這個化合物結構中，左手邊的碳上有 –H 和 –CH₃ 兩個取代基，–CH₃ 的排序比 –H 高。左手邊的碳上有 –CH(CH₃)₂ 和 –CH₂OH 兩個取代基，–CH₃ 的排序比 –H 高。雖然第一個連接雙鍵的原子都是碳，但 –CH(CH₃)₂ 第二個連接雙鍵的原子是碳，而 –CH₂OH 第二個連接雙鍵的原子是氧，所以 –CH₂OH 的排序比 –CH(CH₃)₂ 高。兩個較高排序的取代基在雙鍵的同側，所以此雙鍵是 Z 構型。

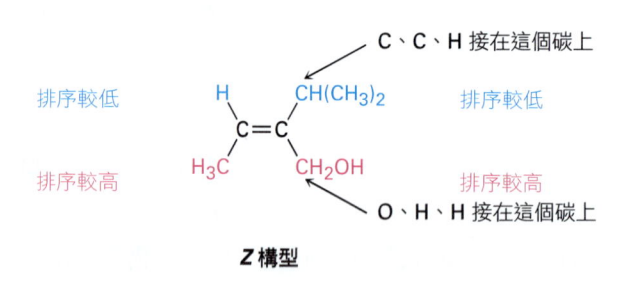

Z 構型

習題 4-10　下列各組取代基哪一個排序較高？

(a) –H 或 –CH₃
(b) –Cl 或 –CH₂Cl
(c) –CH₂CH₂Br 或 –CH=CH₂
(d) –NHCH₃ 或 –OCH₃
(e) –CH₂OH 或 –CH=O
(f) –CH₂OCH₃ 或 –CH=O

習題 4-11　將下列取代基依照序列法則排出順序高低。

(a) –CH₃、–OH、–H、–Cl
(b) –CH₃、–CH₂CH₃、–CH=CH₂、–CH₂OH
(c) –CO₂H、–CH₂OH、–C≡N、–CH₂NH₂
(d) –CH₂CH₃、–C≡CH、–C≡N、–CH₂OCH₃

習題 4-12 請寫出下列烯類是 E 構型還是 Z 構型。

(a) 結構: H₃C 和 CH₂OH 在一邊，CH₃CH₂ 和 Cl 在另一邊

(b) 結構: Cl 和 CH₂CH₃ 在一邊，CH₃O 和 CH₂CH₂CH₃ 在另一邊

(c) 結構: 3-甲基環戊基 和 CO₂H／CH₂OH

(d) 結構: H 和 CN 在一邊，H₃C 和 CH₂NH₂ 在另一邊

習題 4-13 畫出下列化合物的骨架結構並寫出結構中的雙鍵是 E 構型還是 Z 構型？(紅色 = O)

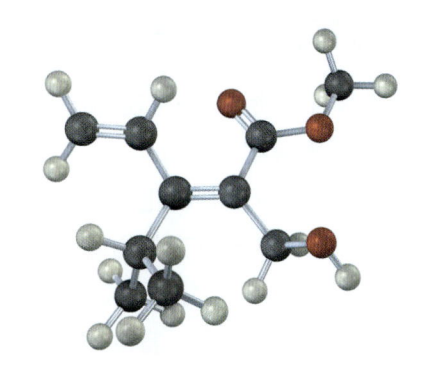

4-4 烯類的穩定度

雖然烯類的順-反構型不會自動互相轉換，但通常在強酸的催化下，不同構型之間的轉換就會發生。當順-2-丁烯和反-2-丁烯發生構型之間的轉換且達到平衡時，可以發現這兩個異構物的穩定度並不一樣。反式的異構物會比順式的異構物來得穩定，兩者在室溫下的能量相差 2.8 kJ/mol (0.66 kcal/mol)，平衡時兩者存在的比例是 76:24。

反式 (76%)　　酸催化劑　　順式 (24%)

順式異構物比反式異構物不穩定的原因是順式異構物兩個較大取代基在同側，所產生的立體阻礙較大。此現象跟先前我們看過的甲基環己烷軸向構型所產生的立體阻礙類似 (2-10 節)。

立體阻礙

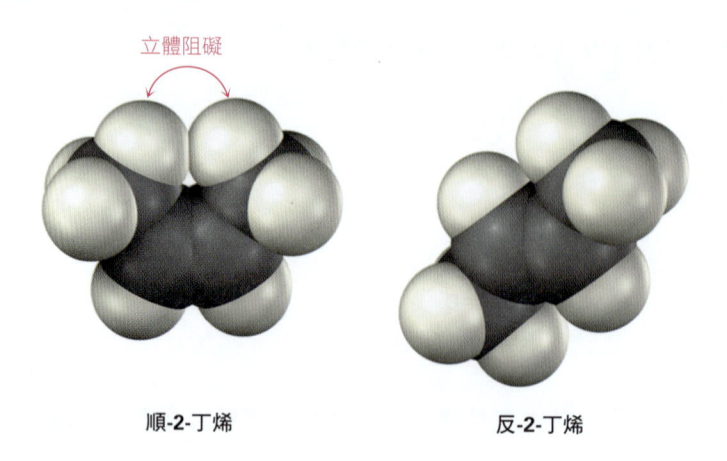

順-2-丁烯　　　反-2-丁烯

4-5 以反應機制來討論有機反應是如何發生

　　我們都知道有機反應在適當的條件下會發生，而這個章節要討論的是有機反應是如何發生的。有機反應發生的過程可以用**反應機制** (reaction mechanism) 來說明，反應機制詳實描述了有機反應進行過程的每個階段發生了什麼樣的化學轉換。譬如有哪一個鍵斷裂了，又有哪個鍵生成了；每個步驟發生的速率為何？一個完整的反應機制必須包含所有反應物和產物的轉換過程。

　　所有的化學反應都牽涉到鍵的斷裂與生成。當兩個分子同時存在後進行反應產生新的分子，反應物分子結構中的特定化學鍵會斷裂，然後產物分子結構中的特定化學鍵會生成。基本上，要破壞由兩個電子組成的共價鍵有兩種方式。其中一種是將共價鍵對稱地 (symmetrical) 打斷，斷鍵後的兩個片段各擁有一個電子；另一種則是將共價鍵不對稱地 (unsymmetrical) 打斷，斷鍵後其中一個片段擁有兩個電子，而另一個片段上沒有電子，只有空軌域。對稱斷鍵稱為均勻斷裂 (homolytic cleavage)，而不對稱斷鍵稱為不均勻斷裂 (heterolytic cleavage)。

　　均勻斷裂的過程中，一個電子的移動用半邊彎曲箭號或「魚鉤型」箭號表示 (⌒)；而在不均勻斷裂的過程中，兩個電子的移動要用完整彎曲箭號 (⌒) 表示。

A : B ⟶ A· + ·B　　對稱斷鍵 (自由基)：
　　　　　　　　　　每個產物各自擁有一個鍵結電子

A : B ⟶ A⁺ + :B⁻　　不對稱斷鍵 (極性)：
　　　　　　　　　　兩個鍵結電子集中在一個產物上

　　就如同斷鍵有兩種方式一樣，鍵的生成也有兩種方式。一種對稱的方式是由兩個反應物各自提供一個電子來生成雙電子的共價鍵；另一種不對稱的方式是由其中一個反應物獨自提供兩個電子來生成新的化學鍵。

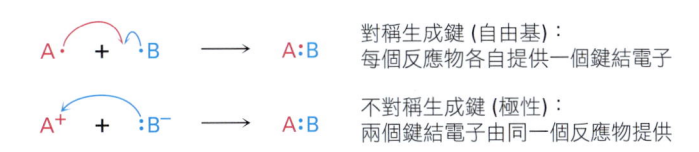

A· + ·B ⟶ A:B　　對稱生成鍵 (自由基)：
每個反應物各自提供一個鍵結電子

A⁺ + :B⁻ ⟶ A:B　　不對稱生成鍵 (極性)：
兩個鍵結電子由同一個反應物提供

有關對稱斷鍵和對稱生成鍵的反應稱為**自由基反應** (radical reactions)。**自由基** (radical；也常稱為 free radical) 是一種中性的化學物種，它所擁有的電子數為奇數，因此其中一個軌域中有未成對電子。另一方面，有關不對稱斷鍵和不對稱生成鍵的反應稱為**極性反應** (polar reactions)。參與極性反應的分子所擁有的電子數為偶數，因此所有的軌域中都是鍵結電子對。到目前為止，有機化學和生物化學的相關反應大多都是極性反應，因此本書的討論也會集中在極性反應上。

極性反應發生的原因來自於分子中正電極化的官能基和負電極化的官能基之間產生的靜電吸引力。要細談極化反應到底是如何發生的，就要先回顧前面章節中討論過的極性共價鍵 (1.7 節)，看看鍵的極性對有機分子的性質有何影響。

大多數的有機分子都是中性的，它們沒有正電或負電的淨電荷。然而，在 1.7 節我們提過，分子中的特定化學鍵是有極性的，特別是官能基中的化學鍵。而化學鍵的極性是來自於組成原子的電負度不同，因此造成結構上不對稱的電子分布。像是氧、氮、氟、氯原子的電負度比碳原子大，所以當碳原子與這些原子鍵結時，碳原子會帶部分正電 ($\delta+$)。相反地，金屬原子的電負度比碳原子小，所以當碳原子與這些原子鍵結時，碳原子會帶部分負電 ($\delta-$)。氯化甲烷和甲基鋰結構中的電荷分布可以從它們的靜電勢能圖看出，圖中氯化甲烷的碳原子附近是藍色的，表示此環境是缺電子的，而甲基鋰的碳原子附近是紅色的，表示此環境是多電子的。

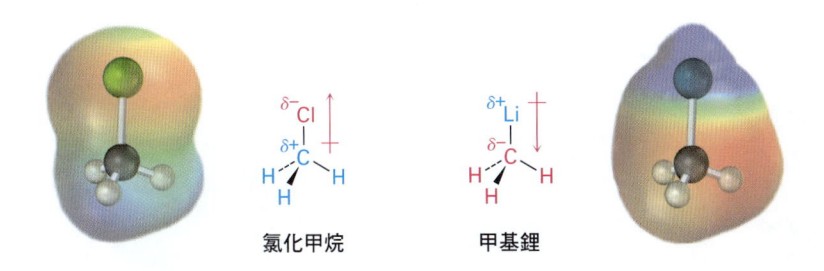

氯化甲烷　　甲基鋰

然而，官能基的極性對化學分子的反應性有何意義呢？因為正負電會相吸，所有極性有機反應的基本特性是分子中多電子的位置會與缺電子的位置反應。當一個多電子的原子提供一對電子給另一個缺電子的原子，化學鍵就會生成。反之，當一個原子從原本生成的化學鍵中拿走兩個電子時，化學鍵就會斷裂。

正如我們先前所學過的，化學家用完整的彎曲型箭號來描述極性反應中電子對的移動，彎曲箭號畫的位置可以看出當破壞反應物的化學鍵之後，生成產物的化學鍵的時候，電子是如何移動的。箭號尾端表示電子對原本在原子 (或化學鍵) 上的位置，而箭號前端表示電子對在反應完成後的位置。

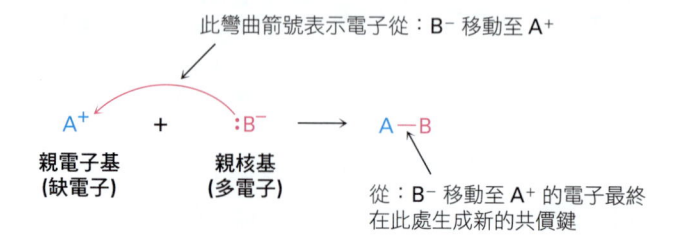

此彎曲箭號表示電子從：B⁻ 移動至 A⁺

A⁺ + :B⁻ ⟶ A—B

親電子基（缺電子）　親核基（多電子）

從：B⁻ 移動至 A⁺ 的電子最終在此處生成新的共價鍵

在討論極性反應時，化學家用「**親核基**」(nucleophile) 這個詞來表示多電子的物質；而用「**親電子基**」(electrophile) 這個詞來表示缺電子的物質。親核基表示此物質「喜歡原子核」。因為原子核帶正電，多電子 (或負電性) 的親核基會喜歡靠近原子核。當親核基結構中多電子的原子提供一對電子給缺電子的原子時，新的化學鍵就會生成。親核基可以是中性或帶負電，像是氨 (NH_3)、水 (H_2O)、氫氧根離子 (OH^-) 和氯離子 (Cl^-) 等。相較之下，親電子基表示此物質「喜歡電子」。當親電子基結構中缺電子 (或正電性) 的原子接受一對來自於親核基的電子時，新的化學鍵就會生成。親電子基可以是中性或是帶正電，像是酸類 (提供 H^+)、鹵烷和羰基化合物等。

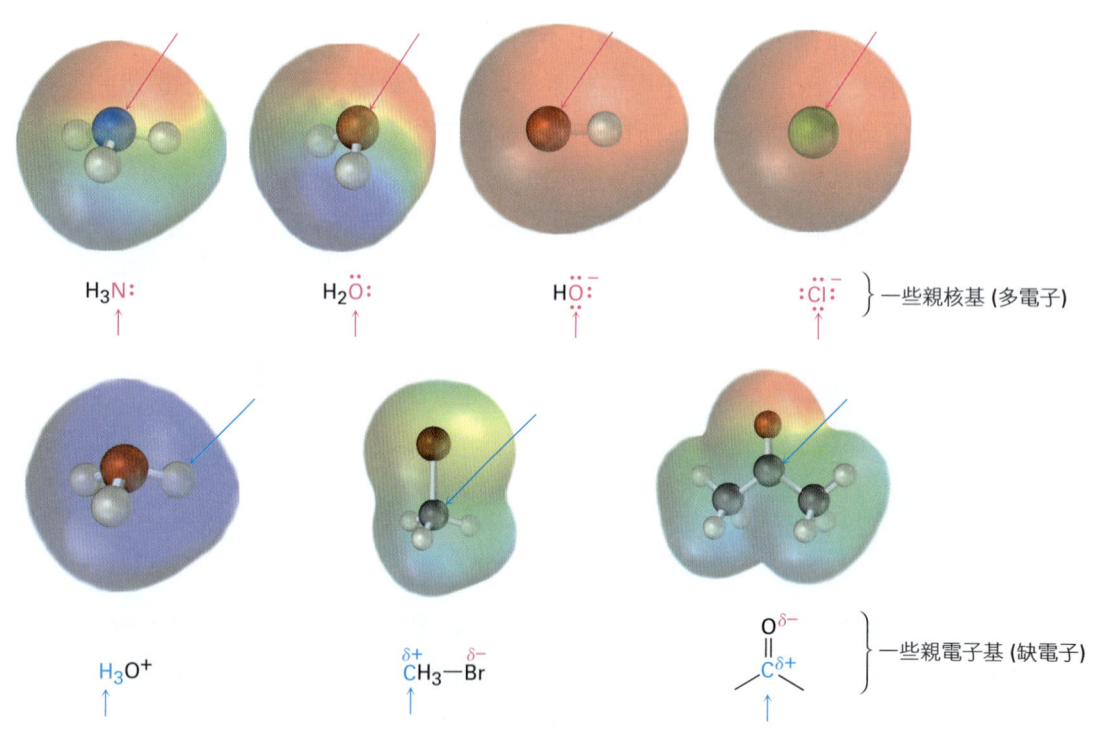

$H_3N:$　　$H_2\ddot{O}:$　　$H\ddot{O}:^-$　　$:\ddot{C}l:^-$ ｝一些親核基 (多電子)

H_3O^+　　$\overset{\delta+}{CH_3}-\overset{\delta-}{Br}$　　$\overset{O^{\delta-}}{\underset{}{\overset{\|}{C^{\delta+}}}}$ ｝一些親電子基 (缺電子)

圖 4-3　一些親核基和親電子基。從靜電勢能圖可以看出親核 (負電性) 和親電子 (正電性) 原子的位置。

要注意不同的反應條件下有些中性的化合物在可以是親核基，也可以是親電子基。畢竟如果一個中性的化合物結構中有一個親核位置是多電子的，必定有另一個親電子位置是缺電子的。以水分子為例，當它提供 H^+ 時是親電子基，而當它提供未鍵結電子對時是親核基。

同樣地，當羰基化合物以正電性的碳原子來反應時是親電子基，若以負電性的氧原子來反應時便是親核基。

親核基和親電子基的定義與先前在 1.9 節所看到的路易士酸鹼定義有些類似。路易士鹼是電子的提供者，行為類似於親核基；而路易士酸是電子的接受者，行為類似於親電子基。因此，有機化學中有許多現象都可以用酸鹼反應來解釋。主要的差別是酸和鹼這兩個詞被廣泛用於所有化學領域中，而親核基和親電子基這兩個詞主要用於和碳原子鍵結相關的有機化學反應。

練習題 4-2　判斷親核基和親電子基

請判斷下列物質是親核基還是親電子基？

(a) NO_2^+　(b) CN^-　(c) CH_3NH_2　(d) $(CH_3)_3S^+$

策略　親核基結構上有一個多電子的位置，這個多電子的位置可能是帶負電，或是官能基的原子上有孤電子對。親電子基結構上有一個缺電子的位置，這個缺電子的位置可能是帶正電，或是官能基的原子為正電性。

解答

(a) NO_2^+ 為親電子基，因為它帶正電。

(b) CN^- 為親核基，因為它帶負電。

(c) CH_3NH_2 在不同狀況下可為親核基或親電子基。因為氮原子上有孤電子對，所以它可以是親核基；而接在氮上的氫原子為正電性，所以它也可以是親電子基。

(d) $(CH_3)_3S^+$ 為親電子基，因為它帶正電。

習題 4-14　請判斷下列物質是親核基還是親電子基？或兩者皆是？

(a) CH_3Cl　(b) CH_3S^-　(c) 咪唑環接 CH_3　(d) CH_3CHO

習題 4-15　下圖為三氟化硼 (boron trifluoride) 的靜電勢能圖，請問 BF_3 是親核基還是親電子基？請畫出 BF_3 的路易士結構並解釋答案。

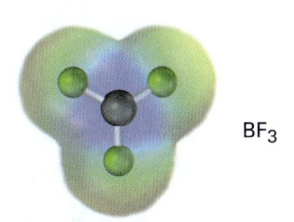

4-6　極性反應：HBr 加成至乙烯

烯類的加成反應為典型的極性反應，像是 HBr 加成至乙烯的反應。乙烯和 HBr 在室溫

下反應會生成溴乙烷 (bromoethane)，整個反應可以下圖表示：

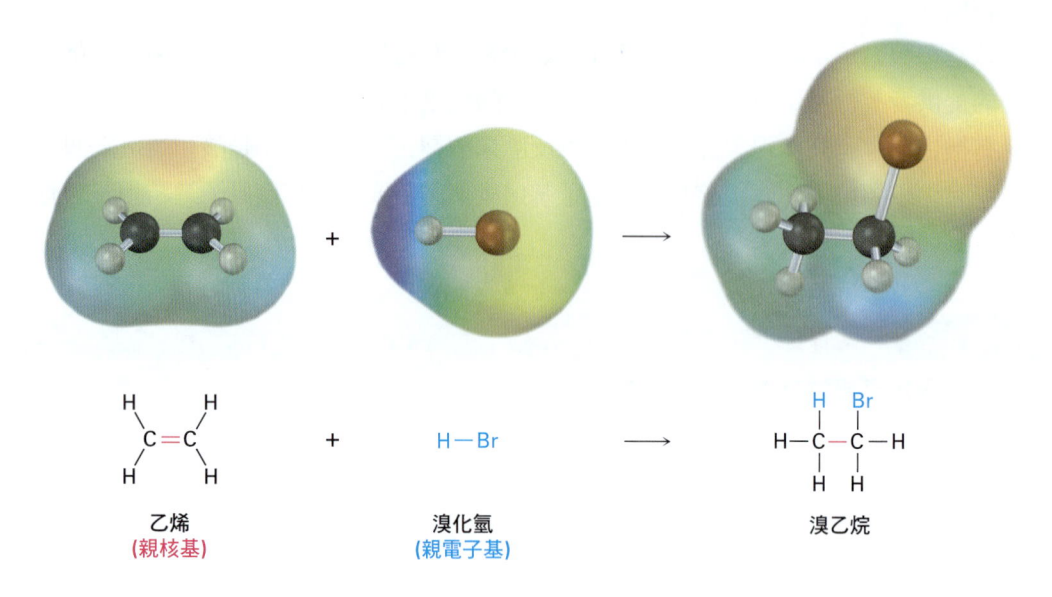

$$\underset{\underset{(\text{親核基})}{\text{乙烯}}}{\overset{H}{\underset{H}{>}}C=C\overset{H}{\underset{H}{<}}} + \underset{\underset{(\text{親電子基})}{\text{溴化氫}}}{H-Br} \longrightarrow \underset{\text{溴乙烷}}{H-\overset{H}{\underset{H}{C}}-\overset{Br}{\underset{H}{C}}-H}$$

　　這個反應是親電子加成反應 (electrophilic addition reaction)，屬於極性反應的一種，我們可以用上一節的觀念來理解它是如何進行的。我們從兩個反應物開始討論，先看乙烯。從 1.5 節的內容我們知道乙烯的碳-碳雙鍵是由兩個 sp^2 混成碳原子的軌域重疊所構成。雙鍵中的 σ 鍵來自於 sp^2–sp^2 軌域重疊，而 π 鍵來自於 p–p 軌域重疊。根據這樣的結構特性，碳-碳雙鍵應該會進行什麼樣的反應呢？我們知道烷類 (例如：乙烷) 的價電子全部都被束縛在能量強且非極性的 C–C 鍵和 C–H 鍵之間，因此烷類是相對化學穩定的化合物。更進一步地說，烷類的鍵結電子被 σ 鍵保護，因此電子比較不容易接近外來的反應物。然而，烯類的電子分布狀況與烷類有很大的不同。首先，雙鍵是由四個電子組成，它的電子密度比只由兩個電子組成的單鍵高。除此之外，與分布在兩個原子核之間的 σ 鍵電子相比，π 鍵的電子分布在雙鍵的平面上方或下方，因此雙鍵的電子比較容易接近外來的反應物 (圖 4-4)。因此，雙鍵有親核的性質，雙鍵有關的化學反應也主要與親核基有關。

　　然而，另一個反應物溴化氫的反應性又是如何？溴化氫是強酸，它是很好的質子提供者，也是很好的親電子基。因此乙烯和溴化氫的反應是典型親電子基和親核基的組合反應，也是極化反應的特徵。

　　之後很快我們會更仔細討論乙烯是如何進行親電子加成反應，但現在我們可以想像此反應是經由圖 4-5 中所描述的路徑來發生。此反應的開始是由乙烯的 C=C 鍵提供一對電子給 HBr 後，生成一個新的 C–H 鍵和 Br–，此過程如圖 4-5 中步驟一所畫的彎曲箭號表示。箭號的末端畫在 C=C 鍵的中間 (電子的來源位置)，而箭號的前端指向 HBr 的氫原子 (化學鍵生成的位置)。此箭號表示用 C=C 鍵的電子生成一個新的 C–H 鍵。同時，另一個彎曲箭號從 H–Br 的中間出發指向 Br，表示 H–Br 鍵斷裂而電子停留在 Br 上，形成 Br^-。

　　當雙鍵的其中一個碳原子與新加入的氫原子產生鍵結，雙鍵的另一個碳原子同時也失去

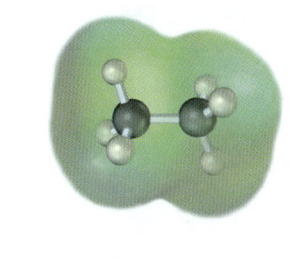

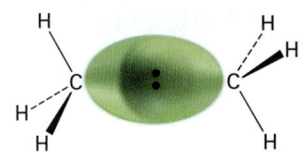

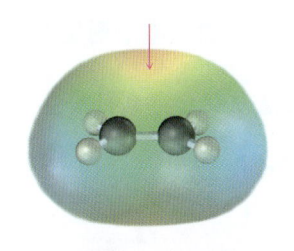

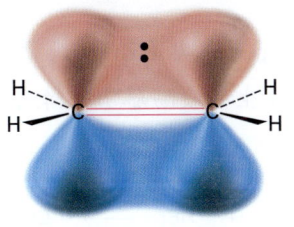

4-6 極性反應：HBr 加成至乙烯　　103

圖 **4-4** 碳-碳單鍵和碳-碳雙鍵的比較。雙鍵中的電子比較容易接近外來的反應物，且電子密度較高 (親核性高)。從乙烯的靜電勢能圖也可以看出乙烯中的雙鍵位置是分子中負電性最大的地方。

碳-碳 σ 鍵：鍵較強，
鍵結電子較不易接近

碳-碳 π 鍵：鍵較弱，
鍵結電子較容易接近

原本用來形成雙鍵的電子。此時，這個碳原子只有六個價電子，所以會帶正電，而這個帶正電的物質稱為碳陽離子 (carbocation)。此碳陽離子本身是親電子基，在圖 4-5 中的步驟二中，它會接受一對來自於親核性 Br⁻ 離子的電子，進而生成 C–Br 鍵，最終就會得到對應

❶ 親電子 HBr 的氫原子被來自於乙烯雙鍵上親核的 π 電子攻擊，在雙鍵的其中一碳上生成新的 C–H 鍵，並造成雙鍵的另一個碳原子會帶正電，且有一個空的 p 軌域。在同一個時間，H–Br 鍵的兩個電子會移向溴原子而生成溴離子。

乙烯

碳陽離子

❷ 溴離子提供電子對給帶正電的碳原子，生成 C–Br 鍵，最終得到中性的加成產物。

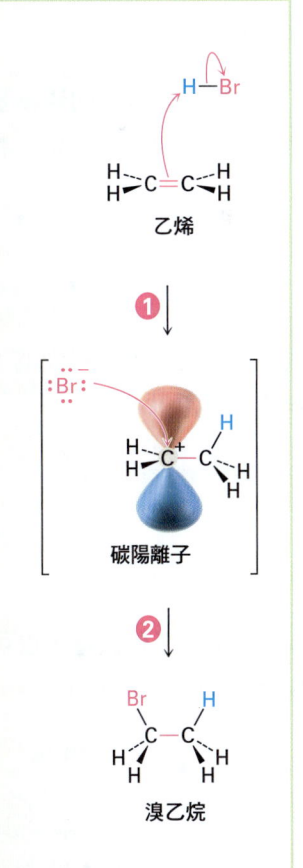

溴乙烷

圖 **4-5** HBr 加成至乙烯的反應機制。乙烯和 HBr 的親電子加成反應分為兩個步驟，這兩個步驟都牽涉到親電子基和親核基之間的相互作用。

的加成產物。從圖 4-5 的彎曲箭號也可以看出電子對是從 Br⁻ 往帶正電的碳原子移動。

習題 4-16 環己烯和 HBr 或 HCl 反應分別會得到什麼產物？

$$\text{環己烯} + \text{HBr} \longrightarrow \text{?}$$

習題 4-17 2-甲基丙烯 (2-methylpropene) 與 HBr 反應會得到 2-溴-2-甲基丙烷 (2-bromo-2-methylpropane)。請問此反應過程中產生的碳陽離子結構為何？請寫出其反應機制。

$$\underset{\text{2-甲基丙烯}}{(CH_3)_2C=CH_2} + HBr \longrightarrow \underset{\text{2-溴-2-甲基丙烷}}{(CH_3)_3C-Br}$$

4-7 用彎曲箭號來描述極性反應的機制

要適當地用彎曲箭號來描述反應機制是需要練習的，以下的幾個規則可以幫助你更熟悉彎曲箭號的畫法。

規則 1 電子是從多電子的親核基 (Nu: 或 Nu:⁻) 移動至缺電子的親電子基 (E 或 E⁺)。親核基上必須要有電子對，通常是一對孤電子對，或是一個多重鍵。例如：

電子通常從這些親核基開始移動

親電子基必須要可以接受電子對，通常其結構上要有一個帶正電的原子，或是一個正電性的官能基。例如：

電子通常移動到這些親電子基

規則 2 親核基可以帶負電，也可以是中性。如果親核基帶負電，則提供電子對的原子在電子移動後會變成中性。例如：

$$CH_3-\overset{..}{\underset{..}{O}}{:}^- + H-\overset{..}{\underset{..}{Br}}{:} \longrightarrow CH_3-\overset{..}{\underset{..}{O}}-H + {:}\overset{..}{\underset{..}{Br}}{:}^-$$

帶負電　　　　　　　　　　中性

如果親核基帶是中性。則提供電子對的原子在電子移動後會變成帶正電。例如：

$$\text{H}_2\text{C}=\text{CH}_2 + \text{H}-\text{Br} \longrightarrow \text{H}_2\overset{+}{\text{C}}-\text{CH}_2-\text{H} + :\!\ddot{\text{Br}}\!:^-$$

規則 3　**親電子基可以帶正電，也可以是中性**。如果親電子基帶正電，則原本帶正電的原子在接受一對電子後會變成中性。例如：

$$\text{H}_2\text{C}=\text{CH}_2 + \text{H}-\overset{+}{\text{O}}\text{H}_2 \longrightarrow \text{H}_2\overset{+}{\text{C}}-\text{CH}_2-\text{H} + \overset{..}{\text{O}}\text{H}_2$$

如果親電子基帶是中性。則原本中性的原子在接受一對電子後會變成帶負電。然而，這個帶負電的原子必須是電負度大的原子，像是硫、氮或鹵素，如此一來電子才有辦法被原子穩定。碳原子和氫原子通常是無法穩定負電荷的。例如：

$$\text{H}_2\text{C}=\text{CH}_2 + \text{H}-\ddot{\text{Br}}\!: \longrightarrow \text{H}_2\overset{+}{\text{C}}-\text{CH}_2-\text{H} + :\!\ddot{\text{Br}}\!:^-$$

若將規則 2 和規則 3 合併討論可得知反應前後的電荷數需平衡。若反應物中有一個負電荷，則產物也會有一個負電荷；而若反應物中有一個正電荷，則產物也會有一個正電荷。

規則 4　**必須符合八隅體規則**。在反應的前後，所有第二週期的原子上都必須要有八個電子。如果一對電子移向一個已經有八個電子的原子 (或是已經有兩個電子的氫原子)，為了滿足八隅體規則，必須同時有一對電子從此原子上移開。舉例來說，如果有兩個電子要從乙烯的 C═C 雙鍵移向 H₃O⁺ 的氫原子，則必須同時有一對電子從氫原子上移開。這表示 H₃O⁺ 的 H─O 鍵要斷裂，電子要停留在氧原子上而生成中性的水分子。

這個氫已經有兩個電子，當另外一對電子從雙鍵移向此氫原子時，H─O 鍵中的電子對要移開。

$$\text{H}_2\text{C}=\text{CH}_2 + \text{H}-\overset{+}{\text{O}}\text{H}_2 \longrightarrow \text{H}_2\overset{+}{\text{C}}-\text{CH}_2-\text{H} + \overset{..}{\text{O}}\text{H}_2$$

4 烯類和炔類：命名、結構和反應機制

練習題 4-3　畫出反應機制中的彎曲箭號

請在下列極性反應中，畫出彎曲箭號表示出電子的流動。

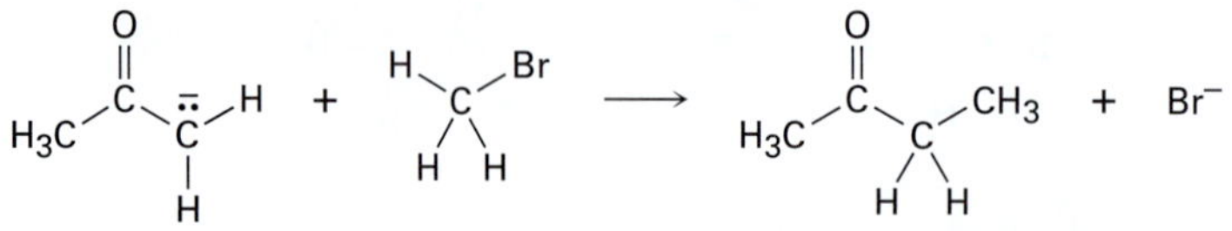

策略　請觀察反應過程中化學鍵的變化。此反應有一個 C–Br 鍵斷裂，生成一個 C–C 鍵。這個 C–C 鍵是由左方反應物的親核性碳原子提供一對電子給 CH₃Br 上親電子的碳原子而生成，所以我們以帶負電碳原子上的孤電子對出發，畫出一個彎曲箭號指向 CH₃Br 上的碳原子。當 C–C 鍵生成的同時，C–Br 鍵必須要斷裂才符合八隅體規則。因此我們畫出另一個彎曲箭號從 C–Br 鍵出發指向 Br，生成一個穩定的 Br⁻ 離子。

解答

習題 4-18　請在下列極性反應中，畫出彎曲箭號表示出電子的流動。

(a)

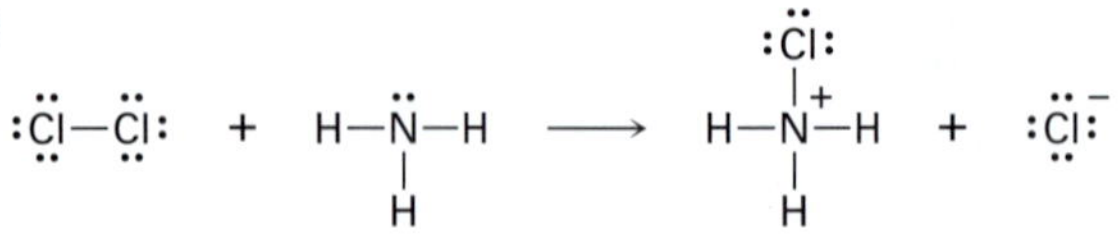

(b)

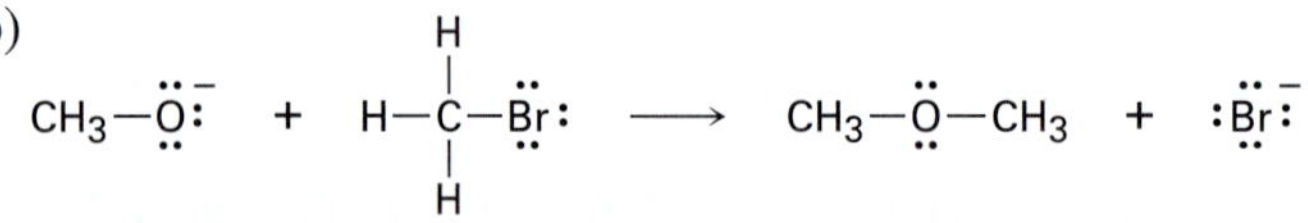

(c)

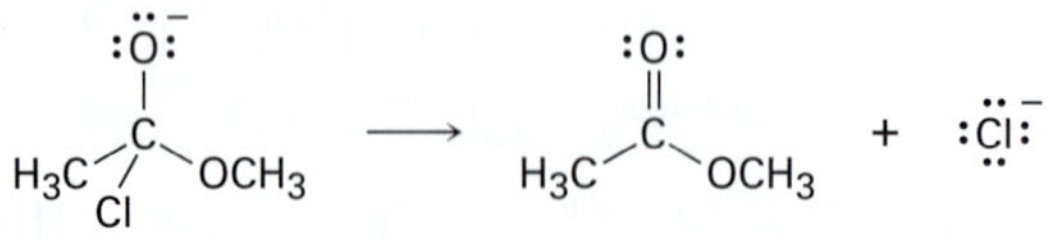

附加習題

烯類和炔類的命名

4-19　請寫出下列烯類的命名。

(a)
$$\begin{array}{c}\\ CH\\ |\\ HCHCH_2CH_3\\ C=C\\ H_3CH\end{array}$$

(b)
$$\begin{array}{c}CH_3CH_2CH_3\\ ||\\ CH_3CHCH_2CHCH_3\\ C=C\\ H_3CH\end{array}$$

(c)
$$\begin{array}{c}CH_2CH_3\\ |\\ H_2C=CCH_2CH_3\end{array}$$

(d)
$$\begin{array}{c}HCH_3\\ H_3C\backslash/\\ C=C\\ H_2C=CHCHH\\ |\\ CH_3\end{array}$$

(e)
$$\begin{array}{c}HH\\ H_3C\backslash/\\ C=C\\ C=C\\ CH_3CH_2CH_3\\ |\\ CH_3\end{array}$$

(f) $H_2C=C=CHCH_3$

4-20 請根據下列烯類化合物的系統命名畫出其結構。

(a) (4E)-2,4-二甲基-1,4-己二烯 [(4E)-2,4-Dimethyl-1,4-hexadiene]

(b) 順-3,3-二甲基-4-丙基-1,5-辛二烯 (cis-3,3-Dimethyl-4-propyl-1,5-octadiene)

(c) 4-甲基-1,2-戊二烯 (4-Methyl-1,2-pentadiene)

(d) (3E,5Z)-2,6-二甲基-1,3,5,7-辛四烯 [(3E,5Z)-2,6-Dimethyl-1,3,5,7-octatetraene]

(e) 3-丁基-2-庚烯 (3-Butyl-2-heptene)

(f) 反-2,2,5,5-四甲基-3-己烯 (trans-2,2,5,5-Tetramethyl-3-hexene)

4-21 請寫出下列環烯類的命名。

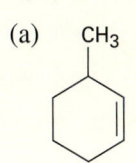

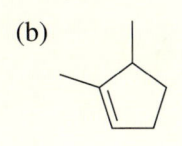

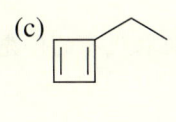

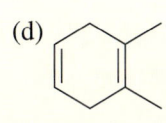

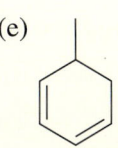

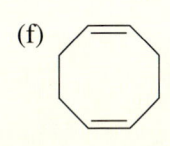

(a) (b) (c) (d) (e) (f)

4-22 羅勒烯 (Ocimene) 是一種存在於許多植物精油中的三烯。請寫出羅勒烯的 IUPAC 命名，並標示出其立體結構。

羅勒烯

4-23 請畫出六種分子式為 C_5H_{10} 的烯類異構物，並寫出其包含 E, Z 異構物的命名。

4-24 請寫出下列炔類化合物的 IUPAC 命名。

(a)
$$\begin{array}{c}CH_3\\ |\\ CH_3CH_2C\equiv CCH_3\\ |\\ CH_3\end{array}$$

(b) $CH_3C\equiv CCH_2C\equiv CCH_2CH_3$

(c) CH₃CH=CC≡CCHCH₃ (帶 CH₃ CH₃ 取代基)

(d) HC≡CCCH₂C≡CH (帶 CH₃, CH₃ 取代基)

(e) H₂C=CHCH=CHC≡CH

(f) CH₃CH₂CHC≡CCHCH₂CH₃ (帶 CH₂CH₃ 和 CH₂CH₃, CH₃ 取代基)

4-25 請根據下列炔類化合物的系統命名畫出其結構。

(a) 3,3-二甲基-4-辛炔 (3,3-Dimethyl-4-octyne)

(b) 3-乙基-5-甲基-1,6,8-癸三炔 (3-Ethyl-5-methyl-1,6,8-decatriyne)

(c) 2,2,5,5-四甲基-3-己炔 (2,2,5,5-Tetramethyl-3-hexyne)

(d) 3,4-二甲基環癸炔 (3,4-Dimethylcyclodecyne)

(e) 3,5-庚二烯-1-炔 (3,5-Heptadien-1-yne)

(f) 3-氯-4,4-二甲基-1-壬烯-6-炔 (3-Chloro-4,4-dimethyl-1-nonen-6-yne)

(g) 3-第二-丁基-1-庚炔 (3-*sec*-Butyl-1-heptyne)

(h) 5-第三-丁基-2-甲基-3-辛炔 (5-*tert*-Butyl-2-methyl-3-octyne)

烯類的異構物和穩定性

4-26 請根據序列法則排出下列各組取代基的優先順序：

(a) –CH₃, –Br, –H, –I

(b) –OH, –OCH₃, –H, –CO₂H

(c) –CO₂H, –CO₂CH₃, –CH₂OH, –CH₃

(d) –CH₃, –CH₂CH₃, –CH₂CH₂OH, –CCH₃ (帶 =O)
 ‖
 O

(e) –CH=CH₂, –CN, –CH₂NH₂, –CH₂Br

(f) –CH=CH₂, –CH₂CH₃, –CH₂OCH₃, –CH₂OH

4-27 請判斷下列化合物是 *E* 構型還是 *Z* 構型：

(a) HOCH₂   CH₃
      \   /
       C=C
      /   \
    H₃C   H

(b) HO₂C   H
      \   /
       C=C
      /   \
     Cl   OCH₃

(c) NC   CH₃
     \   /
      C=C
     /   \
  CH₃CH₂   CH₂OH

(d) CH₃O₂C   CH=CH₂
      \   /
       C=C
      /   \
   HO₂C   CH₂CH₃

4-28 反-2-丁烯只比順-2-丁烯穩定 4 kJ/mol，但反-2,2,5,5-四甲基-3-己烯比它的順式異構物穩定 39 kJ/mol。請解釋其原因。

碳陽離子和親電子加成反應

4-29 請將下列碳陽離子的穩定度遞增排列。

(a) [三個碳陽離子結構圖]

(b) [三個環戊基碳陽離子結構圖]

(c) [三個雙環碳陽離子結構圖]

4-30 請預測下列每一個反應的主要產物為何？

(a) CH₃CH₂CH=C(CH₃)CH₂CH₃ $\xrightarrow{\text{H}_2\text{O}, \text{H}_2\text{SO}_4}$?

(發生 H₂O 加成反應)

(b) [環戊烯-乙基結構] $\xrightarrow{\text{HBr}}$?

(c) [3-甲基環己烯結構] $\xrightarrow{\text{HBr}}$?

(d) H₂C=CHCH₂CH₂CH=CH₂ $\xrightarrow{\text{2 HCl}}$?

4-31 請預測下列烯類進行 HBr 加成反應的主要產物為何？

(a) [亞甲基環己烷] (b) [十氫萘烯結構] (c) CH₃CH=CHCH(CH₃)CH₃

極性反應

4-32 請說明下列分子中有哪些官能基，並判斷每個分子的極性：

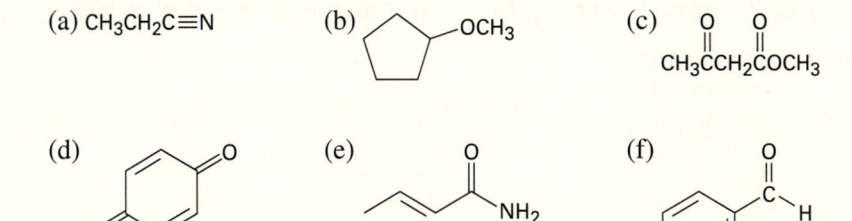

(a) CH₃CH₂C≡N (b) [環戊基-OCH₃] (c) CH₃COCH₂COCH₃

(d) [對苯醌] (e) [丁烯醯胺] (f) [苯甲醛]

4-33 請指出下列分子中可能為親電子基和親核基的位置在哪裡？

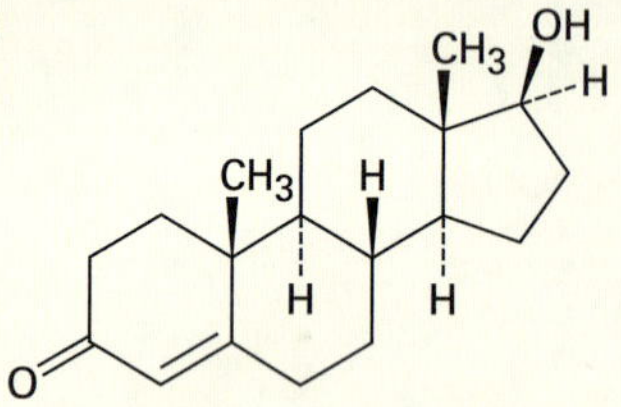

睪固酮 (Testosterone)　　　　　　甲基安非他命 (Methamphetamine)

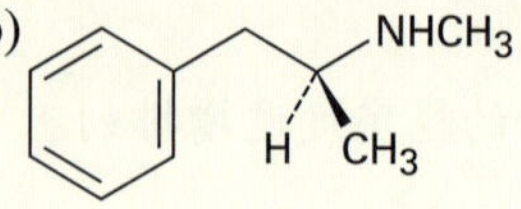

4-34　請指出下列反應中何者為親電子基？何者為親核基？

(a) N_3^- + CH_3Cl ⟶ CH_3N_3 + Cl^-

(b) 苯 + NO_2^+ ⟶ 加成中間體

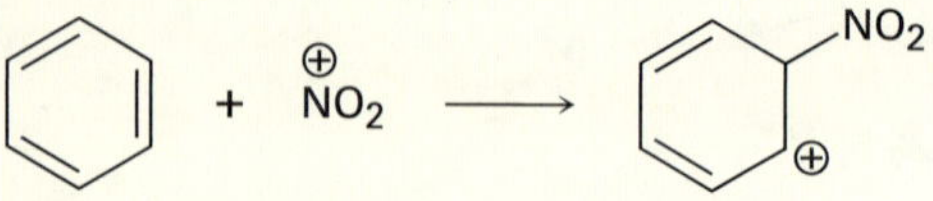

(c) 環己酮 + CH_3^- ⟶ 1-甲基環己醇鹽

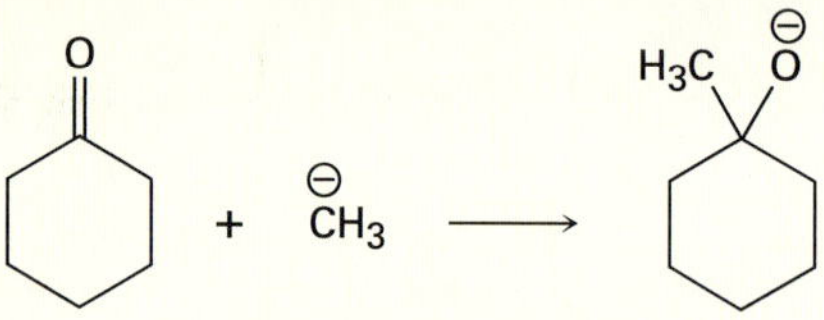

一般問題

4-35　外用維生素 A 酸 (retinoic acid) 在醫療上常被用來消除皺紋和治療嚴重青春痘。請問此分子在雙鍵的異構化下有多少種可能的異構物結構？

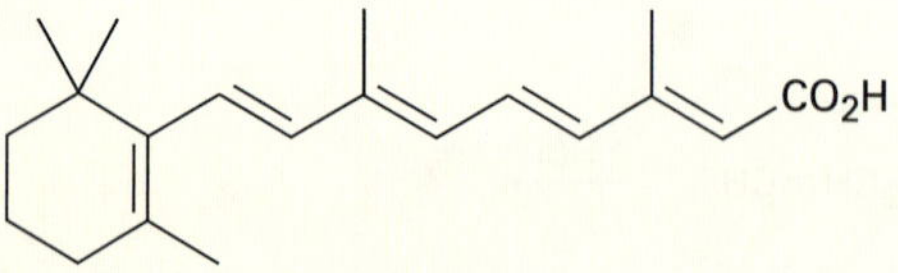

外用維生素 A 酸

4-36　甲基氧離子 (CH_3O^-) 會和溴乙烷根據下列反應式進行一個步驟的反應：

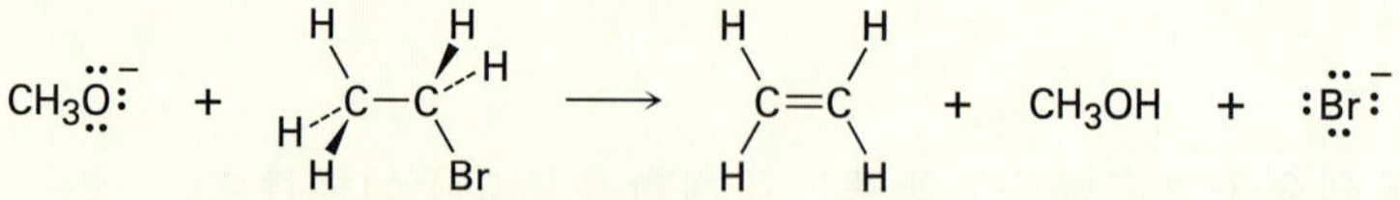

CH_3O^- + CH_3CH_2Br ⟶ $CH_2=CH_2$ + CH_3OH + Br^-

請說明在此反應中，哪些化學鍵被破壞？生成了哪些化學鍵？並用彎曲箭號描述反應進行過程中電子的流動方式。

烯類和炔類的反應

5

© Ed Darack/Science Faction/Getty Images

5-1 烯類的親電子加成反應：馬可尼可夫法則

5-2 碳陽離子的結構和穩定性

5-3 烯類的水合反應：H_2O 加成至烯類

5-4 烯類的鹵化反應：X_2 加成至烯類

5-5 烯類的還原反應：H_2 加成至烯類

5-6 共軛雙烯

5-7 烯丙基陽離子的穩定性：共振

5-8 炔類的反應

前一個章節我們介紹了不飽和烴類 (包含烯類和炔類) 的基本性質，在這個章節我們要繼續討論烯類和炔類會進行的反應有哪些。烯類的反應主要為加成反應和脫去反應兩種。加成反應和脫去反應可說是一體的兩面，也就是說，若烯類進行 HBr 或 H_2O 加成反應會得到溴烷或醇類，則溴烷或醇類進行脫去反應會得到烯類。

$$\overset{}{\underset{}{>}}C=C\overset{}{\underset{}{<}} \;+\; X-Y \;\underset{\text{脫去}}{\overset{\text{加成}}{\rightleftharpoons}}\; \overset{X}{\underset{}{-}}C-C\overset{Y}{\underset{}{-}}$$

5-1 烯類的親電子加成反應：馬可尼可夫法則

化學家常利用烯類的親電子加成反應將氫鹵酸加成至鹵烷類。在這樣的反應中，若反應物是不對稱取代的烯類，我們應該預期要得到的產物為兩種不同加成產物的混合物。然而，事實上我們只會得到一種加成產物。舉例來說，2-甲基丙烯與 HCl 反應預期要得到 2-氯-2-甲基丙烷和 1-氯-2-甲基丙烷這兩種不一樣的產物，但事實上只會有 2-氯-2-甲基丙烷這一種產物。在烯類生物分子的反應也有相同的現象。我們將這種烯類加成反應只會得到其中一種特定產物的現象稱作此反應有位向選擇性 (regiospecific)。

111

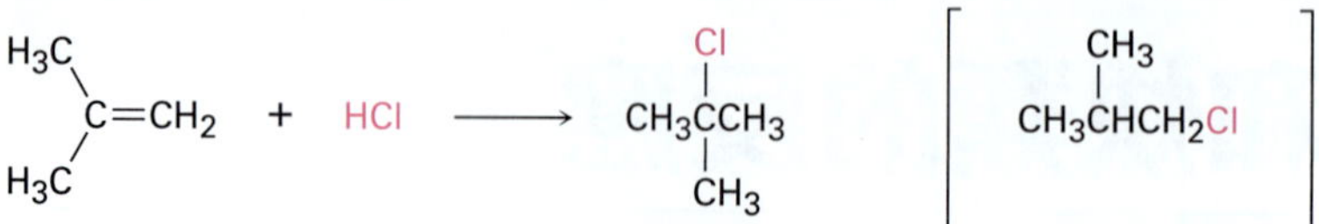

5 烯類和炔類的反應

$$\text{2-甲基丙烯 (2-Methylpropene)} + HCl \longrightarrow \text{2-氯-2-甲基丙烷 (2-Chloro-2-methyl-propane)（唯一產物）} \quad [\text{1-氯-2-甲基丙烷 (1-Chloro-2-methyl-propane)（不會產生）}]$$

經過觀察許多這類反應的結果之後，一位俄羅斯的化學家馬可尼可夫 (Vladimir Markovnikov) 在西元 1869 年提出後來廣為人知的馬可尼可夫法則 (Markovnikov's rule)。

馬可尼可夫法則：

當 HX 加成至烯類時，H 會接到烷類取代基較少的碳上，而 X 會接到烷類取代基較多的碳上。

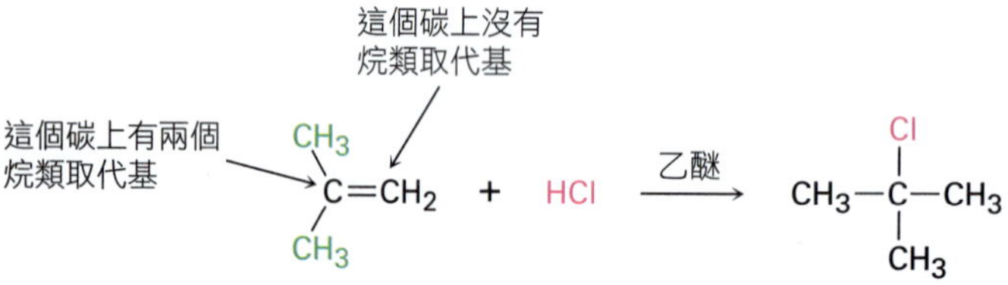

這個碳上有兩個烷類取代基 / 這個碳上沒有烷類取代基

2-甲基丙烯 (2-Methylpropene) + HCl →(乙醚) 2-氯-2-甲基丙烷 (2-Chloro-2-methylpropane)

這個碳上有兩個烷類取代基 / 這個碳上有一個烷類取代基

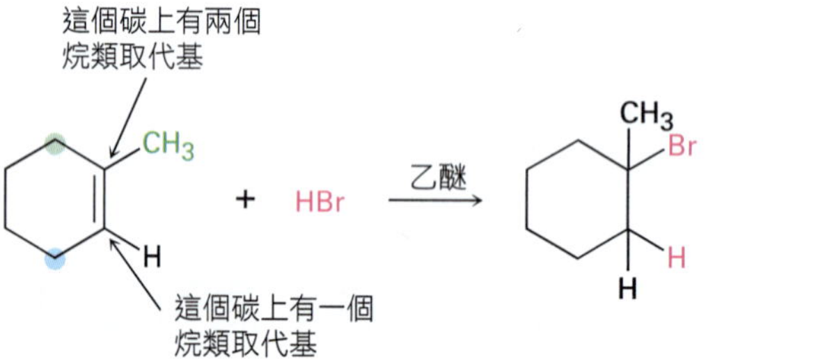

1-甲基環己烯 (1-Methylcyclohexene) + HBr →(乙醚) 1-溴-1-甲基環己烷 (1-Bromo-1-methylcyclohexane)

當雙鍵的兩個碳上的取代基數量一樣時，加成反應就會得到混合的產物。

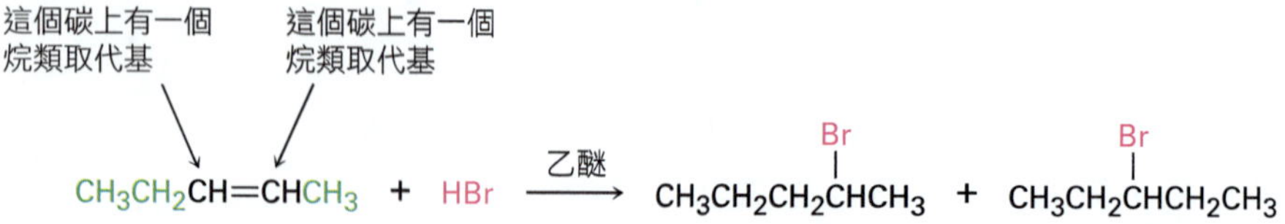

這個碳上有一個烷類取代基 / 這個碳上有一個烷類取代基

$CH_3CH_2CH=CHCH_3$ + HBr →(乙醚) $CH_3CH_2CH_2CHCH_3$ (Br) + $CH_3CH_2CHCH_2CH_3$ (Br)

2-戊烯 (2-Pentene)　　2-溴戊烷 (2-Bromopentane)　　3-溴戊烷 (3-Bromopentane)

因為這類的親電子加成反應的中間物為碳陽離子，所以馬可尼可夫法則可以下列方式重新闡述：

馬可尼可夫法則 (重新闡述)：

當 HX 加成至烯類時，會生成取代較多的碳陽離子為中間物，而非取代較少的碳陽離子為中間物。

例如，當 H⁺ 加成至 2-甲基丙烯時，會生成三級碳陽離子為中間物，而不是另一個一級碳陽離子。此外，當 H⁺ 加成至 1-甲基環己烯時，會生成三級碳陽離子為中間物，而不是另一個二級碳陽離子。為何會這樣呢？

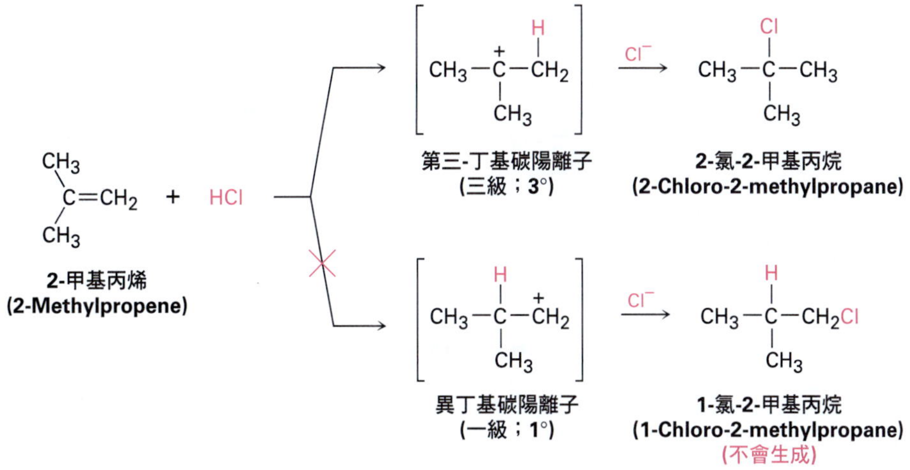

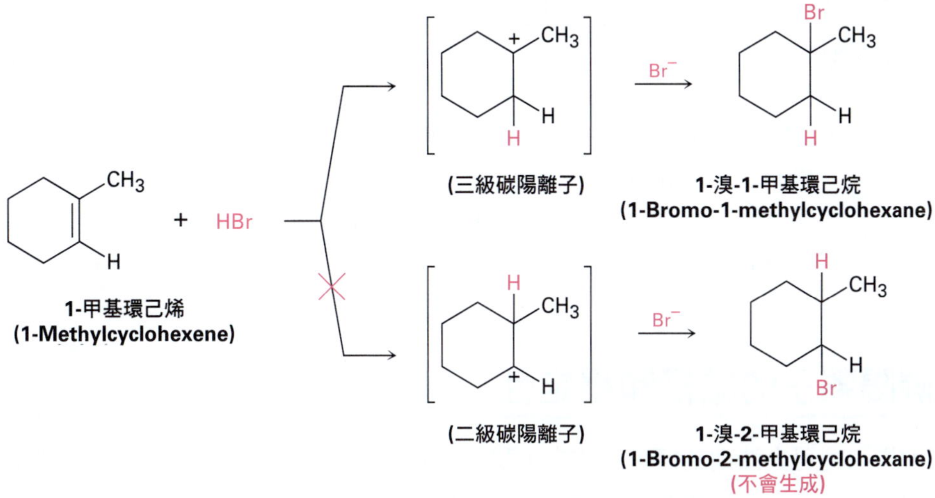

| 練習題 5-1 | 預測親電子加成反應的產物 |

HCl 與 1-乙基環戊烯 (1-ethylcyclopentene) 進行反應會得到什麼產物？

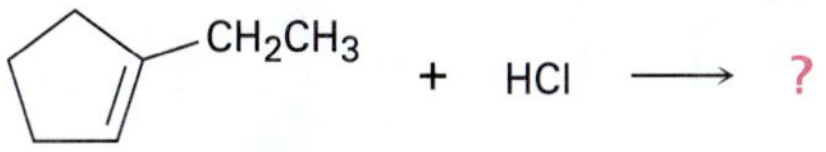

策略 當預測反應產物時，要先觀察反應物的官能基的種類和位置，然後判斷會生成何種產

物。在這個例子中，反應物是烯類，它會和 HCl 進行親電子加成反應。接下來，回想親電子加成反應要用什麼方式來判斷產物為何。你應該知道親電子加成反應可以用馬可尼可夫法則判斷產物，因此 H$^+$ 會接到雙鍵上只有一個烷基取代的碳上 (環上的 C2)，而 Cl 會接到雙鍵上有兩個烷基取代的碳上 (環上的 C1)。

解答 所預測的產物為 1-氯-1-乙基環戊烷 (1-chloro-ethylcyclopentane)。

這個碳上有兩個烷類取代基

這個碳上有一個烷類取代基

1-氯-1-乙基環戊烷

習題 5-1 請預測下列反應的產物：

(a) 環己烯 + HCl → ?

(b) $CH_3C(CH_3)=CHCH_2CH_3$ + HBr → ?

(c) $CH_3CH(CH_3)CH_2CH=CH_2$ + H_2O/H_2SO_4 → ?
(發生 H_2O 加成反應)

(d) 亞甲基環己烷 + HBr → ?

習題 5-2 要製備下列產物需要用哪個烯類當反應物？

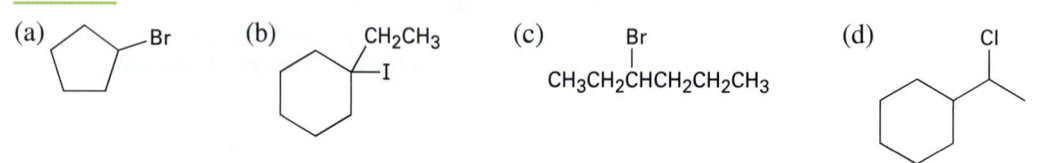

(a) 環戊基-Br

(b) 1-乙基-1-碘環己烷

(c) $CH_3CH_2CHBrCH_2CH_3$

(d) 1-氯乙基環己烷

5-2 碳陽離子的結構和穩定性

要了解馬可尼可夫法則為何可以成立，我們必須了解碳陽離子在反應過渡態時的結構和穩定性。以結構來說，實驗證明碳陽離子是平面的結構。此結構中的碳原子是 sp^2 混成，碳上的三個取代基各自朝向等邊三角形的角落，如圖 5-1 所示。因為碳上只有六個價電子，且

圖 5-1 碳陽離子的結構。接有三個鍵結的碳原子是 sp^2 混成，有一個空的 p 軌域垂直於碳原子和三個取代基所構成的平面。

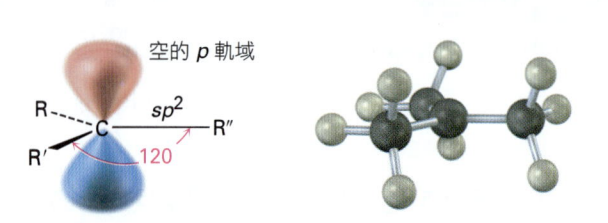

空的 p 軌域

sp^2

120

這六個價電子都用在生成三個 σ 鍵，所以會剩下一個空的 p 軌域朝向平面上下方。

接下來討論碳陽離子的穩定度。2-甲基丙烯可以與 H⁺ 反應生成有三個烷基取代的碳陽離子 (三級碳陽離子；3°)；也可生成只有一個烷基取代的碳陽離子 (一級碳陽離子；1°)。但因為此反應的產物只有 2-氯-2-甲基丙烷一種，是三級的氯烷類，因此證明此反應的中間物是三級碳陽離子，非一級碳陽離子。從熱力學實驗的量測結果也說明碳陽離子的穩定性會隨著取代基數目增加而增加，因此穩定度的順序為三級碳陽離子 > 二級碳陽離子 > 一級碳陽離子 > 甲基碳陽離子。

甲基　　　　一級 (1°)　　　二級 (2°)　　　三級 (3°)

穩定度 →

碳陽離子穩定度和取代基數量的關係可以用誘導效應來解釋。誘導效應指的是電子在 σ 鍵中因周圍原子電負度變化所產生的移動。在這個例子中，烷基上的電子密度比氫原子上的電子密度高，所以烷基上的電子比氫原子上的電子容易移動至帶正電的原子上。也因此當碳陽離子上的烷基取代較多時，會有較多的電子移動到碳陽離子上，使碳陽離子更加穩定 (圖 5-2)。

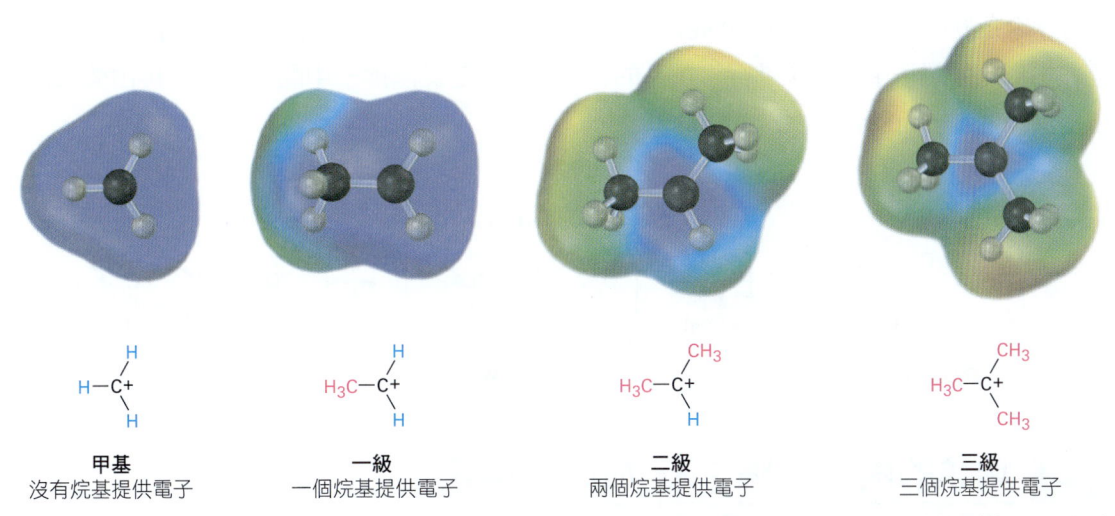

甲基
沒有烷基提供電子

一級
一個烷基提供電子

二級
兩個烷基提供電子

三級
三個烷基提供電子

圖 5-2 誘導效應對甲基、一級、二級和三級碳陽離子穩定度的影響。當愈多烷基接到帶正電的碳陽離子上時，有愈多的電子會從烷基移動到碳陽離子上，使碳陽離子的電子密度增加。

習題 5-3 請畫出下列反應所產生碳陽離子中間物的結構：

(a) $CH_3CH_2C(CH_3)=CHCH(CH_3)CH_3$ $\xrightarrow{HBr}$?

(b) 環戊基=CHCH₃ $\xrightarrow{HI}$?

5-3 烯類的水合反應：H₂O 加成至烯類

就像鹵化氫 HX 加成至烯類一樣，水 (H_2O) 也可以加成至烯類而生成醇類產物，此過程稱為水合反應 (hydration)。此反應可將烯類和水在有強酸 (例如：H_2SO_4) 作為催化劑的條件下進行，反應機制類似於 HX 的加成反應。如圖 5-3 所示，烯類的雙鍵接上一個 H^+ 後會得到一個碳陽離子為中間物。此碳陽離子會接著與水進行親電子加成反應得到接了一個 H^+ 的醇類產物 ROH_2^+。最後再脫去 H^+ 得到中性的醇類產物，而脫去的 H^+ 再生為酸催化劑。

酸催化的烯類水合反應很適合工業上的量產製程，在美國每年約有 30 萬噸的乙醇是由乙烯的水合反應製造而成的。然而，因為需要高溫和強酸的反應條件 (乙烯的水合反應要在 250°C 才能進行)，此反應在一般實驗室的使用價值卻不高。

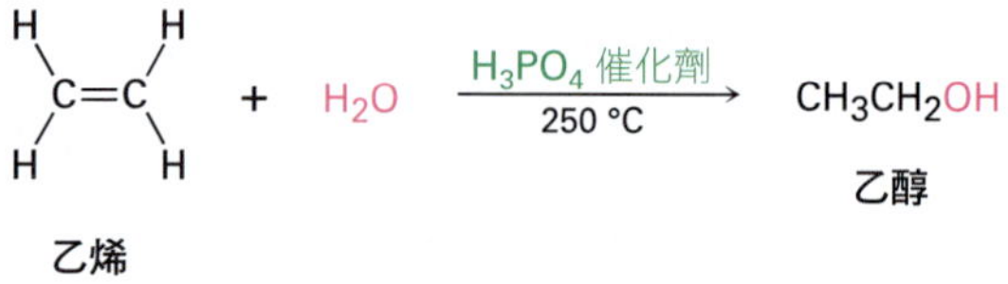

$$CH_2=CH_2 + H_2O \xrightarrow[250\ °C]{H_3PO_4 \text{ 催化劑}} CH_3CH_2OH$$

乙烯　　　　　　　　　　　　　　　乙醇

在生化反應途徑中，酸催化的雙鍵水合反應要常發生在旁邊有羰基 (carbonyl group) (C=O) 的雙鍵上。舉例來說，在食物代謝的檸檬酸循環過程中，延胡索酸 (Fumaric Acid) 會進行水合反應而產生蘋果酸 (Malate)。此反應機制不是經由碳陽離子的親電子加成反應，而是經由形成陰離子中間體來進行，羰基的存在可以穩定此陰離子中間體，最後再由酸 (HA) 來提供一個質子而得到產物 (如下圖)。

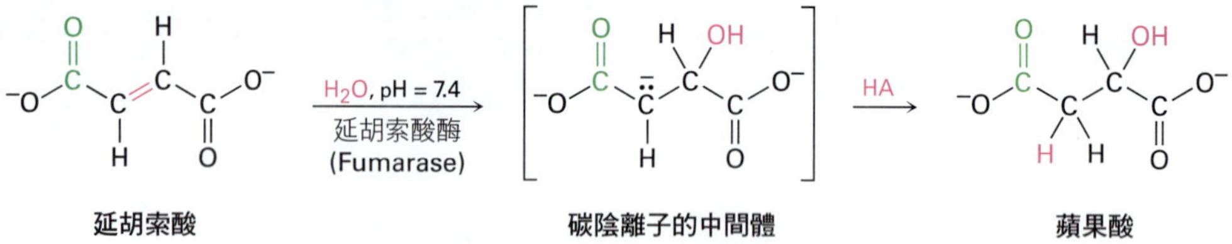

延胡索酸 $\xrightarrow[\text{延胡索酸酶 (Fumarase)}]{H_2O,\ pH = 7.4}$ [碳陰離子的中間體] $\xrightarrow{HA}$ 蘋果酸

5-4 烯類的鹵化反應：X₂ 加成至烯類

除了 HX 和 H_2O 之外，Br_2 和 Cl_2 也可以很快速的加成到烯類而生成 1,2-二鹵烷類產物，此反應稱為鹵化反應 (halogenation)。在化學工業上，每年全世界有超過 2500 萬公噸的 1,2-二氯乙烷 (1,2-dichloroethane) 產出，大多數都是用 Cl_2 加成至乙烯來製造的。二氯乙烷可以當作溶劑使用，它也是製造聚氯乙烯 [poly(vinyl chloride), PVC] 的原物料。在鹵素

5-4 烯類的鹵化反應：X_2 加成至烯類　117

❶ 親電子基 H_3O^+ 上的一個氫原子被親核性雙鍵上的電子攻擊，生成一個新的 C–H 鍵，這使得雙鍵的另一個碳原子帶正電荷，而且原子上有一個空的 p 軌域。同時，H–O 鍵的兩個電子移動到氧原子上，形成中性的水分子。

二甲基丙烯
(2-Methylpropene)

碳陽離子

❷ 親核基 H_2O 提供一對電子到帶正電的碳原子上，生成 C–O 鍵，此時的醇類加成產物上多一個氫原子，且加成產物的氧原子帶正電。

質子化醇的中間體

❸ 水分子再扮演鹼移去加成產物上的 H^+，重新生成 H_3O^+，同時使加成產物成為中性。

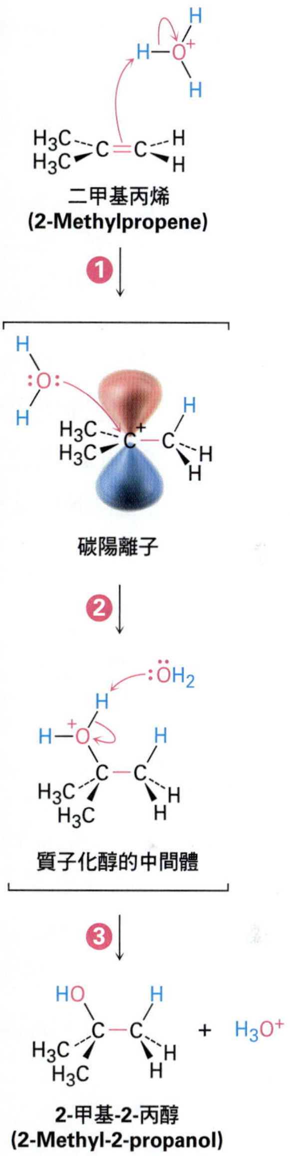

2-甲基-2-丙醇
(2-Methyl-2-propanol)

圖 **5-3**　烯類在酸催化下進行水合反應產生醇類的反應機制。烯類先與 H^+ 反應得到碳陽離子中間物，再與水反應，最後脫去 H^+ 得到產物。

當中，F_2 的反應性太強且很難控制，因此在實驗室中很少使用。I_2 則無法跟大多數烯類反應。

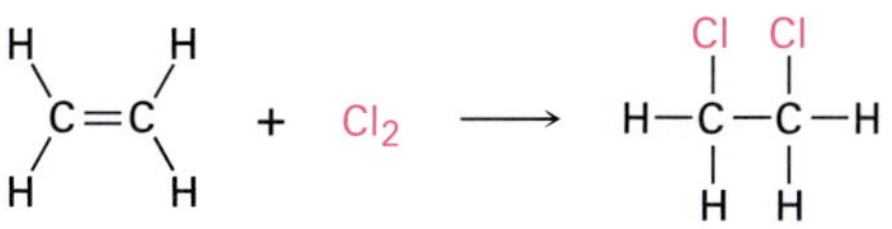

乙烯　　　　　　　　　　1,2-二氯乙烷

從目前的結果看來，溴與烯類加成反應可能的機制為 Br^+ 對烯類的親電子加成途徑。Br^+ 加成到雙鍵上產生碳陽離子中間物，隨後與 Br^- 進行下一步反應得到有兩個溴的加成產物。

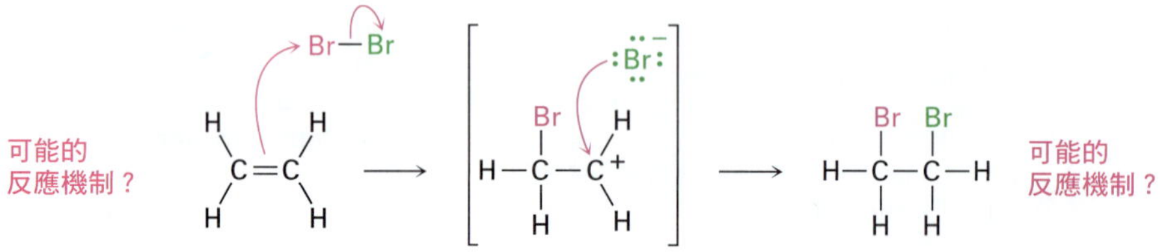

雖然這個反應機制看起來是合理的，但它並不能完全解釋已知的現象。特別是它不能解釋加成反應所牽涉到的立體化學。也就是說，這個反應機制並無法說明加成反應會產生哪一種立體異構物。當鹵化反應發生在環戊烯時，產物只會得到反-1,2-二溴環戊烷，不會有順-1,2-二溴環戊烷，此現象稱為**反立體化學** (anti stereochemistry)。

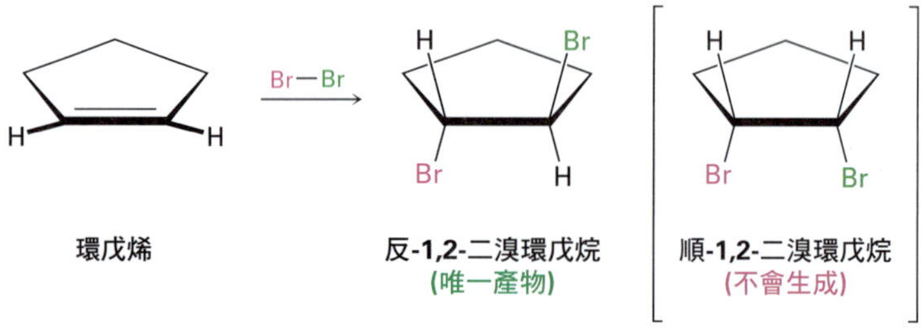

上述現象說明這個反應在進行的過程中，兩個溴原子是由相反方位來攻擊雙鍵。因此推測此反應的中間物不是碳陽離子，而是由 Br^+ 親電子加成至烯類三環的**溴陽離子** (bromonium ion)，也就是帶正電的溴陽離子 R_2Br^+。溴原子在此三環溴陽離子中擋住其中一側，因此接下來另一個 Br^- 只能從原本雙鍵的另一側攻擊，因此只會得到一種反式產物，如圖 5-4 所示。

圖 5-4 Br_2 加成至烯類的反應機制。其中一個溴原子先與雙鍵生成三環溴陽離子的中間物，此時溴原子擋住其中一側，另一個 Br^- 只能從另一側攻擊，因此只會得到反式加成產物。

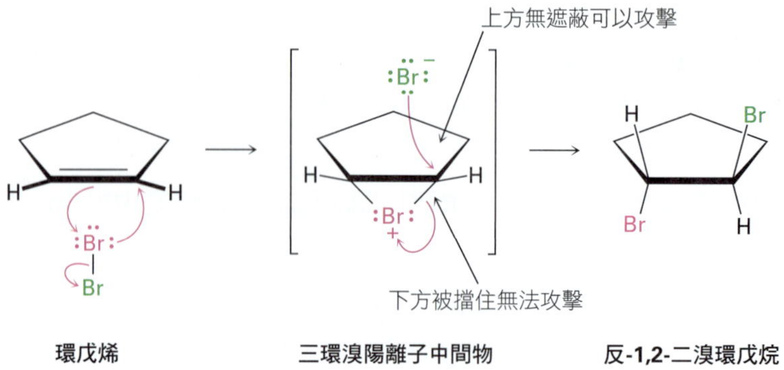

烯類的鹵化反應也常發生在自然界中，但大多發生在海洋的生物體中，因為海洋環境中的鹵素較多。這些生物體中鹵化反應要經由一種名為**鹵過氧化酶** (haloperoxidase) 的酵素催

化，此酵素利用 H_2O_2 將 Br^- 或 Cl^- 氧化成 Br^+ 或 Cl^+，再對雙鍵進行親電子加成反應得到溴陽離子或氯陽離子為中間物，最後和另一個鹵素陰離子反應得到產物。舉例來說，海樂萌 (halomom) 是一種從紅藻中分離出來的抗癌藥物。海樂萌的化合物結構中有五個鹵素取代，它被認為是經過兩次的 BrCl 加成反應得到的化合物。

海樂萌

習題 5-4 請預測 Cl_2 加成至 1,2-二甲基環戊烯 (1,2-dimethylcyclohexene) 會得到什麼產物？請畫出此產物的立體化學結構。

習題 5-5 HCl 加成至 1,2-二甲基環戊烯會得到兩種產物混合在一起。請分別畫出這兩個產物的立體化學結構，並說明為何會有兩種產物產生。

5-5 烯類的還原反應：H_2 加成至烯類

烯類在金屬 (像是鈀或鉑) 的催化下可以和 H_2 進行加成反應生成其飽和烷類產物。我們將這個過程描述為雙鍵被氫化 (hydrogenated) 或還原 (reduced)。在一般的化學描述中，還原指的是一個原子得到一個或多個電子。然而在有機化學的描述中，還原反應指的是此反應造成碳原子的電子密度增加，結果導致碳和另一個電負度較小的原子 (通常是氫原子) 之間生成化學鍵；或是碳和另一個電負度較大原子 (通常是氧、氮或鹵素原子) 之間的化學鍵被破壞。

還原 碳的電子密度增加，因為：
　　　　 –生成 C–H 鍵
　　　　 –破壞 C–O、C–N、C–X 鍵

還原反應：

烯類　　　　　　　　　　　　　烷類

鈀或鉑是兩種最常在實驗室被用於烯類氫化反應的催化劑。為了增加催化的表面積，鈀當催化劑時，常是以細微粉末的狀態被吸附在活性低的碳表面上 (Pd/C) 來使用。鉑作為催化劑則是常以氧化物 PtO_2 的形式被使用，稱為亞當觸媒 (Adams' catalyst)。

和其他大多數有機反應不同，催化的氫化反應是非均相 (heterogeneous)，而不是均相 (homogeneous) 反應。也就是說，氫化反應並非發生在均勻的溶液中，而是發生在固體催化劑顆粒的表面上。雙鍵的氫化反應中，兩個氫原子是由雙鍵的同一側來攻擊雙鍵，因此通常得到同向加成的產物。

$$1,2\text{-二甲基環己烯} \xrightarrow[\substack{CH_3CO_2H \\ \text{溶劑}}]{H_2,\ PtO_2} \text{順-1,2-二甲基環己烷 (82\%)}$$

1,2-二甲基環己烯
(1,2-Dimethylcyclohexene)

順-1,2-二甲基環己烷 (82%)
(*cis*-1,2-Dimethylcyclohexane)

如同圖 5-5 所示，氫化反應的第一步是 H_2 吸附在催化劑的表面。接著烯類填滿電子的 π 軌域會和金屬的空軌域產生作用而結合。最後，氫原子會轉移到雙鍵上，生成飽和的烷類產物後離開催化劑表面。因為這兩個氫原子都是從相同的催化劑表面加成至雙鍵，所以氫化反應會得到同向加成的產物。

催化氫化反應除了在實驗室很有用之外，它在食品工業中也扮演很重要的角色。不飽和的植物油大量的被用氫化反應還原成飽和脂肪，作為人造奶油和其他烹飪用產品。此外，蔬菜油是由甘油和三個長鏈羧酸 (也稱脂肪酸) 所組成的酯類。這些脂肪酸通常有多個不飽和的順式雙鍵，若氫化反應有完全進行，會得到飽和脂肪酸產物。但若氫化反應進行不完全，產物則會是有雙鍵的順-反異構物。當氫化不完全的油脂被吃進人體內消化後，反式脂肪酸的釋出會造成血液中的膽固醇指數升高，會造成潛在的冠狀動脈疾病問題。

蔬菜油

蔬菜油中的多元不飽和脂肪酸

$\downarrow$ 2 H_2, Pd/C

人造奶油中的飽和脂肪酸

反式脂肪酸

5-5 烯類的還原反應：H$_2$ 加成至烯類

❶ 氫分子吸附在金屬催化劑表面後分解成氫原子。

金屬催化劑

H$_2$ 接到催化劑上

❷ 烯類吸附在催化劑表面，以 π 鍵與金屬原子結合。

H$_2$ 和烯類接到催化劑上

❸ 氫原子從金屬轉移到雙鍵的其中一個碳原子上，生成有一個 C–H 鍵和一個碳-金屬 σ 鍵的中間物。

部分還原的中間物

❹ 第二個氫原子再從金屬轉移到雙鍵的另一個碳原子上，生成烷類產物，同時催化劑再生。因為兩個氫原子都是從相同的催化劑表面加成至雙鍵，所以此還原反應得到同向加成的產物。

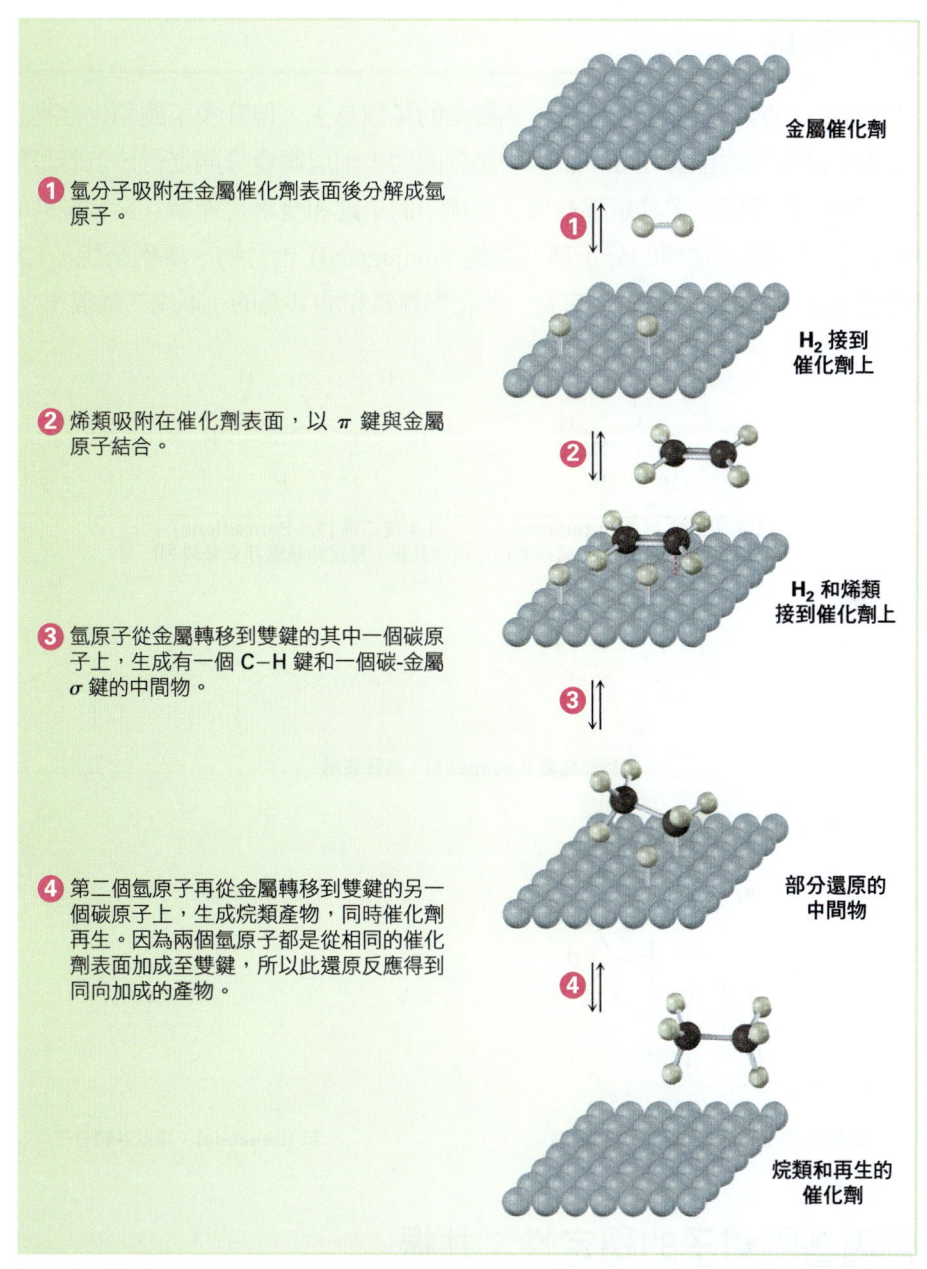

烷類和再生的催化劑

圖 5-5 烯類在金屬催化下進行氫化反應的反應機制。此反應在不溶於反應溶液的催化劑顆粒上進行，得到同向加成的產物。

習題 5-6 下列烯類進行催化氫化反應會得到什麼產物？

5-6 共軛雙烯

到目前我們介紹的烯類都是以只有一個雙鍵的烯類為主，但許多不飽和化合物是有多個雙鍵的。如果不同雙鍵的位置在分子結構中是分開的，則反應會分開進行。但若是雙鍵的位置很靠近，則會一起反應。尤其是那些分子結構中的單鍵和雙鍵是連續且交替排列的分子會有一些特殊的化學性質，這類的分子稱為**共軛** (conjugated) 化合物。舉例來說，1,3-丁二烯是一種**共軛雙烯** (conjugated diene)，它有一些化學性質和非共軛的 1,4-戊二烯很不一樣。

1,3-丁二烯 (1,3-Butadiene)
(共軛：雙鍵和單鍵交替排列)

1,4-戊二烯 (1,4-Pentadiene)
(非共軛：雙鍵和單鍵非交替排列)

番茄紅素 (Lycopene)，共軛多烯

黃體素 (Progesterone)，共軛烯酮

苯 (Benzene)，環狀共軛分子

5-7 烯丙基陽離子的穩定性：共振

共軛雙烯和一般的烯類都可以進行親電子加成反應，但得到的產物卻有很大的不同。舉例來說，非共軛的 1,4-戊二烯與兩倍當量的 HCl 反應時，根據其碳陽離子的穩定性，只會得到 2,4-二氯戊烷為單一產物。然而，當共軛的 1,3-丁二烯與 HBr 進行親電子加成反應時，卻會得到兩種不同的混合產物，分別為 71% 的 3-溴-1-丁烯和 29% 的 1-溴-2-丁烯。在這兩個產物中，3-溴-1-丁烯為典型的馬可尼可夫 **1,2-加成** (1,2-addition) 產物，但是 1-溴-2-丁烯是怎麼產生的呢？這個產物結構中的雙鍵移動至 C2 和 C3 之間，而 HBr 加成到 C1 和 C4 上，得到 **1,4-加成** (1,4-addition) 產物。

$$H_2C=CHCH_2CH=CH_2 \xrightarrow[\text{乙醚}]{HCl} CH_3\underset{Cl}{C}HCH_2\underset{Cl}{C}HCH_3$$

1,4-戊二烯
(1,4-Pentadiene)
(非共軛)

2,4-二氯戊烷
(2,4-Dichloropentane)

1,3-丁二烯 (1,3-Butadiene) (共軛) + HBr →

- 3-溴-1-丁烯 (3-Bromo-1-butene) (71%；1,2-加成)
- 1-溴-2-丁烯 (1-Bromo-2-butene) (29%；1,4-加成)

要如何解釋為什麼會生成 1,4-加成產物呢？合理的解釋是此反應的中間體是烯丙基碳陽離子 (allylic carbocations) 所導致。烯丙基碳陽離子結構是雙鍵旁邊的碳原子帶正電，當 1,3-丁二烯與親電子基 H⁺ 反應時，會有兩種可能的碳陽離子產生。其中一種為一級的非烯丙基碳陽離子，另一種為二級的烯丙基碳陽離子。烯丙基碳陽離子可以形成兩種共振 (resonance) 的形式，當分子有共振形式時，分子結構上的電子或正電荷可以藉由共振形式分布到其他的原子上，結構會比較穩定。因此在這個例子中，烯丙基碳陽離子比非烯丙基碳陽離子穩定，生成速率也較快。

1,3-丁二烯 + HBr →

- 二級烯丙基碳陽離子，有兩種共振形式 Br⁻
- 一級非烯丙基碳陽離子，不共振
  (不會生成)

當烯丙基碳陽離子與 Br⁻ 進行親電子加成反應時，C1 和 C3 因為共振都會帶正電荷，反應會發生在這兩個碳原子上。因此得到的產物為 1,2-和 1,4-加成的混合物。

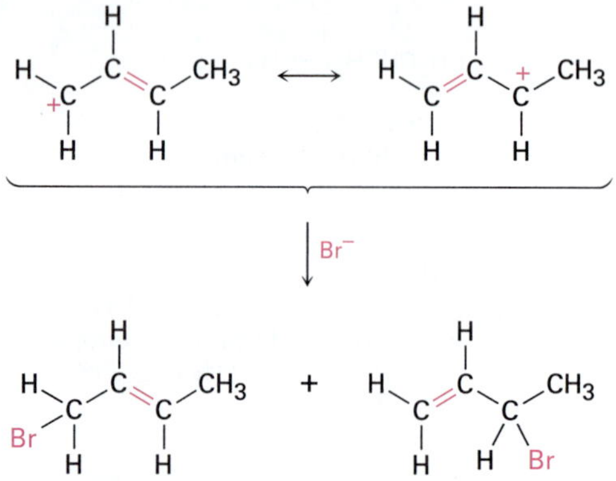

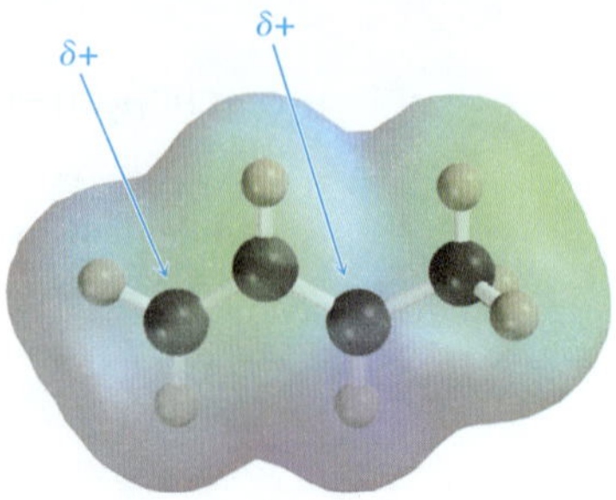

圖 5-6　1,3-丁二烯質子化後產生烯丙基碳陽離子的靜電勢能圖。圖中可看出正電荷分布在 C1 和 C3 上。Br⁻ 主要會與正電密度較高的 C3 反應，生成 1,2-加成產物。

習題 5-7　當一當量的 HCl 與 1,3-戊二烯反應時，所得到的 1,2-和 1,4-加成產物結構為何？

5-8　炔類的反應

炔類可以在金屬催化下進行 H_2 加成反應得到烷類。此反應分為兩個步驟，第一步加成先形成烯類為中間物，第二步加成再得到烷類產物。當此反應使用吸附在碳上的鈀金屬為催化劑 (Pd/C) 時，可以將炔類完整還原成烷類。但若使用活性較低的林德勒催化劑 (Lindlar catalyst) 時，還原反應會停在烯類。此反應的立體化學也是同向加成，得到順式的烯類產物。

H_2 加成

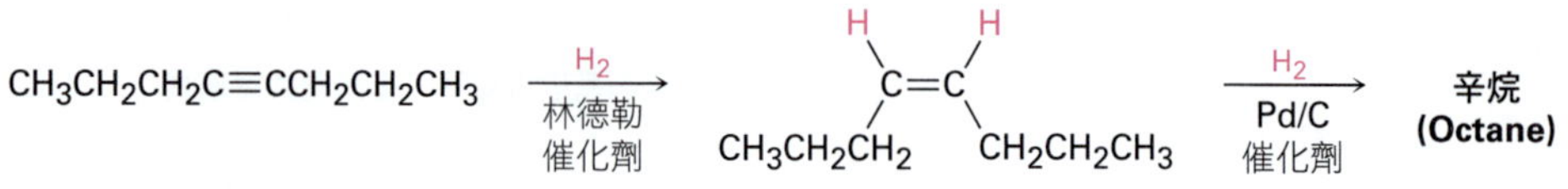

$CH_3CH_2CH_2C{\equiv}CCH_2CH_2CH_3$ →(H₂, 林德勒催化劑) 順-4-辛烯 (cis-4-Octene) →(H₂, Pd/C 催化劑) 辛烷 (Octane)

4-辛炔 (4-Octyne)

炔類的氫化反應被羅氏 (Hoffmann-LaRoche) 藥廠仔細研究，用於合成維生素 A 產品。氫化反應先生成順式的維生素 A，之後再利用加熱將順式的維生素 A 轉換成反式的維生素 A。

5-8 炔類的反應　125

7-順-視黃醇 (7-*cis*-Retinol)
(7-順-維生素A；C7上的雙鍵是順式)

炔類的親電子加成反應與烯類相似。舉例來說，當炔類與鹵化氫 HX 反應時，若加入的 HX 為一倍當量，則產物為鹵化烯，若加入的 HX 為過當量，則產物為二鹵化烷。例如己炔和兩倍當量的 HBr 反應會得到 2,2-二溴己烷為產物。此反應的立體化學遵守馬可尼可夫法則，鹵素會加成到取代較多的碳原子上，而氫會加成到取代較少的碳原子上。

HBr 加成

CH₃CH₂CH₂CH₂C≡CH →(HBr/CH₃CO₂H)→ CH₃CH₂CH₂CH₂C(Br)=CH₂ →(HBr/CH₃CO₂H)→ CH₃CH₂CH₂CH₂CBr₂CH₃

1-己炔　　　　　2-溴-1-己烯　　　　　2,2-二溴己烷
(1-Hexyne)　　(2-Bromo-1-hexene)　　(2,2-Dibromohexane)

溴和氯也可以與炔類進行加成反應。和鹵化氫的加成一樣，當量數會決定產物的類型。此反應的立體化學為反式加成。

Br₂ 加成

CH₃CH₂C≡CH →(Br₂/CH₂Cl₂)→ (E)-CH₃CH₂C(Br)=CHBr →(Br₂/CH₂Cl₂)→ CH₃CH₂CBr₂CHBr₂

1-丁炔　　　　(*E*)-1,2-二溴-1-丁烯　　　1,1,2,2-四溴丁烷
(1-Butyne)　((*E*)-1,2-Dibromo-1-butene)　(1,1,2,2-Tetrabromobutane)

習題 5-8　請預測下列反應的產物為何？

(a) CH₃CH₂CH₂C≡CH ＋ 2 Cl₂ ⟶ ?

(b) (cyclopentyl)−C≡CH ＋ 1 HBr ⟶ ?

(c) CH₃CH₂CH₂CH₂C≡CCH₃ ＋ 1 HBr ⟶ ?

附加習題

烯類和炔類的反應

5-9 請畫出可以穩定下列碳陽離子的共振結構。

(a)

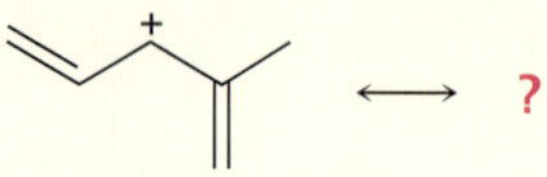

(b)

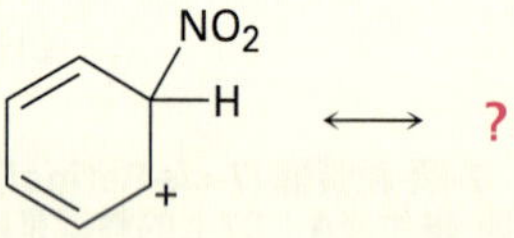

(c)

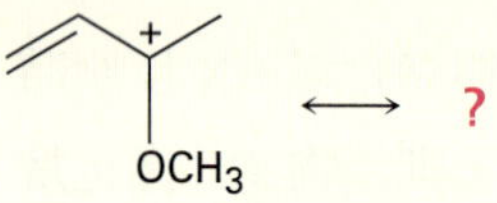

5-10 請判斷下列反應的產物為何？若有需要，請寫出分子立體結構的位向 (苯環上的雙鍵在每個條件下均不反應)。

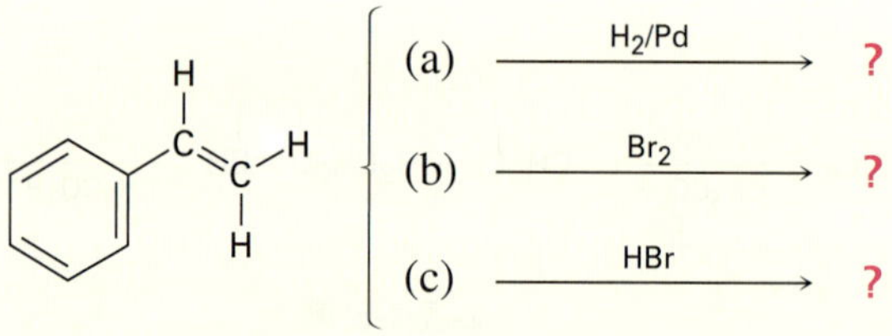

5-11 請依照下列反應的條件和產物判斷其反應物的結構為何。

(a)

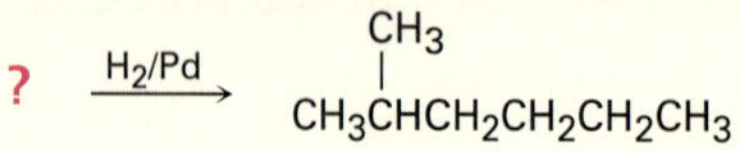

(b)

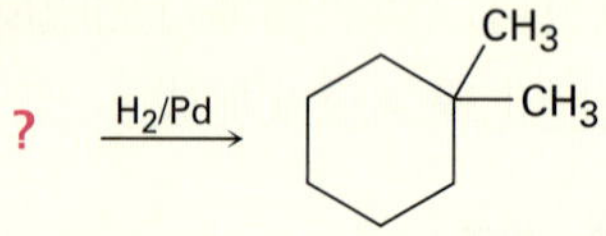

(c)

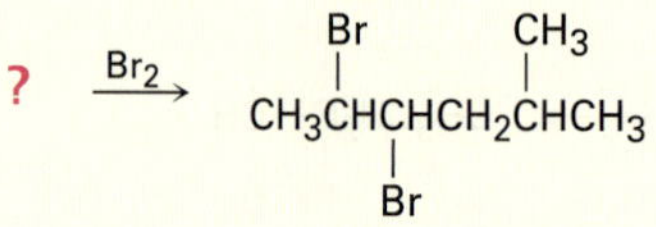

(d)

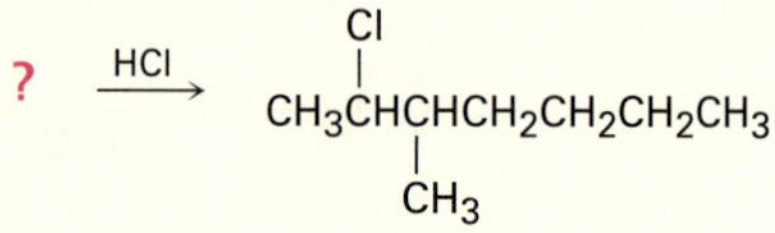

5-12 環己烯和 1-甲基-環己烯與 HBr 進行親電子加成反應，何者反應較快？為什麼？

5-13 請問 1,3-環己二烯 (1,3-cyclohexadienes) 在下列條件下進行反應會得到什麼產物？

(a) 1 mol Br_2，溶劑為二氯甲烷。

(b) 1 mol HCl，溶劑為乙醚。

5-14 若有一個共軛雙烯與 HBr 進行 1,2-和 1,4-加成反應會得到一樣的產物，則此共軛雙烯的結構為何？

5-15 請預測下列反應的產物為何？

$$\text{PhCH=CH-C≡CH} \xrightarrow{H_2, Pd/C} \text{A?}$$
$$\xrightarrow{H_2/\text{林德勒催化劑}} \text{B?}$$

5-16 請預測 1-己炔與下列試劑進行反應的產物為何？

(a) 1 當量 HBr

(b) 1 當量 Cl_2

(c) H_2，林德勒催化劑

5-17 末端炔和 Br_2 與 H_2O 反應的方程式如下，請畫出此反應的反應機制。

$$\text{PhC≡CH} \xrightarrow{Br_2, H_2O} \text{PhCOCH}_2\text{Br}$$

烯類和炔類的合成

5-18 請寫出要進行下列反應所需要的試劑為何？

(a) 環戊烯 → 環戊醇

(b) PhC≡CCH₃ → (Z)-PhCH=CHCH₃

5-19 若要合成出下列產物，以丁炔為唯一的碳原子來源的反應物，所需要的反應步驟是哪些？(可能不只一個反應步驟)

(a) 1,1,2,2-四氯丁烷 (1,1,2,2-Tetrachlorobutane)

(b) 1,1-二氯-2-乙基環丙烷 (1,1-Dichloro-2-ethylcyclopropane)

一般問題

5-20 1-甲氧基-環己烯與 HCl 進行親電子加成反應會生成 1-氯-1-甲氧基-環己烷為唯一產物。請用反應中間物的共振結構來解釋為何沒有其他產物會形成。

$$\text{1-methoxycyclohexene} \xrightarrow{HCl} \text{1-chloro-1-methoxycyclohexane}$$

5-21 請將下列碳陽離子的穩定性遞增排列。

(a) [three cyclopentenyl cation structures]

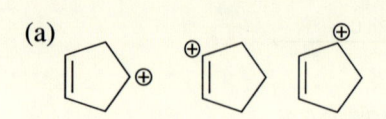

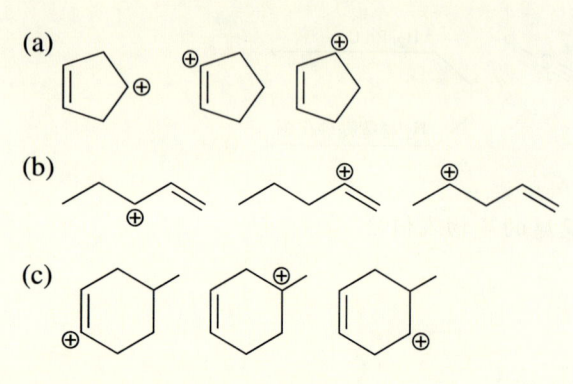

(b) [three pentenyl cation structures]

(c) [three methylcyclohexenyl cation structures]

有機鹵化物

6

6-1 鹵烷類的命名與結構
6-2 鹵烷類的製備
6-3 親核取代反應
6-4 S_N2 取代反應
6-5 S_N1 取代反應
6-6 脫去反應
6-7 E2、E1 和 E1cB 脫去反應
6-8 S_N1、S_N2、E1、E1cB、E2 反應性摘要

© Sebastián Crespo Photography/Getty Images

先前我們討論的都是單純由碳、氫原子組成的有機化合物，包含烷類、烯類和炔類。現在我們要討論原子組成更複雜一點的化合物，也就是結構上除了碳氫之外還有鹵素原子的**有機鹵化物** (organohalides)。有鹵素的有機化合物在自然界中分布十分廣泛，已經有超過 5000 種有機鹵化物在海藻及海洋生物中被發現。例如：海藻會釋放大量的氯甲烷，氯甲烷同時也是森林火災和火山爆發所釋放的氣體。含鹵素的化合物也很多工業上的應用，它們可以作為溶劑、吸入式麻醉劑、冷凍劑和殺蟲劑。

三氯乙烯
(Trichloroethylene)
(溶劑)

鹵烷
(Halothane)
(吸入式麻醉劑)

二氯二氟甲烷
(Dichlorodifluoromethane)
(冷媒)

溴甲烷
(Bromomethane)
(燻蒸劑)

也有許多有機鹵化物可以當作藥品和食物添加劑使用。例如結構上有三個氯原子的蔗糖素就是一種甜味劑，它的甜度大約是蔗糖的 600 倍。

蔗糖素
(Sucralose)

6 有機鹵化物

6-1 鹵烷類的命名與結構

鹵烷類 (alkyl halides) 指的是鹵素接在飽和 sp^3 混成碳原子的化合物。命名方式與烷類類似，把鹵素視為主碳鏈上的一個取代基。命名的三個步驟如下：

步驟 1 找出最長且含鹵素的碳鏈為主鏈並命名。如果結構中有雙鍵或參鍵，則主鏈必須要包含雙鍵或參鍵。

步驟 2 將主鏈由較靠近取代基的一端開始將每個碳原子編號，烷基和鹵素都視為取代基。將每一個取代基根據其在主鏈上的位置編號。以取代基編號為最小的原則來編號，若有兩個不同取代基，則依鹵素的英文字母排列順序編號。若有兩個相同取代基，則在字首用 *di-*，*tri-* 來表示數量。

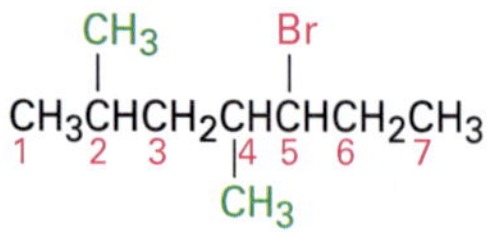

CH₃   Br
| |
CH₃CHCH₂CHCHCH₂CH₃
 1 2   3   4 5   6   7
               CH₃

5-溴-2,4-二甲基庚烷
(5-Bromo-2,4-dimethylheptane)

Br   CH₃
| |
CH₃CHCH₂CHCHCH₂CH₃
 1 2   3   4 5   6   7
               CH₃

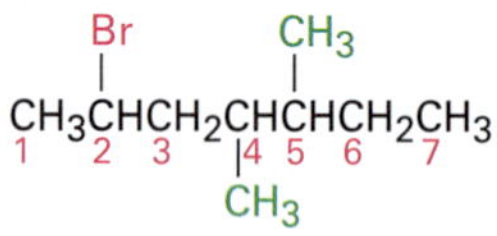

2-溴-4,5-二甲基庚烷
(2-Bromo-4,5-dimethylheptane)

Cl
|
BrCH₂CH₂CHCHCH₃
  1   2   3 4   5
          CH₃

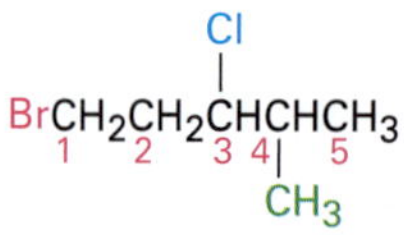

1-溴-3-氯-4-甲基戊烷
(1-Bromo-3-chloro-4-methylpentane)

步驟 3 若以步驟 2 的方式無法判斷要從主鏈的哪一端開始編號時，則以取代基的英文字母優先順序來決定。例如：溴的英文字母為 b 開頭，而甲基的英文字母為 m 開頭，因此從溴取代基優先的一端開始編號。

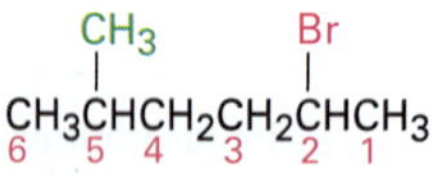

CH₃   Br
| |
CH₃CHCH₂CHCH₃
 6 5   4   3 2   1

2-溴-5-甲基己烷
(2-Bromo-5-methylhexane)
(Not 5-Bromo-2-methylhexane)
(非 5-溴-2-甲基己烷)

除了使用系統命名法之外，許多簡單的鹵烷類化合物可以用烷類取代基加上鹵化物的方式來命名。例如：CH₃I 的命名可以是碘化甲烷 (iodomethane) 或是甲基碘 (methyl iodide)。

碘化甲烷 (Iodomethane)
(甲基碘)(ethyl iodide)
CH₃I

2-氯丙烷 (2-Chloropropane)
(異丙基氯)(isopropyl chloride)
CH₃CHCH₃ (Cl)

溴化環己烷 (Bromocyclohexane)
(環己基溴)(cyclohexyl bromide)

　　鹵素的電負度比碳大，因此 C−X 鍵是有極性的，其中的碳原子帶部分正電 (δ+)，鹵素帶部分負電 (δ−)。因此所有的鹵烷類分子都有偶極矩存在，也說明了 C−X 鍵中的碳原子在極性反應中可以作為親電子基。

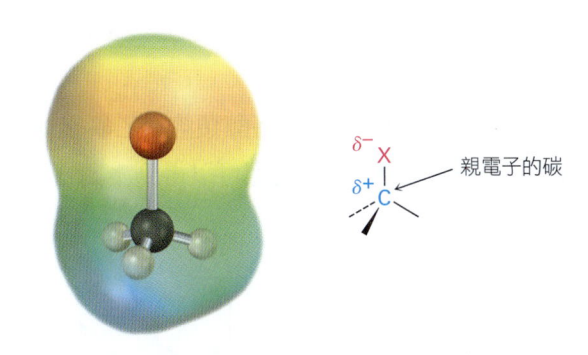

δ− X
δ+ C ← 親電子的碳

習題 6-1　請寫出下列鹵烷類的 IUPAC 命名。

(a) CH₃CH₂CH₂CH₂I

(b) CH₃CHCH₂CH₂Cl (CH₃)

(c) BrCH₂CH₂CH₂C(CH₃)₂CH₂Br

(d) CH₃C(CH₃)(Cl)CH₂CH₂Cl

(e) ICH₂CH₂Cl / CH₃CHCHCH₂CH₃

(f) CH₃CHBrCH₂CH₂CHClCH₃

習題 6-2　請畫出符合下列 IUPAC 命名的分子結構。

(a) 2-氯-3,3-二甲基己烷 (2-Chloro-3,3-dimethylhexane)

(b) 3,3-二氯-2-甲基己烷 (3,3-Dichloro-2-methylhexane)

(c) 3-溴-3-乙基戊烷 (3-Bromo-3-ethylpentane)

(d) 1,1-二溴-4-異丙基環己烷 (1,1-Dibromo-4-isopropylcyclohexane)

(e) 2-第二-丁基-2-氯壬烷 (2-*sec*-Butyl-2-chlorononane)

(f) 1,1-二溴-4-第三-丁環己烷 (1,1-Dibromo-4-*tert*-butylcyclohexane)

6-2　鹵烷類的製備

　　上個章節我們提過烯類的鹵化氫加成反應會得到鹵烷類。但事實上最普遍被用來製備鹵烷類的方法是用醇類和鹵化氫 (像是 HCl、HBr 和 HI) 的反應。因為反應中間物碳陽離子的

穩定性不同，這個反應以三級醇 (R₃COH) 的反應性最好，通常在低溫下就可以進行；而一級醇和二級醇的反應性較差，需要在高一點的溫度下才能進行。

反應性：甲基 < 一級 < 二級 < 三級

HX 和三級醇的反應太快，此反應的作法是將醇類溶於乙醚後冰浴，之後將 HCl 或 HBr 氣體打入溶液中。例如：1-甲基環己醇和 HCl 反應可以得到 1-氯-1-甲基環己烷。

1-甲基環己醇 (1-Methylcyclohexanol) + HCl (氣體) → 1-氯-1-甲基環己烷 (1-Chloro-1-methylcyclohexane) (90%) + H₂O （乙醚，0 °C）

反應性較差的一級醇或二級醇就要與亞硫醯氯 (SOCl₂) 或三溴化磷 (PBr₃) 反應才能得到鹵烷類。此類反應通常在溫和條件下就可以快速地進行。

安息香 (Benzoin) + SOCl₂ / 吡啶 → (86%) + SO₂ + HCl

3 CH₃CH₂CHCH₃ (2-丁醇, 2-Butanol) + PBr₃ （乙醚，35 °C）→ 3 CH₃CH₂CHCH₃ (2-溴丁烷, 2-Bromobutane) (86%) + H₃PO₃

烷基氟化物也可以用醇類來製備。像是二乙基胺硫三氟 [(CH₃CH₂)₂NSF₃] 和氟化氫 (HF) 都是此反應常用的試劑。

環己醇 (Cyclohexanol) —HF/吡啶→ 氟化環己烷 (Fluorocyclohexane) (99%)

習題 6-3 寫出要製備下列鹵烷類所需的醇類和試劑。

(a) CH₃CHCH₃ 上接Cl 下接CH₃

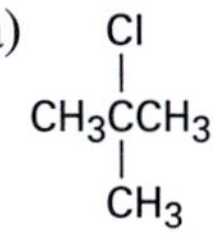

(b) CH₃CHCH₂CH₃ 上接Br與CH₃

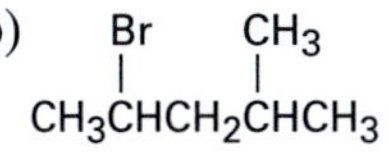

(c) BrCH₂CH₂CH₂CHCH₃ 上接CH₃

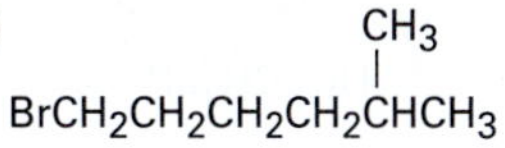

(d) 3-氟-1,1-二甲基環戊烷

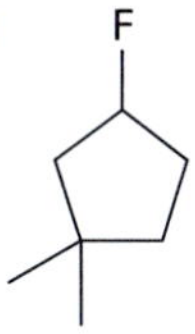

6-3　親核取代反應

　　前面的章節中我們提過鹵烷結構中的 C–X 鍵是有極性的，其中的碳原子是缺電子的。因此，鹵烷是親電子基，鹵烷的反應大多數為和親核基或鹼進行的極性反應。鹵烷與親核基或鹼 (例如：氫氧根離子 OH⁻) 進行反應時有兩種可能的結果。它們會被親核基攻擊進行取代 (substitution) 鹵素反應；或是進行脫去 (elimination) 鹵化氫反應得到烯類。

取代反應：　H–C–C–Br + OH⁻ ⟶ H–C–C–OH + Br⁻

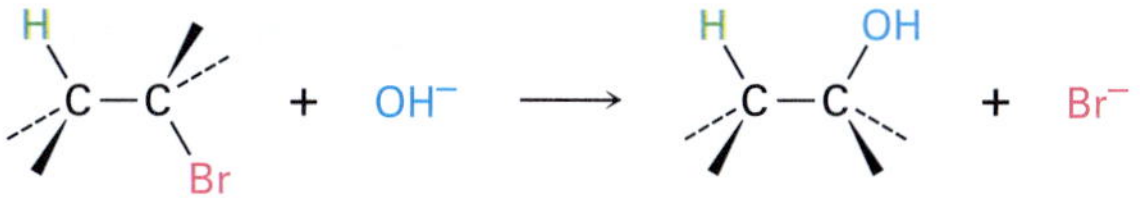

脫去反應：　H–C–C–Br + OH⁻ ⟶ C=C + H₂O + Br⁻

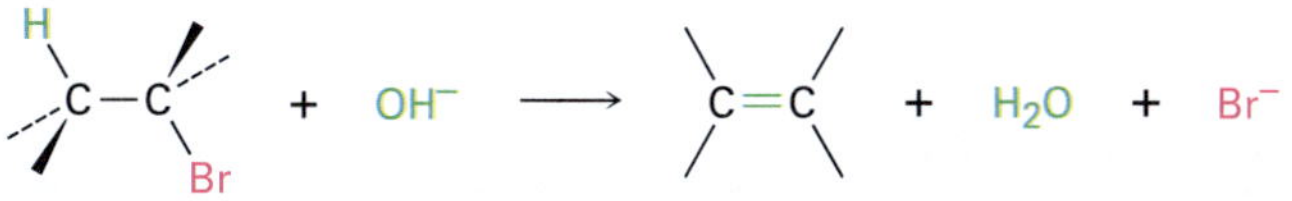

　　鹵烷類親核取代反應的發現可以追溯到 1896 年由德國化學家瓦登 (Paul Walden) 所做的研究工作。瓦登發現蘋果酸 (malic acid) 的兩種鏡像異構物 (+)-蘋果酸和 (−)-蘋果酸可以經由一系列簡單的取代反應互相轉換。他將 (−)-蘋果酸與 PCl₅ 反應會得到 (+)-琥珀酸；若將得到的 (+)-琥珀酸與 Ag₂O 反應，會得到 (+)-蘋果酸。相似地，若以 (+)-蘋果酸與 PCl₅ 反應會得到 (−)-琥珀酸；若將得到的 (−)-琥珀酸再與 Ag₂O 反應，會得到 (−)-蘋果酸。完整反應的過程如圖 6-1 所示。

　　在當時，這樣的研究發現是非常令人意想不到的。這個反應的過程中，對掌性中心碳原子的立體構型改變了，更明確地說是對掌性中心碳原子的立體構型反轉了。但是如何發生的呢？(在 3.4 節我們提過分子旋光性的改變與對掌性中心的 R、S 構型並無絕對關係。)

　　如今，我們將瓦登循環中所發生的分子結構改變稱為**親核取代反應** (nucleophilic substitution reactions)，主要是因為這過程中的每個步驟都牽涉到親核基 (像是 Cl⁻ 或 OH⁻)

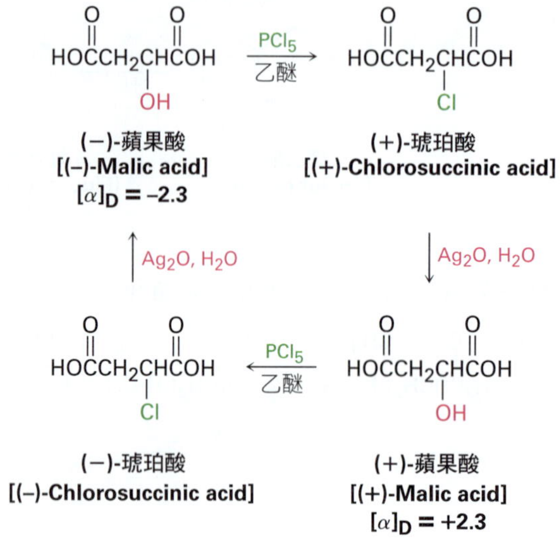
PCl5
乙醚
(−)-蘋果酸
[(−)-Malic acid]
[α]D = −2.3
(+)-琥珀酸
[(+)-Chlorosuccinic acid]
Ag2O, H2O
Ag2O, H2O
PCl5
乙醚
(−)-琥珀酸
[(−)-Chlorosuccinic acid]
(+)-蘋果酸
[(+)-Malic acid]
[α]D = +2.3

圖 6-1 (+)- 和 (−)-蘋果酸相互轉換之瓦登循環。

被另一個親核基取代。親核取代反應在眾多有機反應中很常見且很有用的一種。

$$R{-}X \;+\; Nu{:}^- \longrightarrow R{-}Nu \;+\; X{:}^-$$

在瓦登的研究工作之後，1920~1930 年間有更多相關的研究目的是要證明親核取代反應的反應機制，並研究反應所造成立體構型的改變是如何發生的。研究發現親核取代反應有兩種類型，分別為 S_N1 反應和 S_N2 反應。其中的「S_N」是「Substitution 和 Nucleophilic」的縮寫，1 和 2 的不同將在本章之後的小節說明。親核反應顧名思義就是由親核基 (Nu) 開始的反應，當親核基與鹵化物 R−X 反應時，R−X 鍵斷裂，生成新的 R−Nu 鍵，產物中 R 取代了原本反應物的 X，因此稱為親核取代反應。

6-4 S_N2 取代反應

S_N2 反應的反應機制

在每個化學反應進行的過程中，反應速率會和反應物的濃度有直接關係，這種關係在化學上用的是**反應動力學** (kinetics) 來描述。我們用下面這個簡單的親核取代反應為例，此反應中的 CH_3Br 和 OH^- 反應產生 CH_3OH 和 Br^-。

在特定溫度、溶劑和反應物的濃度下，取代反應會以相同速率進行。如果反應物 OH^- 的濃度變成兩倍時，反應物之間碰撞的機率也會變成兩倍，因此我們會觀察到反應的速率也成為兩倍。相同地，如果反應物 CH_3Br 的濃度變成兩倍時，反應的速率也會成為兩倍。我們將這種速率和兩種反應物濃度成線性關係的反應稱為**二級反應** (second-order reaction)。在數學上，我們可以用以下速率關係式來表達親核取代反應的速率：

$$\begin{aligned}\text{反應速率} &= \text{反應物消失的速率}\\ &= k \times [RX] \times [^-OH]\end{aligned}$$

其中　　　[RX]：CH_3Br 的莫耳濃度
　　　　　[⁻OH]：⁻OH 的莫耳濃度
　　　　　k：速率常數 (為定值)

這種在量測動力學過程中與兩個分子濃度有關的親核取代反應稱為 **S_N2 取代反應**。S_N2 取代反應是在一個步驟中完成的，過程中沒有產生中間物。當親核基靠近反應物時，它會從要被取代官能基 (離去基) 的一側來攻擊反應物，此時要被取代的官能基為了要減少靜電排斥力會朝向另外一側，所以整個反應物的立體結構產生反轉。我們以圖 6-2 來說明 (S)-2-溴丁烷與 OH⁻ 反應產生 (R)-2-丁醇的親核取代反應機制。

❶ 親核基 OH⁻ 用其未共用電子對由鹵烷分子上遠離鹵素 180° 的方向攻擊碳原子，生成部分 C–OH 鍵生成和部分 C–Br 鍵斷裂的過渡態。

❷ 當 C–OH 鍵完全生成，且 Br⁻ 帶著原本 C–Br 鍵的電子對離去後，碳原子的立體化學完全反轉。

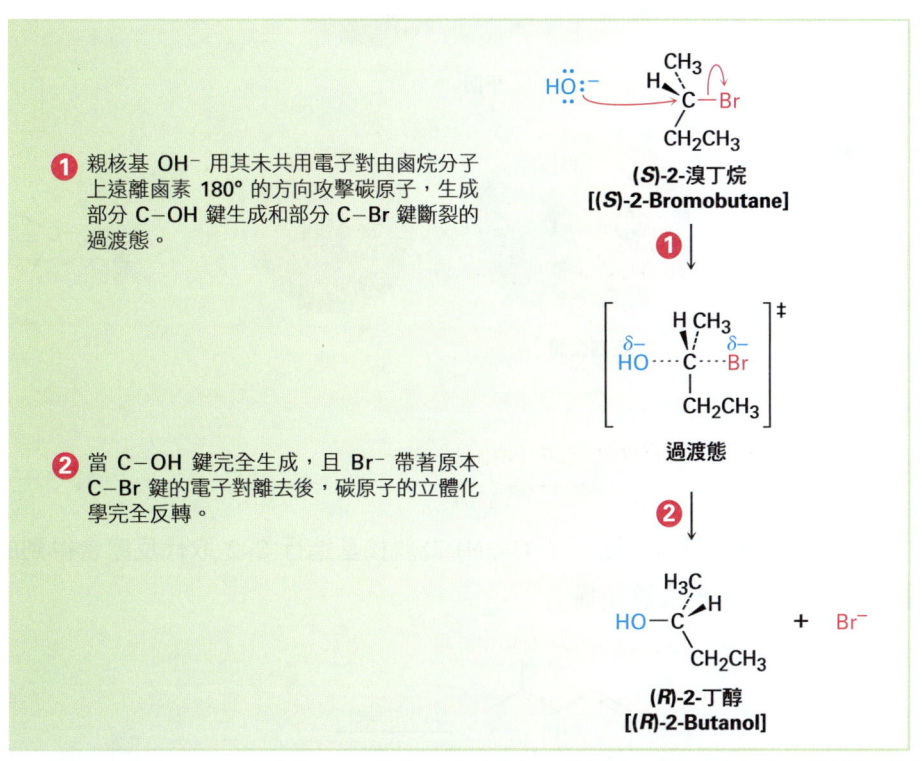

圖 **6-2**　(S)-2-溴丁烷與 OH⁻ 反應的 S_N2 取代反應機制。反應以一個步驟完成，當親核基由遠離離去基 180° 的方向攻擊碳原子後，碳原子的立體化學完全反轉。

正如同圖 6-2 所示，當 S_N2 取代反應發生的時候，親核基 Nu:⁻ 上的電子對會使 X:⁻ 帶著原本形成 C–X 鍵的電子對離去。這個過程中會有一個過渡態形成，此過渡態結構中有部分 C–OH 鍵生成，同時有部分 C–Br 鍵斷裂。結構中的負電荷平均分布在進入的親核基以及要離去的鹵素離子上。過渡態中有三個鍵在同一平面上與碳原子連結。此過渡態的電子分布及立體結構如圖 6-3 所示。

圖 6-3 S$_N$2 取代反應過渡態的電子分布及立體結構。過渡態中有三個鍵在同一平面上與碳原子連結。從靜電能勢圖可以看出負電荷在過渡態中是平均分布的。

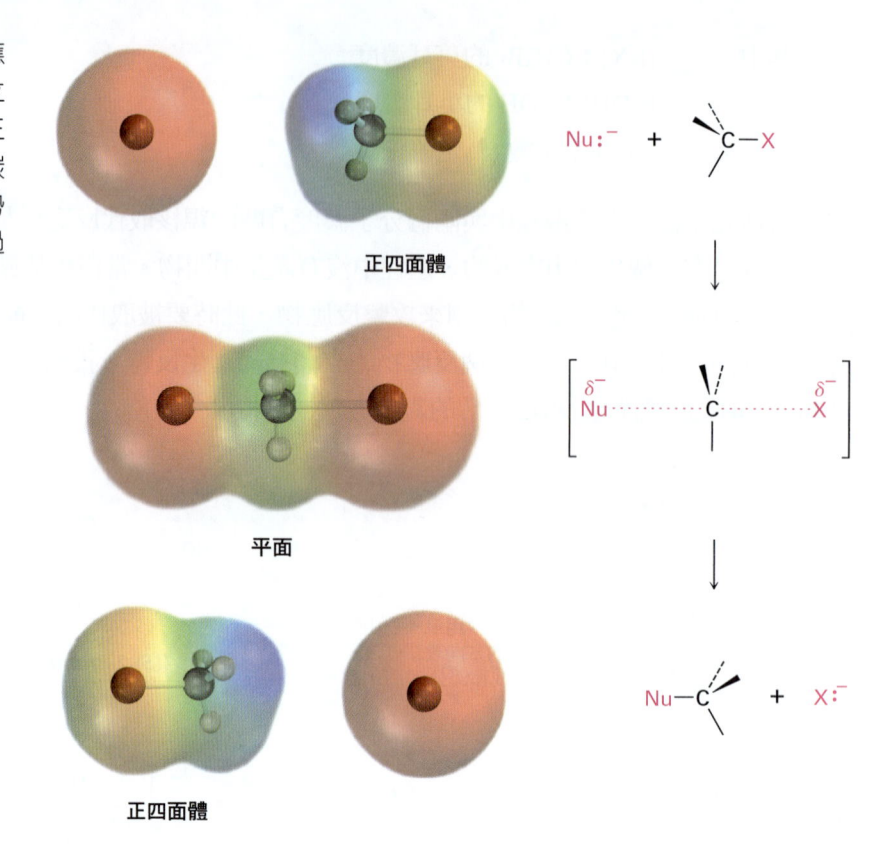

正四面體

平面

正四面體

| 練習題 6-1 | 預測親核取代反應的立體結構 |

請預測 (R)-1-溴-1-苯基乙烷以氰離子 ($^-$C≡N) 為親核基進行 S$_N$2 取代反應會得到的產物為何？請畫出反應物和產物的立體結構。

策略 畫出 (R)-1-溴-1-苯基乙烷的立體結構，將 Br$^-$ 以 CN$^-$ 取代時，改變對掌性中心的立體結構。

解答

(R)-1-溴-1-苯基乙烷
[(R)-1-Bromo-1-phenylethane]

(S)-2-苯基丙腈
[(S)-2-phenylpropanenitrile]

習題 6-4 請預測 (R)-2-溴-丁烷以氫氧根離子 (OH⁻) 為親核基進行取代反應會得到的產物為何?請畫出反應物和產物的立體結構。

習題 6-5 請判斷下列化合物的立體構型,並畫出以此化合物為反應物與 HS⁻ 進行取代反應會得到的產物為何?(紅棕色 = Br)

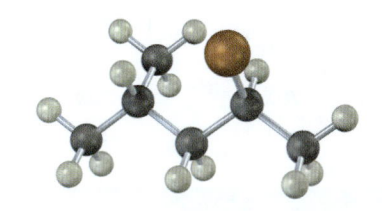

S$_N$2 反應的立體效應

因為 S$_N$2 反應的過渡態中有親核基和鹵烷上的碳原子形成的部分鍵結,合理推測若反應物的立體障礙很大,會阻礙親核基靠近反應物而增加生成鍵的難度,因此會使反應速率降低 (圖 6-4)。

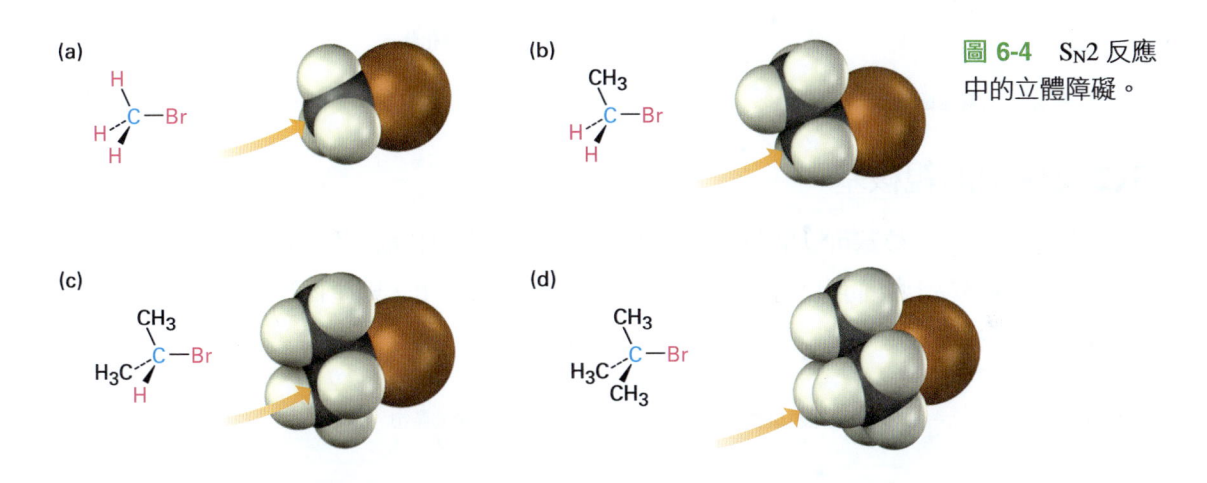

圖 6-4 S$_N$2 反應中的立體障礙。

由於反應物的立體障礙會影響反應進行的難度,因此 S$_N$2 反應的反應性會與親核基要攻擊的碳原子級數有關。甲基鹵化物是一級鹵烷類,因為甲基的立體阻礙小,所以反應最快。接下來是其他立體阻礙較大的一級鹵烷類 (像是乙基或丙基取代)。有分支的二級鹵烷類立體障礙較大,反應比一級鹵烷類慢。反應最慢的是三級鹵烷類,因為它的立體阻礙最大。因為如此,S$_N$2 反應通常只用於一級鹵烷和少數二級鹵烷分子。以下為一些不同鹵烷進行 S$_N$2 反應的反應性大小順序:

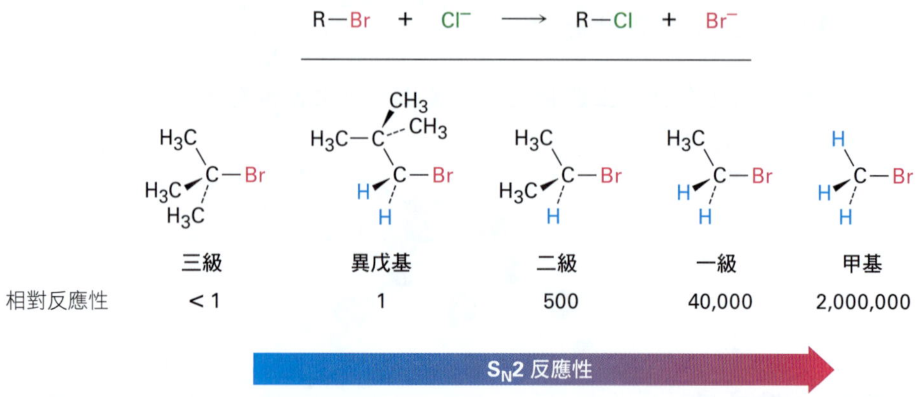

$$R-Br + Cl^- \longrightarrow R-Cl + Br^-$$

	三級	異戊基	二級	一級	甲基
相對反應性	< 1	1	500	40,000	2,000,000

S_N2 反應性 →

烯基鹵化物 ($R_2C=CRX$) 和芳香族鹵化物 (Ar-X) 因為碳-碳雙鍵立體障礙的關係無法由鹵素的另一側攻擊碳原子，因此無法進行 S_N2 反應。

烯基鹵化物 　　　　　　　芳香族鹵化物

S_N2 反應中的親核基

S_N2 反應中的親核基可以是帶負電或是中性的，前提是此親核基有未共用電子對。也就是說，只要是路易士鹼都可以當作親核基。如果親核基帶負電，則產物為中性；如果親核基為中性，則產物帶正電。

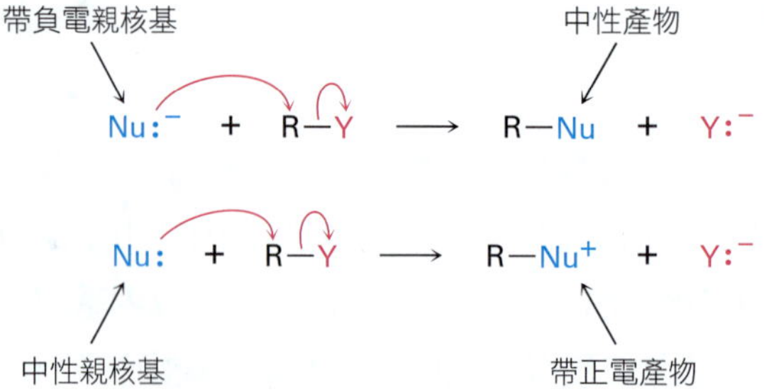

帶負電親核基　　　　　　中性產物
$$Nu:^- + R-Y \longrightarrow R-Nu + Y:^-$$

$$Nu: + R-Y \longrightarrow R-Nu^+ + Y:^-$$
中性親核基　　　　　　帶正電產物

還有許多其他化合物可以用親核取代反應來製備。舉例來說，炔基陰離子可以當作親核基與鹵烷類進行鹵素置換的 S_N2 反應。

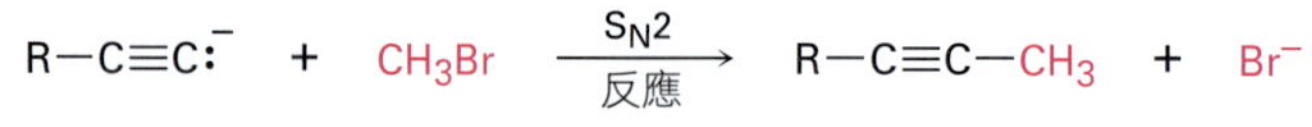

$$R-C\equiv C:^- + CH_3Br \xrightarrow[\text{反應}]{S_N2} R-C\equiv C-CH_3 + Br^-$$
炔基陰離子

習題 6-6　1-溴丁烷與下列親核基進行 S_N2 反應會得到什麼產物？

(a) NaI (b) KOH (c) H−C≡C−Li (d) NH$_3$

S$_N$2 反應中的離去基

還有一個會影響 S$_N$2 反應結果的因素是被親核基取代的離去基。S$_N$2 反應中，大多數的離去基會與負電荷相互排斥，因此在過渡態能量較穩定的，會使過渡態能量降低而增加反應速率，因此是較好的離去基。同時，能穩定負電荷的官能基通常是弱鹼。因此，Cl$^-$、Br$^-$和甲苯磺酸根等弱鹼都是好的離去基。相對地，OH$^-$、NH$_2^-$ 等強鹼就是較差的離去基。

相對反應性	OH$^-$, NH$_2^-$, OR$^-$	F$^-$	Cl$^-$	Br$^-$	I$^-$	TosO$^-$
	<<1	1	200	10,000	30,000	60,000

離去基反應性 →

6-5　S$_N$1 取代反應

S$_N$1 反應的反應機制

大多數的親核取代反應會走剛剛我們討論過的 S$_N$2 路徑，當立體障礙較小的反應物且親核基帶負電的時候，反應較有利於進行。因此，你或許會認為立體阻礙大的三級反應物與中性的水若進行取代反應的速率會非常的慢，但事實上不然。三級鹵化物 (CH$_3$)$_3$CBr 和 H$_2$O 進行取代反應產生醇類的速率比起相同的反應用一級鹵化物 CH$_3$Br 的速率快 100 萬倍以上。

R−Br + H$_2$O ⟶ R−OH + HBr

	甲基	一級	二級	三級
相對反應性	< 1	1	12	1,200,000

反應性 →

為什麼會這樣呢？很明顯地，從結果得知反應物結構上的鹵素被羥基所取代，表示取代反應發生，但結果跟先前提到的 S$_N$2 機制完全相反。因此說明這其中必定發生了一個和 S$_N$2 反應不一樣的取代反應機制。這個反應稱為 **S$_N$1 取代反應**，表示這個親核取代反應的速率只和一個分子的濃度有關。

和 CH$_3$Br 與 OH$^-$ 進行的 S$_N$2 反應相比，(CH$_3$)$_3$CBr 和 H$_2$O 進行的 S$_N$1 反應速率只和鹵

烷的濃度有關，跟 H_2O 的濃度無關。換句話說，這個反應是**一級反應** (first-order reaction)，親核基的濃度沒有出現在速率方程式中。

$$\text{反應速率} = \text{鹵烷消失的速率}$$
$$= k \times [RX]$$

正因為在 S_N1 反應的速率方程式中沒有出現親核基的濃度，這表示親核基並沒有參與這個反應的速率決定步驟。不像在 S_N2 反應中親核基攻擊和離去基離開是同時發生的，S_N1 反應進行的過程中離去基會先離開參與反應的碳原子，隨後親核基才會攻擊。我們可以用圖 6-5 來解釋 S_N1 反應的機制。圖中顯示 2-溴-甲基丙烷會先分解成第三-丁基碳陽離子和溴陰離子，此為反應的速率決定步驟，然後此碳陽離子中間物會立刻被親核基 H_2O 攻擊。這整個過程是經由兩個步驟完成的，這和 S_N2 反應只由一個步驟完成的機制不同。而三級碳陽離子比較穩定，因此用三級鹵化物和 H_2O 進行 S_N1 反應的速率會比用一級鹵化物的反應速率快很多。

❶ 烷基溴化物自發性地解離產生碳陽離子中間物和溴陰離子。此過程進行緩慢，為速率決定步驟。

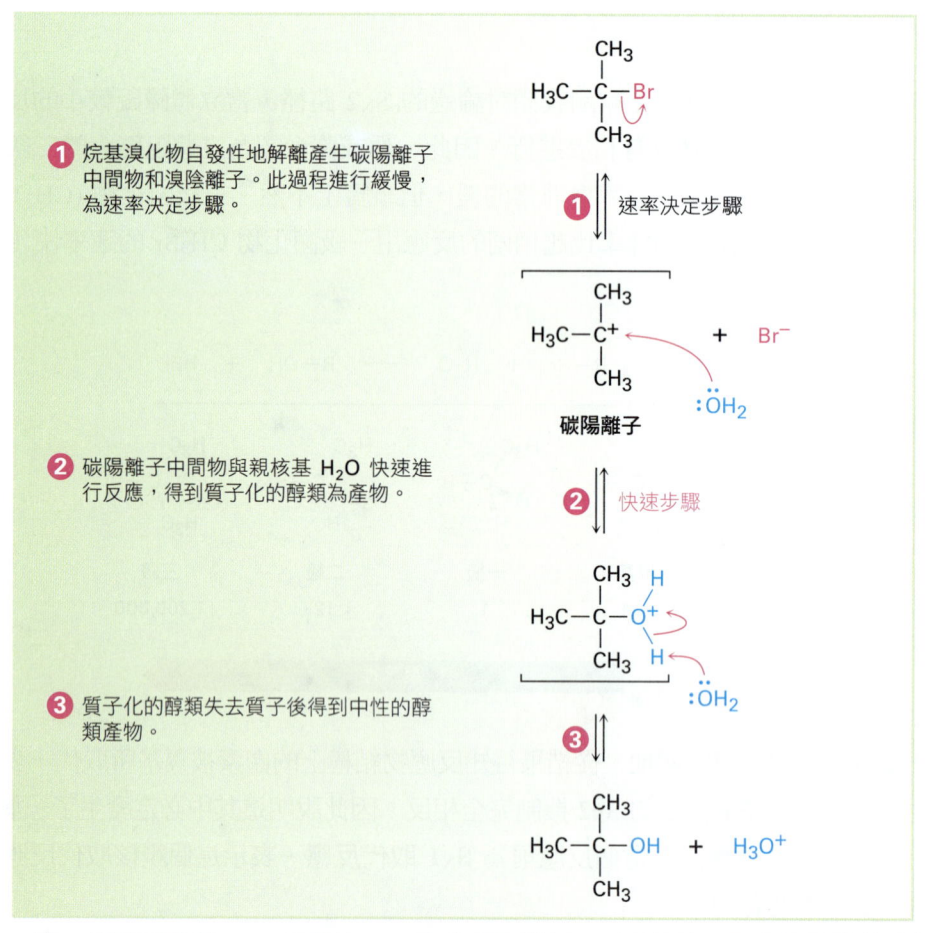

❷ 碳陽離子中間物與親核基 H_2O 快速進行反應，得到質子化的醇類為產物。

❸ 質子化的醇類失去質子後得到中性的醇類產物。

圖 6-5 2-溴-2 甲基丙烷與 H_2O 反應的 S_N1 取代反應機制。反應的第一個步驟是烷基溴化物解離產生碳陽離子，此單分子自發的解離過程為速率決定步驟。

S_N1 反應的立體效應

因為 S_N1 反應的進行會經由形成碳陽離子中間物而完成，而 S_N2 反應沒有中間物形成，因此 S_N1 反應產物的立體化學會和 S_N2 反應截然不同。如同我們先前看到的，碳陽離子中間物是平面 sp^2 混成，不具有對掌性。當使用有對掌性分子的一種鏡像異構物進行 S_N1 反應時，由於會形成非對掌性的碳陽離子中間物，因此其產物會失去原本的光學活性。也就是說，親核基會從有對稱性的碳陽離子的兩側以相同機率來攻擊帶正電的碳，所以得到外消旋且比例為 50:50 的鏡像異構物混合物 (圖 6-6)。

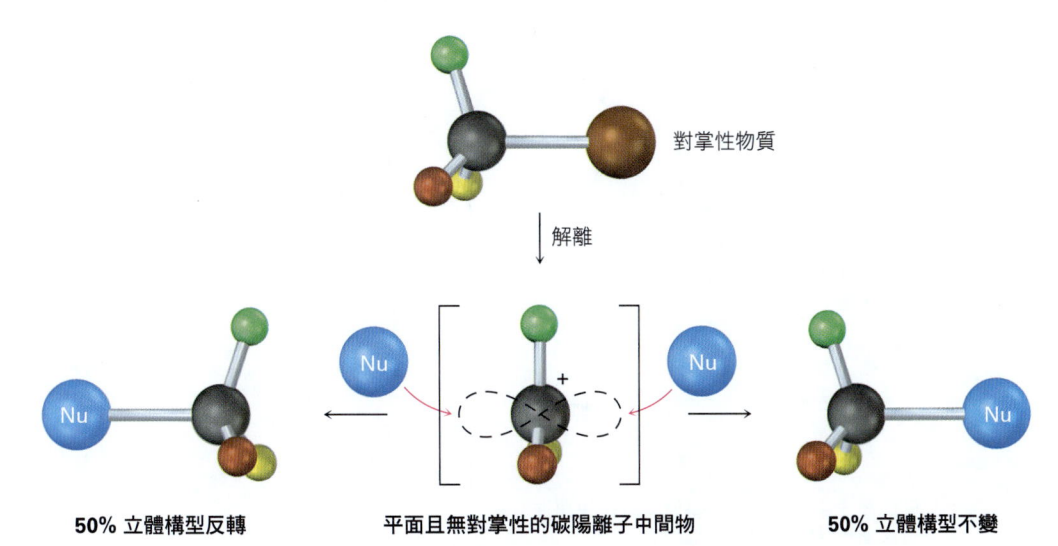

對掌性物質

解離

50% 立體構型反轉　　　　平面且無對掌性的碳陽離子中間物　　　　50% 立體構型不變

圖 6-6 S_N1 反應的立體化學。因為這個反應是經由一個不具有對掌性的碳陽離子中間物來完成，有光學活性的反應物進行反應後會失去光學活性，得到外消旋產物。

習題 6-7 請預測 (S)-3-氯-3-甲基辛烷與醋酸進行 S_N1 反應會得到什麼產物？畫出反應物和產物的立體結構。

S_N1 反應中的離去基

在討論 S_N2 反應性時我們曾說過，當官能基離去後愈穩定，則此官能基為較好的離去基，通常是強酸的共軛鹼。而因為在 S_N1 反應中，離去基直接參與速率決定步驟，因此 S_N1 反應的反應性和 S_N2 反應有一樣的趨勢。

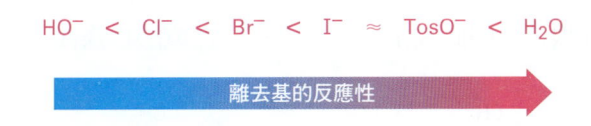

$$HO^- \ < \ Cl^- \ < \ Br^- \ < \ I^- \ \approx \ TosO^- \ < \ H_2O$$

離去基的反應性 →

習題 6-8 請預測下列反應物進行 S_N1 反應的反應性大小順序。

$$CH_3CH_2Br \qquad H_2C=CHCHCH_3\ (Br) \qquad H_2C=CHBr \qquad CH_3CHCH_3\ (Br)$$

請注意通常在酸性條件下進行的 S_N1 反應，有時候中性的 H_2O 會是離去基。例如 HBr 或 HCl 與三級醇類反應會得到鹵烷，其反應機制如圖 6-7 所示。醇類先質子化後會主動失去 H_2O 生成碳陽離子，接著跟鹵素離子反應得到鹵烷。因為把醇類轉換成鹵烷類的反應牽涉到 S_N1 的反應機制，因此這個反應以三級醇的反應性最好。

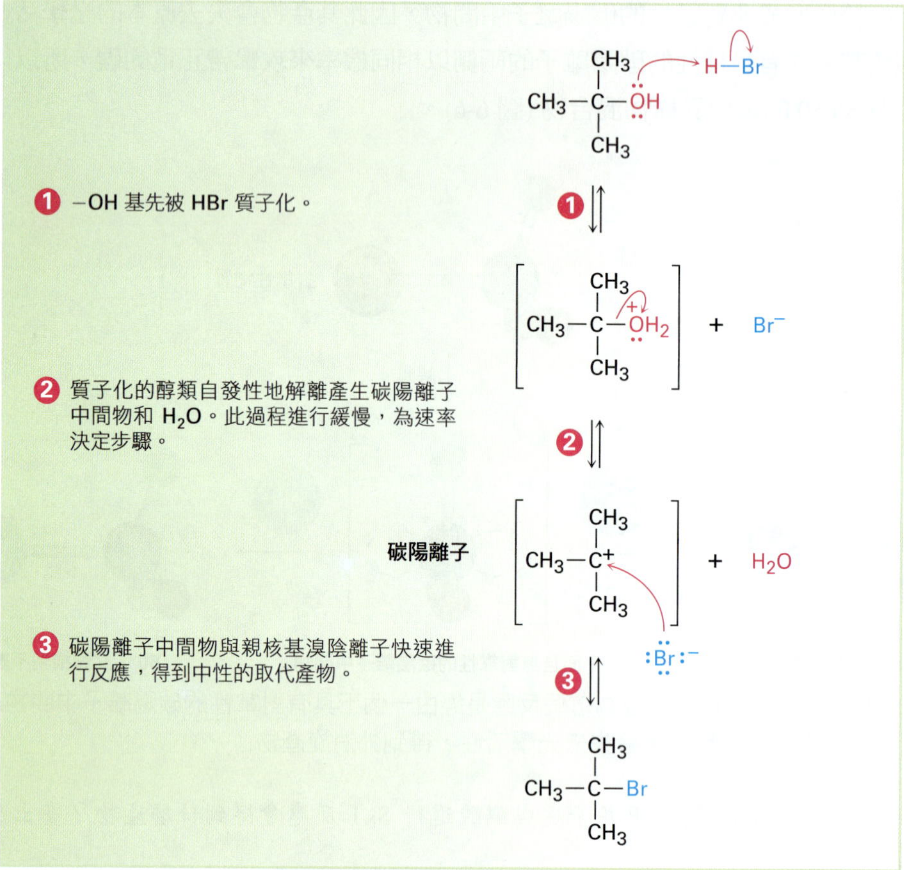

❶ –OH 基先被 HBr 質子化。

❷ 質子化的醇類自發性地解離產生碳陽離子中間物和 H_2O。此過程進行緩慢，為速率決定步驟。

碳陽離子

❸ 碳陽離子中間物與親核基溴陰離子快速進行反應，得到中性的取代產物。

圖 6-7　三級醇與 HCl 進行 S_N1 反應產生鹵烷的反應機制。第二個步驟中的 H_2O 是離去基。

S_N1 反應中的親核基

親核基在 S_N2 反應中扮演主要角色，但它在 S_N1 反應中卻不會影響反應結果，其主要原因是親核基沒有參與 S_N1 反應的速率決定步驟。舉 2-甲基-2-丙醇 (2-methyl-2-propanol) 的 HX 反應為例，不論 HX 的 X 為 Cl、Br 還是 I，反應的速率都不變。再者，不論親核基是中性或帶負電的反應性都很好，因此 S_N1 反應通常在中性或酸性條件下進行。

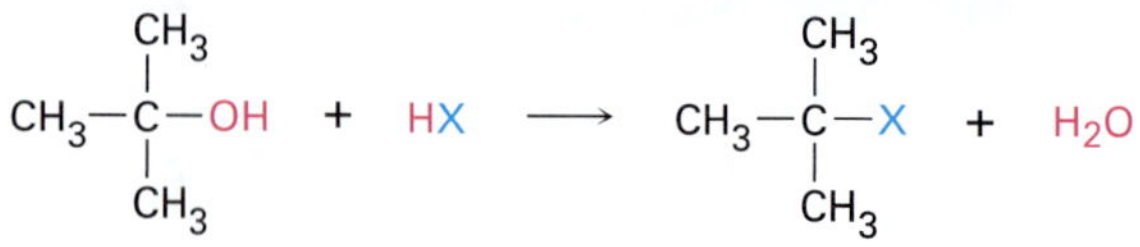

2-甲基-2-丙醇　　　(X = Cl、Br、I 的反應速率都一樣)

6-5 S_N1 取代反應　143

　　在生物體中也有很多 S_N1 和 S_N2 反應，尤其是發生在合成植物中常見的類萜 (terpenoids) 過程之中。與在實驗室中進行取代反應的不同是，生物體中的取代反應通常是用有機二磷酸而非鹵烷作為反應物。因此，離去基為二磷酸離子，而非鹵素離子。在生物反應中，有機二磷酸的解離通常需要藉由與二價金屬陽離子 (像是 Mg^{2+}) 的錯合來中和電荷，使得二磷酸成為更好的離去基。

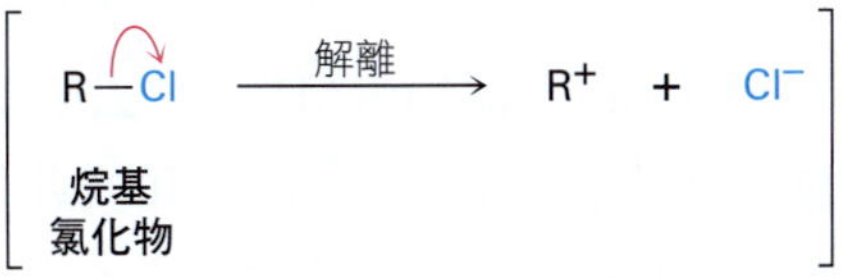

$$\left[R-Cl \xrightarrow{解離} R^+ + Cl^- \right]$$

烷基
氯化物

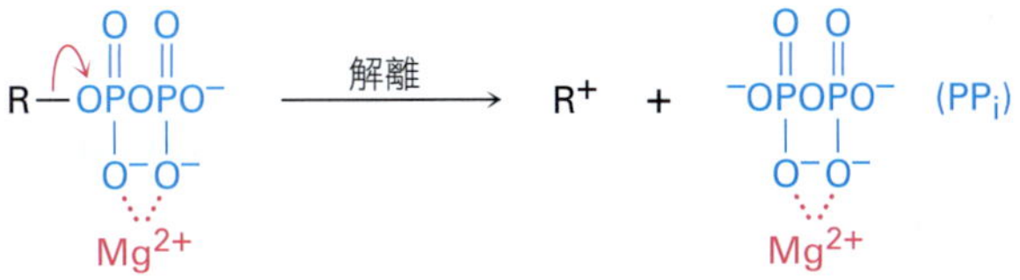

有機二磷酸 $\xrightarrow{解離}$ R^+ + 二磷酸離子 (PP_i)

　　香葉醇 (geraniol) 是玫瑰精油的成分，在香葉醇的生物合成途徑中就進行了兩個 S_N1 反應。如圖 6-8，首先二甲基丙烯基二磷酸解離生成二甲基丙烯基碳陽離子。此碳陽離子中間

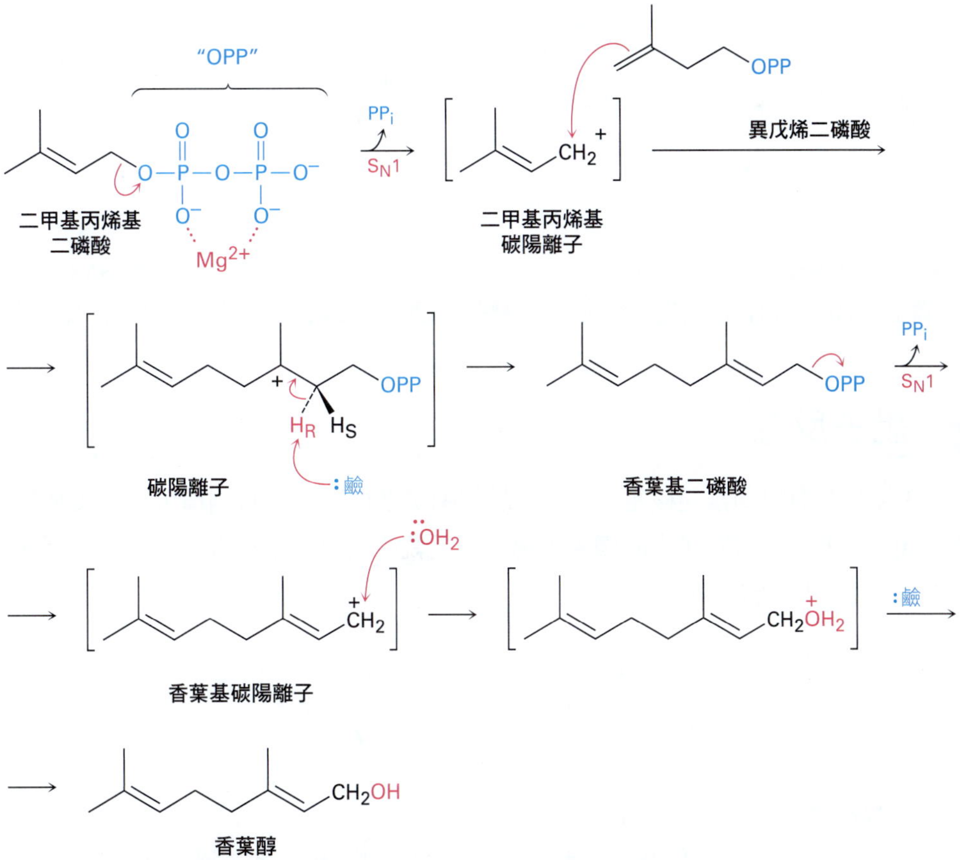

圖 6-8　香葉醇的生物合成路徑。其中進行了兩次 S_N1 反應，都是以二磷酸作為離去基。

物再與親核基異戊烯二磷酸進行反應，至此為第一個 S_N1 反應。接著再脫去一個氫形成香葉基二磷酸，然後再次解離生成香葉基碳陽離子。最後與 H_2O 反應後再脫去一個氫，得到香葉醇，此為第二個 S_N1 反應。

S_N2 反應與大多數生物分子的甲基化有關 (methylation)，指的是將 $-CH_3$ 從親電子基轉移到親核基上。如圖 6-9，在腎上腺素的合成中，提供甲基的親電子基是 *S*-腺苷甲硫胺酸 (*S*-adenosylmethionine，簡稱 SAM，結構上的硫原子帶正電)，而離去基是中性的 *S*-腺苷-*L*-高半胱胺酸 (*S*-Adenosyl-L-homocysteine，簡稱 SAH)。當去甲基腎上腺素結構上具有親核性的氮原子攻擊 *S*-腺苷甲硫胺酸結構上具有親電子性甲基的碳原子，*S*-腺苷-*L*-高半胱胺酸被取代，此為 S_N2 反應。此反應中的 *S*-腺苷甲硫胺酸在生物反應中的角色等同於一般有機 S_N2 反應中的 CH_3Cl。

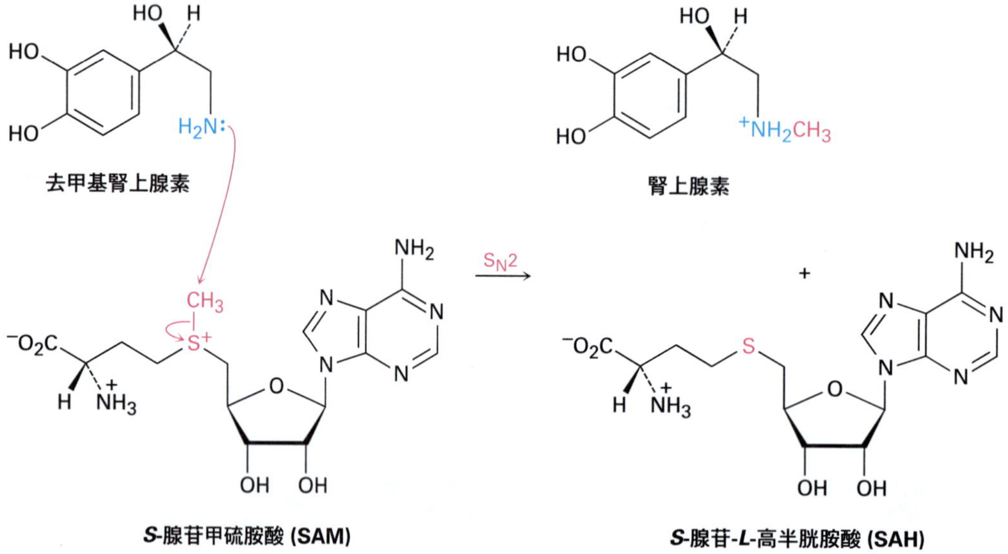

圖 6-9 腎上腺素的生物合成路徑是經由去甲基腎上腺素與 *S*-腺苷甲硫胺酸進行 S_N2 反應。

6-6 脫去反應

在 6.3 節我們有提到當親核基／路易士鹼與鹵烷進行反應時有兩種可能的反應發生。其中一種是親核基取代了碳原子上的鹵素，另一種是親核基與碳原子旁邊的氫原子反應，脫去鹵化氫 HX 並生成烯類產物。

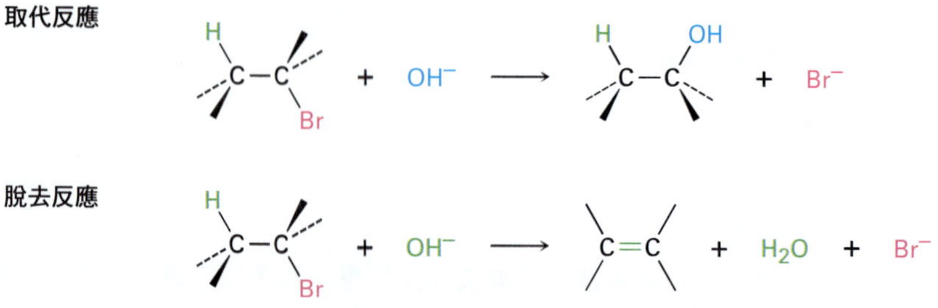

脫去反應比取代反應複雜，主要是因為當反應物是不對稱結構的鹵烷時，脫去反應有位向選擇性的問題，是哪一邊的氫原子要被脫去？而事實上，大多數的脫去反應都會得到混合的烯類產物，最好的方式是我們可以預測哪一個產物會是主要產物。

根據俄國化學家 Alexander Zaitsev 在 1875 年所提出的**賽氏法則** (Zaitsev's rule)，以鹼進行的脫去反應通常會得到比較穩定的烯類產物，也就是雙鍵上烷基取代較多的烯類產物。以下有兩個這樣的例子：

賽氏法則：

鹵烷脫去 HX 的反應主要生成取代較多的烯類產物。

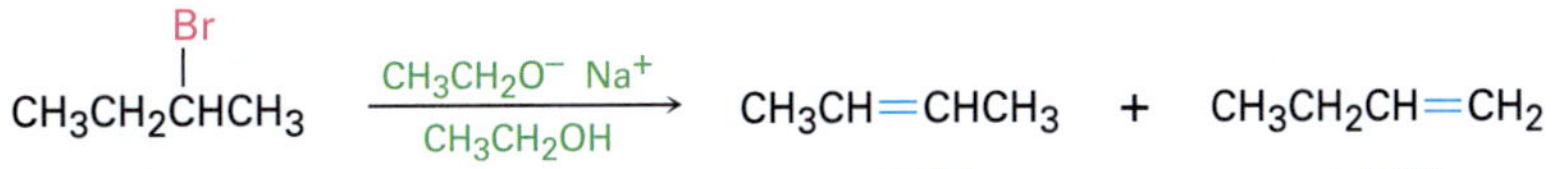

$$CH_3CH_2CHCH_3 \xrightarrow[CH_3CH_2OH]{CH_3CH_2O^- \ Na^+} CH_3CH=CHCH_3 \ + \ CH_3CH_2CH=CH_2$$

2-溴丁烷　　　　　　　　　　　　　　**2-丁烯**　　　　　**1-丁烯**
(2-Bromobutane)　　　　　　　　　　**(2-Butene)**　　　**(1-Butene)**
　　　　　　　　　　　　　　　　　　　　(81%)　　　　　(19%)

$$CH_3CH_2\underset{CH_3}{\overset{Br}{C}}CH_3 \xrightarrow[CH_3CH_2OH]{CH_3CH_2O^- \ Na^+} CH_3CH=\underset{}{\overset{CH_3}{C}}CH_3 \ + \ CH_3CH_2\underset{}{\overset{CH_3}{C}}=CH_2$$

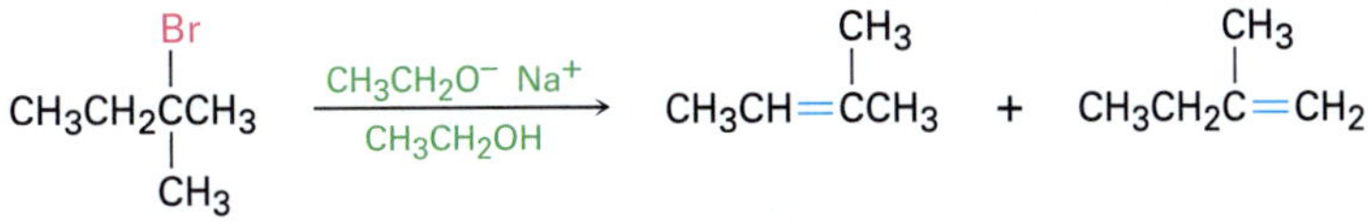

2-溴-2甲基丁烷　　　　　　　　　　　**2-甲基-2-丁烯**　　　**2-甲基-1-丁烯**
(2-Bromo-2-methylbutane)　　　　　**(2-Methyl-2-butene)**　**(2-Methyl-1-butene)**
　　　　　　　　　　　　　　　　　　　　(70%)　　　　　　　(30%)

而另一個使得脫去反應變複雜的原因是脫去反應的進行會有不同的反應機制，就像取代反應一樣。我們將討論三種最常見的脫去反應機制，分別是 E1、E2 和 E1cB 反應，它們之間的差異是 C–H 和 C–X 鍵的斷裂時間點不同。

在 E1 反應中，C–X 鍵會先斷裂生成碳陽離子，隨後鹼抓取 H⁺ 後產生烯類。至於 E2 反應，鹼造成的 C–H 鍵斷裂會和 C–X 鍵斷裂同時發生，在一個步驟中就得到烯類。若是 E1cB 反應 (cB 是指共軛鹼；conjugate base)，鹼會先抓一個質子生成碳陰離子 (R:⁻)，這個陰離子 (原本反應物的共軛鹼) 會再脫去 X⁻ 後產生烯類。這三種反應機制在實驗室中都常見，但在生物反應中，較多脫去反應是走 E1cB 機制。

E1 反應：C–X 鍵會先斷裂生成碳陽離子為中間物，隨後鹼抓取 H⁺ 後產生烯類。

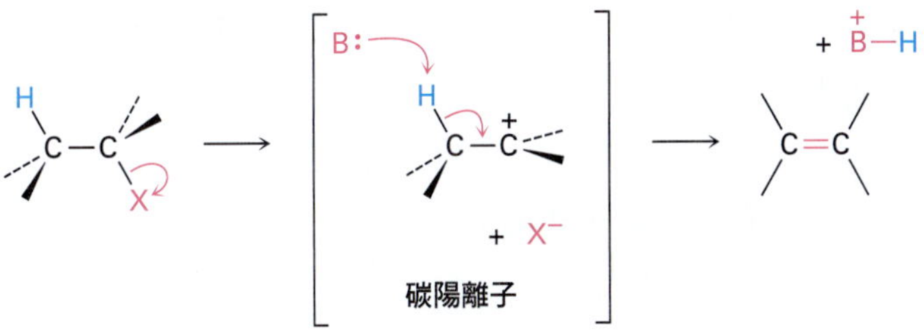

E2 反應：C–H 鍵和 C–X 鍵在一個步驟中不經由中間物同時斷裂後產生烯類。

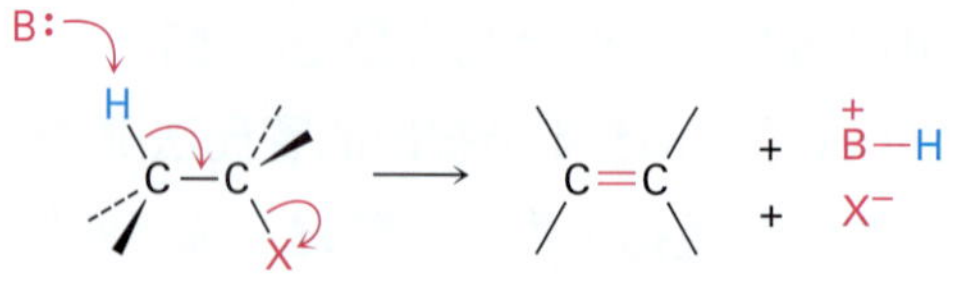

E1cB 反應：C–H 先斷裂生成碳陰離子為中間物，隨後脫去 X⁻ 產生烯類。

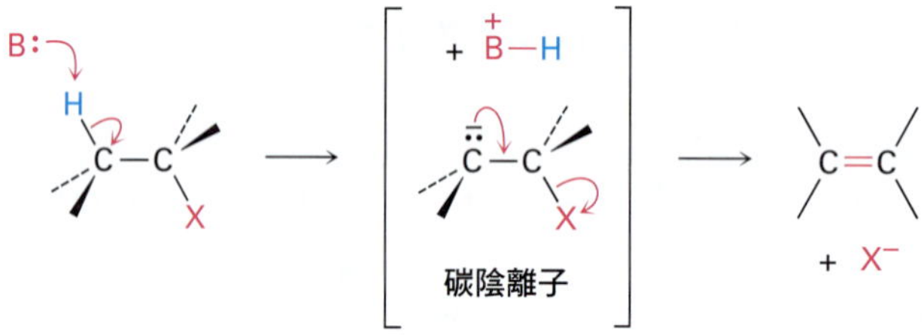

碳陰離子

練習題 6-2　預測脫去反應的產物

請預測 1-氯-1-甲基環己烷在乙醇 (酒精) 中與 KOH 反應得到的產物。

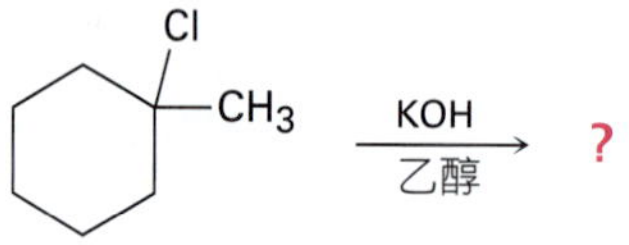

策略　鹵烷與強鹼 (像是 KOH) 反應會產生烯類。為了要確認反應物的結構，先找出離去基旁邊碳原子旁邊碳上的氫原子，然後畫出脫去 HX 後所有可能的烯類結構，主產物會是雙鍵上取代基最多的結構。因此這個反應的主產物是 1-甲基環己烯。

解答

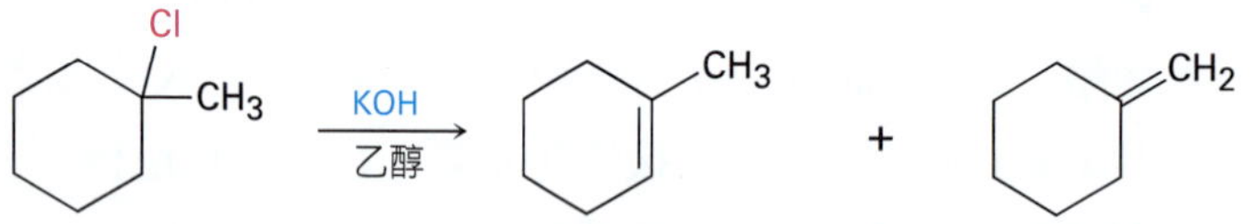

1-氯-1-甲基環己烷
(1-Chloro-1-methyl-cyclohexane)

1-甲基環己烯
(1-Methylcyclohexene)
(主產物)

甲烯環己烷
(Methylenecyclohexane)
(次要產物)

習題 6-9　若不考慮雙鍵的立體化學，下列鹵烷類進行脫去反應會得到哪些產物？每組產物中哪個產物會是主要產物？

(a) 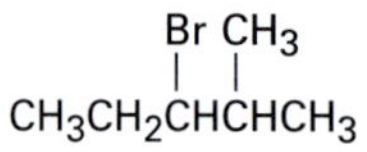 CH₃CH₂CHBrCH(CH₃)CH₃　　(b) 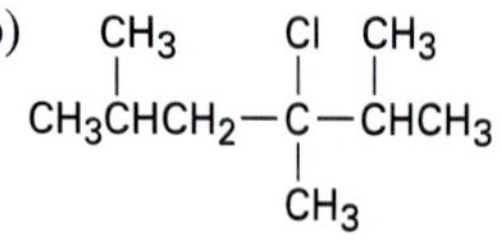 CH₃CHCH₂—C(Cl)(CH₃)—CHCH₃ (含 CH₃)　　(c) 環己基-CHBrCH₃

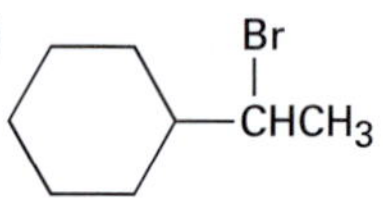

習題 6-10　下列烯類可以用哪個鹵烷來製備？

(a) CH$_3$CHCH$_2$CHCH=CH$_2$ 其中兩個CH取代基為CH$_3$

(b) 環戊烯，1,2位置各接CH$_3$

6-7 E2、E1 和 E1cB 脫去反應

E2 反應

本節我們進一步分別討論 E2、E1 和 E1cB 反應的反應機制。首先討論最常見的 E2 反應。**E2 反應**的 E2 指的是與雙分子濃度有關的脫去反應，當鹵烷和強鹼 (例如：HO$^-$ 和 RO$^-$) 反應時，E2 反應的反應機制如圖 6-10 所示。如同於 S$_N$2 反應，E2 反應是在一個步驟中完成，過程中沒有產生中間物。當鹼從離去基旁邊的碳上抓 H$^+$ 之後，C–H 鍵斷裂，C=C 鍵生成，同時離去基帶著原本生成 C–X 鍵的電子對脫去。此過程走 E2 路徑的證據是這個反應是二級反應，反應速率方程式為：速率 $= k \times$ [RX] $\times$ [鹼]。也就是說，鹼和鹵烷都參與速率此反應的決定步驟。

❶ 鹼 (B:) 從離去基旁邊的碳上抓 H$^+$ 的同時，C=C 鍵生成且鹵素開始脫去。

❷ 當 C–H 鍵完全斷裂且，C=C 鍵生成且鹵素帶著原本生成 C–X 鍵的電子對脫去後，就得到中性的烯類。

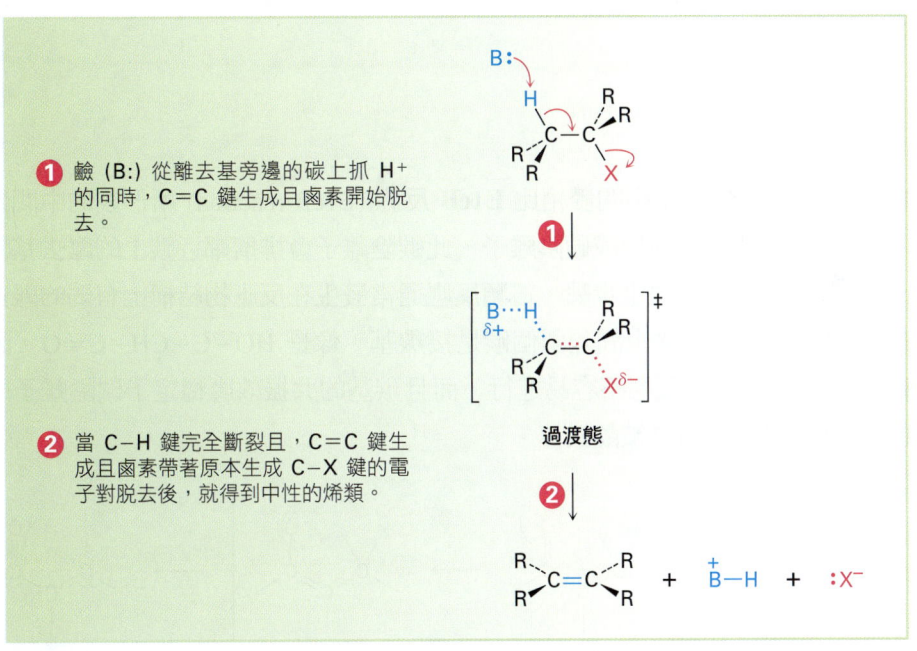

過渡態

圖 6-10 鹵烷進行 E2 反應的反應機制。此反應是單步驟反應，當雙鍵生成的同時氫和鹵素脫去。

E1 反應

就像 E2 反應和 S$_N$2 反應的關係一樣，E1 脫去反應的機制類似於 S$_N$1 取代反應。**E1 反應**的 E1 指的是與單分子濃度有關的脫去反應，其反應機制如圖 6-11 所示。此反應中，2-氯-2-甲基丙烷脫去 HCl 生成二甲基丙烯。

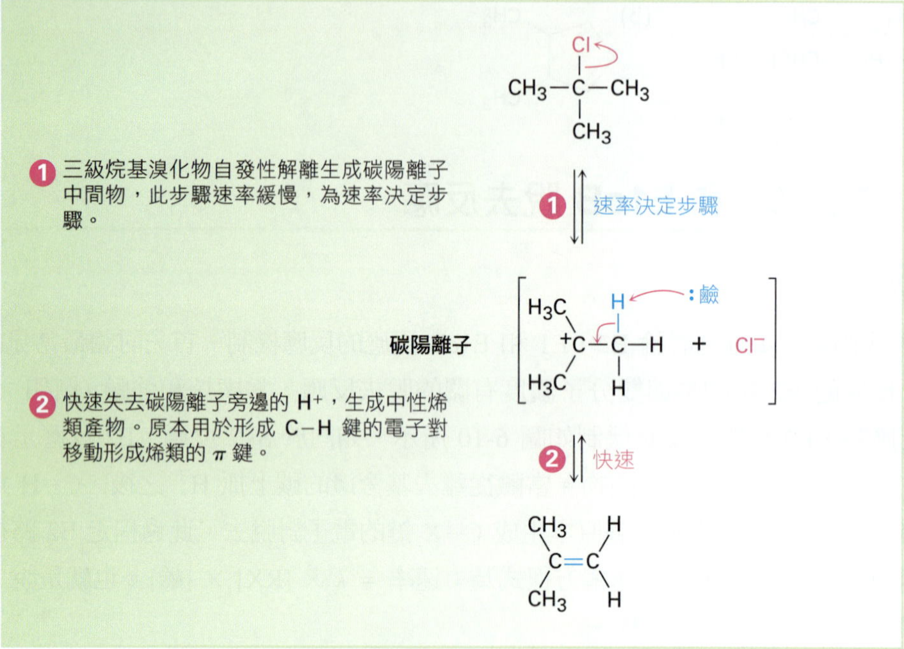

圖 6-11 2-氯-2-甲基丙烷進行 E1 反應的反應機制。共有兩個反應步驟，其中第一個生成碳陽離子中間體的是速率決定步驟。

E1cB 反應

與 E1 反應形成碳陽離子中間體相比 **E1cB 反應** (E1cB reaction) 所形成的中間體是碳陰離子。首先，鹼會抓走一個氫形成碳陰離子，此碳陰離子會排擠鄰近碳上的離去基使離去基脫去。此步驟緩慢，為速率決定步驟。這類反應通常發生在反應物結構上有弱的離去基，像是 –OH，且此離去基在結構上間隔兩個碳是接羰基，像是 HO–C–CH–C=O。因為是弱的離去基，所以 E1 和 E2 反應不容易進行，而且羰基的共振效應穩定了碳陰離子中間體，使得羰基鄰近碳上的氫很容易被鹼拔掉。

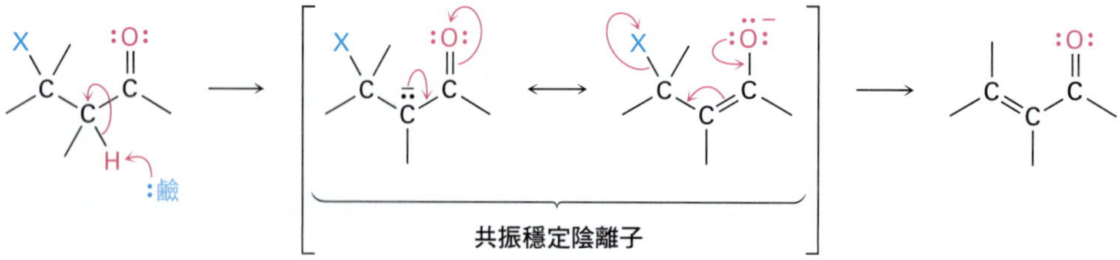

6-8 S_N1、S_N2、E1、E1cB、E2 反應性摘要

在 S_N1、S_N2、E1、E1cB 和 E2 這些反應當中，我們要如何預測哪一個反應會發生呢？是取代反應還是脫去反應？反應的機制跟雙分子還是單分子濃度有關？這類問題沒有標準答

案,但有一些通則可以遵循。

一級鹵化物 (RCH₂X)　若與好的親核基反應,會進行 S_N2 取代反應。若以立體障礙大的強鹼為親核基,會進行 E2 脫去反應。若離去基在結構上間隔兩個碳是接羰基,則會進行 E1cB 脫去反應。

二級鹵化物 (R₂CHX)　若以弱鹼當親核基在極性非質子溶劑中反應,會進行 S_N2 取代反應。若以強鹼為親核基,會進行 E2 脫去反應。若離去基在結構上間隔兩個碳是接羰基,則會進行 E1cB 脫去反應。二級烯丙基 (allylic) 和苄基 (benzylic) 鹵烷類也可以與弱鹼親核基在質子溶劑中進行 S_N1 和 E1 反應。

三級鹵化物 (R₃CX)　與鹼反應進行 E2 脫去反應。但若是在中性條件下,像是乙醇或水, S_N1 取代反應和 E1 脫去反應會一起進行。若離去基在結構上間隔兩個碳是接羰基,則會進行 E1cB 脫去反應。

練習題 6-3　預測反應產物和反應機制

請判斷下列反應是 S_N1、S_N2、E1、E1cB 還是 E2 反應,並預測每個反應的產物是什麼。

(a) 環戊基氯 + Na⁺ ⁻OCH₃ / CH₃OH → ?

(b) 1-溴-1-苯基乙烷 + HCO₂H / H₂O → ?

策略　仔細觀察每個反應的反應物結構、離去基、親核基以及反應使用的溶劑種類。然後參照上述的通則來判斷會發生哪一種反應。

解答

(a) 二級非烯丙基反應物在極性非質子溶劑中會與好的親核基進行 S_N2 反應;而在質子溶劑中會與強鹼進行 E2 反應。因此在這個例子中,主要會進行 E2 反應。

環戊基氯 + Na⁺ ⁻OCH₃ / CH₃OH → 環戊烯　**E2 反應**

(b) 二級苄基反應物在極性非質子溶劑中會與非鹼的親核基進行 S_N2 反應;而會與鹼進行 E2 反應;在質子溶劑中,像是蟻酸水溶液,會進行 S_N1 反應同時伴隨一部分 E2 反應。

1-溴-1-苯基乙烷 + HCO₂H / H₂O → 甲酸(1-苯基乙基)酯　**S_N1** ＋ [苯乙烯]　**E1**

習題 6-11 請判斷下列反應是 S_N1、S_N2、$E1$、$E1cB$ 還是 $E2$ 反應？

(a) $CH_3CH_2CH_2CH_2Br \xrightarrow[\text{乙醚}]{NaN_3} CH_3CH_2CH_2CH_2N=N=N$

(b)
$$CH_3CH_2\underset{Cl}{CH}CH_3 \xrightarrow[\text{乙醇}]{KOH} CH_3CH_2CH=CHCH_3$$

(c) 環己烷(Cl, CH₃) $\xrightarrow{CH_3CO_2H}$ 環己烷(OC(=O)CH₃, CH₃)

(d) 2-(1-羥基環己基)環己酮 $\xrightarrow[\text{乙醇}]{NaOH}$ 2-環己亞基環己酮

附加習題

鹵化物的命名

6-12 請命名下列鹵烷類化合物：

(a) $\underset{||}{H_3C\ Br\ Br\ CH_3}$
$CH_3CHCHCH_2CHCH_3$

(b) $CH_3CH=CHCH_2\underset{I}{CH}CH_3$

(c) $\underset{|||}{Br\ Cl\ CH_3}$
$CH_3CCH_2CHCHCH_3$
$|$
CH_3

(d) $CH_3CH_2\underset{CH_2Br}{CH}CH_2CH_3$

(e) $ClCH_2CH_2CH_2C\equiv CCH_2Br$

6-13 請畫出符合下列 IUPAC 命名的化合物結構。

(a) 2,3-二氯-4-甲基己烷 (2,3-Dichloro-4-methylhexane)

(b) 4-溴-4-乙基-2-甲基己烷 (4-Bromo-4-ethyl-2-methylhexane)

(c) 3-碘-2,2,4,4-四甲基戊烷 (3-Iodo-2,2,4,4-tetramethylpentane)

(d) 順-1-溴-2-乙基環戊烷 (*cis*-1-Bromo-2-ethylcyclopentane)

6-14 請預測下列反應的產物：

(a) 1-甲基環己醇 $\xrightarrow[\text{乙醚}]{HBr}$?

(b) $CH_3CH_2CH_2CH_2OH \xrightarrow{SOCl_2}$?

6-15 下列各組醇類化合物中，哪一個與 HX 反應生成鹵烷的速率較快？

(a) 〔丙醇〕 或 〔異丙醇〕

(b) 〔1-甲基環戊醇〕 或 〔2-甲基環戊醇〕

(c) 〔新戊醇〕 或 〔2-甲基-2-丁醇〕

S_N2 和 S_N1 親核取代反應

6-16 請說明下列因素對親核取代反應機制的影響。

(a) 反應物結構　(b) 離去基種類

6-17 下列何者為較好的親核基？

(a) F⁻ 或 Br⁻　(b) Cl⁻ 或 NH₂⁻　(c) OH⁻ 或 I⁻

6-18 下列各組化合物中，哪一個與 OH⁻ 進行 S_N2 反應的速率較快？

(a) CH₃Br 或 CH₃I

(b) CH₃CH₂I 在乙醇或二甲基亞碸中

(c) (CH₃)₃CCl 或 CH₃Cl

(d) H₂C=CHBr 或 H₂C=CHCH₂Br

6-19 下列各組反應物中，哪一個為較好的親核基？

(a) ⁻NH₂ 或 NH₃　(b) H₂O 或 CH₃CO₂⁻　(c) BF₃ 或 F⁻

(d) (CH₃)₃P 或 (CH₃)₃N　(e) I⁻ 或 Cl⁻

6-20 下列反應條件的變化對於 1-碘-2-甲基丁烷與 CN⁻ 進行 S_N2 反應的速率有何影響？

(a) CN⁻ 濃度減半，1-碘-2-甲基丁烷濃度加倍。

(b) CN⁻ 和 1-碘-2-甲基丁烷的濃度都變成三倍。

6-21 如何用親核取代反應製備下列化合物？

(a) CH₃C≡CCHCH₃ (帶CH₃)　(b) CH₃—O—C(CH₃)₃　(c) CH₃CH₂CH₂CH₂CN　(d) CH₃CH₂CH₂NH₂

6-22 請預測下列親核基與 (R)-2-溴辛烷進行反應的產物是什麼？並判斷產物的立體化學。

(a) ⁻CN　(b) CH₃CO₂⁻　(c) CH₃S⁻

脫去反應

6-23 請寫出符合下列敘述的化合物結構：

(a) 進行 E2 反應可以生成三種烯類混合物的鹵烷。

(b) 不會進行親核取代反應的有機鹵化物。

(c) 進行 E2 反應不會得到賽氏法則產物的鹵烷。

6-24　1-溴丙烷與下列化合物反應會得到什麼產物？

(a) NaNH₂　(b) KOC(CH₃)₃　(c) NaI　(d) NaCN　(e) NaC≡CH

6-25　請預測下列 E1 反應的主要烯類產物：

$$\underset{\underset{CH_2CH_3}{|}}{\overset{\overset{H_3C\ \ CH_3}{|\ \ \ |}}{CH_3CHCBr}} \xrightarrow[\text{加熱}]{HOAc} \ ?$$

6-26　請將下列各組化合物進行 S_N1 反應的反應性依大小順序排列：

(a) (CH₃)₃C–Cl　　　C₆H₅C(CH₃)₂Cl　　　CH₃CH₂CH(NH₂)CH₃

(b) (CH₃)₃CCl　　(CH₃)₃CBr　　(CH₃)₃COH

(c) C₆H₅CH₂Br　　C₆H₅CHBrCH₃　　(C₆H₅)₃CBr

6-27　請將下列各組化合物進行 S_N2 反應的反應性依大小順序排列：

(a) (CH₃)₃C–Cl　　CH₃CH₂CH₂Cl　　CH₃CH₂CHClCH₃

(b) CH₃CH(Br)CHCH₃　　CH₃CH(CH₃)CH₂Br　　(CH₃)₃CCH₂Br

(c) CH₃CH₂CH₂OCH₃　　CH₃CH₂CH₂OTos　　CH₃CH₂CH₂Br

6-28　請預測下列反應的產物：

(a) trans-4-甲基環己基 OTos $\xrightarrow{\text{KCN, DMSO}}$

(b) (CH₃CH₂)(H)(CH₃)C–C(Br)(CH₃)₂ $\xrightarrow{\text{CH}_3\text{O}^-\text{Na}^+}{\text{CH}_3\text{OH}}$

(c) [反應圖：含CH₃、Cl、H、CH₃取代基的環戊烷 + CH₃OH →]

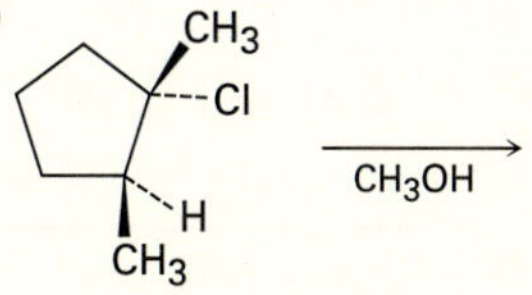

6-29 醚類常用烷氧基離子 (RO⁻) 和鹵烷反應來製備。假設你要製備的是環己基甲基醚 (cyclohexyl methyl ether)，下列兩種可能的反應路徑你會怎麼選擇？請解釋原因。

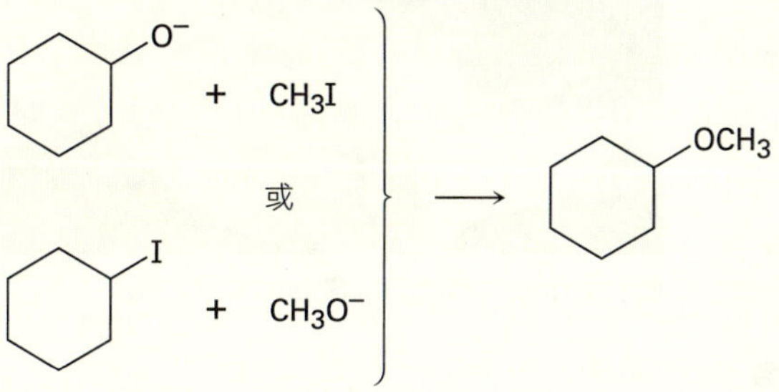

環己基O⁻ + CH₃I

或

環己基I + CH₃O⁻

→ 環己基OCH₃

6-30 要如何解釋反-1-溴-2-甲基環己烷 (trans-1-bromo-2-methylcyclohexane) 與鹼反應會生成非賽氏法則產物 3-甲基環己烯 (3-methylcyclohexene)？

反-1-溴-2-甲基環己烷 —KOH→ 3-甲基環己烯

6-31 請解釋為何 HBr 與 (R)-3-甲基-3-己醇 [(R)-3-methyl-3-hexanol] 反應會生成外消旋的 3-溴-3-甲基己烷 (3-bromo-3-methylhexane)。

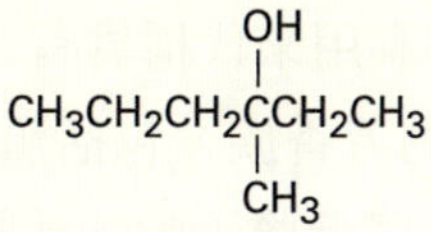

$$CH_3CH_2CH_2\underset{\underset{CH_3}{|}}{\overset{\overset{OH}{|}}{C}}CH_2CH_3 \quad \text{3-甲基-3-己醇}$$

6-32 請畫出一個進行 E2 反應只會生成 (E)-3-甲基-2-苯基-2-戊烯 [(E)-3-methyl-2-phenyl-2-pentene] 為產物的鹵烷結構。請標示此結構的立體化學。

7 苯與芳香族

7-1 芳香族化合物的命名
7-2 苯的結構與穩定性
7-3 親電子的芳香環取代反應：溴化反應
7-4 其他芳香環取代反應
7-5 芳香環的烷基化及醯化反應：傅-克反應
7-6 芳香族雜環化合物與多環芳香化合物

© HandmadePictures/Shutterstock.com

早期的有機化學裡，「芳香」這個字是用來描述具有特殊香氣的物質，例如苯甲醛 (來自櫻桃、桃子和杏仁)、甲苯 (來自托魯香酯) 以及苯 (來自焦油蒸餾)，被歸類為芳香族的物質與大多數其他有機化合物的化學特性不同。

苯
(Benzene)

苯甲醛
(Benzaldehyde)

甲苯
(Toluene)

現今，具有香氣與芳香的關連已經消失了，**芳香族** (aromatic) 這個詞用來代稱具有三個雙鍵的六元環，許多天然物中存在部分的芳香族，包括類固醇 (例如：雌酮) 以及著名的藥物 [例如：降低膽固醇的藥物阿托伐他汀 (atorvastatin)，又名立普妥]。苯長時間接觸會導致白血球數量降低 (白血球減少症)，因此不應作為實驗室溶劑使用。

雌酮
(Estrone)

阿托伐他汀 (立普妥)
(Atorvastatin)

154

7-1 芳香族化合物的命名

簡單的芳烴主要來自兩個來源：煤炭和石油，煤炭是一種複雜的混合物，由眾多苯相連在一起。煤在沒有空氣的情況下加熱到 1000 °C 時會發生熱裂解，此時，稱作煤焦油的揮發性混合物會沸騰。煤焦油的分餾會產生苯、甲苯、二甲苯、萘和其他芳香族化合物 (圖 7-1)。

苯 (Benzene)
(bp 80 °C)

甲苯 (Toluene)
(bp 111 °C)

二甲苯 (Xylene)
(bp：鄰位 144 °C、
間位 139 °C、對位 138 °C)

茚 (Indene)
(bp 182 °C)

萘 (Naphthalene)
(mp 80 °C)

聯苯 (Biphenyl)
(mp 71 °C)

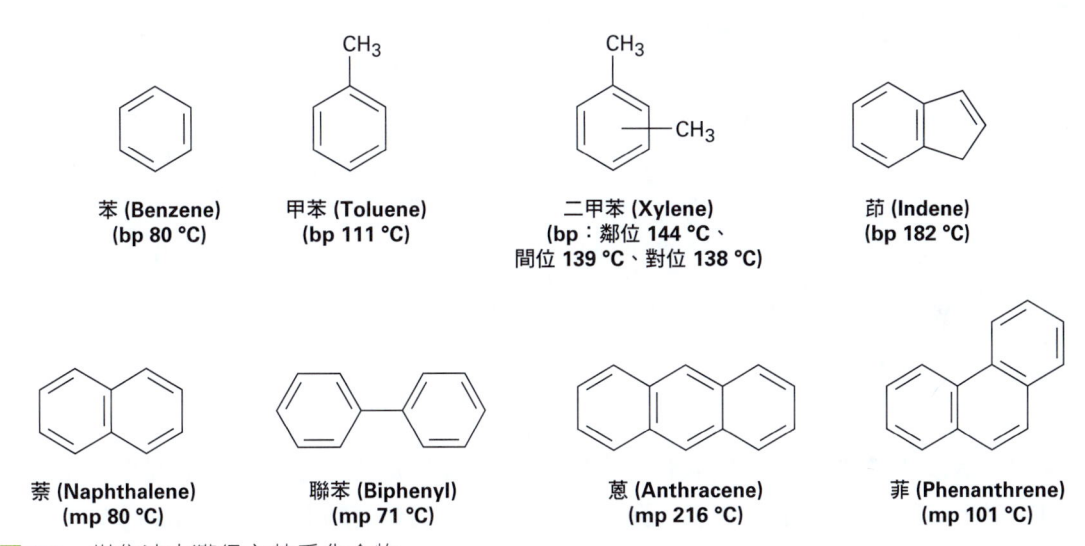

蒽 (Anthracene)
(mp 216 °C)

菲 (Phenanthrene)
(mp 101 °C)

圖 7-1 煤焦油中獲得之芳香化合物。

與煤炭不同，石油幾乎不含芳香族化合物，而主要由烷烴組成。然而，在石油精煉過程中，當烷烴在高壓下於 500 °C 時通過催化劑，會形成芳香族分子。

芳香物質比任何其他類別的有機化合物都擁有更多的非標準名稱。IUPAC 規則不鼓勵使用大多數此類名稱，但允許保留一些廣泛使用的名稱 (表 7-1)。因此，甲基苯 (methylbenzene) 被稱作甲苯 (toluene)，羥基苯 (hydroxybenzene) 被稱作苯酚 (phenol)，胺基苯 (aminobenzene) 被稱作苯胺 (aniline) 等。

單取代苯的命名方式與其他碳氫化合物相同，以 -benzene 為主體名稱。因此，C_6H_5Br 為溴苯 (bromobenzene)，$C_6H_5NO_2$ 為硝基苯 (nitrobenzene)，$C_6H_5CH_2CH_2CH_3$ 為丙基苯 (propylbenzene)。

溴苯
(**Bromo**benzene)

硝基苯
(**Nitro**benzene)

丙基苯
(**Propyl**benzene)

烷基取代的苯有時也稱為**芳香烴** (arene)，並根據烷基的大小以不同的方式命名。如果烷基取代基小於環 (6 個或更少的碳原子)，則芳香烴稱為烷基取代的苯。如果烷基取代基大

表 7-1　一些芳香族化合物的名稱

結構	名稱	結構	名稱
(C₆H₅–CH₃)	甲苯 (Toluene) (bp 111 °C)	(C₆H₅–CHO)	苯甲醛 (Benzaldehyde) (bp 178 °C)
(C₆H₅–OH)	苯酚 (Phenol) (mp 43 °C)	(C₆H₅–CO₂H)	苯甲酸 (Benzoic acid) (mp 122 °C)
(C₆H₅–NH₂)	苯胺 (Aniline) (bp 184 °C)	(o-C₆H₄(CH₃)₂)	鄰-二甲苯 (*ortho*-Xylene) (bp 144 °C)
(C₆H₅–COCH₃)	乙醯苯 (Acetophenone) (mp 21 °C)	(C₆H₅–CH=CH₂)	苯乙烯 (Styrene) (bp 145 °C)

於環 (7 個或更多的碳原子)，則該化合物稱為苯基取代的烷烴。當苯被認為是取代基時，−C₆H₅ 單元使用苯基 (phenyl) 命名，發音為 **fen**-nil，有時縮寫為 Ph 或 Φ (Greek *phi*)。這個詞源自希臘的 pheno，用以紀念 Michael Faraday 在 1825 年從倫敦路燈使用的照明氣體留下的油性殘留物中發現苯。另外，名稱苄基 (benzyl) 用於 C₆H₅CH₂− 基團。

苯基
(A phenyl group)

2-苯基庚烷
(2-Phenylheptane)

苄基
(A benzyl group)

雙取代苯使用前綴鄰位 (ortho, *o*)、間位 (meta, *m*) 或對位 (para, *p*) 命名。鄰-二取代苯 (*ortho*-disubstituted benzene) 在環上具有 1,2 位置關係上的兩個取代基，間-二取代苯 (*meta*-disubstituted benzene) 在環上具有 1,3 位置關係上的兩個取代基，對-二取代苯 (*para*-disubstituted benzene) 在環上具有 1,4 位置關係上的兩個取代基。

鄰-二氯苯
(*ortho*-Dichlorobenzene)
1,2 二取代

間-二甲基苯
(*meta*-Dimethylbenzene)
1,3 二取代

對-氯苯甲醛
(*para*-Chlorobenzaldehyde)
1,4 二取代

討論反應時，命名法 ortho, meta, para 也很實用。例如，描述溴與甲苯的反應時可以說「反應發生在對位 (para)」，換句話說，在環上甲基的對位位置已經存在。

與環烷 (第 2.7 節) 一樣，選擇一個具取代基的碳作為 1 號碳並在環上對取代基進行編號，來命名具有兩個以上取代基的苯，使第二個取代基的編號越小越好。如果仍存在其他疑慮的話，以使第三或第四取代基的編號越小越好為原則。書寫化合物名稱時，取代基按照英文字母順序列出。

4-溴-1,2-二甲基苯
(4-Bromo-1,2-dimethylbenzene)

2,5-二甲基苯酚
(2,5-Dimethylphenol)

2,4,6-三硝基甲苯
(2,4,6-Trinitrotoluene；TNT)

注意，在第二個和第三個例子中，使用 -phenol 和 -toluene 作為主體名稱，而不是使用 -benzene。表 7-1 中所示的任何單取代芳香族化合物都可以用作主體名稱，主要取代基 (苯酚中的 –OH 或甲苯中的 –CH$_3$) 連接著環 C1。

習題 7-1　請問下列化合物是 ortho-、meta- 或 para-？

(a) Cl, CH$_3$　(b) NO$_2$, Br　(c) SO$_3$H, OH

習題 7-2　請使用 IUPAC 規則為下列化合物進行命名。

(a) Cl, Br

(b) CH$_3$, CH$_2$CH$_2$CHCH$_3$

(c) NH$_2$, Br

(d) Cl, CH$_3$, Cl

(e) CH$_2$CH$_3$, O$_2$N, NO$_2$

(f) CH$_3$, CH$_3$, H$_3$C, CH$_3$

習題 7-3 請畫出下面具 IUPAC 名稱的化合物的結構。
(a) 對-溴氯苯 (*p*-Bromochlorobenzene)　(b) 對-溴甲苯 (*p*-Bromotoluene)
(c) 間-氯苯胺 (*m*-Chloroaniline)　(d) 1-氯-3,5-二甲基苯 (1-Chloro-3,5-dimethylbenzene)

7-2　苯的結構與穩定性

苯 (C_6H_6) 的氫比相應的環己烷 ($C_{6}H_{12}$) 少六個，並且顯然是不飽和的，通常表示相間的雙鍵和單鍵的六元環。然而，從 1800 年代中期起，人們就知道苯的反應性比典型的烯烴低得多，並且不會發生典型的烯烴加成反應。例如，環己烯與溴快速反應，生成加成產物 1,2-二溴環己烷 (1,2-dibromocyclohexane)，而苯僅與溴緩慢反應，生成取代產物 C_6H_5Br。

苯 (Benzene)　　　　　　　溴苯 (Bromobenzene)　　　(加成產物)
　　　　　　　　　　　　　　(取代產物)　　　　　　　　未形成

我們可以透過測量氫化熱來定量苯的穩定性 (第 4.4 節)，環己烯是一個烯烴類化合物，其 $\Delta H°_{hydrog}$ = −118 kJ/mol (−28.2 kcal/mol)，而 1,3-環己二烯是一個雙烯，其 $\Delta H°_{hydrog}$ = −230 kJ/mol (−55.0 kcal/mol)。環己烯的 $\Delta H°_{hydrog}$ 是 1,3-環己二烯的一半，這是因為共軛雙烯比非共軛烯烴來得穩定。

進一步進行該過程，我們可預料苯的 $\Delta H°_{hydrog}$ 應略低於 −356 kJ/mol，或可能為環己烯值的三倍，然而，實際值為 −206 kJ/mol，比預期值低 150 kJ/mol (36 kcal/mol)。由於氫化過程中釋放的實際能量與預期能量之間存在差異，因此在開始氫化前，苯必須至少擁有 150 kJ/mol 的能量。換句話說，苯比預期還穩定是因為這 150 kJ/mol 的能量 (圖 7-2)。

對於苯的特殊性質的進一步證據是，所有碳-碳鍵的長度都相同 (139 pm)，介於典型的單鍵 (154 pm) 和雙鍵 (134 pm) 之間，此外，靜電能勢圖顯示所有 C–C 鍵中的電子密度都相同，因此，苯是一個正六邊形平面分子。所有鍵角均為 120°，全部碳原子均為 sp^2 混成，並且每個碳原子均具有一個垂直於六元環平面的 *p* 軌域。

因為所有的碳原子和所有的 *p* 軌域都是同樣的，如果其中一個 *p* 軌域僅與相鄰的 *p* 軌域重疊，就只會有定域化的 π 鍵。相反的，每個 *p* 軌域與兩個相鄰的 *p* 軌域均有重疊，因此得到一個苯，其中每個 π 電子都是自由在環上移動的 (圖 7-3b)。

讓我們列出目前為止所說的苯以及延伸的芳香族分子的性質：

- 苯是環狀且共軛的。

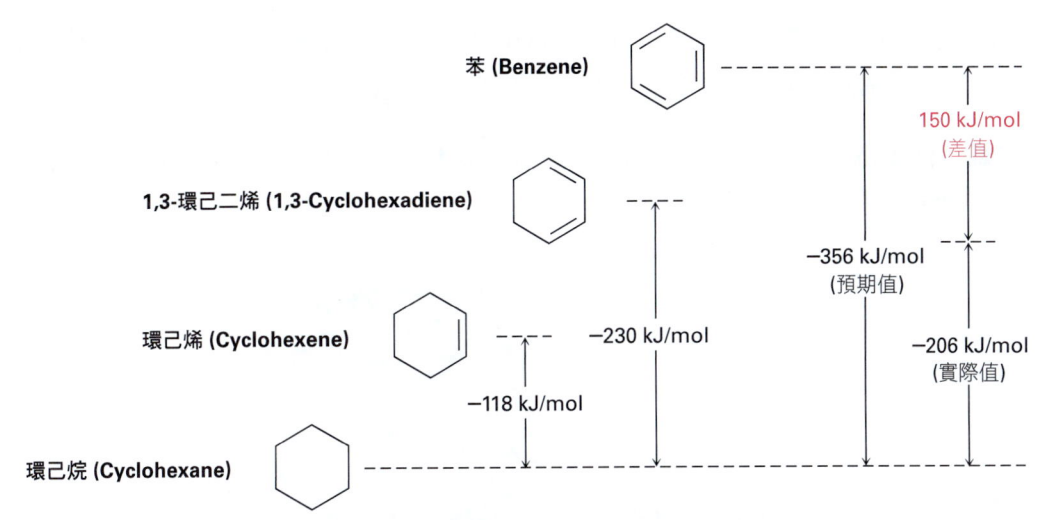

圖 7-2 環己烷、1,3-環己二烯和苯的氫化熱比較圖。苯比預期值穩定了 150 kJ/mol (36 kcal/mol)。

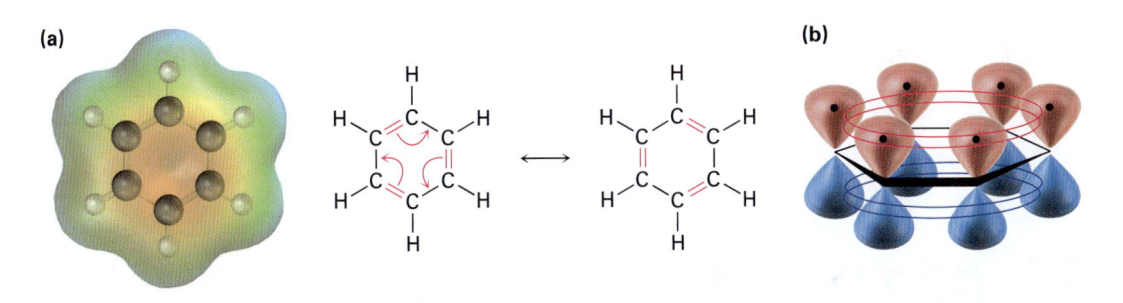

圖 7-3 (a) 苯之靜電能勢圖 (b) 為軌域圖，每個 p 軌域與兩個相鄰的 p 軌域均有良好地重疊。因此，所有 C–C 鍵結均等價。

- 苯非常的穩定，其氫化熱比預期環狀三烯應擁有的值還要少 150 kJ/mol (見圖 7-2)。
- 苯是平面六邊形分子，每個鍵角都是 120°，每個碳原子都是 sp^2 混成，且所有碳-碳鍵都是 139 pm。
- 苯進行取代反應而非親電子加成反應，該反應會保留環狀共軛，若進行親電子加成反應則會破壞它。
- 苯可說是共振混成結構，其結構介於兩個線型鍵結結構之間。

　　這個列表看似已對苯和芳香族分子有清楚的描述，但其實還不足夠。其餘的用來完成對芳香性的描述稱為**休克爾 $4n + 2$ 規則** (Hückel $4n + 2$ rule)。根據德國物理學家埃里希·休克爾 (Erich Hückel) 在 1931 年提出的理論，一個分子能稱為芳香族化合物的條件是，該分子具有平面的單環共軛系統並且共有 $4n + 2$ 個 π 電子，其中 n 為整數 ($n = 1, 2, 3\cdots$)，換句話說，只有分子擁有 2, 6, 10, 14, 18$\cdots$個 π 電子才屬於芳香族。當一個分子的 π 電子總數為 $4n$ 個 (4, 8, 12, 16$\cdots$) 則不能稱為芳香族，即使是共軛環狀平面分子。事實上，我們稱有 $4n$ 個

π 電子的平面共軛分子為**反芳香族** (antiaromatic)，因為它們非定域化的 π 電子會造成結構的不穩定。以下幾個例子可以幫助我們了解休克爾 $4n + 2$ 規則 (Hückel $4n + 2$ rule) 的運作。

環丁二烯　有 4 個 π 電子故為反芳香族，π 電子定域化在兩個雙鍵上而不是非定域化在整個環上，如同靜電能勢圖所示。

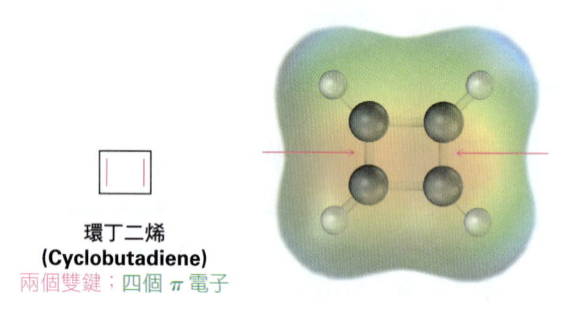

環丁二烯
(Cyclobutadiene)
兩個雙鍵；四個 π 電子

習題 7-4　吡啶是一個平面六角形分子，其鍵角為 120°，此化合物進行取代而非加成，且其特性與苯相似。試畫出吡啶的 π 軌域來解釋其特性，並從第 7.6 節來檢查你的答案。

吡啶

7-3　親電子的芳香環取代反應：溴化反應

親電子芳香取代反應 (electrophilic aromatic substitution) 就是最常見的芳香化合物反應，是由一個親電子基 (E^+) 與芳香環反應並取代芳香環上的一個氫，這個反應是所有芳香環的特性，並非只出現在苯及有取代基的苯，實際上，化合物進行親電子取代反應的能力對於芳香性是一個良好的測試。

透過親電子取代反應可以將不同的取代基置換到苯上，舉例來說，芳香環可以被鹵素 (−Cl、−Br、−I)、硝基 (−NO$_2$)、磺酸基 (−SO$_3$H)、羥基 (−OH)、烷基 (−R) 和醯基 (−COR) 取代，利用一些簡單的材料，就有機會製備出成千上萬種不同的芳香取代化合物。

7-3 親電子的芳香環取代反應：溴化反應

[芳香環結構圖：鹵素、醯基、硝基、烷基、磺酸基、羥基]

在了解親電子芳香取代反應如何發生之前，讓我們快速回顧第 4.5~4.6 節提到的關於烯類的親電子加成反應，將 HCl 加入烯類後，親電子的氫會接近雙鍵上的 π 電子並且和碳形成一個鍵結，然後在另一個碳上產生正電荷，形成碳陽離子中間物 (carbocation intermideate)，與親核的 Cl$^-$ 反應形成加成產物。

[反應機構圖：烯 → 碳陽離子中間物 → 加成產物]

親電子的芳香環取代反應以相似的方式進行，但是存在些許差異，其中一項區別就是芳香環的親電子反應性低於烯烴類，例如：在室溫下，溴 (Br$_2$) 會在二氯甲烷 (CH$_2$Cl$_2$) 試劑中與烯烴類快速得進行反應，但是卻不會與苯反應，為了使苯發生溴化反應，必須使用溴化鐵 (FeBr$_3$) 作為催化劑，溴分子 (Br$_2$) 會被催化劑極化成擁有溴陽離子的 FeBr$_4^-$ Br$^+$ 物質，使溴分子 (Br$_2$) 變得更加親電子。被極化後的溴陽離子 (Br$^+$) 會與親核的苯反應產生一個擁有雙丙烯位 (doubly allylic) 和三個共振結構的芳香碳陽離子中間物 (見下式)。

$$Br-Br + FeBr_3 \longrightarrow Br^+ \ ^-FeBr_4$$

[苯與 Br$^+$ $^-$FeBr$_4$ 反應生成三個共振結構的碳陽離子中間物]

雖然中間物會因為共振的關係比一般的烷基碳陽離子穩定，在親電子的芳香取代反應中，中間物的穩定性還是遠低於有著 150 kJ/mol (36 kcal/mol) 的苯起始物，由於反應需要吸收大量的活化能，因此苯在進行親電子的反應時非常慢。圖 7-4 顯示了烯烴和苯的親電子基能量比較圖，因為苯起始物較為穩定，所以苯反應較慢 (有較高的 $\Delta G^{\ddagger}$)。

圖 7-4 親電子基對烯烴和苯反應之活化能比較圖：$\Delta G^{\ddagger}_{烯} < \Delta G^{\ddagger}_{苯}$。因為芳香環的穩定度導致苯得反應速率會低於烯烴的反應速率。

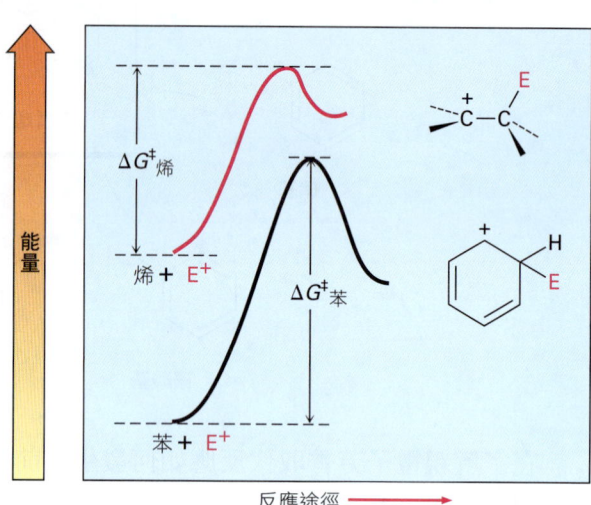

另一項烯烴加成及芳香取代反應的差異發生在碳陽離子中間物形成之後，碳陽離子中間物會從有溴的碳上失去一個氫離子(H$^+$)並產生取代反應的產物，而不是加入溴離子 (Br$^-$) 生成加成反應的產物。這個失去氫離子 (H$^+$) 的步驟與 E1 反應的第二步驟相似，苯和溴分子 (Br$_2$) 反應的結果是利用溴離子 (Br$^+$) 取代氫離子 (H+)，在圖 7-5 中，顯示了全部的反應機制。

為什麼苯與溴分子 (Br$_2$) 的反應會和烯烴與溴分子 (Br$_2$) 的反應發生區別？答案非常直截了當，如果發生加成反應，芳香環不但會失去 150 kJ/mol 的穩定化能量並且整個反應為吸熱反應；當取代反應發生時，芳香環的穩定度不僅被保留而且為放熱反應。圖 7-6 中，能量圖顯示所有過程。

習題 7-5 甲苯的單溴化反應會生成三個不同的溴化甲苯，請畫出來並命名。

7-4　其他芳香環取代反應

除了溴化反應之外，還有許多親電子芳香取代反應，它們都是由相同的反應機制進行。讓我們快速地看一下其他的反應。

芳香環的鹵化反應

芳香環與氯 (Cl$_2$) 在氯化鐵 (FeCl$_3$) 的催化下反應產生氯苯，就如同與溴 (Br$_2$) 在溴化鐵

7-4 其他芳香環取代反應　163

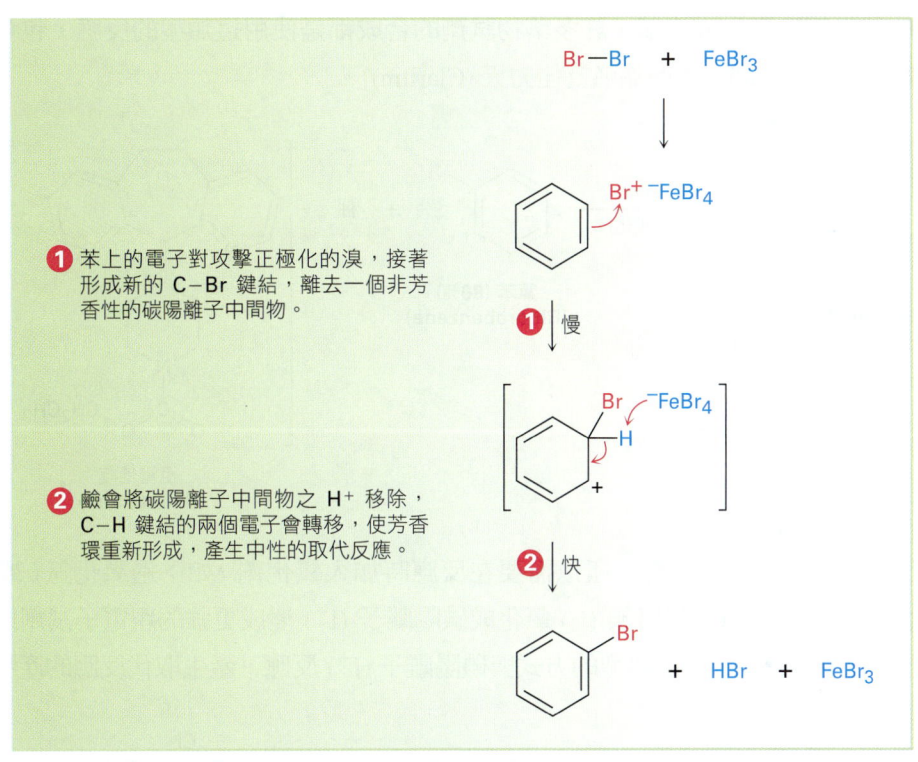

① 苯上的電子對攻擊正極化的溴，接著形成新的 C–Br 鍵結，離去一個非芳香性的碳陽離子中間物。

② 鹼會將碳陽離子中間物之 H⁺ 移除，C–H 鍵結的兩個電子會轉移，使芳香環重新形成，產生中性的取代反應。

圖 7-5 苯親電子溴化反應之反應機制。此反應需經過兩步驟且涉及共振穩定之碳陽離子中間物。

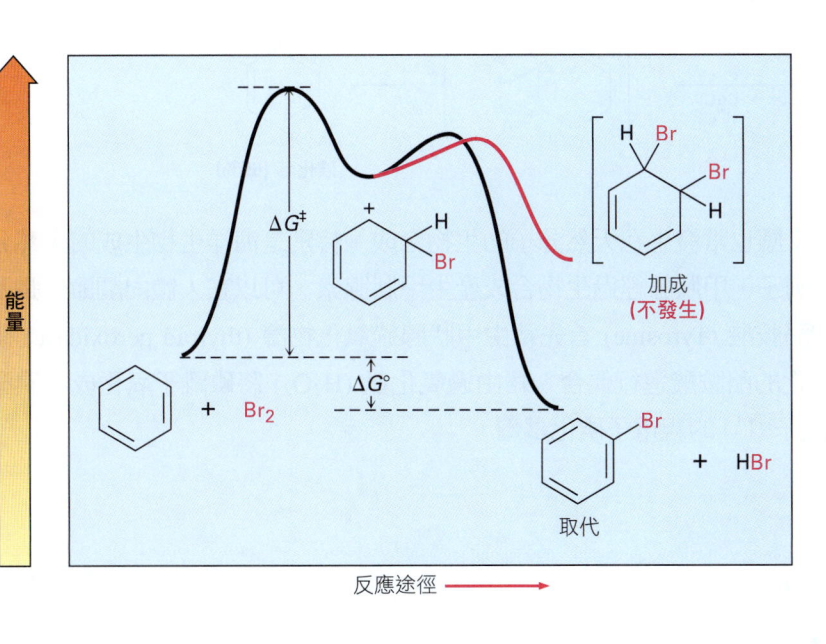

圖 7-6 苯的親電子溴化反應能量變化圖。因為芳香環的穩定度被保留，所以整個反應過程為放熱反應。

(FeBr₂) 的催化下反應生成溴苯，許多藥物試劑的合成都是使用這類型的反應，包含抗過敏藥物-氯雷他啶 [Loratadine；商品名為佳力天 (Claritin)]。

碘自身無法和芳香環反應，所以需要在反應時加入氧化劑 (如：過氧化氫) 或銅鹽類 (如：氯化銅)，這些物質可以將碘 (I_2) 氧化成碘陽離子 (I^+) 變成更強的親電子試劑以加速反應的進行，最後，芳香環會以典型的方式與碘陽離子 (I^+) 反應，產生取代反應的產物。

親電子的芳香鹵化反應也常發生在天然分子的生物合成，特別是海洋生物生成的天然分子。有一個廣為人知的例子，甲狀腺經過生物合成產生甲狀腺素，可以在人體內調節生長及代謝，人體中的胺基酸酪胺酸 (Tyrosine) 首先藉由甲狀腺過氧化物酶 (thyroid peroxidase) 碘化，並且將兩個經過碘化的酪胺酸進行偶合。藉由過氧化氫 (H_2O_2) 將碘離子氧化成次碘酸 (HIO)，形成擁有碘陽離子 (I^+) 的親電子碘化試劑。

酪胺酸
(Tyrosine)

3,5-二碘酪胺酸
(3,5-Diiodotyrosine)

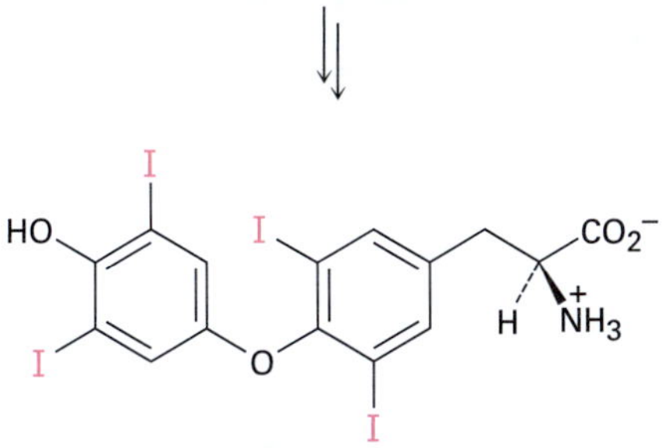

甲狀腺素 (Thyroxine)
(一種甲狀腺荷爾蒙)

7-5　芳香環的烷基化及醯化反應：傅-克反應

傅-克烷基化反應

　　烷基化 (alkylation) 是指將烷類官能基引入苯中，在實驗室中是最有用的親電子芳香取代反應。在發現這個反應後我們將此反應稱作**傅-克反應** (The Friedel-Crafts Reaction)，是指存在氯化鋁的條件下，將芳香化合物與氯化烷基 (RCl) 進行反應，生成一個碳陽離子親電子基－R^+。藉由氯化鋁的催化，可以幫助烷基鹵素解離，就像是芳香化合物的溴化反應中，藉由溴化鐵的催化使溴分子被極化，最後失去一個氫陽離子 (H^+) 後完成反應 (圖 7-7)。

　　儘管傅-克烷基化反應很實用，但是也存在一些限制。第一，只有烷基鹵化物能夠使反應進行，芳香基鹵化物和乙烯基鹵化物不能使反應進行，因為芳香類和乙烯類的碳陽離子能量太高以至於在傅-克反應的條件下不能形成。

芳香基鹵化物 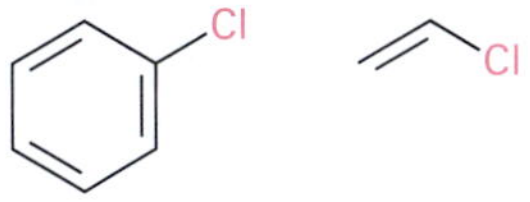　　　　　　　　　乙烯基鹵化物

不反應

　　第二，當芳香環上被強拉電子基，如羰基 (C＝O) 或可以被質子化的鹼性胺基所取代時，傅-克反應不會成功。當芳香環上已經存在取代基時，對親電子芳香取代反應的反應性有極大的影響，圖 7-8 中列出了所有不能進行傅-克反應的取代基。

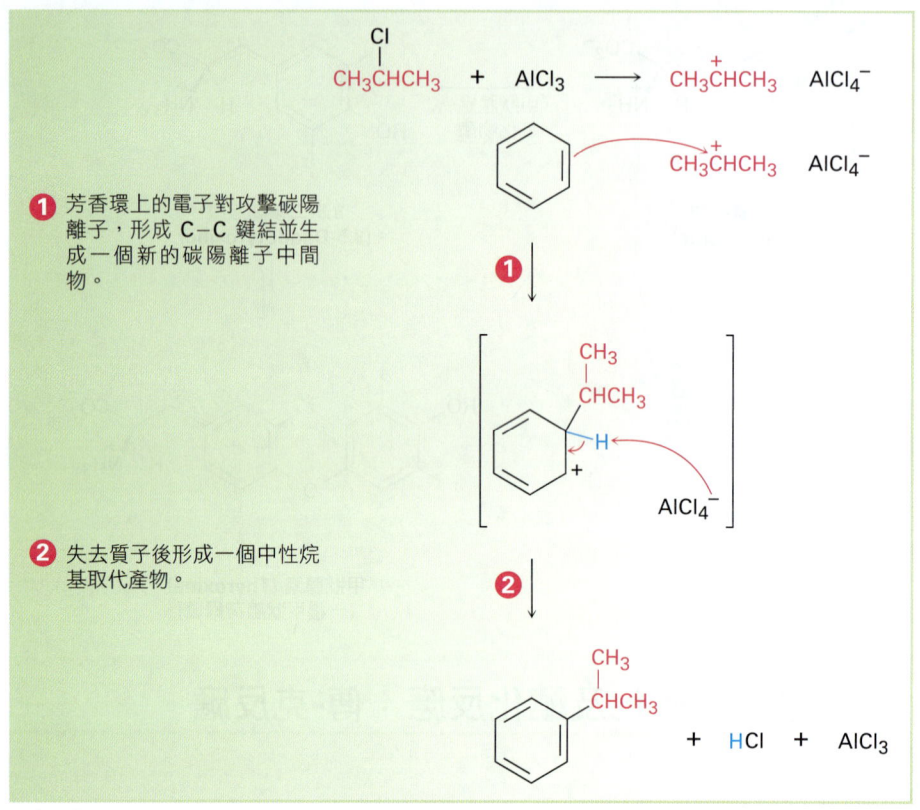

圖 7-7 2-氯丙烷與苯進行傅-克烷基化反應生成異丙基苯之反應機制。烷基氯化物在 AlCl₃ 的幫助下解離形成親電子的碳陽離子。

① 芳香環上的電子對攻擊碳陽離子，形成 C–C 鍵結並生成一個新的碳陽離子中間物。

② 失去質子後形成一個中性烷基取代產物。

其中 Y = $-\overset{+}{N}R_3$, $-NO_2$, $-CN$,
$-SO_3H$, $-CHO$, $-COCH_3$,
$-CO_2H$, $-CO_2CH_3$
($-NH_2$, $-NHR$, $-NR_2$)

圖 7-8 芳香取代在傅-克反應中的限制。當取代基為拉電子基團或鹼性的胺基基團時，就不會發生反應。

　　第三，傅-克烷基化反應常常難以在單一取代後停下來，當完成第一次烷基取代後，會使第二次的取代反應更容易進行。因此，我們常常觀察到多烷基化，舉例來說，1 莫耳當量的 2-氯-2-甲基丙烷 (2-chloro-2-methylpropane) 和苯反應生成的主要產物為對-二-第三-丁苯 (*p*-di-*tert*-butylbenzene)，伴隨著反應生成少量的第三-丁苯 (*tert*-butylbenzene) 及未反應的苯，只有在使用過量的苯反應時，才會得到高產率的單一烷基產物。

7-5 芳香環的烷基化及醯化反應：傅-克反應

[反應式：苯 + (CH₃)₃CCl / AlCl₃ → 苯 + 第三丁基苯（次要產物） + 1,4-二(第三丁基)苯（主要產物）]

最後，傅-克反應發生時，有時烷基碳陽離子親電子基會發生骨架重新排列，尤其是使用一級烷基鹵素化合物時。例如：在 0 °C 時，將苯與 1-氯丁烷 (1-chlorobutane) 反應，生成的產物中，重新排列的產物 (第二-丁基) 與未重新排列的產物 (丁基) 比例大約為 2:1。

傅-克反應伴隨著碳陽離子的重新排列就和烯類的親核加成一樣都是由氫化物及烷基的轉移開始發生，例如：1-氯丁烷 (1-chlorobutane) 和氯化鋁 (AlCl₃) 反應時，相對不穩定的一級丁基碳陽離子會因為氫原子和電子對 (H:⁻) 從 C2 轉移到 C1 重新排列成較穩定的二級丁基碳陽離子，另一個類似地例子，使用 1-氯-2,2-二甲基丙烷 (1-chloro-2,2-dimethylpropane) 和苯的烷基化反應生成 1,1-二甲基丙基苯 [(1,1-dimethylpropyl)benzene]，起初的一級碳陽離子會藉由甲基和它的電子對由 C2 轉移到 C1 重新排列形成三級碳陽離子。

[反應式：苯 + CH₃CH₂CH₂CH₂Cl / AlCl₃ → 第二-丁基苯 (65%) + 丁基苯 (35%)]

[機構：CH₃CH₂CHCH₂⁺ —H:⁻ 位移→ CH₃CH₂C⁺HCH₃]

[反應式：苯 + (CH₃)₃CCH₂Cl / AlCl₃ → 1,1-二甲基丙基苯]

[機構：(CH₃)₃C-CH₂⁺ —烷基位移→ CH₃-C⁺(CH₃)-CH₂CH₃]

傅-克醯化反應

正如芳香環的烷基化反應需要使用氯化烷基，芳香環的醯化 (acylated) 反應就需要在

氯化鋁 (AlCl₃) 存在的條件下使用醯基氯化物簡稱醯氯 (RCOCl)，也就是將一個醯基官能基 (−COR, acyl group，acyl 發音為 a-sil) 取代到芳香環上，舉例來說，使用氯化乙醯和苯反應會生成酮類苯乙酮 (acetophenone)。

$$\text{苯 (Benzene)} + \text{醯氯 (Acetyl chloride)} \xrightarrow[80\,°C]{AlCl_3} \text{苯乙酮 (95\%) (Acetophenone)}$$

傅-克醯化的反應機制與傅-克烷基化相似，並且在芳香環取代基上擁有相同的限制，先前在圖 7-8 中提到對於烷基化官能基的限制也可以應用在醯化反應中。醯氯和氯化鋁反應生成的親電子基是一個共振穩定的醯基陽離子 (圖 7-9)，圖中指出的共振結構是指鄰近氧原子上的孤對電子與碳上的空軌域相互作用，使醯基陽離子穩定化，因為穩定化的關係，醯化反應在進行時碳陽離子不會發生重新排列。

不同於傅-克烷基化的多取代，醯化反應在環上的取代從不超過一次，因為醯基苯產物的反應性低於未醯化起始物質。

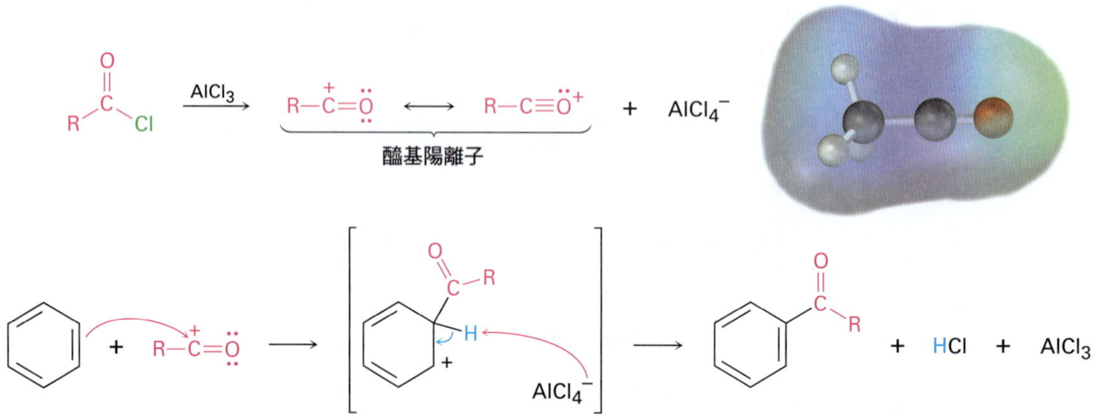

圖 7-9 傅-克醯化反應之反應機制。親核基為共振穩定的醯基陽離子，靜電能勢圖中指出碳為最正極化的原子。

芳香環的烷基化發生在眾多的生物途徑中，然而生物體內卻不是利用氯化鋁來催化反應，取而代之的是利用有機二磷酸 (organodiphosphate) 的解離形成碳陽離子親電子基，這個解離常需要有正二價金屬離子 (如：Mg⁺) 的錯合物作為輔助，就像是氯化烷基的解離需要氯化鋁 (AlCl₃) 作為輔助。

在葉醌 (phylloquinone)(維生素 K₁，人類凝血因子) 的生物合成中發生的生物傅-克反應就是一個例子，1,4-二羥基甲萘酸 (1,4-dihydroxynaphthoic acid) 和植基二磷酸 (phytyl diphosphate) 反應生成葉醌。首先，植基二磷酸解離成共振穩定的丙烯位碳陽離子 (allylic carbocation) 以一般的方式取代到芳香環上，再進一步轉變成葉醌 (圖 7-10)。

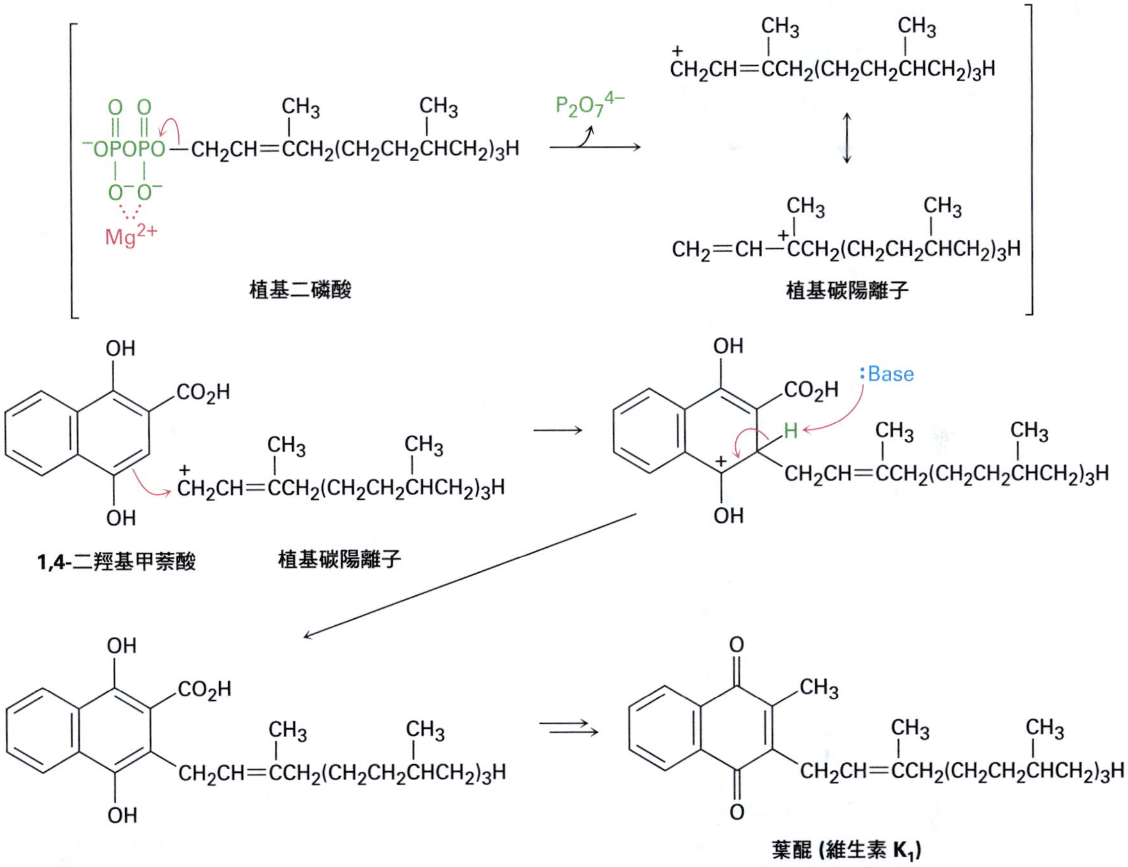

圖 7-10　1,4-二羥基甲萘酸生成葉醌的生物合成途徑。最重要的步驟是類似於傅-克親電子取代反應的步驟，此步驟將 20 個碳的植基側鏈取代至苯上，而二磷酸作為離去基脫去。

習題 7-6　下列氯化烷基中，進行傅-克反應時，哪些會發生重新排列？哪些不會？請解釋。

(a) CH$_3$CH$_2$Cl

(b) CH$_3$CH$_2$CH(Cl)CH$_3$

(c) CH$_3$CH$_2$CH$_2$Cl

(d) (CH$_3$)$_3$CCH$_2$Cl

(e) 氯環己烷 (Chlorocyclohexane)

習題 7-7　當苯在氯化鋁 (AlCl$_3$) 的條件下與 1-氯-2-甲基丙烷 (1-chloro-2-methylpropane) 進行傅-克反應時，主要的單一取代產物為何？

7-6 芳香族雜環化合物與多環芳香化合物

休克爾規則僅嚴格適用於單環化合物，但芳香性的概念可以擴展為包括多環芳香族化合物。萘有兩個類似苯的環稠合在一起；帶有三個環的蒽；帶有五個環的苯并 [a] 芘 (benzo[a]pyrene)；帶有六個環的蔻，這些都是眾所周知的芳香烴。其中，苯并 [a] 芘是特別令人感興趣的，因為它是香菸中發現的致癌物質之一。

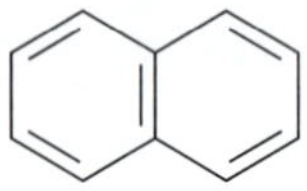

萘
(Naphthalene)

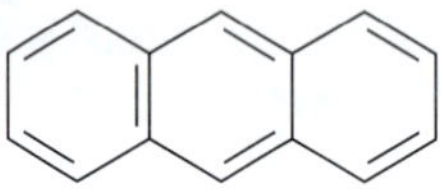

蒽
(Anthracene)

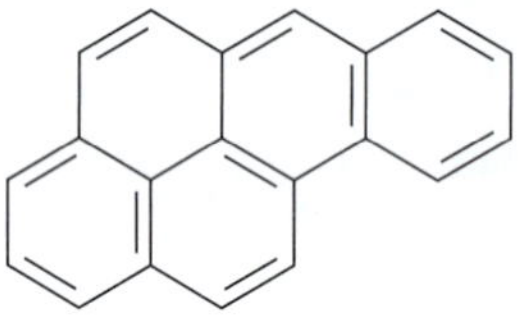

苯并 [a] 芘
(Benzo[a]pyrene)

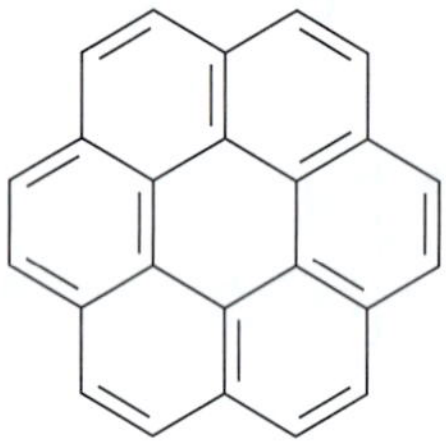

蔻
(Coronene)

所有多環芳族烴都可以由許多不同的共振形式表示。例如，萘有三個。

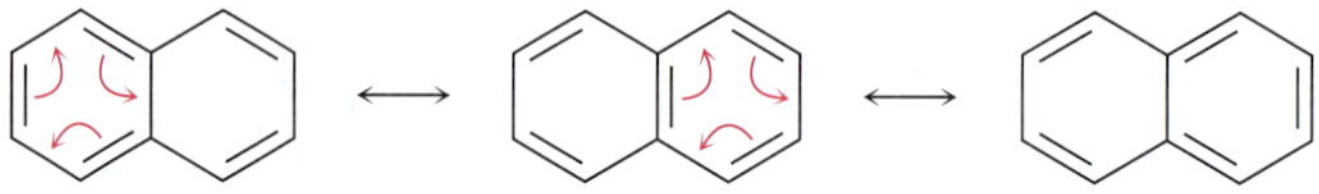

萘

再次回顧第 7.2 節中芳香族的定義：環狀共軛分子且含 $4n + 2$ 個 π 電子。此定義中沒有任何內容表明環中的原子必須是碳。實際上，**雜環化合物**也可以是芳香族。雜環是一種環狀化合物，環中包含兩個或多個元素的原子，通常是碳、氮、氧或硫。例如，吡啶和嘧啶是含氮的六元雜環 (圖 7-11)。

吡啶的 π 電子結構和苯相似，五個碳原子都是 sp^2 混成且擁有垂直平面的環的 p 軌域，每個 p 軌域都包含一個電子，氮原子也是 sp^2 混成且擁有含一個電子的 p 軌域，所以總共有六個 π 電子，氮的孤對電子 (靜電能勢圖中的紅色) 在平面環的 sp^2 軌道中，且不屬於芳香族 π 系統。如圖 7-11 所示，嘧啶是一種苯類似物，在一個六元不飽和環中有兩個氮原子。兩個氮原子都是 sp^2 混成，且每個都為芳香族 π 系統貢獻一個電子。

吡咯和咪唑都是五元雜環，但都具有六個 π 電子且為芳香族，在吡咯中，四個 sp^2 混成的碳中的每一個都貢獻一個 π 電子，而 sp^2 混成的氮原子從其孤對電子中貢獻兩個電子，它們占據了 p 軌域 (圖 7-12)。如圖 7-12 所示，咪唑是一種吡咯的類似物，在五元環中擁有兩個氮原子，是不飽和環類。兩個氮原子都是 sp^2 混成，但是其中一個位於雙鍵上，只貢獻一個電子給芳香共軛系統，而另一個氮原子不在雙鍵上且從孤對電子貢獻兩個電子。

7-6 芳香族雜環化合物與多環芳香化合物

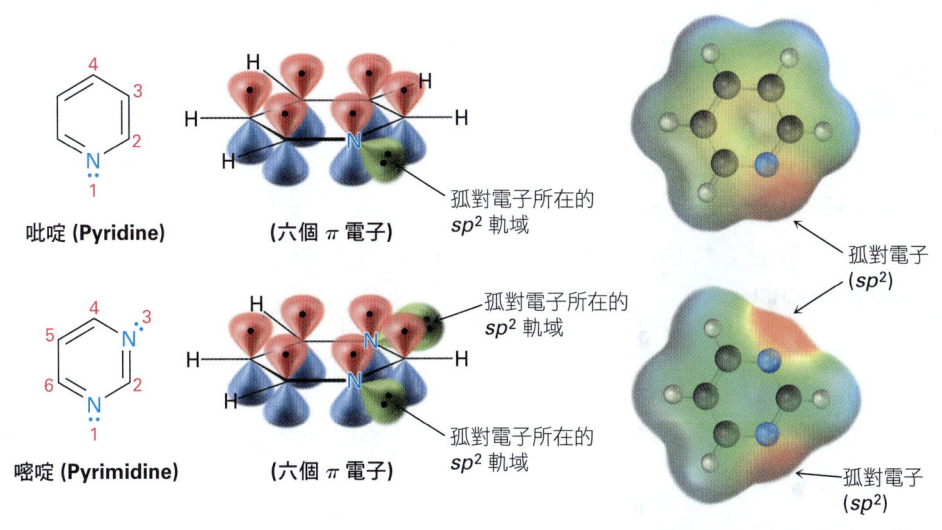

吡啶 (Pyridine) （六個 π 電子）

孤對電子所在的 sp^2 軌域

孤對電子 (sp^2)

嘧啶 (Pyrimidine) （六個 π 電子）

孤對電子所在的 sp^2 軌域

孤對電子所在的 sp^2 軌域

孤對電子 (sp^2)

圖 7-11 吡啶和嘧啶是含氮芳香雜環，有著像苯一樣的 π 電子重排。兩者氮上的孤對電子都在環平面的 sp^2 軌域中。

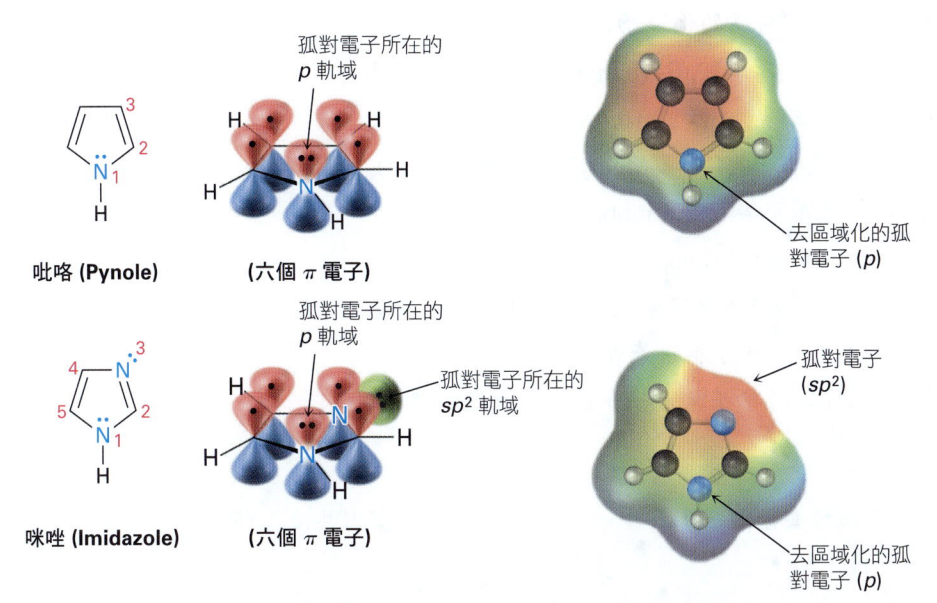

吡咯 (Pynole) （六個 π 電子）

孤對電子所在的 p 軌域

去區域化的孤對電子 (p)

咪唑 (Imidazole) （六個 π 電子）

孤對電子所在的 p 軌域

孤對電子所在的 sp^2 軌域

孤對電子 (sp^2)

去區域化的孤對電子 (p)

圖 7-12 吡咯和咪唑都是含氮五元雜環，擁有與環戊二烯陰離子相似的六個 π 電子的重排。兩者皆有一個氮的孤對電子在與環平面垂直的 p 軌域中，其中咪唑第二個氮的孤對電子在與環平面平行的 sp^2 軌域中不參與共振。

習題 7-8 下列嘌呤中四個氮原子各貢獻多少個電子給芳香族 π 系統？

嘌呤 (Purine)

附加習題

芳香族化合物命名

7-9 使用 IUPAC 為下列化合物命名。

(a) PhCH(CH₃)CH₂CH(CH₃)CH₃

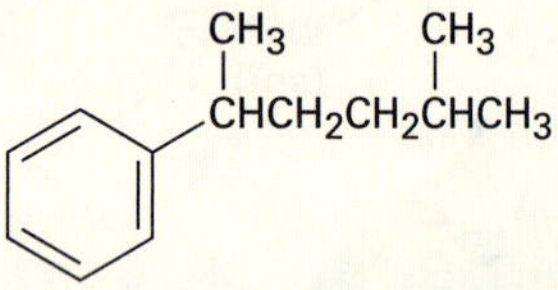

(b) 2-溴苯甲酸 (CO₂H, Br)

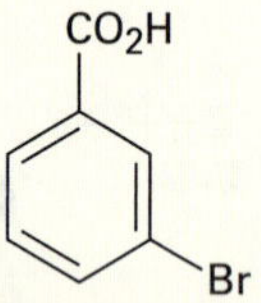

(c) 3,5-二甲基溴苯

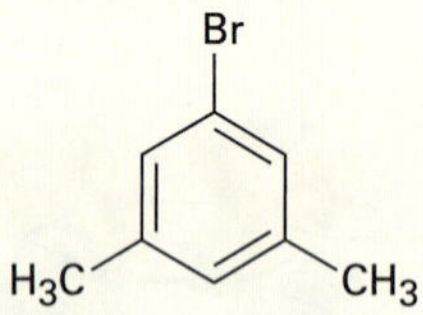

(d) 2-溴-1-乙基苯 (CH₂CH₃)

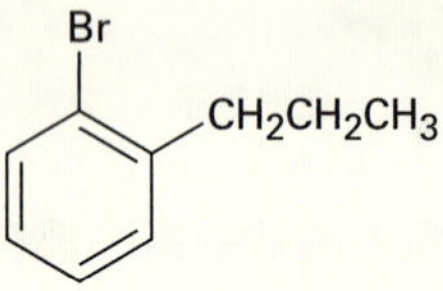

(e) 1-氟-2,4-二硝基苯

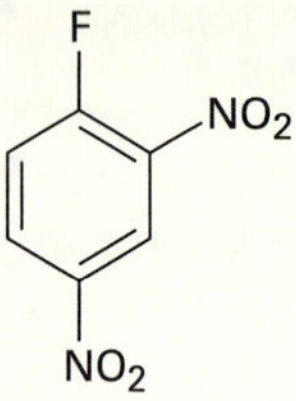

(f) 4-氯苯胺

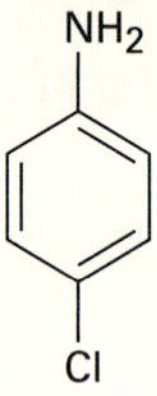

7-10 畫出下列名字對應的化合物結構。

(a) 3-甲基-1,2-苯二胺 (3-Methyl-1,2-benzenediamine)

(b) 1,3,5-苯三醇 (1,3,5-Benzenetriol)

(c) 3-甲基-2-苯基己烷 (3-Methyl-2-phenylhexane)

(d) 鄰-胺基苯甲酸 (o-Aminobenzoic acid)

(e) 間-溴苯酚 (m-Bromophenol)

(f) 2,4,6-三硝基苯酚 (苦味酸) [2,4,6-Trinitrophenol (picric acid)]

7-11 畫出 C_7H_7Cl 所有可能的芳香族化合物並命名。

7-12 畫出 C_8H_9Br 所有可能的芳香族化合物並命名。

芳香族化合物之結構

7-13 蒽具有四種共振結構，其中一種如圖所示，請畫出其他三種。

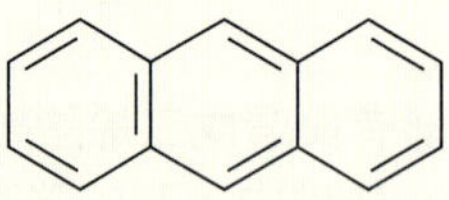

蒽

7-14 吲哚是一種芳香族雜環，是一個苯與吡咯環稠合而成，請畫出吲哚的軌域圖。

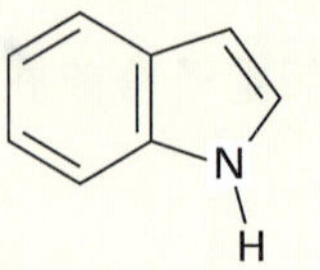

吲哚 (Indole)

(a) 吲哚有多少 π 個電子？

(b) 吲哚與萘的電子關係是什麼？

芳香族化合物之取代反應

7-15 提出滿足以下描述的芳香烴結構:

(a) C_9H_{12}; 在芳香環上的氫被溴取代時,僅產生一種 $C_9H_{11}Br$ 產物

(b) C_8H_{10}; 在芳香環上的氫被溴取代時,產生三種 C_8H_9Br 產物

7-16 三苯基甲烷 (triphenylmethane) 可以藉由苯與氯仿 (chloroform) 在 $AlCl_3$ 存在的條件下製備。請提出此反應的反應機制。

$$\text{C}_6\text{H}_6 + \text{CHCl}_3 \xrightarrow{\text{AlCl}_3} (\text{C}_6\text{H}_5)_3\text{CH}$$

7-17 請畫出並命名下列化合物進行親電子氯化反應的主要產物:

(a) 間-硝基苯酚 (m-Nitrophenol) (b) 鄰-二甲苯 (o-Xylene)

(c) 對-硝基苯甲酸 (p-Nitrobenzoic acid) (d) 對-溴苯磺酸 (p-Bromobenzenesulfonic acid)

7-18 請預測下列反應之主要產物為何?

(a) 氯苯 $\xrightarrow[\text{AlCl}_3]{\text{CH}_3\text{CH}_2\text{Cl}}$?

(b) 二苯醚 $\xrightarrow[\text{AlCl}_3]{\text{CH}_3\text{CH}_2\text{COCl}}$?

(c) 苯甲酸 $\xrightarrow[\text{H}_2\text{SO}_4]{\text{HNO}_3}$?

(d) N,N-二乙基苯胺 $\xrightarrow[\text{H}_2\text{SO}_4]{\text{SO}_3}$?

7-19 請將下列化合物對於傅-克烷基化反應之反應性進行排序,下列化合物何者不會發生反應?

(a) 溴苯 (Bromobenzene)   (b) 甲苯 (Toluene)   (c) 苯酚 (Phenol)

(d) 苯胺 (Aniline)   (e) 硝基苯 (Nitrobenzene)   (f) 對-溴甲苯 (p-Bromotoluene)

7-20 如下式所寫,各式合成反應中都有缺陷,請說出各式的錯誤。

(a) 甲苯 $\xrightarrow{\text{1. Cl}_2, \text{FeCl}_3}_{\text{2. KMnO}_4}$ 3-氯苯甲酸

(b) 氯苯 $\xrightarrow{\begin{array}{l}\text{1. HNO}_3, \text{H}_2\text{SO}_4\\ \text{2. CH}_3\text{Cl, AlCl}_3\\ \text{3. Fe, H}_3\text{O}^+\\ \text{4. NaOH, H}_2\text{O}\end{array}}$ 4-氯-3-甲基苯胺

(c) 甲苯 $\xrightarrow{\begin{array}{l}\text{1. CH}_3\text{CCl, AlCl}_3\\ \text{2. HNO}_3, \text{H}_2\text{SO}_4\\ \text{3. H}_2/\text{Pd}; 乙醇\end{array}}$ 1-甲基-2-硝基-4-乙基苯

7-21 請畫出萘進行溴化反應時生成碳陽離子中間物的共振結構，並解釋為何萘進行親電子取代反應時會發生在 C1 而不是 C2。

7-22 請預測並解釋苯與 (R)-2-氯丁烷 [(R)-2-chlorobutane] 進行傅-克反應時會生成光學活性 (optically active) 產物還是外消旋 (racemic) 產物。

7-23 請寫出 2,2,5,5-四甲基四氫呋喃 (2,2,5,5-tetramethyltetrahydrofuran) 與苯反應之反應機制。

7-24 溴化氫與 1-苯丙烯的加成反應生成 1-溴丙基苯的單一產物。請說明此反應之反應機制並解釋為何此反應不會生成其他位置的異構物產物。

芳香性與休克爾規則

7-25 利巴韋林是一種 C 型肝炎和病毒性肺炎的抗病毒藥物，含有 1, 2, 4-三唑環 (1,2,4-Triazole ring)。請問為什麼這個環狀物是芳香的？

利巴韋林 (Ribavirin)

醇類、苯酚類、醚類及其含硫衍生物

8

8-1 醇類、苯酚類與醚類的命名
8-2 醇類、苯酚類與醚類的性質
8-3 羰基化合物合成醇類
8-4 醇類的反應
8-5 醇類的氧化反應
8-6 苯酚類的反應
8-7 硫醇與硫醚

醇類以及**苯酚**類可被視為水的有機衍生物,其水分子中的氫原子被置換為其他有機官能基:H–O–H 對於 R–O–H、Ar–O–H 的比較。實際上,命名為「醇」是受限於某化合物含有 –OH 官能基且為飽和態,其碳原子為 sp^3 混成軌域,然而當某化合物其碳鏈含有乙烯基且與 –OH 官能基鍵結,其碳原子為 sp^2 混成軌域稱為「烯醇」。「烯醇」將出現在第 11 章。

醇
(An alcohol)

苯酚
(A phenol)

烯醇
(An enol)

　　醇類、苯酚類和醚類廣泛存在於大自然中且受到大量工業以及製藥業的應用。以乙醇為例,乙醇 (ethanol) 是最早被製備以及純化的化合物之一。是由發酵的穀物和醣類生產,此方法已有約 9000 年的歷史,其蒸餾的純化方式可追溯至 12 世紀。如今,每年約有 7000 萬公噸 (230 億加侖) 的乙醇在全世界被製造,多數發酵是由玉米、大麥、高粱和其他作物來源。幾乎全部用作汽車燃油。

　　乙醇在工業界作為溶劑或化學中間物,透過乙烯在高溫下經由酸催化的水合反應大量製得。

$$H_2C=CH_2 \xrightarrow[\substack{H_3PO_4 \\ 250\,°C}]{H_2O} CH_3CH_2OH$$

　　苯酚 (phenols) 在大自然中廣泛出現且在工業合成中作為中間物有多樣的產物，如：黏著劑和防腐劑。苯酚自身作為消毒劑在焦煤油中被發現；水楊酸甲酯 (methyl saliclate) 在冬青精油 (wintergreen) 中被發現作為調味劑；漆酚 (urushiol) 為毒漆樹 (poison oak) 和毒藤蔓 (poison ivy) 的致敏成分。注意其名苯酚 (phenol) 同時用於此化合物本身 (羥基苯，hydroxybenzene) 和與其同一類的化合物。

苯酚
(也稱為石碳酸)

水楊酸甲酯

漆酚
(R = 不同的 C_{15} 烷基和烯基鏈)

　　醚類在許多方面相對穩定且不反應但有些醚類與氧會緩慢生成含有 O–O 鍵結之過氧化物。低分子量醚類生成之過氧化物，如：二異丙基醚和四氫呋喃，即使是小量的使用也會有爆炸性且極度危險。在實驗室中醚類作為溶劑很實用，但是必須小心地使用並且不能長時間存放。

8-1　醇類、苯酚類與醚類的命名

醇類的命名

　　醇類會依據連接羥基的碳原子上所接的有機官能基數量被分類為一級 (1°)、二級 (2°) 或三級 (3°)。

一級醇 (1°)　　**二級醇 (2°)**　　**三級醇 (3°)**

　　IUPAC 系統將簡單的醇類作為母體烷烴的衍生物來命名，在醇類命名時以烷烴名稱字尾加上 -ol。

規則 1　選擇一個含羥基的最長碳鏈，並且寫出母體烷烴之名稱以 -ol 取代 -e 結尾。將

字尾 -e 刪除是為了避免發生兩個母音相鄰的情況，舉例來說，丙醇為 propanol 而不是 propaneol。

規則 2　接著將烷基鏈從靠近羥基的碳開始編號。

規則 3　根據取代基在碳鏈上的位置進行編號然後命名。按照開頭字母順序將取代基列出並定義與羥基鍵結之位置。要注意的是順-1,4-環己二醇 (*cis*-1,4-cyclohexanediol) 化合物之命名，環己烷字尾的 -e 並未被刪除，因為其字尾的字母不為母音，因此環二己烷的命名為 cyclohexanediol 而不是 cyclohexandiol。如同烯烴的命名 (第 4.1 節)，新的 IUPAC 命名建議將羥基位置編號置於後綴詞之前而不是置於母體烷烴之前。

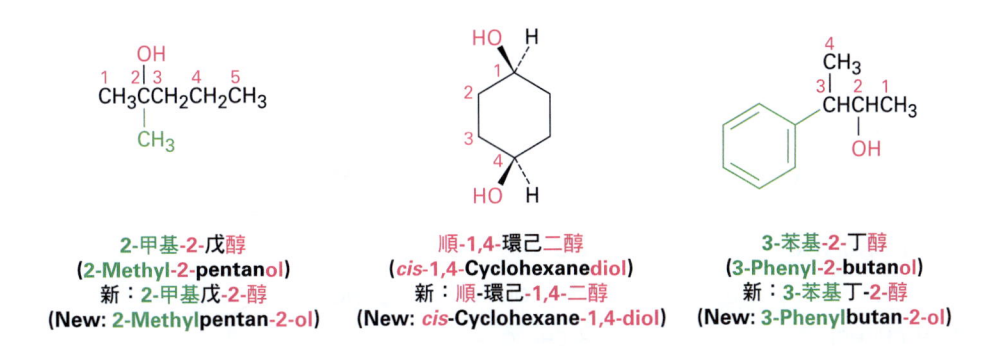

2-甲基-2-戊醇
(2-Methyl-2-pentanol)
新：2-甲基戊-2-醇
(New: 2-Methylpentan-2-ol)

順-1,4-環己二醇
(*cis*-1,4-Cyclohexanediol)
新：順-環己-1,4-二醇
(New: *cis*-Cyclohexane-1,4-diol)

3-苯基-2-丁醇
(3-Phenyl-2-butanol)
新：3-苯基丁-2-醇
(New: 3-Phenylbutan-2-ol)

一些簡單和廣泛應用之醇類擁有非 IUPAC 的俗名，舉例來說：

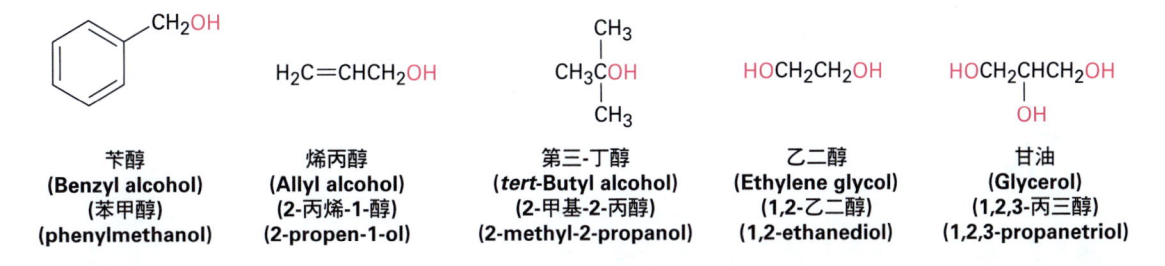

苄醇
(Benzyl alcohol)
(苯甲醇)
(phenylmethanol)

烯丙醇
(Allyl alcohol)
(2-丙烯-1-醇)
(2-propen-1-ol)

第三-丁醇
(*tert*-Butyl alcohol)
(2-甲基-2-丙醇)
(2-methyl-2-propanol)

乙二醇
(Ethylene glycol)
(1,2-乙二醇)
(1,2-ethanediol)

甘油
(Glycerol)
(1,2,3-丙三醇)
(1,2,3-propanetriol)

苯酚類的命名

根據第 7.1 節討論過的規則，苯酚的命名就如同先前對芳香化合物之描述。在這裡要注意的是母體名稱為 -phenol 而不是 -benzene。

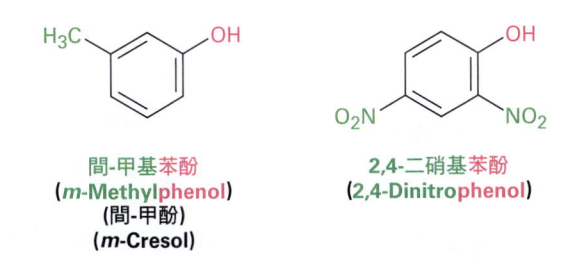

間-甲基苯酚
(*m*-Methylphenol)
(間-甲酚)
(*m*-Cresol)

2,4-二硝基苯酚
(2,4-Dinitrophenol)

醚類的命名

簡單且沒有其他官能基的醚類藉由辨別兩個有機取代基後再加上 *ether*。

異丙基甲基醚
(Isopropyl methyl ether)

乙基苯基醚
(Ethyl phenyl ether)

如果存在其他官能基，醚類的部分會被作為烷氧基取代基。例如：

對-二甲氧基苯
(*p*-**Dimethoxy**benzene)

4-第三-丁氧基-1-環己烯
(4-***tert*-Butoxy**-1-cyclohexene)

習題 8-1 請利用 IUPAC 命名法為下列化合物命名。

(a) CH₃CHCH₂CHCH₃ 含 OH, OH, CH₃

(b) 苯-CH₂CH₂CCH₃ 含 OH, CH₃

(c) HO-環己基-CH₃, CH₃

(d) 環戊基 H, Br, H, OH

(e) H₃C-苯-OH, Br

(f) 環戊烯-OH

習題 8-2 請畫出與下列 IUPAC 命名相符之化合物結構。

(a) (Z)-2-乙基-2-丁烯-1-醇 [(Z)-2-Ethyl-2-buten-1-ol]
(b) 3-環己烯-1-醇 (3-Cyclohexen-1-ol)
(c) 反-3-氯環庚醇 (*trans*-3-Chlorocycloheptanol)
(d) 1-4-戊二醇 (1,4-Pentanediol)
(e) 2,6-二甲基苯酚 (2,6-Dimethylphenol)
(f) 鄰-(2-羥基乙基) 苯酚 [*o*-(2-Hydroxyethyl)phenol]

習題 8-3 對下列醚類命名：

(a) CH₃CHOCHCH₃ 含 CH₃, CH₃

(b) 環戊基-OCH₂CH₃

(c) 苯-OCH₃, Br

(d) 環己烯-OCH₃

(e) CH₃CHCH₂OCH₂CH₃ 含 CH₃

(f) H₂C=CHCH₂OCH=CH₂

8-2 醇類、苯酚類與醚類的性質

醇類、苯酚類和水分子中的氧原子在幾何形狀上幾乎相同。R–O–H 之鍵角與正四面體大約相同 (例如：甲醇的鍵角為 108.5°)，而氧原子為 sp^3 混成軌域。

就如同水分子，醇類和苯酚類因為有氫鍵的關係而比預期中擁有較高的沸點。在分子中，–OH 官能基上正極化的氫原子會吸引其他分子上電負度高的氧原子之孤對電子，造成一個弱力使分子聚集 (圖 8-1)。分子從液態的束縛進入氣態時必須要克服這些分子間的吸引力，因此沸點溫度上升。舉例而言：1-丙醇 (分子量 = 60)、丁烷 (分子量 = 58) 和氯乙烷 (分子量 = 65)，以上化合物有相似之分子量，然而相較於 1-丙醇的沸點為 97°C，烷類的沸點是 −0.5°C 和烷基氯化物的沸點為 12.5°C。

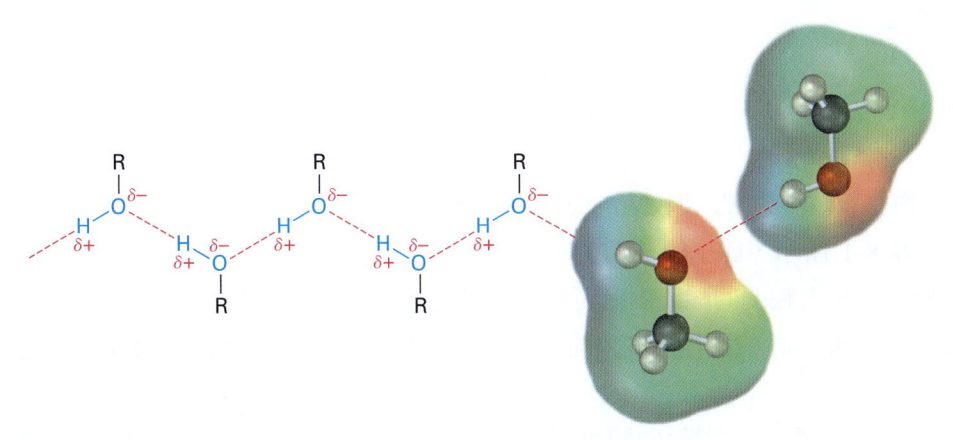

圖 8-1 醇類與苯酚類的氫鍵。正極化的 –OH 氫原子與負極化的氧原子因為吸引力聚集。甲醇的靜電能勢圖中顯示<u>正極化的氫原子</u>與<u>負極化的氧原子</u>。

其他與水分子的相似之處是醇類與苯酚類同樣兼具弱酸性與弱鹼性，當它們作為弱鹼時，會與強酸進行可逆的質子化生成正氧離子 (oxonium ions, ROH_2^+)。

$$R-\ddot{O}-H + H-X \rightleftharpoons R-\overset{+}{O}H_2 \; :X^-$$

醇　　　　　　　　　　　正氧離子

$$\left[或 \; ArOH + HX \rightleftharpoons Ar\overset{+}{O}H_2 \; X^- \right]$$

當它們作為弱酸時，會在稀釋水溶液中微解離，將質子貢獻給水分子生成 H_3O^+ 和**烷氧陰離子** (alkoxide ion, RO^-) 或**酚氧陰離子** (phenoxide ion, ArO^-)。

$$R-\ddot{O}:-H + H-\ddot{O}-H \rightleftharpoons R-\ddot{O}:^- + H-\overset{+}{\underset{H}{O}}-H$$

醇　　　　　　　　　　　　烷氧陰離子

或

$$Y-\langle\bigcirc\rangle-\ddot{O}-H + H_2\ddot{O}: \rightleftharpoons Y-\langle\bigcirc\rangle-O^- + H_3O^+$$

苯酚　　　　　　　　　　　　酚氧陰離子

回想在第 1.8 與 1.9 節對於酸性的討論，任何酸 (HA) 在水中的強度都可以藉由酸性係數 K_a 來表達。

$$K_a = \frac{[A^-][H_3O^+]}{[HA]} \qquad pK_a = -\log K_a$$

化合物有著較小的 K_a 與較大的 pK_a 都是較弱的酸，而 K_a 較大與 pK_a 較小的化合物較酸。如表 8-1 所示，簡單的醇類 (如：甲醇、乙醇) 大約與水一樣酸，但是較高取代的第三-丁基醇是相對較弱的酸。由此可知取代基也會有極大的影響，例如：2,2,2-三氟乙醇 (2,2,2-trifluoroethanol) 的酸性強度大約為乙醇的 3700 倍。醇類的相似物苯酚與硫醇實質上比水酸。

醇類上的烷基取代基對醇類酸度的影響主要是取決於在酸性環境中解離形成烷氧陰離子的溶合作用。烷氧陰離子越容易進水中越穩定，能量較大，醇類本身的酸性越強。舉例來

表 8-1　常見醇類和苯酚類的酸性常數

化合物	pK_a
$(CH_3)_3COH$	18
CH_3CH_2OH	16
H_2O	15.74
CH_3OH	15.54
CF_3CH_2OH	12.43
對-胺酚	10.46
CH_3SH	10.3
對-甲酚	10.17
苯酚	9.89
對-氯酚	9.38
對-硝基酚	7.15

弱酸 ↓ 弱鹼

說：沒有立體障礙的烷氧陰離子之氧原子，例如：甲醇所形成之 MeO⁻ 在空間上無阻礙且易溶於水。第三-丁基醇形成之烷氧陰離子中有立體障礙之氧原子不易溶解也較不穩定。

拉電子基團可使烷氧陰離子穩定並降低醇類的 pK_a

$F_3C-\overset{O^-}{\underset{F_3C}{C}}-CF_3$ vs. $H_3C-\overset{O^-}{\underset{H_3C}{C}}-CH_3$

pK_a = 5.4 　　　　　　 pK_a = 18

因為醇類為弱酸，所以它們不能與弱鹼反應，舉例而言：胺類或重碳酸鹽離子僅與金屬氧化物 (如：NaOH) 在一定程度上反應。而醇類能夠與鹼金屬和氫化鈉 (NaH)、胺化鈉 (NaNH₂) 與格林納試劑 (Grignard reagents, RMgX) 等強鹼反應。在有機化學中，烷氧陰離子常作為鹼性試劑。此外烷氧陰離子的命名系統簡而言之就是將醇類命名的字尾加上 -ate，舉例來說：甲醇為 methanol，形成烷氧陰離子後為 methanolate。

2 (CH₃)₃C-OH + 2 K ⟶ 2 (CH₃)₃C-O⁻ K⁺ + H₂

第三-丁醇
(*tert*-Butyl alcohol)
2-甲基-2-丙醇
(2-methyl-2-propanol)

第三-丁氧化鉀
(Potassium *tert*-butoxide)
2-甲基-2-丙醇鉀
(potassium 2-methyl-2-propanolate)

CH₃OH + NaH ⟶ CH₃O⁻ Na⁺ + H₂

甲醇
(Methanol)

甲氧化鈉
(Sodium methoxide)
甲醇鈉
(sodium methanolate)

CH₃CH₂OH + NaNH₂ ⟶ CH₃CH₂O⁻ Na⁺ + NH₃

乙醇
(Ethanol)

乙氧化鈉
(Sodium ethoxide)
乙醇鈉
(sodium ethanolate)

苯酚類比醇類酸約百萬倍 (表 8-1)。因此苯酚類可以溶入稀釋的氫氧化鈉水溶液中，也可以藉由鹼性萃取使化合物溶入水溶液中，進而使混合的樣品分開再進行酸化。

C₆H₅-OH + NaOH ⟶ C₆H₅-O⁻ Na⁺ + H₂O

苯酚
(Phenol)

酚氧化鈉
(Sodium phenoxide)
酚鈉
(sodium phenolate)

如同醇類，醚類與水分子有幾乎相同的幾何形狀。R–O–R 鍵結與正四面體的鍵角大約相同 (甲醚的鍵角為 112°) 且氧原子為 sp^3 混成軌域。

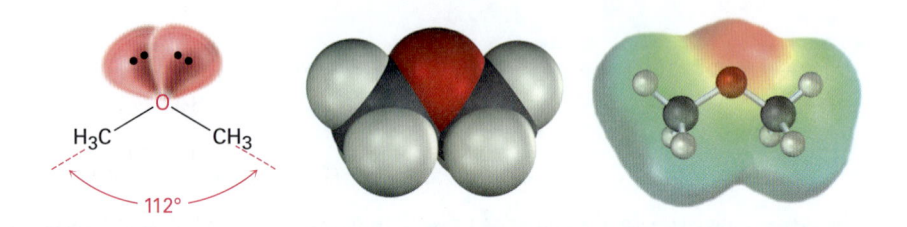

製備醚類最常用的方法包含威廉森醚合成 (Williamson ether synthesis)，此方法是利用烷氧陰離子與一級烷基鹵化物或甲苯磺酸鹽類進行 S_N2 反應。如同我們在前文所見，烷氧陰離子通常是藉由醇類與 NaH 這類強鹼反應製備而成的。

環戊醇　　　　烷氧陰離子　　　　環戊基甲基醚
(74%)

因為威廉森反應為 S_N2 反應，所以它會受限於所有常見的問題，如第 6-4 節所討論到的。一級鹵化物與甲苯磺酸鹽的反應最有效，因為競爭性的 E2 脫去反應會發生在立體障礙大的化合物上。因此，不對稱的醚類合成應該是將立體障礙較大的烷氧離子與立體障礙要小的鹵化物反應，而不是用立體障礙較小的烷氧離子與立體障礙較大的烷鹵化物反應。舉例來說：在 1990 年代的汽油中作為辛烷助進器的第三-丁基甲基醚，它最好的製備方法是利用第三-丁基氧離子 (*tert*-butoxide ion) 與碘甲烷反應，而不是利用甲氧基離子 (methoxide ion) 與 2-氯-2-甲基丙烷反應。

第三-丁基氧離子　　碘甲烷　　　　第三-丁基甲基醚

2-氯-2-甲基丙烷　　2-甲基丙烯

習題 8-4 請問如何使用威廉森合成製備出下列化合物？

(a) 甲基丙基醚 (Methyl propyl ether)
(b) 苯甲醚 (甲基苯基醚) [Anisole (Methyl phenyl ether)]
(c) 苄基異丙基醚 (Benzyl isopropyl ether)
(d) 乙基-2,2-二甲基丙基醚 (Ethyl 2,2-dimethylpropyl ether)

習題 8-5 下列為四碳醇類的異構物之數據，顯示出化合物之沸點會隨著與 −OH 官能基相接的碳上之取代基越多而下降，請解釋上述情況。

1-丁醇 (1-Butanol) 沸點為 117.5 °C
2-丁醇 (2-Butanol) 沸點為 99.5°C
2-甲基-2-丙醇 (2-Methyl-2-propanol) 沸點為 82.2 °C

習題 8-6 請解釋為何對-硝基苯甲醇 (p-Nitrobenzyl alcohol) 比苯甲醇 (苄醇，benzyl alcohol) 更酸，但是對-甲氧基苯甲醇 (p-methoxy-benzyl alcohol) 的酸度卻比苯甲酸小。

8-3 羰基化合物合成醇類

醇類在有機化學中占有重要位置，它們可以使用許多不同的化合物製備 (如：烯類、烷基鹵化物、酮類、酯類和醛類⋯等不同物質)，且同樣能夠轉換為各種不同之化合物 (圖 8-2)。

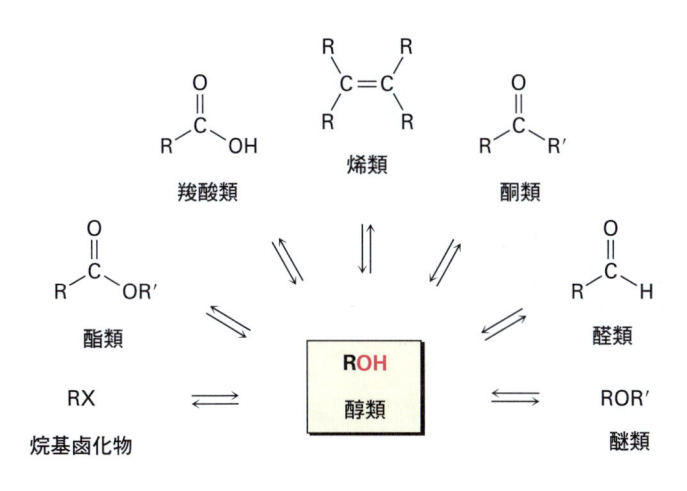

圖 8-2 有機化學中醇類的重要地位。許多化合物可以製備醇類，醇類也可以製備許多化合物。

在實驗室中或生物體中最常用來製備醇類的方法是將羰基化合物還原。就像是烯類的還原，在 C=C 鍵上加氫形成烷類 (第 5.5 節)，羰基的還原就是在 C=O 鍵上加氫生成醇類。任何不同的羰基化合物都可以進行還原，包含醛類、酮類、羧酸類和酯類。

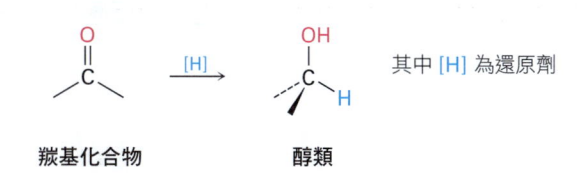

其中 [H] 為還原劑

醛類很容易還原成一級醇，而酮類易還原成二級醇。

醛類 → 一級醇　　酮類 → 二級醇

在實驗室中有數十種試劑是用來還原醛類和酮類，會根據環境做選擇，其中，硼氫化鈉 (NaBH$_4$) 因為其本身使用上安全且容易掌控所以最常被選擇使用。硼氫化鈉為白色結晶固體，可以在開放大氣中使用也可以在水中或醇類中溶解。

醛類的還原反應

$CH_3CH_2CH_2CH=O$ $\xrightarrow[2.\ H_3O^+]{1.\ NaBH_4,\ 乙醇}$ $CH_3CH_2CH_2CH_2OH$

丁醛 (Butanal)　　　1-丁醇 (1-Butanol) (85%)
　　　　　　　　　　　　　(一級醇)

酮類的還原反應

二環己基酮 (Dicyclohexy ketone) $\xrightarrow[2.\ H_3O^+]{1.\ NaBH_4,\ 乙醇}$ 二環己基甲醇 (Dicyclohexylmethanol) (88%)
　　　　　　　　　　　　　　　　　　　　　　　　　　　　　　　(二級醇)

鋁氫化鋰 (Lithium aluminum hydride, LiAlH$_4$) 是另一種常被使用在醛類與酮類還原之還原試劑。LiAlH$_4$ 是一種淡灰色粉末，可溶於醚類和四氫呋喃，反應性較 NaBH$_4$ 好但也較危險，與水發生劇烈反應且加熱至 120°C 以上會劇烈分解。

2-環己烯酮 $\xrightarrow[2.\ H_3O^+]{1.\ LiAlH_4,\ 乙醚}$ 2-環己烯醇 (94%)

我們將會在第 9 章深入討論這些還原反應。目前，我們將會簡單的提及反應會涉及親核負離子 (:H$^-$) 對於正極化物質 (羰基上親電子的碳原子) 的加成反應。起始的產物為烷氧陰離子，然後再藉由 H$_3$O$^+$ 的加入使其質子化，經過上述兩步的反應形成醇類產物。

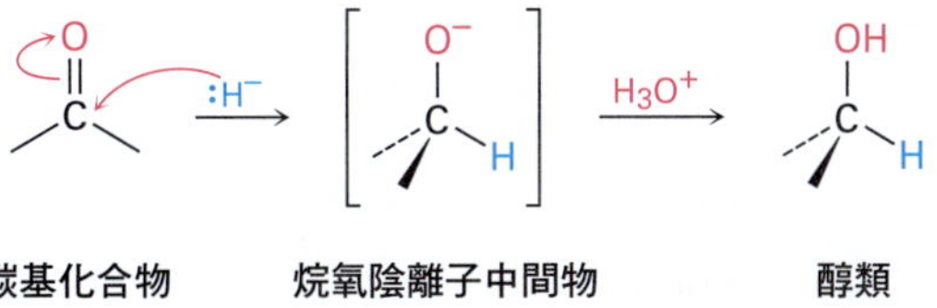

8-3 羰基化合物合成醇類

羰基化合物 → 烷氧陰離子中間物 → 醇類

在生物體中，醛類與酮類可以藉由輔酶 NADH (還原型菸鹼醯胺腺嘌呤二核苷酸) 或輔酶 NADPH (還原型菸鹼醯胺腺嘌呤二核苷酸磷酸) 進行還原反應。雖然這些生物試劑的結構比 NaBH$_4$ 和 LiAlH$_4$ 複雜許多，但是實驗室與生物體中的反應機制是相似的。輔酶充當氫陰離子 (hydride ion, :H$^-$) 的給予者生成烷氧陰離子，然後陰離子中間物會因為酸而質子化。以脂肪合成的其中一步為例 (圖 8-3)，乙醯乙醯基載體蛋白 (acetoacetyl ACP) 還原成 β-羥基丁醯基載體蛋白 (β-hydroxybutyryl ACP) 的反應中，需要注意 NADPH 中前 (R)-基團 (pro-R) 的氫原子就是一個氫陰離子轉移的例子。雖然酵素催化反應通常不可能在實際發生之前預測其立體化學，但它的發生常會有高度專一性。

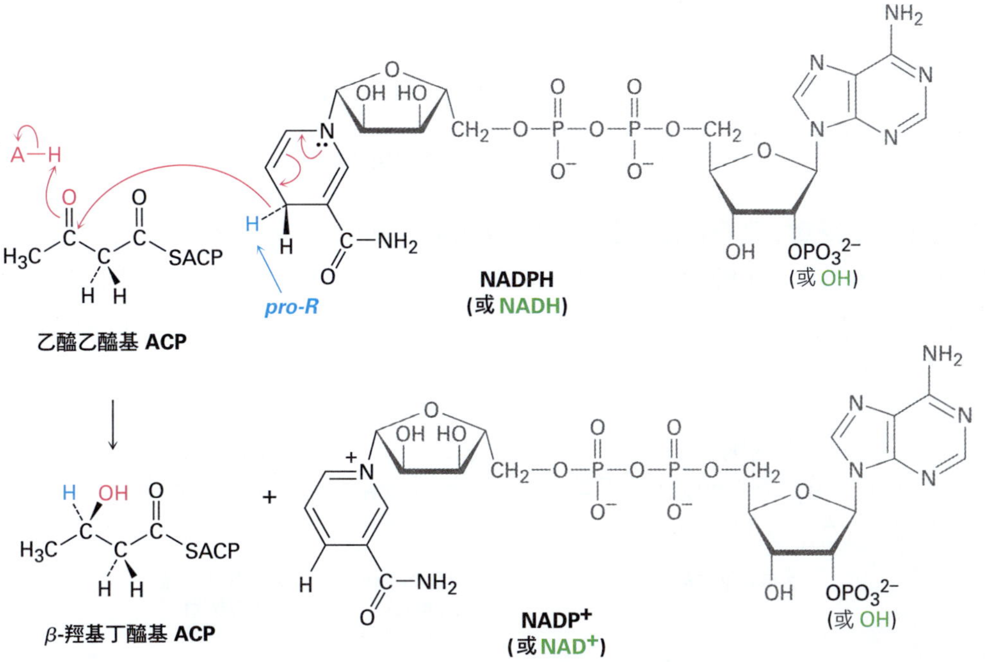

圖 8-3 酮類 (乙醯乙醯基載體蛋白) 藉由 NADPH 進行生物體中的還原反應生成醇類 (β-羥基丁醯基載體蛋白)。

習題 8-7 羰基化合物的還原反應是藉由與氫化物試劑 (H:$^-$) 進行，格林納加成反應是藉由與有機鹵化鎂 (R:$^-$ $^+$MgBr) 反應，上述反應都是親核羰基加成反應的例子。請問你認為將氰化物離子與丙酮反應可能會生成何種類似的產物？

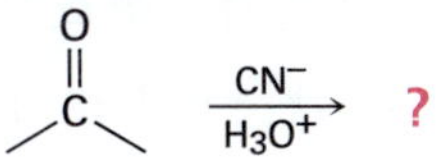

習題 8-8 下列醇類分別是使用 LiAlH$_4$ 與何種羰基化合物進行還原反應製備而成的？請寫出所有可能性。

(a) PhCH$_2$OH (b) PhCH(OH)CH$_3$ (c) cyclohexanol (d) (CH$_3$)$_2$CHCH$_2$OH

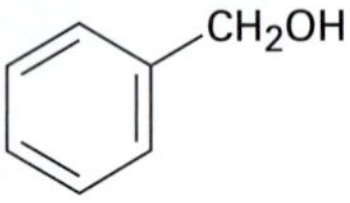

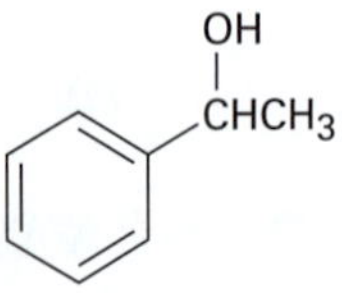

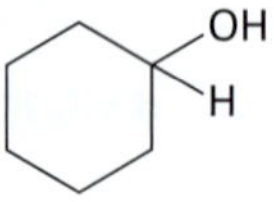

8-4 醇類的反應

不管是在實驗室中或是生物體途徑中，第三個重要的醇類反應是醇類脫水生成烯烴類。因為此反應的實用性，已經設計出許多方法進行脫水反應。其中一種對於三級醇特別實用的方法是利用酸催化的反應。舉例來說，1-甲基環己醇 (1-methylcyelohexano) 在溫暖條件下與硫酸水溶液在四氫呋喃中反應會導致脫水並生成 1-甲基環己烯 (1-methylcyclohexene)。

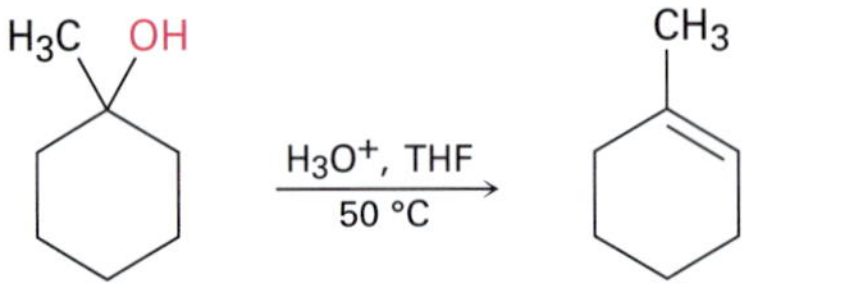

1-甲基環己醇 $\xrightarrow{\text{H}_3\text{O}^+,\ \text{THF}}_{50\ °C}$ 1-甲基環己烯 (91%)

酸催化脫水反應常常會依據柴瑟夫規則 (Zaitsev's rule) 生成出較穩定的化合物作為主要產物。因此，2-甲基-2-丁醇 (2-methyl-butanol) 所生成之主要產物為 2-甲基-2-丁烯 (2-methyl-2-butene)(有三個取代基之雙鍵) 而不是 2-甲基-1-丁烯 (2-methyl-1-butene)(有兩個取代基之雙鍵)。

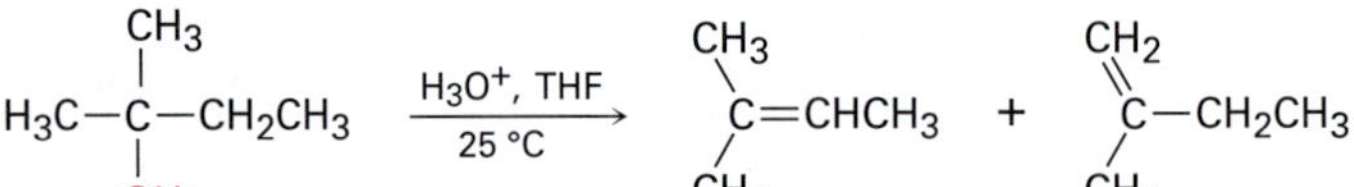

2-甲基-2-丁醇 $\xrightarrow{\text{H}_3\text{O}^+,\ \text{THF}}_{25\ °C}$ 2-甲基-2-丁烯（三取代）**主要產物** + 2-甲基-1-丁烯（二取代）*次要產物*

此反應以 E1 反應機制途徑進行，並且藉由三步反應機制發生，此反應機制會顯示在圖 8-4 中。羥基上之氧原子會被質子化接著藉由失去一個水分子形成一個碳陽離子中間物，最後，會從相鄰的碳上失去一個質子來完成此反應過程。與大多數 E1 反應一樣，三級醇類的反應最快，因為此反應會生成穩定的三級碳陽離子中間物。二級醇類雖然可以在某些條件下進行反應 (如：75% H$_2$SO$_4$, 100 °C)，但是對於較敏感之分子則不能進行。

習題 8-9 當下圖醇類與 POCl$_3$ 和吡啶反應時會形成脫去反應產物。然而，當相同的醇類與 H$_2$SO$_4$ 反應時會生成 1,2-二甲基環戊烯。請提出上述兩個途徑之反應機制並解釋這些差異。

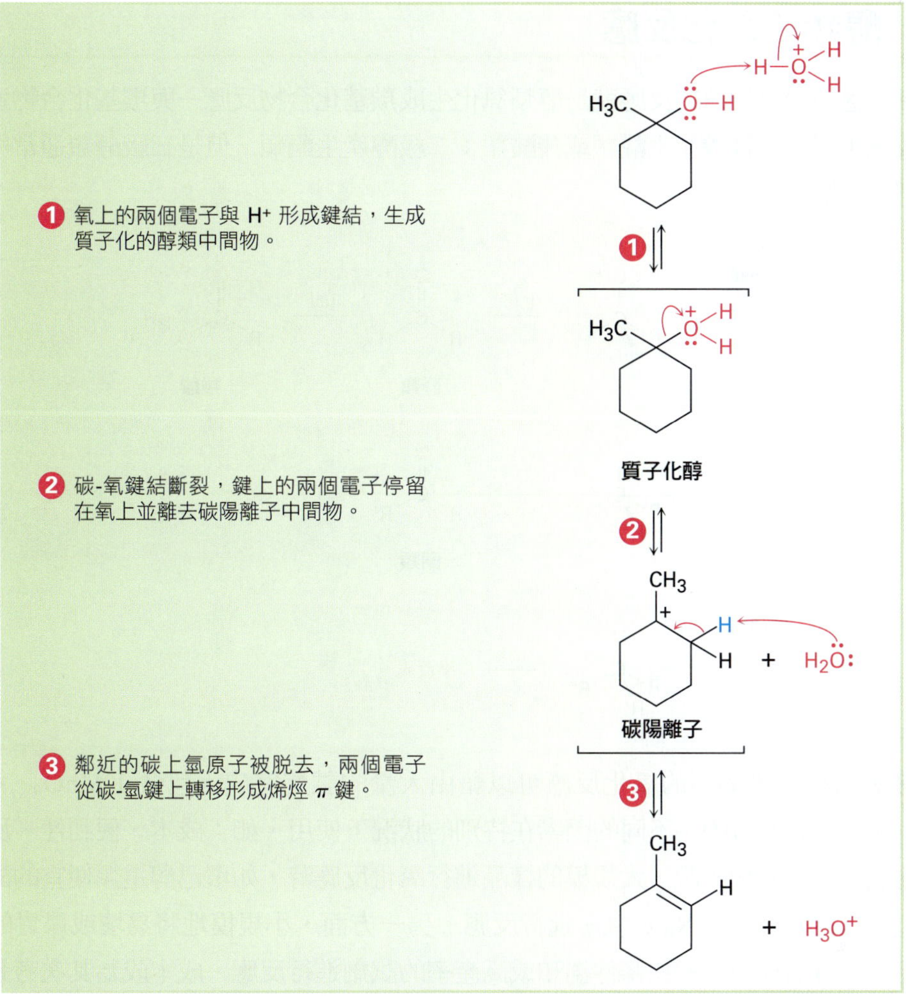
H₃C
Ö—H
H—O—H
H
1 氧上的兩個電子與 H+ 形成鍵結，生成質子化的醇類中間物。
1
H₃C
O
H
H
質子化醇
2 碳-氧鍵結斷裂，鍵上的兩個電子停留在氧上並離去碳陽離子中間物。
2
CH₃
+
H
H
+
H₂O:
碳陽離子
3 鄰近的碳上氫原子被脫去，兩個電子從碳-氫鍵上轉移形成烯烴 π 鍵。
3
CH₃
H
+
H₃O⁺

圖 8-4 三級醇進行酸催化脫水反應生成烯烴類之反應機制。此過程為 E1 反應機制，且涉及碳陽離子中間物的生成。

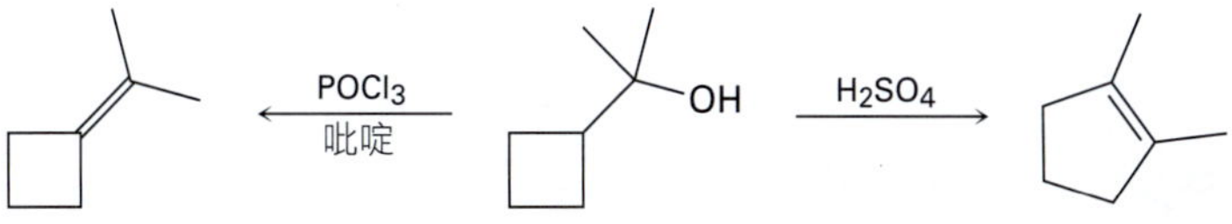
POCl₃
吡啶
OH
H₂SO₄

習題 8-10 睪固酮 (Testosterone) 是一種重要的雄性固醇類荷爾蒙。當睪固酮藉由酸脫水然後發生重排反應生成下式產物。請提出反應機制解釋此反應。

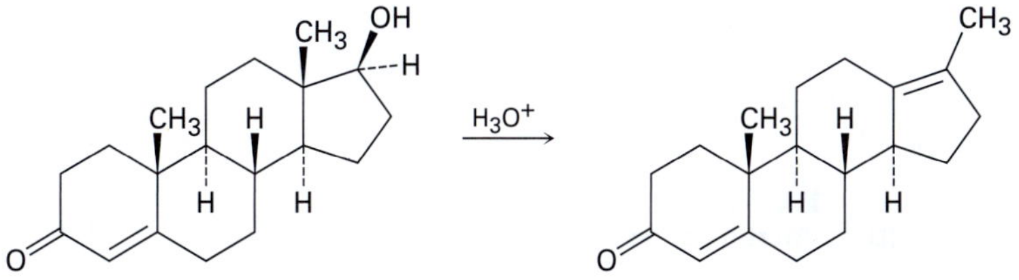
CH₃
OH
H
CH₃
H
H
H
O
H₃O⁺
CH₃
CH₃
H
H
H
O

睪固酮

8-5 醇類的氧化反應

醇類反應中最有價值的反應就是醇類氧化生成羰基化合物反應—與羰基化合物還原生成醇類的反應相對。一級醇產生醛類或羧酸類；二級醇產生酮類，但是三級醇類通常與大多數氧化劑都不反應。

一級醇類和二級醇類的氧化反應可以藉由大量的試劑完成，包含 $KMnO_4$、CrO_3 和 $Na_2Cr_2O_7$。這些試劑會因為不同的因素在特別的狀況下使用，如：成本、便利性、反應產率和醇類的敏感性。舉例來說，大規模的樣品進行氧化反應時，如環己醇這類便宜的醇類就適合使用低成本的氧化劑—$Na_2Cr_2O_7$ 進行反應。另一方面，小規模地將易壞或昂貴的多功能醇類進行氧化就需要使用一些條件溫和或高產率的試劑進行反應，成本成為其次考量。

一級醇的氧化會根據選擇的試劑或反應條件形成醛類或羧酸類。早期的方法通常是利用 Cr(VI) 試劑，如：CrO_3 或 $Na_2Cr_2O_7$。但近年來實驗室中常選擇使用含有 I(V) 的戴斯-馬丁氧化劑 (Dess-Martin periodinane) 在二氯甲烷溶劑中將一級醇類製備成醛類。

其他常用的氧化試劑，如：三氧化鉻 (CrO$_3$) 可以在酸性水溶液中直接地將一級醇類氧化成羧酸，在此反應中，醛類作為中間物參與反應，但無法被分離出來，因為此反應的氧化速度過快。

$$CH_3(CH_2)_8CH_2OH \xrightarrow[H_3O^+, \text{丙酮}]{CrO_3} CH_3(CH_2)_8COOH$$

1-癸醇 (1-Decanol) → 癸酸 (93%) (Decanoic acid)

二級醇類容易經過氧化形成酮類。對於敏感的或成本高昂的醇類，常會選擇使用戴斯-馬丁氧化劑進行反應，因為此反應是在非酸性且低溫的情況下發生。對於大規模的氧化反應，可能利用便宜的氧化試劑，如：Na$_2$Cr$_2$O$_7$，在醋酸水溶液中進行。

4-第三-丁基環己醇 (4-*tert*-Butylcyclohexanol) → 4-第三-丁基環己酮 (91%) (4-*tert*-Butylcyclohexanone)

與生物體中的羰基還原反應相反，生物體中醇類的氧化反應是藉由輔酶 NAD$^+$ 和 NADP$^+$ 協助進行。反應中，鹼會移除 –OH 官能基上的質子，然後烷氧離子會轉移一個氫負離子給輔酶。舉例而言，生物體的脂肪新陳代謝步驟中，將甘油-3-磷酸 (*sn*-glycerol-3-phosphate) 進行氧化反應形成二羥基丙酮磷酸 (dihydroxyacetone phosphate) (圖 8-5)。值得注意的是，此加成反應只會在 NAD$^+$ 環的 *Re* 面 (*Re* face) 進行，在前 (*pro-R*) 基團立體化學上加上氫。

習題 8-11 請問下列產物是由何種醇類氧化而來？
(a) 苯乙酮 (b) CH$_3$CHCHO 帶 CH$_3$ 支鏈 (c) 環戊酮

習題 8-12 請預測下列化合物與 CrO$_3$ 在酸性水溶液中進行氧化反應會生成何種化合物？若使用戴斯-馬丁氧化劑又會生成何種化合物？
(a) 1-己醇 (1-Hexanol)　(b) 2-己醇 (2-Hexanol)　(c) 己醛 (Hexanal)

圖 8-5　在生物途徑中，醇類 (甘油-3-磷酸) 氧化生成酮類 (二羥基丙酮磷酸)。此反應機制與圖 8-3 的酮類還原反應之反應機制完全相反。

8-6　苯酚類的反應

苯酚的氧化反應：苯醌

　　苯酚不能與醇類經歷相同的氧化反應，因為苯酚連接羥基的碳原子上沒有氫原子。苯酚的氧化反應會生成**苯醌** (quinone) 或 2,5-環己二烯-1,4-二酮 (2,5-cycyclohexadiene-1,4-dione)。有許多不同的氧化試劑可以完成此轉換。舉例來說，對於簡單的苯酚使用 $Na_2Cr_2O_7$ 進行轉換是常見的選擇；對於較複雜的結構常使用亞硝二磺酸鉀 ([$(KSO_3)_2NO$], potassium nitrosodisulfonate)，俗稱弗氏鹽 (Fremy's salt)。

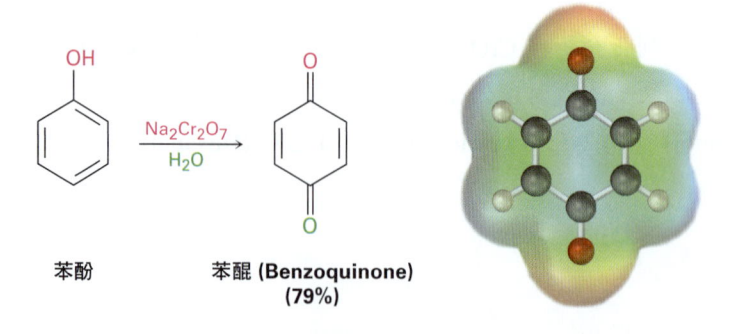

苯酚　　　　　　苯醌 (Benzoquinone)
　　　　　　　　　　　(79%)

　　苯醌因為它們的氧化還原性質是一個有價值的化合物。它們可以很容易的被 $NaBH_4$ 和

SnCl₂ 等還原試劑還原成**氫醌** (hydroquinone) 或對苯二酚 (*p*-dihydroxybenzene)，而對-苯二酚也很容易被 Na₂Cr₂O₇ 氧化回苯醌。

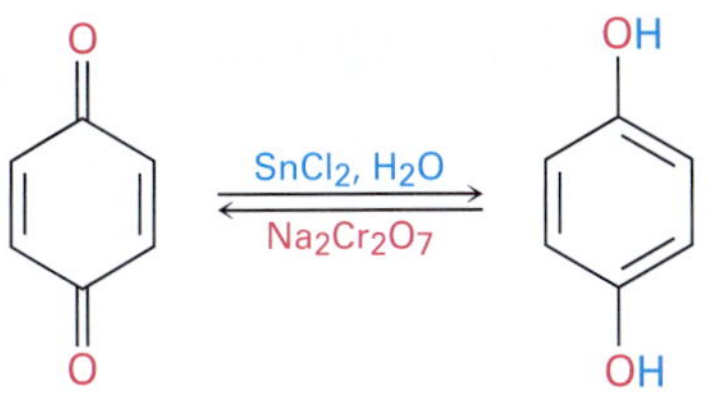

$$\text{苯醌} \underset{Na_2Cr_2O_7}{\overset{SnCl_2, H_2O}{\rightleftharpoons}} \text{氫醌}$$

苯醌的氧化還原性質對於生物細胞的功能很重要，泛醌化合物作為生化的氧化試劑，協調與能量生成有關的電子傳遞。泛醌 (ubiquinones)，又稱輔酶 Q，是所有需氧生物細胞的組成部分，從最簡單的細菌到人體的細胞。它們之所以如此命名是因為它們在自然界中無所不在。

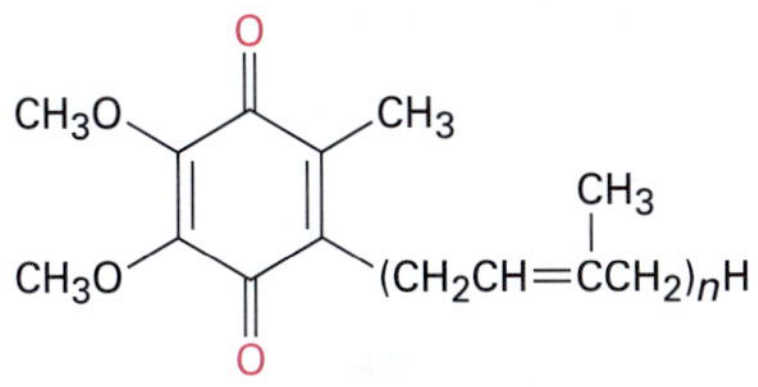

泛醌 (*n* = 1–10)

泛醌在細胞的粒線體中發揮作用，調節呼吸作用過程中，電子從生物還原試劑 NADH 上被轉移至泛醌分子的氧原子上。經過一系列複雜的步驟後，最後的結果是 NADH 被氧化成 NAD⁺ 的循環，O₂ 被還原成水分子，能量被製造出來。泛醌可作為一個媒介並可維持原本的結構沒有發生改變。

步驟 1

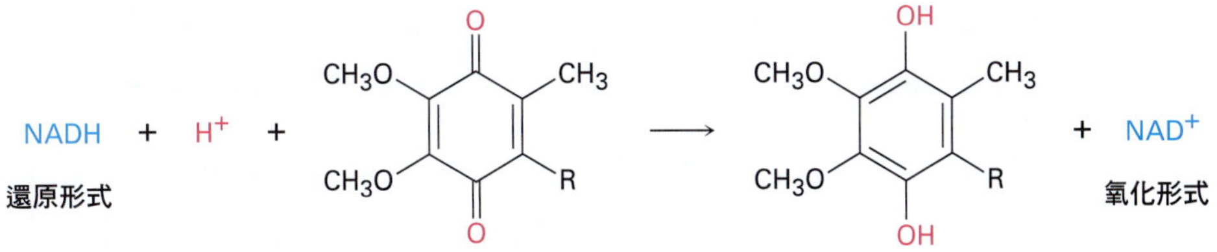

NADH + H⁺ + [泛醌] ⟶ [氫醌形式] + NAD⁺

還原形式　　　　　　　　　　　　　　　　　　　　　氧化形式

步驟 2

[氫醌形式] + ½ O₂ ⟶ [泛醌] + H₂O

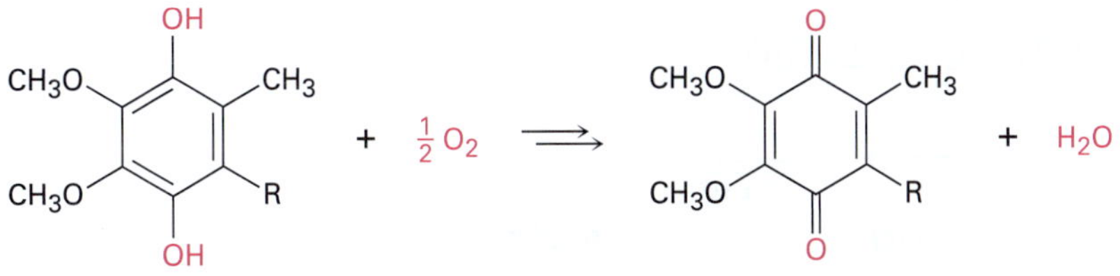

淨反應： NADH + ½ O₂ + H⁺ ⟶ NAD⁺ + H₂O

8-7 硫醇與硫醚

硫醇 (thiols/mercaptans) 是醇類的硫化類似物。它們的命名與醇類使用相同的系統，字尾以 -thiol 代替 -ol。–SH 基團本身被稱為巰基 (mercapto group)，如同醇類，硫醇為弱酸性。舉例來說，CH_3SH 的 pk_a 為 10.3。但不同於醇類的是，硫醇不會產生氫鍵，因為硫原子的電負度不足。

CH_3CH_2SH
乙硫醇
(Ethane thiol)

環己硫醇
(Cyclohexane thiol)

間-巰基苯甲酸
(m-Mercapto benzoic acid)

硫醚 (sulfides) 為醚類的硫化類似物就像是硫醇為醇類的硫化類似物一樣。硫醚的命名與醚類使用相同的命名規則。對於簡單的化合物，使用 sulfide 取代 ether。對於更複雜的物質，使用 alkylthio 代替 alkoxy。

二甲基硫醚
(Dimethyl sulfide)

甲基苯基硫醚
(Methyl phenyl sulfide)

3-(甲硫基) 環己烯
[3-(Methylthio) cyclohexene]

硫醇常從烷基鹵化物製備而來，藉由如硫氫化物陰離子 (^-SH) 的硫親核基經由 S_N2 途徑進行取代反應。

$CH_3CH_2CH_2CH_2CH_2CH_2CH_2CH_2$—Br + :$\ddot{S}H^-$ ⟶ $CH_3CH_2CH_2CH_2CH_2CH_2CH_2CH_2$—SH + Br$^-$

1-溴辛烷 (1-Bromooctane)   1-辛硫醇 (1-Octanethiol) (83%)

硫醇最引人注目的特色就是它們難聞的氣味。舉例來說，臭鼬味主要由簡單的硫醇引起，例如：3-甲基-1-丁硫醇與 2-丁烯-1-硫醇。易揮發的硫醇，像是乙基硫醇也會被添加入天然氣中，讓液化丙烷在洩漏時可以作為一個簡單的警告。

硫醇可以藉由 Br_2 或 I_2 氧化生成**雙硫化物** (disulfides, RSSR)。此逆反應容易進行，雙硫化物可以藉由與鋅或酸反應還原回硫醇。

$$2\,R\text{—SH} \underset{Zn,\,H^+}{\overset{I_2}{\rightleftharpoons}} R\text{—S—S—}R + 2\,HI$$

硫醇   雙硫化物

這樣的硫醇-雙硫化物之間的轉換是許多生物過程重要的一部分。舉例來說，雙硫鍵的

形成會涉及蛋白質對結構的定義與蛋白質的三維構型，其中，雙硫鍵形成的「橋」會在蛋白質鏈中半胱胺酸 (cysteine) 的胺基酸單元之間形成交聯。雙硫鍵的形成也會參與保護細胞本身免受氧化降解作用。麩胺基硫 (glutathione) 為一種細胞成分，會除去有潛在有害的氧化劑，在此過程中麩胺基硫會被氧化成麩胺基二硫醚 (glutathione disulfide)。要還原回硫醇需要使用輔酶還原黃素腺嘌呤二核苷酸 (flavin adenine dinucleotide, $FADH_2$)。

麩胺基硫 (GSH) ⇌ (H_2O_2 / $FADH_2$) 麩胺基二硫醚 (GSSG)

附加習題

醇與醚的命名

8-13 請畫出與下列 IUPAC 命名化合物相應之結構：
(a) 乙基-1-乙基丙基醚 (Ethyl 1-ethylpropyl ether)
(b) 二 (對-氯苯基) 醚 [Di(p-chlorophenyl) ether]
(c) 3,4-二甲氧基苯甲酸 (3,4-Dimethoxybenzoic acid)
(d) 環戊基氧環己烷 (Cyclopentyloxycyclohexane)
(e) 4-丙烯基-2-甲氧酚 (4-Allyl-2-methoxyphenol) (丁香酚，來自於丁香油)

8-14 請將下列化合物使用 IUPAC 命名。

(a) HOCH₂CH₂CHCH₂OH，CH₃ 取代基
(b) CH₃CHCHCH₂CH₃，OH 與 CH₂CH₂CH₃ 取代基
(c) 環丁烷二醇結構
(d) 環庚烯-OH,CH₃ 結構
(e) 環戊烷，Ph 與 OH 取代基
(f) 苯環，OH、Br、CN 取代基

8-15 請畫出分子式 $C_5H_{12}O$ 的八種異構物並命名。

8-16 請將下列結構利用 IUPAC 命名：

(a) 環己基異丙基硫醚結構

(b) 1,2-二甲氧基苯結構

(c) 環氧環戊烷結構

(d) 2-甲基四氫呋喃（編號 1-5）

(e) 異丙基環丙基醚結構

(f) 2-硝基苯硫酚結構

(g) CH₃CH₂CH(CH₃)CH(CH₃)SCH(CH₃)CH₃ 類似結構

(h) CH₃CH(OCH₃)₂ 類結構

(i) 1,1-雙(甲硫基)環己烷結構

8-17 香旱芹酚 (Carvacrol) 常在自然界中發現，可以從牛至 (oregano)、百里香 (thyme) 及馬鬱蘭 (marjoram) 中分離出來。請問香旱芹酚的 IUPAC 命名為何？

香旱芹酚結構

醇與醚的反應與合成

8-18 請問習題 8-15 中你辨別過的八個醇類哪一個會與 CrO_3 在酸性水溶液中反應？並寫出每一個反應預期的產物。

8-19 2,2-二甲基環己醇 (2,2-dimethylcyclohexanol) 的酸催化脫水反應生成 1,2-二甲基環己烯 (1,2-dimethylcyclohexene) 和異亞丙基環戊烷 (isopropylidenecyclopentane) 混合物。請提出兩個化合物形成之反應機制。

異亞丙基環戊烷結構

8-20 請問何種羰基化合物還原能夠製備下列醇類？請列出所有可能性。

(a) CH₃CH₂CH₂CH₂CH(CH₃)CH(CH₃)OH 類結構

(b) (CH₃)₃C—CH(OH)CH₃ 類結構

(c) 環己基-CH(OH)CH₂CH₃ 結構

8-21 請問 1-丙醇與下列化合物反應時會得到什麼產物？

(a) PBr_3 (b) $SOCl_2$ (c) CrO_3、H_2O、H_2SO_4 (d) 戴斯-馬丁氧化劑

8-22 請預測將 1-甲基環己醇 (1-methylcyclohexanol) 與下列試劑反應會獲得何種產物？

(a) HBr (b) NaH (c) H_2SO_4 (d) $Na_2Cr_2O_7$

8-23 請問如何使用環戊醇 (cyclopentanol) 製備出下列化合物？可能需要一個以上之步驟。

(a) 環戊酮 (cyclopentanone)

(b) 環戊烯 (cyclopentene)

(c) 1-甲基環戊醇 (1-Methylcyclopentanol)

(d) 反-2-甲基環戊醇 (*trans*-2-Methylcyclopentanol)

8-24 醚類可以藉由烷氧陰離子或酚氧陰離子與一級烷基鹵化物製備。舉例來說，苯甲醚 (Anisole) 是由苯氧鈉 (sodium phenoxide) 與碘甲烷反應生成而來。請問是發生何種反應？請寫出反應機制。

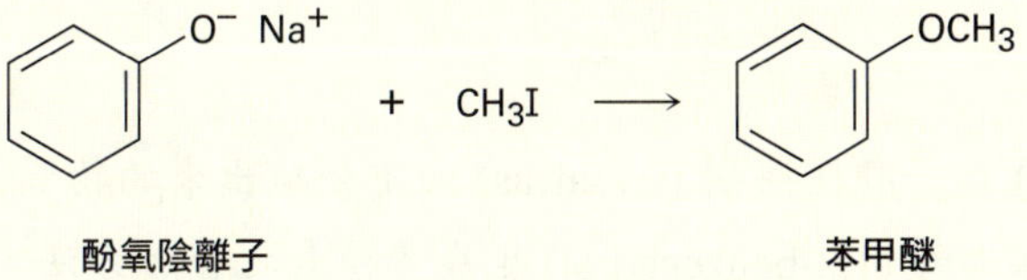

8-25 請問如何製備出下列醚類？

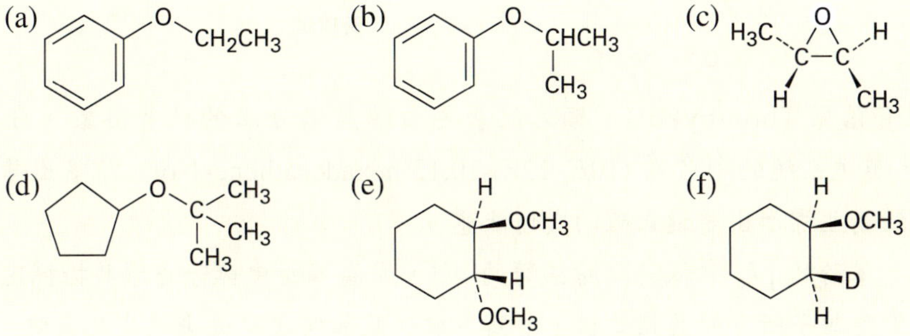

8-26 請預測下列反應之產物與各反應兩步驟之反應機制。

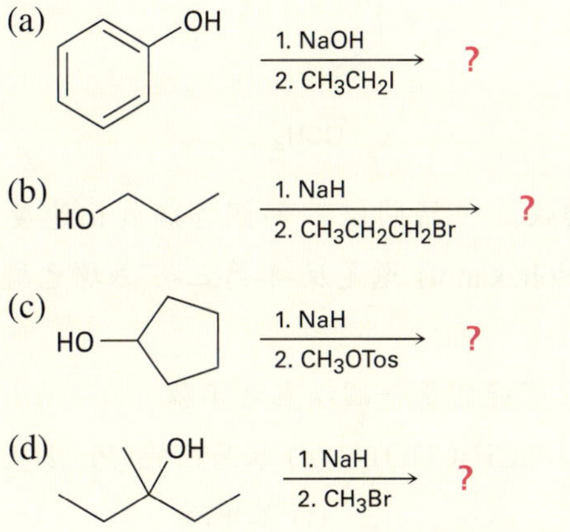

8-27 三級醇在酸性條件下轉換成烯烴類含有兩個陽離子中間物。請畫出下列反應之完整反應機制。

(a) [環己醇-OH + H₃O⁺ → 環己烯]

(b) [2-甲基-2-丁醇 + H₃O⁺ → 2-甲基-2-丁烯]

(c) [1-苯基乙醇 + H₃O⁺ → α-甲基苯乙烯]

8-28 黃樟素 (safrole) 是一種從擦樹 (sassafras) 油中分離出來的物質，常作為香料使用。請提出使用 1,2-苯二醇 (1,2-benzenediol) 生成黃樟素之合成方法。

[黃樟素結構圖：亞甲二氧基苯-CH₂CH=CH₂] **黃樟素**

8-29 雌蠶蛾性費洛蒙 (bombykol)，顧名思義是由雌蠶蛾分泌的性費洛蒙。分子式為 $C_{16}H_{28}O$，英文系統的命名為 (10E, 12Z)-10,12-hexadecadiene-1-ol。請畫出雌蠶蛾性費洛蒙之結構並標示出雙鍵正確的幾何狀態。

8-30 一般來說，苯酚的 pk_a 會低於脂肪族醇的 pk_a，因為苯酚會與芳香環共振穩定。請畫出下列酚氧陰離子所有的共振結構，並寫下取代基如何穩定或去穩定此系統。

(a) [對甲基苯酚氧陰離子] (b) [對氰基苯酚氧陰離子] (c) [3-甲氧基苯酚氧陰離子]

8-31 一般來說，軸向醇的氧化會比赤道向醇快速。請問以下哪個醇類氧化速度較快，順-4-第三-丁基環己醇 (*cis*-4-*tert*-butylcyclohexanol) 還是反-4-第三-丁環己醇？請畫出每個分子較穩定之對掌性型態。

8-32 如何使用 2-苯基乙醇製備出下列化合物？可能需要一個以上之步驟。

(a) 苯乙烯 (PhCH=CH₂) (b) 苯基乙醛 (PhCH₂CHO) (c) 苯基乙酸 (PhCH₂CO₂H)
(d) 苯甲酸 (e) 乙基苯 (f) 苯甲醛
(g) 1-苯基乙醇 (h) 1-溴-2-苯基乙烷

8-33 將 2-丁酮利用 NaBH₄ 進行還原反應生成 2-丁醇。此產物有對掌性嗎？此產物會有光學活性嗎？請解釋。

醛類與酮類：親核加成反應

9

© Loskutnikov/Shutterstock.com

醛類 (RCHO) 與**酮**類 (R$_2$CO) 在所有化合物中使用最廣泛。自然界中，生物體所需的許多物質為醛類和酮類。舉例來說，吡哆醛磷酸 (aldehyde pyridoxal phosphate, PLP) 是一種大量參與代謝反應的輔酶；氫化皮質酮 (hydrocortisone) 是一種由腎上腺素分泌的固醇類荷爾蒙，負責脂肪、蛋白質和碳水化合物的新陳代謝。

9-1　羰基化合物的性質
9-2　醛類與酮類的命名
9-3　醛類與酮類的反應
9-4　氫化物的親核加成反應：醇類的形成
9-5　水分子的親核加成反應：水合作用
9-6　醇類的親核加成反應：縮醛的形成
9-7　胺類的親核加成反應：亞胺的形成
9-8　α, β-不飽和醛類與酮類的共軛親核加成

吡哆醛磷酸　　　　　氫化皮質酮

在工業化學中，會大量製備醛類與酮類作為溶劑和製備許多其他化合物的原料。舉例來說，全世界每年製造出超過 3000 萬噸的甲醛 (formaldehyde, H$_2$C=O) 作為建築絕緣材料或用於黏合塑合板與膠合板的黏著樹脂中。丙酮是工業上廣泛使用的溶劑，全世界每年大約製造出 600 萬噸。甲醛在工業上的合成是利用甲醇進行催化氧化反應，而丙酮製備的方法是使用 2-丙醇進行氧化反應。

9-1 羰基化合物的性質

羰基化合物的碳-氧雙鍵與烯烴化合物的碳-碳雙鍵在許多方面相似。羰基團中的碳原子是 sp^2-混成軌域，會形成三個 σ 鍵。最後碳原子的 p 軌域中剩下的第四個價電子會透過與氧原子的 p 軌域重疊，與氧原子形成 π 鍵結。氧原子上也有兩對未鍵結電子會占據剩下的兩個軌域。

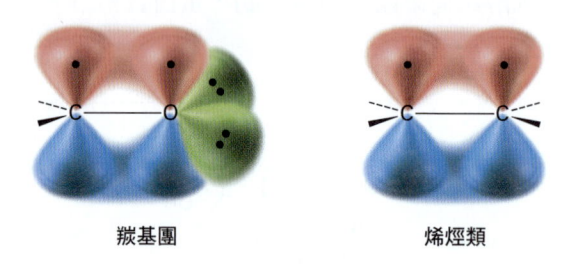

與烯烴化合物相似，羰基化合物的雙鍵使它成為一個平面且鍵角大約為 120°。圖 9-1 顯示了乙醛化合物的結構並指出其鍵長與鍵角。如你所料，碳-氧雙鍵 (122 pm) 比碳-氧單鍵短 (143 pm)，前者的鍵能 732 KJ/mol (175 kcal/mol) 也大於後者 385 KJ/mol (92 kcal/mol)。

鍵角	(°)	鍵長	(pm)
H—C—C	118	C=O	122
C—C=O	121	C—C	150
H—C=O	121	OC—H	109

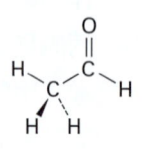

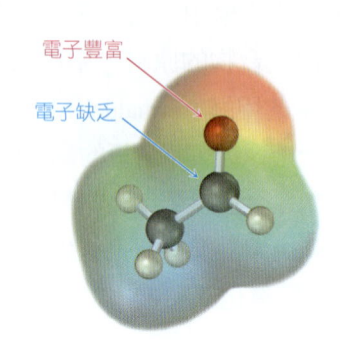

圖 9-1 乙醛的結構。

如圖 9-1 的靜電能勢圖所示，碳-氧雙鍵因為氧相對於碳的高度電負度被強烈地極化。因此，羰基團中碳原子帶著部分正電荷，是親電子的一端 (路易士酸)，會與親核基團反應。相反的，羰基團中的氧原子帶著部分的負電荷，是親核的一端 (路易士鹼)，會與親電子基團反應。我們將會在接下來的章節中看到，大部分的羰基化合物反應都可以利用簡單的極性論點來解釋。

根據羰基化合物之化學性質可以有效地將其分為兩類。第一類為醛類與酮類，另一類為羧酸和其衍生物。醛類和酮類中，醯基團分別與 H 和 C 原子鍵結，此類化合物不能穩定負電荷，因此在親核取代反應中不能作為離去基。羧酸類與其衍生物的醯基會與氧、鹵素、硫或氮原子鍵結，此類醯基化合物可以穩定負電荷，因此可以在親核取代反應中扮演離去基的角色。

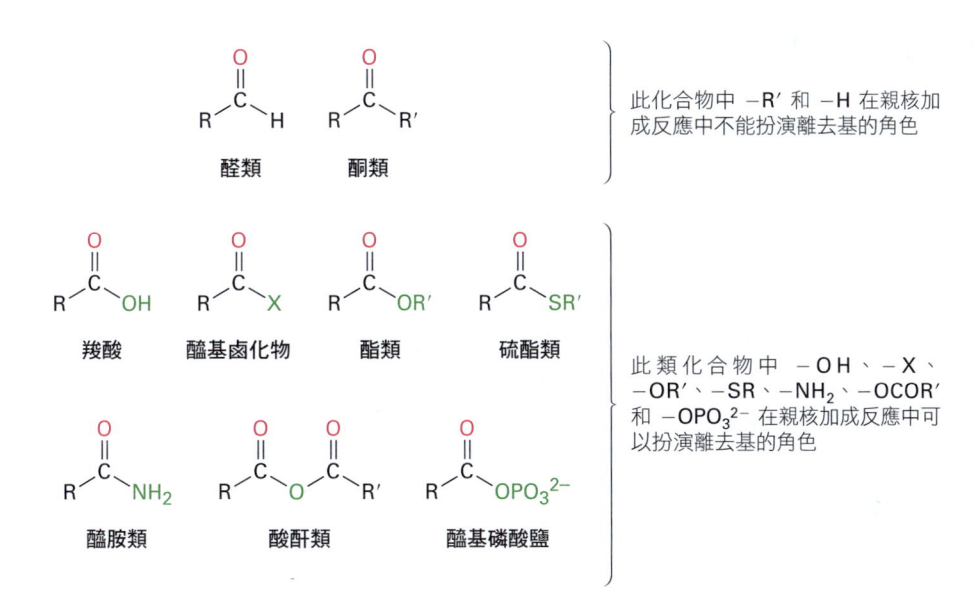

醛類和酮類最常見的反應就是**親核加成反應**，此反應中親核基會攻擊羰基團上親電子的碳原子。因為親核基使用電子對與碳原子形成新的鍵結，導致兩個電子從碳-氧雙鍵上往電負度高的氧原子移動，形成一個烷氧陰離子。在此反應中，羰基團上的碳原子混成軌域從 sp^2 重新混合成 sp^3 軌域，而烷氧陰離子也因此擁有正四面體的幾何結構。

親核醯基取代反應是羰基化合物基礎的反應，此反應相對於親核加成反應討論來說只會發生在羧酸衍生物上，而不是發生在醛類與酮類上。當羧酸衍生物的羰基與親核基反應時，

一般來說會發生加成反應，但形成的正四面體烷氧基中間物不會獨立存在。這是因為羧酸衍生物上有離去基與羰基團中的碳鍵結，正四面體的烷氧中間物會進一步反應將離去基脫去並形成新的羰基化合物：

羧酸衍生物　　正四面體中間物

[Y = –OR (酯類)、–Cl (醯氯)、–NH$_2$ (醯胺) 或 –OCOR (酸酐)]

9-2　醛類與酮類的命名

醛類的命名是將相對應的烷烴類命名字尾 -e 使用 -al 取代。主鏈中必須含有 –CHO 基團，且 –CHO 基團中的碳原子為 1 號碳。可以注意下列例子，2-乙基-4-甲基戊醛分子中，最長的鏈應該是己烷，但是此長鏈中不包含 –CHO 基團，因此不是主鏈。

乙醛 (Ethan**al**)　　丙醛 (Propan**al**)　　2-乙基-4-甲基戊醛
(acetaldehyde)　　(propionaldehyde)　　(2-Ethyl-4-methylpentan**al**)

對於環狀的醛類，其 –CHO 基團直接接在環上時，可將主體名稱字尾加上 (-carbaldehyde)。

環己烷甲醛　　　　2-萘甲醛
(Cyclohexane**carbaldehyde**)　　(2-Naphthalene**carbaldehyde**)

有少數簡單且廣為人知的醛類會使用俗名，而這些俗名是被 IUPAC 承認的。表 9-1 中列出了你可能曾經見過的例子。

酮類的命名是將相對應的烷烴類命名字尾 -e 使用 -one 取代。主鏈必須是最長的鏈且須包含酮基基團在內，在編號時需要從較靠近羰基的一端從頭開始編號。如同烯烴類 (第 4.1 節) 與醇類之命名，編號的方式使用以往的規則，但字尾的綴詞使用新的 IUPAC 命名規則。舉例來說：

表 9-1　簡單的醛類俗名

分子式	俗名	系統名
HCHO	福馬林 (Formaldehyde)	甲醛 (Methanal)
CH₃CHO	乙醛 (Acetaldehyde)	乙醛 (Ethanal)
H₂C=CHCHO	丙烯醛 (Acrolein)	丙烯醛 (Propenal)
CH₃CH=CHCHO	巴豆醛 (Crotonaldehyde)	2-丁烯醛 (2-Butenal)
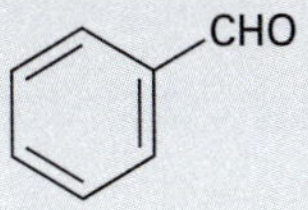 C₆H₅CHO	苯甲醛 (Benzaldehyde)	苯甲醛 (Benzenecarbaldehyde)

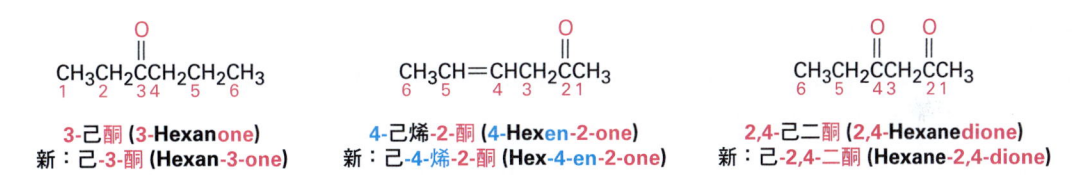

CH₃CCH₂CH₂CH₃ (位置1 2 3 4 5 6)
　　‖
　　O

3-己酮 (3-**Hexan**one)
新：己-3-酮 (**Hexan**-3-one)

CH₃CH=CHCH₂CCH₃ (6 5 4 3 2 1)
　　　　　　　‖
　　　　　　　O

4-己烯-2-酮 (4-**Hex**en-2-one)
新：己-4-烯-2-酮 (**Hex**-4-en-2-one)

CH₃CCH₂CCH₂CH₃ (6 5 4 3 2 1)
　‖　　‖
　O　　O

2,4-己二酮 (2,4-**Hexane**dione)
新：己-2,4-二酮 (**Hexane**-2,4-dione)

有少數的酮類被 IUPAC 允許保留它們的俗名。

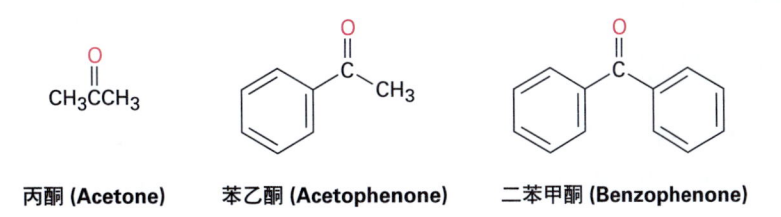

丙酮 (Acetone)　　苯乙酮 (Acetophenone)　　二苯甲酮 (Benzophenone)

當有必要將 R–C=O 作為取代基時，稱為醯基 (**acyl** group)，將化合物名稱的字尾附上 -yl。因此，–COCH₃ 命名為乙醯基 (*acetyl*) 基團；–CHO 命名為甲醯基 (*formyl*) 基團；–COAr 命名為芳醯基 (*aroyl*) 基團；–COC₆H₅ 命名為苯甲醯基 (*benzoyl*) 基團。

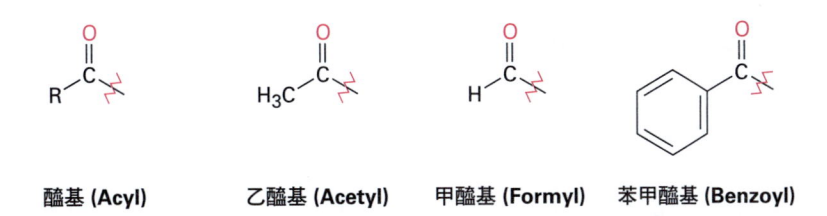

醯基 (Acyl)　　乙醯基 (Acetyl)　　甲醯基 (Formyl)　　苯甲醯基 (Benzoyl)

如果存在其他官能基且雙鍵的氧被視為主鏈上的取代基，則使用前綴 *oxo-*。例如：

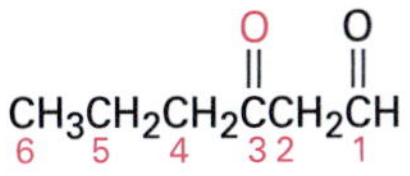

CH₃CH₂CH₂CCH₂CHO (6 5 4 3 2 1)　　3-酮己醛 (3-**Oxo**hexanal)
　　　　　‖
　　　　　O

習題 9-1　將下列醛類與酮類命名：

(a) CH₃CH₂CCHCH₃ (with =O and CH₃)
(b) C₆H₅-CH₂CH₂CHO
(c) CH₃CCH₂CH₂CH₂CCH₂CH₃ (diketone)
(d) cis-2-methylcyclohexanecarbaldehyde structure
(e) CH₃CH=CHCH₂CHO
(f) 2,5-dimethylcyclohexanone structure

習題 9-2 請畫出與下列命名相應的結構：

(a) 3-甲基丁醛 (3-Methylbutanal)

(b) 4-氯-2-戊酮 (4-Chloro-2-pentanone)

(c) 苯基乙醛 (Phenylacetaldehyde)

(d) 順-3-第三-丁基環己烷甲醛 (cis-3-tert-Butylcyclohexanecarbaldehyde)

(e) 3-甲基-3-丁烯醛 (3-Methyl-3-butenal)

(f) 2-(1-氯乙基)-5-甲基庚醛 [2-(1-Chloroethyl)-5-methylheptanal]

9-3 醛類與酮類的反應

醛類與酮類的製備

合成醛類其中一個最好的方法是藉由一級醇進行氧化，如同我們在第 8.5 節看過的醇類的氧化。此反應通常利用戴斯-馬丁氧化劑 (Dess-Martin periodinane reagent) 與二氯甲烷溶劑在常溫下進行：

香葉醇 (Geraniol) → 香葉醛 (84%) (Geranial)

酮類的合成方法大部分與醛類相似，二級醇會藉由各種試劑氧化生成酮類 (第 8.5 節)。氧化試劑的選擇取決於反應規模、成本以及醇類對酸鹼的靈敏度等因素。戴斯-馬丁氧化劑與擁有 Cr(VI) 的 CrO₃ 試劑常被選擇。

$$\text{4-第三-丁基環己醇} \xrightarrow[\text{CH}_2\text{Cl}_2]{\text{CrO}_3} \text{4-第三-丁基環己酮 (90\%)}$$

4-第三-丁基環己醇
(4-*tert*-Butylcyclohexanol)

4-第三-丁基環己酮 (90%)
(4-*tert*-Butylcyclohexanone)

其他方法是使用芳香環在 $AlCl_3$ 的催化下與醯氯 (acid chloride) 進行傅-克醯化反應 (第 7.5 節)。

苯 (Benzene) + 乙醯基氯化物 (Acetyl chloride) $\xrightarrow[\text{加熱}]{\text{AlCl}_3}$ 苯乙酮 (95%) (Acetophenone)

醛類的氧化反應

醛類容易經過氧化反應生成羧酸類，但是酮類通常不易氧化。這樣的結果是因為結構的不同所造成：由於醛類擁有 $-CHO$ 之質子，在氧化過程中能夠被抓取；而酮類則因為沒有上述質子所以不易氧化。

此處有氫　醛 $\xrightarrow{[O]}$ 羧酸

此處無氫　酮 $\xrightarrow{[O]}$ 不反應

有許多的氧化試劑，例如：$KMnO_4$ 和熱硝酸 (hot HNO_3) 都可以將醛類轉換成羧酸，其中將 CrO_3 在酸性水溶液中反應較常被使用，因為此反應在室溫下速度快且通常有很好的產率。

$$CH_3CH_2CH_2CH_2CH_2CH \xrightarrow[\text{丙酮,0 °C}]{CrO_3, H_3O^+} CH_3CH_2CH_2CH_2CH_2COOH$$

己醛 (Hexanal)　　己酸 (Hexanoic acid)(85%)

醛類的氧化反應會經歷 1,1-二醇 (1,1-diols) 或水合物等中間物，水分子對醛類的羰基團進行可逆的親核加成會產生此中間物。雖然此反應只是在小程度上形成平衡，水合物會與任何典型的一級、二級醇反應，並被氧化生成羰基化合物 (第 8.5 節)。

醛類與酮類的親核加成反應

如同我們在羰基化學的預習中所見，醛類與酮類最常見的反應就是親核加成反應。如圖 9-2 所示，親核基 (:Nu⁻) 會從距離羰基團氧原子大約 105 度角的位置接近親電子的羰基碳原子，並與其形成鍵結。與此同時，羰基團的碳原子會發生從 sp^2 轉換成 sp^3 的軌域重新混成，C=O 鍵結中的電子對轉移到電負度大的氧原子上，形成正四面體的烷氧陰離子中間物。最後藉由酸性溶劑的加入對烷氧陰離子進行質子化，生成醇類。

親核基可以是負電荷的物質 (:Nu⁻) 也可以是中性物質 (:Nu)。如果親核基是中性物質，通常會夾帶可以被脫去的氫原子 (:Nu–H)，例如：

① 親核基上的電子對對羰基團中親電子的碳進行加成，將 C=O 鍵結上的電子對推向氧原子，並生成烷氧陰離子中間物。羰基碳會從 sp^2 混成轉變為 sp^3 混成。

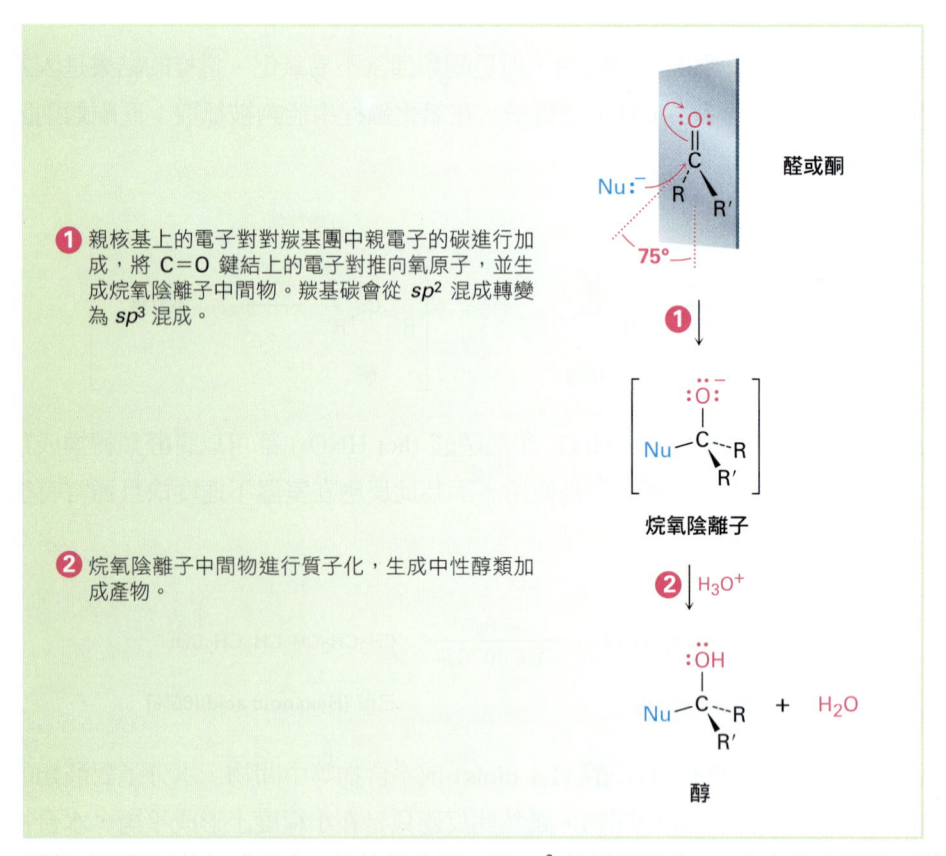

② 烷氧陰離子中間物進行質子化，生成中性醇類加成產物。

圖 9-2 醛類或酮類親核加成反應。親核基會經距離 sp^2 軌域平面約 75 度角的位置接近羰基團，羰基碳會從 sp^2 混成轉變為 sp^3 混成並形成烷氧陰離子，最後藉由酸的加入進行質子化形成醇類。

負電荷親核基
- H$\ddot{\text{O}}$:⁻ (氫氧根離子)
- H:⁻ (氫陰離子)
- R₃C:⁻ (碳陰離子)
- R$\ddot{\text{O}}$:⁻ (烷氧陰離子)
- N≡C:⁻ (氰根離子)

中性親核基
- H$\ddot{\text{O}}$H (水)
- R$\ddot{\text{O}}$H (醇)
- H₃$\ddot{\text{N}}$: (氨)
- R$\ddot{\text{N}}$H₂ (胺)

對醛類和酮類進行加成會有兩種不同結果，如圖 9-3 所示。在第一種結果中，正四面體中間物會藉由水分子或酸性溶劑質子化生成醇類作為最終的產物。在第二種結果中，羰基團的氧原子會被質子化，並以 HO⁻ 或 H₂O 的形式被脫去，生成有 C=Nu 雙鍵之產物。

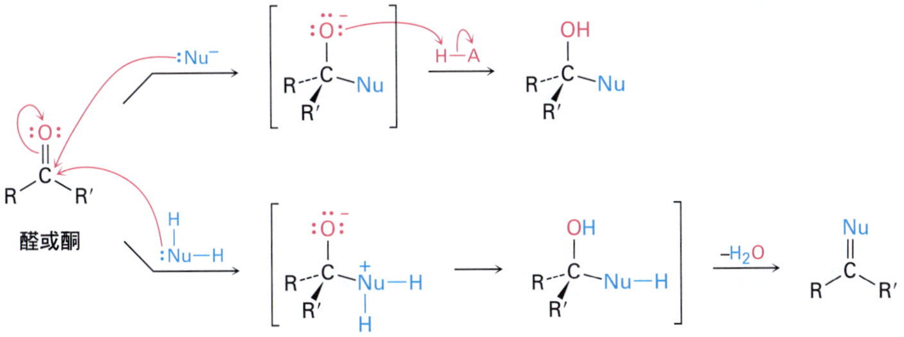

圖 9-3 親核基加到醛或酮有兩種方式。上面方式得到醇；下面方式得到具有 C=Nu 雙鍵的產物。

習題 9-3 試問如何從下列起始物中合成戊醛 (pentanal)？
(a) CH₃CH₂CH₂CH₂CH₂OH
(b) CH₃CH₂CH₂CH₂CH=CH₂
(c) CH₃CH₂CH₂CH₂CO₂CH₃
(d) CH₃CH₂CH₂CH=CH₂

習題 9-4 將醛類或酮類與氰離子 (⁻:C≡N) 反應，接著將四面體烷氧陰離子中間物質子化，生成氰醇 (cyanohydrin)。請寫出從環己酮生成之氰醇結構。

9-4 氫化物的親核加成反應：醇類的形成

我們在 8.3 節中看過，在實驗室中或生物體中，製備醇類最常見的方式是藉由羰基化合物進行還原反應。醛類會與硼氫化鈉 (NaBH₄) 進行還原反應生成一級醇，而酮類會以相似

的反應機制生成二級醇。

醛類　　　　　　一級醇　　　　　　酮類　　　　　　二級醇

羰基的還原會在一般條件下藉由典型的親核加成反應機制發生，雖然羰基團還原反應的詳細過程很複雜，但是可以理解為 LiAlH$_4$ 與 NaBH$_4$ 作為氫陰離子親核基 (:H⁻) 的供給者，一開始先形成烷氧陰離子中間物，然後藉由酸性水溶液的加入質子化。此反應是非常有效的不可逆反應，因為逆向的過程需要脫去一個非常弱的離去基。

9-5　水分子的親核加成反應：水合作用

醛類與酮類與水反應會生成 1,1-二醇 (1,1-diols) 或偕二醇 (germinal diols)。此水合反應是可逆的，偕二醇可以透過脫水重新變回醛類或酮類。

丙酮 (Aceton)(99.9%)　　　丙酮水合物 (Aceton hydrate)(0.1%)

醛類或酮類與偕二醇之間的平衡位置取決於羰基化合物之結構。平衡通常會因為立體障礙的因素偏向羰基化合物，但是對於一些簡單的醛類通常會偏向偕二醇的一邊。舉例來說，甲醛的水溶液平衡時的組成為 99.9% 的偕二醇與 0.1% 的醛類；而丙酮水溶液的組成卻是 0.1% 的偕二醇與 99.9% 的丙酮。

甲醛 (Formaldehyde)(0.1%)　　甲醛水合物 (Formaldehyde hydrate)(99.9%)

水分子對於醛類和酮類的親核加成在中性條件下是緩慢的，但可以藉由酸或鹼催化。在鹼性條件下 (圖 9-4a)，負電荷的親核基 (⁻OH) 會使用他的電子對與 C=O 基團中親電子的碳原子形成鍵結。同一時間，C=O 基團中碳原子的混成軌域會從 sp^2 轉變成 sp^3，而 C=O 雙鍵上的 π 鍵會被推向氧原子，生成烷氧陰離子。最後會藉由水分子將烷氧陰離子質子化形

9-5 水分子的親核加成反應：水合作用　207

(a) 鹼性條件下

① 帶負電荷的親核基 OH⁻ 對親電子的碳進行加成，並將 C=O 鍵結中的 π 電子推向氧原子，生成烷氧陰離子。

[烷氧陰離子中間體]

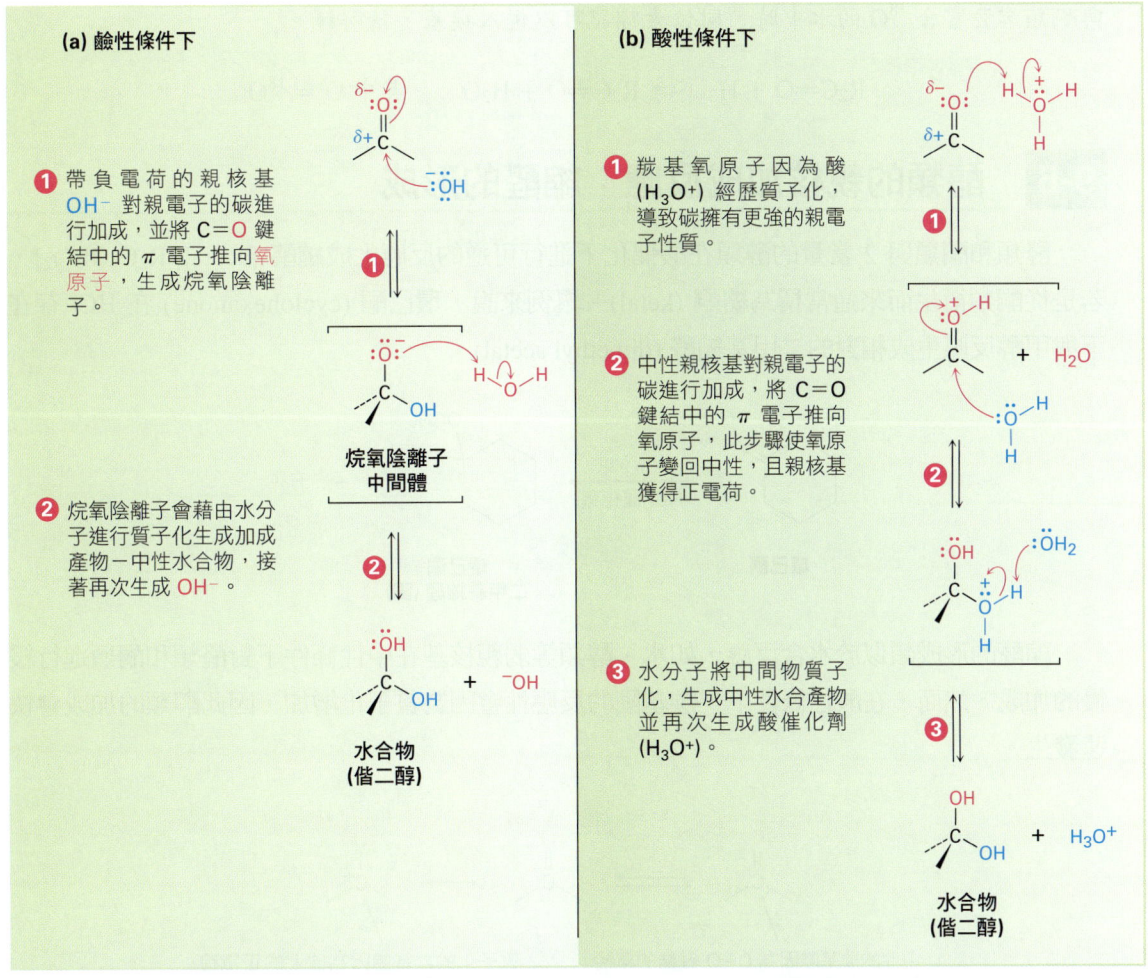

② 烷氧陰離子會藉由水分子進行質子化生成加成產物－中性水合物，接著再次生成 OH⁻。

[水合物（偕二醇）]

(b) 酸性條件下

① 羰基氧原子因為酸 (H₃O⁺) 經歷質子化，導致碳擁有更強的親電子性質。

② 中性親核基對親電子的碳進行加成，將 C=O 鍵結中的 π 電子推向氧原子，此步驟使氧原子變回中性，且親核基獲得正電荷。

③ 水分子將中間物質子化，生成中性水合產物並再次生成酸催化劑 (H₃O⁺)。

[水合物（偕二醇）]

圖 9-4 醛類和酮類在鹼性或酸性條件下進行親核加成反應之反應機制。(a) 帶負電的親核基對羰基團進行加成，生成烷氧陰離子中間物，接下來經歷質子化；(b) 在酸性條件下，羰基團首先經歷質子化，接下來與中性的親核基進行加成反應，最後去掉一個質子。

成一個中性的加成產物和再次生成的 OH⁻。

在酸性條件下 (圖 9-4b)，羰基氧原子會先被 H₃O⁺ 質子化使羰基團變得更加親電子。中性的親核基 (如：H₂O) 會使用其電子對與 C=O 基團中的碳原子形成鍵結，接著 C=O 雙鍵上 π 鍵的兩個電子會往氧原子移動。當親核基獲得正電荷時，氧原子上的正電荷因此被中性化。最後藉由水分子進行去質子化，生成一個中性的加成產物和再次生成的 H₃O⁺ 催化劑。

在此要特別注意的是酸催化與鹼催化反應中的不同之處。鹼催化反應發生的速度很快是因為水分子在此環境下轉換成為氫氧根離子，是相對好的親核基。而酸催化反應可以快速發生是因為羰基化合物透過質子化形成相對好的親電子基。

習題 9-5 水中的氧原子主要是 ¹⁶O (99.8%)，但是也可以使水中富含重同位素 ¹⁸O。當醛類

與酮類溶於富含 ^{18}O 的水中時，同位素標記可以併入羰基，請解釋。

$$R_2C=O + H_2\underline{O} \rightleftarrows R_2C=\underline{O} + H_2O \quad \text{其中 } \underline{O} = {}^{18}O$$

9-6 醇類的親核加成反應：縮醛的形成

醛類和酮類與 2 當量的醇類在酸催化下進行可逆的反應生成縮醛 [acetal, $R_2C(OR')_2$]，若是從酮類衍生而來通常稱為縮酮 (ketal)。舉例來說，環己酮 (cyclohexanone) 在 HCl 存在下與甲醇反應生成相對的二甲基縮醛 (dimethyl acetal)。

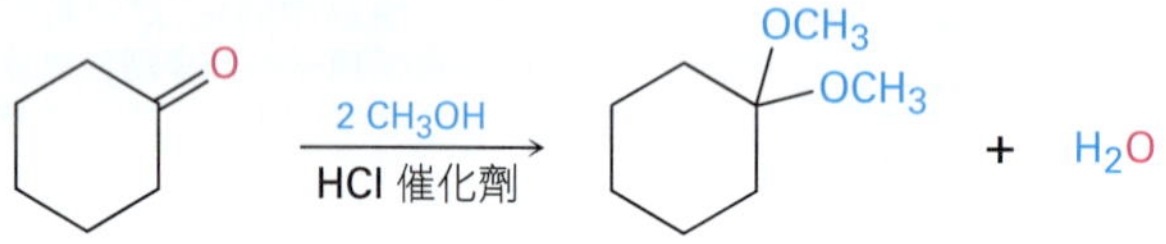

環己酮　→（2 CH₃OH，HCl 催化劑）→　環己酮二甲基縮醛 (酮) + H₂O

縮醛的形成類似於水合反應，如水、醇類等弱親核基在中性條件下對醛類和酮類進行緩慢的加成。然而，在酸性條件下，羰基團的反應性會因為質子化增加，因此醇類的加成會快速發生。

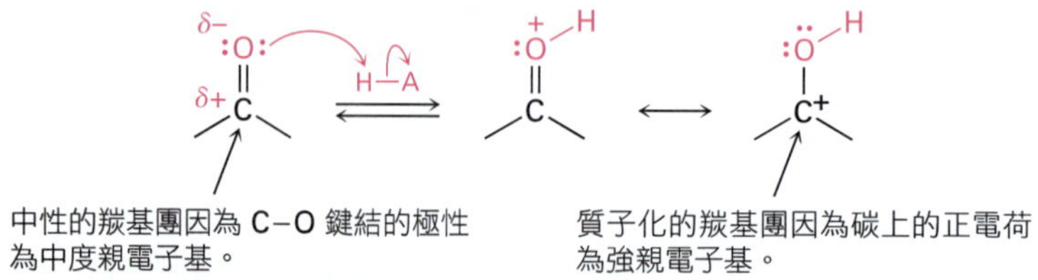

中性的羰基團因為 C–O 鍵結的極性為中度親電子基。

質子化的羰基團因為碳上的正電荷為強親電子基。

如圖 9-5 所示，醇類對羰基團的親核加成一開始會生成羥基醚，也就是半縮醛 (hemiacetal)，此化合物類似於水分子的加成反應生成的偕二醇。半縮醛的形成是可逆的，此反應的平衡傾向於羰基化合物。但在酸的存在下，半縮醛就會進一步反應，將 –OH 基團質子化，接著藉由類似 E1 之反應途徑脫水生成正氧離子 (oxonium ion, $R_2C=OR^+$)，此化合物會經歷兩次醇類的親核加成生成質子化的縮醛，最後失去一個質子完成此反應。

縮醛與半縮醛基團在碳水化合物的反應中特別的常見。舉例來說，葡萄糖為多羥基醛類，此化合物經歷分子間的親核加成反應，主要以環狀半縮醛形式存在。

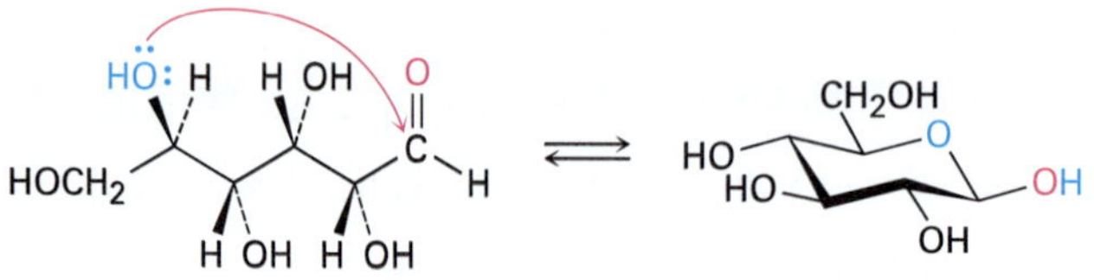

葡萄糖-開鏈式結構
(Glucose-open chain)

葡萄糖-環狀半縮醛式結構
(Glucose-cyclic hemiacetal)

9-6 醇類的親核加成反應：縮醛的形成　209

① 羰基氧原子的質子化使羰基團被極化。

② 活化的羰基團被醇類氧原子上的孤對電子 (親核基) 攻擊。

③ 失去一個質子生成中性半縮醛正四面體中間物。

半縮醛

④ 半縮醛的羥基經歷質子化轉變成良好的離去基。

⑤ 脫水生成正氧離子中間物。

⑥ 過當量的醇類進行第二次加成生成質子化的縮醛。

⑦ 失去質子生成中性縮醛產物。

縮醛

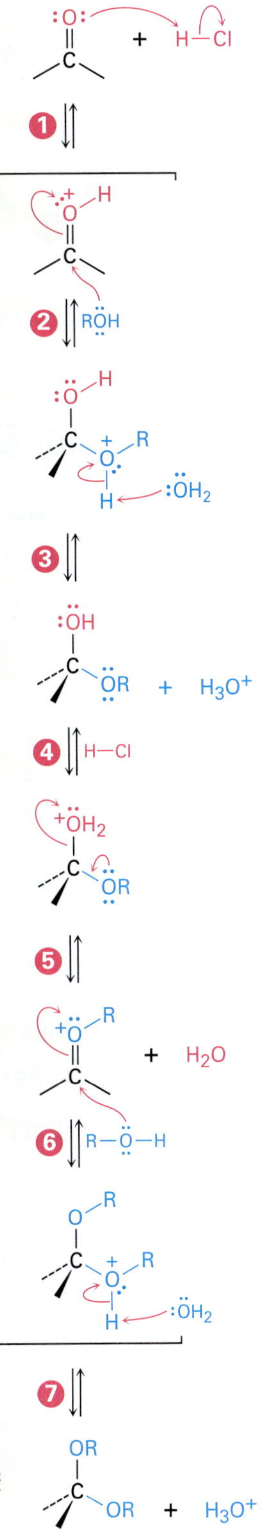

圖 9-5 醛類或酮類與醇類藉由酸催化反應生成縮醛的反應機制。

習題 9-6 請寫出醛類或酮類與乙二醇進行酸催化形成環狀縮醛的所有步驟。

習題 9-7 請說明使用何種羰基化合物和醇類能製備出下列縮醛。

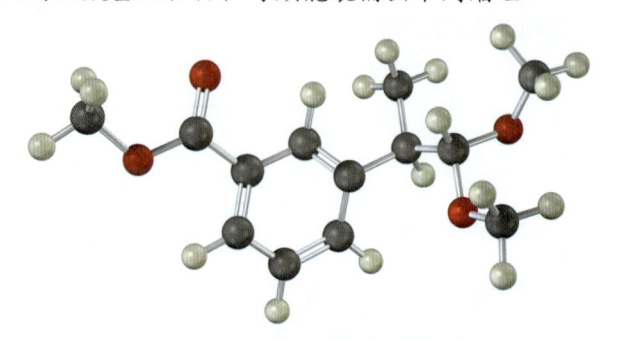

9-7 胺類的親核加成反應：亞胺的形成

一級胺 (primary amime, RNH$_2$) 與醛類會發生同類反應會生成**亞胺** (imine, R$_2$C=N)；二級胺 (secondary amine, R$_2$NH) 會以相似的方式生成**烯胺** (enamines, R$_2$N−CR=CR$_2$)，其命名方式為 ene (烯) + amine (胺)，用來表示不飽和胺類。

亞胺是生物途徑中常見的中間物，它們常被稱作**希夫鹼** (Schiff bases)。以胺基酸丙胺酸在身體中的代謝為例，首先丙胺酸會藉由與磷酸吡哆醛 (aldehyde pyridoxal phosphate, PLP, 為維生素 B$_6$ 的衍生物) 反應，生成的希夫鹼會進一步代謝。

習題 9-8 請說明環己酮分別與乙基胺 (CH$_3$CH$_2$NH$_2$) 和二乙基胺 [(CH$_3$CH$_2$)$_2$NH] 在酸催化下進行反應將會獲得何種產物。

習題 9-9 請畫出下列分子的骨架結構，並寫出如何利用酮類與胺類製備出此分子。

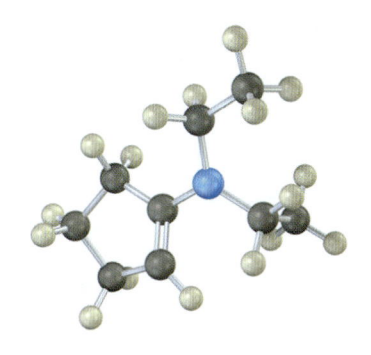

9-8 α, β-不飽和醛類與酮類的共軛親核加成

截至目前為止，我們所討論到的所有反應都是涉及到親核基對羰基團直接進行加成反應，因此稱為 **1,2-加成反應**。與這個直接的加成反應密切相關的反應叫做共軛加成，或稱為 **1,4-加成反應**，因為此反應是親核基對 α, β-不飽和醛或酮的 C=C 鍵結進行加成 (我們會將羰基團旁邊的碳原子稱為 α 碳，並將 α 碳下一位的碳稱為 β 碳。因此，α, β-不飽和醛或酮會有一個與羰基團相互共軛的雙鍵)。共軛加成反應的初始產物為一個共振穩定烯醇離子，一般而言，此離子最後會經歷質子化生成飽和醛類或酮類產物 (圖 9-6)。

直接 (1, 2) 加成

共軛 (1, 4) 加成

α,β-不飽和醛或酮

烯醇離子

飽和醛類或酮類

圖 9-6 直接 (1, 2) 加成與共軛 (1, 4) 加成反應之比較。在共軛加成反應中，親核基對 α, β-不飽和醛或酮的 β 碳進行加成，並在 α 碳上發生質子化。

親核基對 α, β-不飽和醛或酮進行共軛加成反應與直接親核加成反應一樣是藉由電子因

素造成。α, β-不飽和羰基化合物中，高電負度的氧原子會從 β 碳上拉電子，從而使 β 碳缺電子，導致 β 碳的親電子性高於一般烯烴化合物的碳。

值得一提的是，親核基對 α, β-不飽和醛或酮的 β 碳進行共軛加成反應生成烯醇離子中間物，此中間物會藉由質子化生成飽和產物 (圖 9-6)。此反應的淨結果為親核基對 C=C 雙鍵進行加成，其中羰基團是不變的。事實上，此反應成功的關鍵在於羰基團，若是沒有羰基團就不能將 C=C 鍵結活化，反應也不會發生。

胺類的共軛加成反應

不管是一級胺還是二級胺對 α, β-不飽和醛或酮進行加成反應都會生成 β-胺基醛或酮，而不是轉換成亞胺。在一般條件下，兩種加成反應模式的發生都很快速。由於反應是可逆的，因此結果通常受到熱力學控制而不是動力學，所以在此反應中會得到較穩定的共軛加成產物，而較不穩定的直接加成產物會被完全排除。

水的共軛加成反應

水可以對 α, β-不飽和醛和酮進行可逆的加成反應生成 β-羥基醛和酮，然而此反應的平衡會偏向不飽和反應物而不是飽和產物。與此相關的對 α, β-不飽和羧酸的加成反應在眾多生物途徑中發生，如：食物代謝的檸檬酸循環中，烏頭酸 (cis-aconitate) 藉由水分子對雙鍵進行共軛加成反應轉換成異檸檬酸 (isocitrate)。

順-烏頭酸
(*cis*-Aconitate)

異檸檬酸
(Isocitrate)

習題 9-10 請判斷異檸檬酸上兩個立體中心的 S 或 R 立體化學，並說明 OH 與 H 是對雙鍵的 Si 面還是 Re 面進行加成。

附加習題

醛類與酮類的命名

9-11 請畫出下列化合物的結構：

(a) 溴丙酮 (Bromoacetone)

(b) (S)-2-羥基丙醛 [(S)-2-Hydroxypropanal]

(c) 2-甲基-3-庚酮 (2-Methyl-3-heptanone)

(d) (2S, 3R)-2,3,4-三羥基丁醛 [(2S, 3R)-2,3,4-Trihydroxybutanal]

(e) 2,2,4,4-四甲基-3-戊酮 (2,2,4,4-Tetramethyl-3-pentanone)

(f) 4-甲基-3-戊烯-2-酮 (4-Methyl-3-penten-2-one)

(g) 丁二醛 (Butanedial)

(h) 3-苯基-2-丙烯醛 (3-Phenyl-2-propenal)

(i) 6,6-二甲基-2,4-環己二烯酮 (6,6-Dimethyl-2,4-cyclohexadienone)

(j) 間-硝苯乙酮 (*p*-Nitroacetophenone)

9-12 請寫出七個分子式為 $C_5H_{10}O$ 的醛類和酮類結構並命名。哪些是對掌性化合物。

9-13 請用 IUPAC 法則為下列化合物命名。

(d) CH₃CHCCH₂CH₃ (含 CH₃ 與 O)　(e) CH₃CHCH₂CH (含 OH 與 O)　(f) 對位-OHC-C₆H₄-CHO

9-14 請畫出與下列選項中的敘述相符的結構。

(a) α,β-不飽和酮, C₆H₈O　(b) α-二酮　(c) 芳香酮, C₉H₁₀O　(d) 二烯醛, C₇H₈O

醛類與酮類的反應

9-15 請提出下列反應之反應機制與產物。請問下列反應有何共通點？

(a) 鄰苯二酚 + 丙酮 →(H⁺ 催化劑) ?

(b) 丁酮 + HOCH₂CH₂OH →(H⁺ 催化劑) ?

(c) 丙酮 + 順式-1,2-環己二醇 →(H⁺ 催化劑) ?

(d) 2-環己烯酮 →(H⁺ 催化劑 / CH₃OH) ?

9-16 請提出下列反應之反應機制與產物。請問下列反應有何共通點？

(a) (CH₃O)₂C(CH₂CH₃)(CH₃) →(H⁺ 催化劑 / H₂O) ?

(b) 環己基-2,2-二甲基-1,3-二氧戊環 →(H⁺ 催化劑 / H₂O) ?

(c) 2-苯基-1,3-二氧戊環 →(H⁺ 催化劑 / H₂O) ?

(d) 2-苯基-4-甲基-1,3-二氧戊環 →(H⁺ 催化劑 / H₂O) ?

9-17 化學家利用轉縮醛化反應進行交換種類的過程被縮醛的方式並不少見。請寫出下列轉縮醛化反應之反應機制與產物。

(a)
![benzene-1,2-diol] + (CH3O)(OCH3)C(CH3)(CH3) $\xrightarrow{\text{H}^+ 催化劑}$?

(b) CH3O-C(CH2CH3)(CH2CH3)-OCH3 + HOCH2CH2OH $\xrightarrow{\text{H}^+ 催化劑}$?

9-18 當 α-葡萄糖在醇類存在的情況下與酸催化劑反應會生成縮醛。請提出此過程之反應機制，並畫出預期的立體異構物縮醛產物的結構。

$$\text{α-glucose} \xrightarrow[\text{CH}_3\text{OH}]{\text{H}^+} \text{methyl glucoside}$$

9-19 其中一種脂肪代謝的步驟是將不飽和乙醯輔酶 A 與水反應生成 β-羥基乙醯輔酶 A 的反應。請提出此反應之反應機制。

$$\text{RCH}_2\text{CH}_2\text{CH}=\text{CHCSCoA} \xrightarrow{\text{H}_2\text{O}} \text{RCH}_2\text{CH}_2\overset{\text{OH}}{\underset{}{\text{CH}}}-\text{CH}_2\text{CSCoA}$$

不飽和乙醯輔酶 A 　　　　　**β-羥基乙醯輔酶 A**
(Unsaturated acyl CoA)　　　**(β-Hydroxyacyl CoA)**

9-20 醛類或酮類與硫醇反應生成縮硫醛或酮 (thioacetals) 就如同醛類或酮類與醇類反應生成縮醛。請寫出下列反應之產物，並提出反應機制。

環戊酮 + 2 CH₃CH₂SH $\xrightarrow{\text{H}^+ 催化劑}$?

9-21 當環己酮在大量丙酮氰醇和少量鹼存在下進行加熱會生成環己酮氰醇與丙酮。請提出反應機制。

環己酮 + H₃C-C(OH)(CH₃)-CN $\underset{}{\overset{^-\text{OH}}{\rightleftharpoons}}$ 環己基(HO)(CN) + CH₃CCH₃(=O)

9-22 三聚乙醛為鎮靜安眠試劑，可以藉由以醛與酸催化劑反應製備而得。請提出此反應之反應機制。

9 醛類與酮類：親核加成反應

$$3\ CH_3CHO \xrightarrow[催化劑]{H^+} \text{三聚乙醛 (Paraldehyde)}$$

9-23 純 α-葡萄糖晶體溶於水中，會發生異構化並緩慢生成 β-葡萄糖。請提出此異構化之反應機制。

α-葡萄糖 ⇌ β-葡萄糖

9-24 請預測 (1) 苯乙醛 (phenylacetaldehyde) 和 (2) 苯乙酮 (acetophenone) 與下列試劑反應的產物：

(a) $NaBH_4$，之後用 H_3O^+　　(b) 戴斯-馬丁氧化劑

(c) NH_2OH，HCl 催化劑　　(d) 2 CH_3OH，HCl 催化劑

一般問題

9-25 當在酸催化劑存在下用甲醇和 4-羥丁醛 (4-hydroxybutanal) 反應時，形成了 2-甲氧基四氫呋喃。請解釋其機制。

$$HOCH_2CH_2CH_2CHO \xrightarrow[HCl]{CH_3OH} \text{2-甲氧基四氫呋喃}$$

9-26 胺基酸甲硫胺酸 (methionine) 可通過多步驟路徑進行生物合成，該路徑包括吡哆醛磷酸 (PLP) 的亞胺分子反應生成不飽和亞胺，然後與半胱胺酸 (cysteine) 反應。請寫出這兩步驟的反應。

O-琥珀醯基同絲胺酸吡哆醛磷酸亞胺
(O-Succinylhomoserine-PLP imine) → 不飽和亞胺 ─半胱胺酸→

羧酸與其衍生物

10

10-1 羧酸及其衍生物的命名
10-2 羧酸及其衍生物的特性
10-3 羧酸的酸度
10-4 羧酸的製備
10-5 羧酸及其反應
10-6 醯鹵化合物的反應
10-7 生物羧酸衍生物：硫酯與乙醯磷酸鹽

© Marie C Fields/Shutterstock.com

羧酸 (RCO_2H)，在羰基化合物中占據重要的位置。羧酸不僅因為本身具有價值，也常被應用於製備眾多的羧酸衍生物，例如醯氯、酯、醯胺和硫酯。此外，羧酸存在於大多數生物途徑之中。

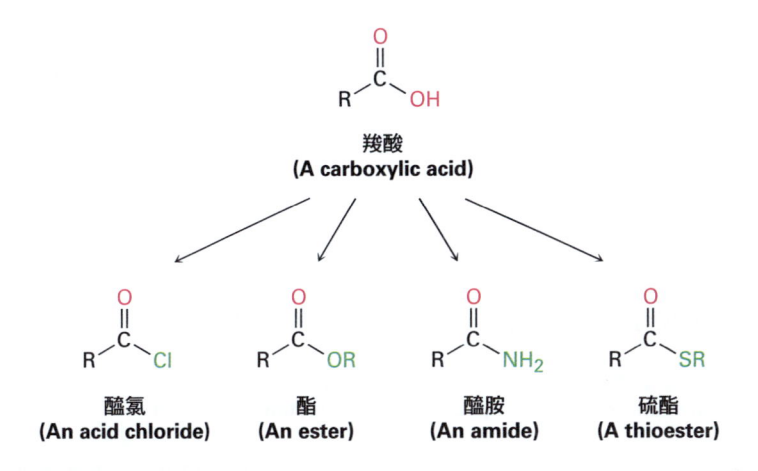

羧酸
(A carboxylic acid)

醯氯
(An acid chloride)

酯
(An ester)

醯胺
(An amide)

硫酯
(A thioester)

　　自然中存在大多數的羧酸：在醋當中，主要的有機組成即為醋酸 (CH_3CO_2H)；而丁酸 ($CH_3CH_2CH_2CO_2H$) 是造成酸黃油臭味的原因；己酸 ($CH_3(CH_2)_4CO_2H$)，又俗稱為羊油酸 (caproic acid)，是造成山羊和骯髒的運動襪上具有明顯氣味的原因，而拉丁文中 caper 即為山羊的意思。其他例子，例如人膽中的膽汁 (cholic acid)，和長鏈的脂肪酸像是棕櫚酸 ($CH_3(CH_2)_{14}CO_2H$)，同時也是脂肪和植物油的生物先驅物。

217

10 羧酸與其衍生物

膽酸 (Cholic acid)

每年將近有 1300 萬噸的醋酸在全世界生產,並用於各種目的,包括用於油漆和黏合劑的醋酸乙烯酯聚合物,將近有 20% 的工業合成醋酸是透過乙醛的氧化反應而成,而剩餘的 80% 則是甲醇與一氧化碳反應並經過銠 (Rh) 催化所形成。

$$CH_3OH + CO \xrightarrow{\text{Rh 催化劑}} CH_3COOH$$

10-1 羧酸及其衍生物的命名

羧酸:RCO₂H

從開鏈烷烴衍生而來的羧酸,會透過 -oic 字尾來取代相應烷烴的末端 -e,另外 –CO₂H 上的碳標示為 C1。而當化合物中含有鍵結在環上的 –CO₂H 官能基,便在字尾加上 -carboxylic acid 來命名,在這個系統內 –CO₂H 上的碳是連接 C1 的碳。當 –CO₂H 作為取代基時則被命名為羧基 (-carboxyl group)。

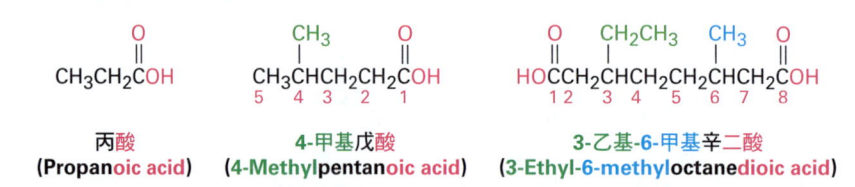

丙酸
(Propanoic acid)

4-甲基戊酸
(4-Methylpentanoic acid)

3-乙基-6-甲基辛二酸
(3-Ethyl-6-methyloctanedioic acid)

許多羧酸是最早被分離和純化的有機化合物,因此存在許多俗名。尤其是生化學家經常使用這些名稱,遇到時即可參考此列表。此書將會使用系統性的命名方式除了一些特例,例如:甲酸 (methanoic) 和乙酸 (ethanoic),此俗名是被 IUPAC 所接受的,若以其他方式引用它們則不具任何意義。

反-4-羥基環己烷甲酸
(trans-4-Hydroxycyclohexanecarboxylic acid)

1-環戊烯甲酸
(1-Cyclopentenecarboxylic acid)

在表 10-1 列出醯基的命名方式是來源於母體酸的名稱並以 -oyl 結尾，除了表中前八個條目是以 -yl 結尾。

表 10-1　羧酸與醯基的命名法

結構	名稱	醯基	結構	名稱	醯基
HCO_2H	蟻酸 (Formic)	甲醯基 (Formyl)	$CH_3\overset{OH}{\underset{}{C}}HCO_2H$	乳酸 (Lactic)	乳醯基 (Lactoyl)
CH_3CO_2H	醋酸 (Acetic)	乙醯基 (Acetyl)			
$CH_3CH_2CO_2H$	丙酸 (Propionic)	丙醯基 (Propionyl)	$CH_3\overset{O}{\underset{}{C}}CO_2H$	丙酮酸 (Pyruvic)	丙酮醯基 (Pyruvoyl)
$CH_3CH_2CH_2CO_2H$	酪酸 (Butyric)	丁醯基 (Butyryl)			
HO_2CCO_2H	草酸 (Oxalic)	乙二醯基 (Oxalyl)	$HOCH_2\overset{OH}{\underset{}{C}}HCO_2H$	甘油酸 (Glyceric)	甘油醯基 (Glyceroyl)
$HO_2CCH_2CO_2H$	丙二酸 (Malonic)	丙二醯基 (Malonyl)			
$HO_2CCH_2CH_2CO_2H$	琥珀酸 (Succinic)	琥珀醯基 (Succinyl)	$HO_2C\overset{OH}{\underset{}{C}}HCH_2CO_2H$	蘋果酸 (Malic)	蘋果醯基 (Maloyl)
$HO_2CCH_2CH_2CH_2CO_2H$	戊二酸 (Glutaric)	戊二醯基 (Glutaryl)			
$HO_2CCH_2CH_2CH_2CH_2CO_2H$	己二酸 (Adipic)	己二醯基 (Adipoyl)	$HO_2C\overset{O}{\underset{}{C}}CH_2CO_2H$	草醋酸 (Oxaloacetic)	草醋醯基 (Oxaloacetyl)
$H_2C=CHCO_2H$	丙烯酸 (Acrylic)	丙烯醯基 (Acryloyl)			
$HO_2CCH=CHCO_2H$	馬來酸 (順式) (Maleic (cis)) 延胡索酸或富馬酸 (反式) [Fumaric (trans)]	馬來醯基 (Maleoyl) 延胡索醯基 (Fumaroyl)	⌬-CO_2H	苯甲酸 (Benzoic)	苯甲醯基 (Benzoyl)
$HOCH_2CO_2H$	乙醇酸 (Glycolic)	乙醇醯基 (Glycoloyl)	⌬(CO_2H)(CO_2H)	鄰苯二甲酸 (Phthalic)	鄰苯二甲醯基 (Phthaloyl)

腈：$RC\equiv N$

具有 $-C\equiv N$ 官能基的化合物被稱作**腈類** (nitriles)，可以進行和羧酸相似的化學反應，

從開鏈烷烴衍生而來的腈類，在字尾加上 -nitrile 當作相應烷烴的字尾，腈類上頭的碳作為 C1。

$$\underset{54321}{CH_3\overset{\overset{\displaystyle CH_3}{|}}{CH}CH_2CH_2CN}$$

4-甲基戊腈
(4-Methylpentanenitrile)

腈類也可將羧酸衍生物的字尾曲代為 -ic acid 或是用 -onitrile 結尾來命名，也可將 -carboxylic acid 字尾取代成 -carbonitrile，腈碳原子所連接的碳稱為 C1。

乙腈
(Acetonitrile)

苯甲腈
(Benzonitrile)

2,2-二甲基環己烷甲腈
(2,2-Dimethylcyclohexanecarbonitrile)

若其他羧酸官能基和腈存在於同一分子中，在前面加上 cyano- 來表示腈基位置。

4-氰基戊酸甲酯
Methyl 4-cyanopentanoate

醯基鹵化物：RCOX

醯基鹵化物的命名方式，首先確定化合物具有醯基官能基，再者其結構上也具備鹵化物。在表 10-1 中提到，醯胺官能基的命名是衍生自羧酸的名字，將原先代表酸的字尾 -ic 和 -oic 改成 -oyl，或是將 -carboxylic acid 改成 -carbonyl 來命名之。然而，IUPAC 認可其中八種特例，使用 -yl 而不是 -oyl 作為字尾：甲酸 (formyl)、乙酸 (acetyl)、丙酸 (propionyl)、丁酸 (butyryl)、草酸 (oxalyl)、丙二酸 (malonyl)、琥珀酸 (succinyl) 和戊二酸 (glutaryl)。

乙醯基氯化物
(Acetyl chloride)

苯甲醯溴
(Benzoyl bromide)

環己烷醯基氯化物
(Cyclohexanecarbonyl chloride)

酸酐：RCO₂COR′

未取代的單羧酸的對稱酸酐和羧酸環酐 (cyclic anhydride of carboxylic acid) 的命名方式接是將字尾 acid 置換成 anhydride。

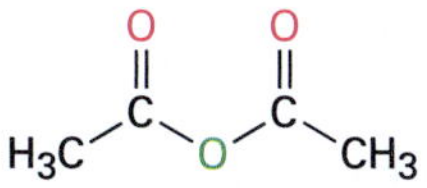

醋酸酐
(Acetic anhydride)

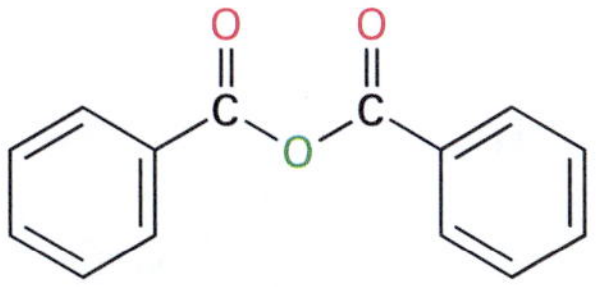

苯甲酸酐
(Benzoic anhydride)

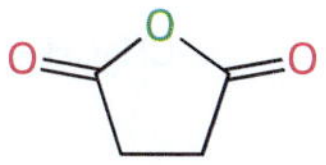

琥珀酸酐
(Succinic anhydride)

從兩個不同羧酸所製備成的不對稱酸酐，其命名方式是將兩個酸按字母順序排列並在末端加上 anhydride。

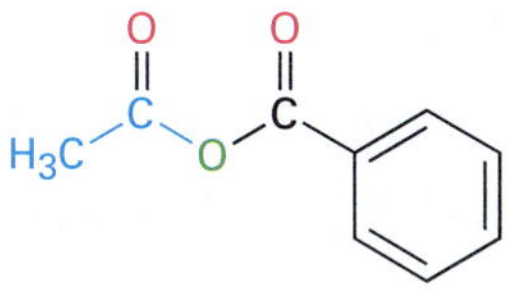

醋酸苯甲酸酐
(Acetic benzoic anhydride)

酯：RCO₂R′

酯類的命名，則是先寫出接在氧上烷基的取代基名字後，在後端寫上其羧酸官能基，且將 -ic acid 改成 -ate。

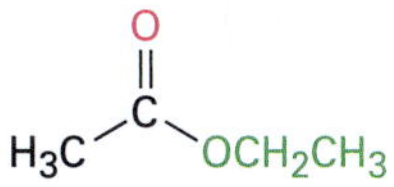

乙酸乙酯
(Ethyl acetate)

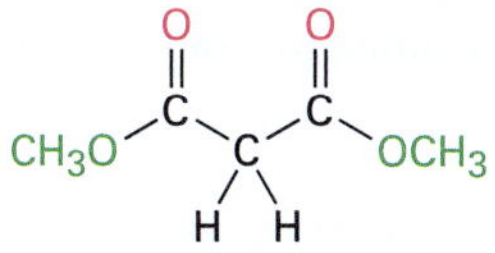

丙二酸二甲酯
(Dimethyl malonate)

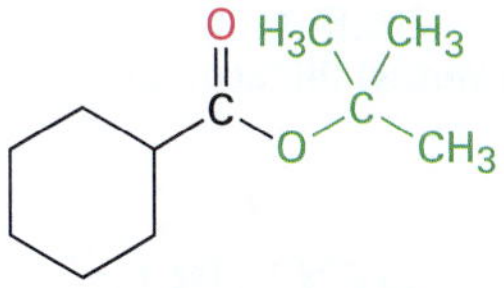

環己烷甲酸第三-丁酯
(tert-Butyl cyclohexanecarboxylate)

醯胺：RCONH₂

醯胺上接上一不飽和官能基 −NH₂，其命名方式是將字尾 -oic acid 或是 -ic acid 置換成 -amide，又或者是將 -carboxylic acid 改成 -carboxamide。

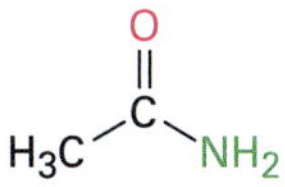

乙醯胺
(Acetamide)

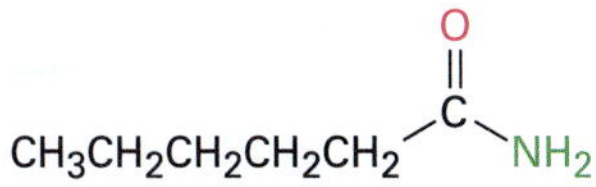

己醯胺
(Hexanamide)

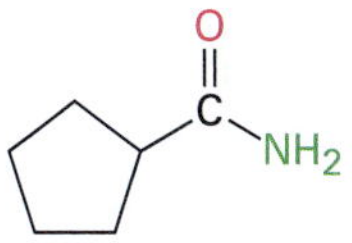

環戊烷甲醯胺
(Cyclopentanecarboxamide)

如果氮原子進一步取代，則其命名方式則是以第一個取代基在前，後面接上其本體醯胺的字尾。在取代基前加上 N 字母，代表其接在醯胺上的位置在氮上頭。

N-甲基丙醯胺
(**N-Methyl**propanamide)

N,N-二乙基環己烷甲醯胺
(**N,N-Diethyl**cyclohexanecarboxamide)

硫酯：RCOSR′

　　硫酯和酯的命名方式相同，相同結構的酯有一個通用名字，在羧酸鹽前方加上 *thio-*，舉例來說，醋酸 (acetate) 變成硫代乙酸酯 (thioacetate)。如果同結構相關酯類具有系統性的名稱，則硫酯的命名會將原字尾 *-oate* 或 *-carboxylate* 取代成 *-thioate* 或 *-carbothioate*，舉例來說：丁酸酯 (butanoate) 變成硫代丁酸酯 (butanethioate)，而環己烷甲酸 (cyclohexanecarboxylate) 變成硫代環己烷 (cyclohexanecarbothioate)。

乙酸甲硫醇酯
(**Methyl thio**acetate)

丁酸乙硫醇酯
(**Ethyl** butane**thioate**)

環己烷甲酸甲硫醇酯
(**Methyl** cyclohexane-carbothioate)

醯基磷酸酯：$RCO_2PO_3^{2-}$ 和 $RCO_2PO_3R'^{-}$

　　醯基磷酸酯是引用醯胺的命名在字尾加上 phosphate，如果烷基接在磷酸的氧上頭，在命名上其官能基會放在醯胺官能基之後。在生物化學中，醯基磷酸特別常見。

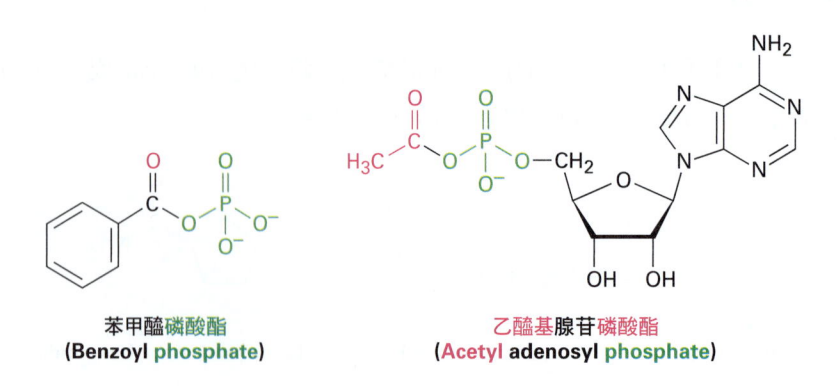

苯甲醯磷酸酯
(**Benzoyl** phosphate)

乙醯基腺苷磷酸酯
(**Acetyl** adenosyl phosphate)

習題 10-1　請用 IUPAC 命名下列化合物：

(a) CH₃CHCH₂COOH，CH₃ 取代基
(b) CH₃CHCH₂CH₂COOH，Br 取代基
(c) CH₃CH₂CHCH₂CH₃，CO₂H 取代基

表 10-2　羧酸衍生物的命名法

官能基	結構	名稱尾端
羧酸 (Carboxylic acid)	R–C(=O)–OH	酸-*ic acid* (-*carboxylic acid*)
醯基鹵化物 (Acid halide)	R–C(=O)–X	醯基鹵化物-*oyl halide* (-*carbonyl halide*)
酸酐 (Acid anhydride)	R–C(=O)–O–C(=O)–R'	酸酐 *anhydride*
醯胺 (Amide)	R–C(=O)–NH$_2$ (NHR, NR$_2$)	醯胺-*amide* (-*carboxamide*)
酯 (Ester)	R–C(=O)–OR'	酯-*oate* (-*carboxylate*)
硫酯 (Thioester)	R–C(=O)–SR'	硫醇酯-*thioate* (-*carbothioate*)
醯基磷酸酯 (Acyl phosphate)	R–C(=O)–O–P(=O)(O⁻)(O⁻ (OR'))	醯基磷酸酯-*oyl phosphate*

(d) H₃C–CH=CH–CH₂CH₂COOH　(e) CH₃CH(CH₃)CH₂CH(CH₃)CN　(f) HO₂C–(環戊烷)–CO₂H

習題 10-2　請對照 IUPAC 名稱畫出相對應結構：

(a) 2,3-二甲基己酸 (2,3-Dimethylhexanoic acid)

(b) 4-甲基戊酸 (4-Methylpentanoic acid)

(c) 反-1,2-環丁烷二甲酸 (*trans*-1,2-Cyclobutanedicarboxylic acid)

(d) 鄰-羥基苯甲酸 (*o*-Hydroxybenzoic acid)

(e) (9Z,12Z)-9,12-十八二烯酸 [(9Z,12Z)-9,12-Octadecadienoic acid]

(f) 2-戊烯腈 (2-Pentenenitrile)

習題 10-3　請寫出下列結構的 IUPAC 名稱：

(a) CH₃CH(CH₃)CH₂CH₂C(=O)Cl　(b) 環己基–CH₂C(=O)NH₂　(c) CH₃CH(CH₃)C(=O)OCH(CH₃)CH₃ (d), (e), (f), (g), (h), (i) 結構式

習題 10-4 請畫出下列化合物的結構：

(a) 苯甲酸苯酯 (Phenyl benzoate)

(b) N-乙基-N-甲基丁醯胺 (*N*-Ethyl-*N*-methylbutanamide)

(c) 2,4-二甲基戊烷醯氯 (2,4-Dimethylpentanoyl chloride)

(d) 1-甲基環己烷甲酸甲酯 (Methyl 1-methylcyclohexanecarboxylate)

(e) 3-氧戊酸乙酯 (Ethyl 3-oxopentanoate)

(f) 對-溴苯硫酸甲酯 (Methyl *p*-bromobenzenethioate)

(g) 甲酸丙酸酐 (Formic propanoic anhydride)

(h) 順-2-甲基環戊烷氧羰基溴化物 (*cis*-2-Methylcyclopentanecarbonyl bromide)

10-2 羧酸及其衍生物的特性

羧酸在某方面和酮和醇類相似，酮類化合物和羧酸均是以 sp^2 混成，因此，C−C=O 和 O=C−O 的鍵角為 120° 的平面，而醇類和羧酸的相似點則是均具有氫鍵，大多數羧酸具有透過兩個氫鍵結合在一起的環狀二聚體，此強烈的氫鍵結會影響化合物的沸點，在相對應結構的醇類而言，羧酸的沸點較高。

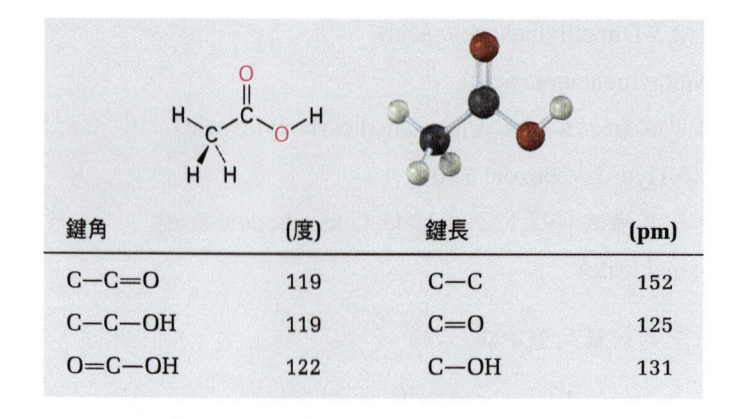

鍵角	(度)	鍵長	(pm)
C−C=O	119	C−C	152
C−C−OH	119	C=O	125
O=C−OH	122	C−OH	131

舉例來說，醋酸的沸點為 117.9 °C 相較於乙醇的沸點為 78.3 °C，上述兩種化合物是以皆具有兩個碳的基準下去作比較。

醋酸二聚體

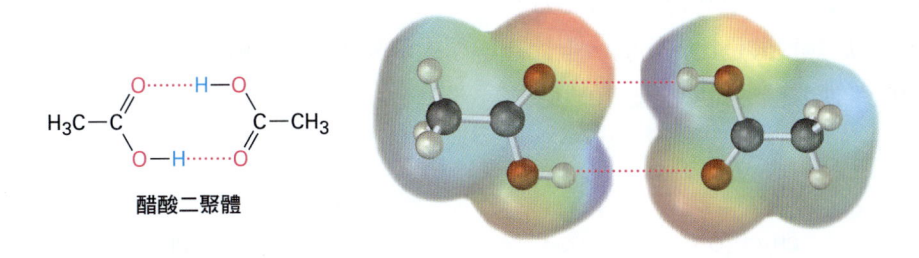

10-3 羧酸的酸度

羧酸最明顯的特性可以由其名字得知為酸性，因此它們會與鹼 (如 NaOH) 反應，進而得到羧酸金屬鹽 ($RCO_2^- M^+$)，結構上具有大於六個碳的羧酸對水溶解度低，但羧酸的鹼金屬鹽通常是易溶於水的。事實上，在純化酸類時，時常將鹽類拉到呈鹼性的水層，再重新酸化萃取將酸拉回有機層。像是在第 1.8 節提到的布-洛酸 (Brønsted-Lowry acid)，羧酸能夠在稀的水溶液中解離出 H^+ 產生 H_3O^+ 及相對應的羧酸陰離子 (RCO_2^-)。羧酸的解離程度可以視其酸性係數 (K_a) 而定。

$$K_a = \frac{[RCO_2^-][H_3O^+]}{[RCO_2H]} \quad \text{和} \quad pK_a = -\log K_a$$

下列表 10-3 提供了大多數的羧酸的酸性係數 (K_a)，對於大多數而言，K_a 值大多落在 10^{-4} 到 10^{-5} 之間，舉例來說，醋酸在 25 °C 的 $K_a = 1.75 \times 10^{-5}$，相當於其 $pK_a = 4.76$。實際上，K_a 值落在 10^{-5} 附近的意思是在 0.1 M 的溶液中只有 0.1% 的分子被解離，而不是像

表 10-3　部分羧酸的酸性

結構	K_a	pK_a
CF_3CO_2H	0.59	0.23
HCO_2H	1.77×10^{-4}	3.75
$HOCH_2CO_2H$	1.5×10^{-4}	3.84
$C_6H_5CO_2H$	6.46×10^{-5}	4.19
$H_2C=CHCO_2H$	5.6×10^{-5}	4.25
CH_3CO_2H	1.75×10^{-5}	4.76
$CH_3CH_2CO_2H$	1.34×10^{-5}	4.87
CH_3CH_2OH (乙醇)	(1×10^{-16})	(16)

強酸 ↑ 弱酸

鹽酸這種強無機酸具有 100% 的解離能力。

羧酸相較於無機酸是比較弱的，但比起醇類或苯酚類是相對較強的。舉例來說，乙醇的 pK_a 接近 10^{-16} 使其酸性比醋酸弱 10^{11} 倍。

CH₃CH₂OH   　　　　　　　　　CH₃COOH   HCl
pK_a = 16　　pK_a = 9.89　　pK_a = 4.76　　pK_a = –7

酸性 →

為什麼在都具有 –OH 官能基的情況下，羧酸比醇類還要酸呢？醇類解離產生醇鹽離子，此時負電荷會在單個負電原子上，然而羧酸解離會形成羧酸根離子，此時負電荷則會位於兩個等價的氧原子上 (圖 10-1)。在共振系統中，羧酸根離子在兩個相同的結構間穩定地共振，既然羧酸根離子比醇鹽離子更穩定，可以得知其在解離平衡中能量更低且更趨向反應。

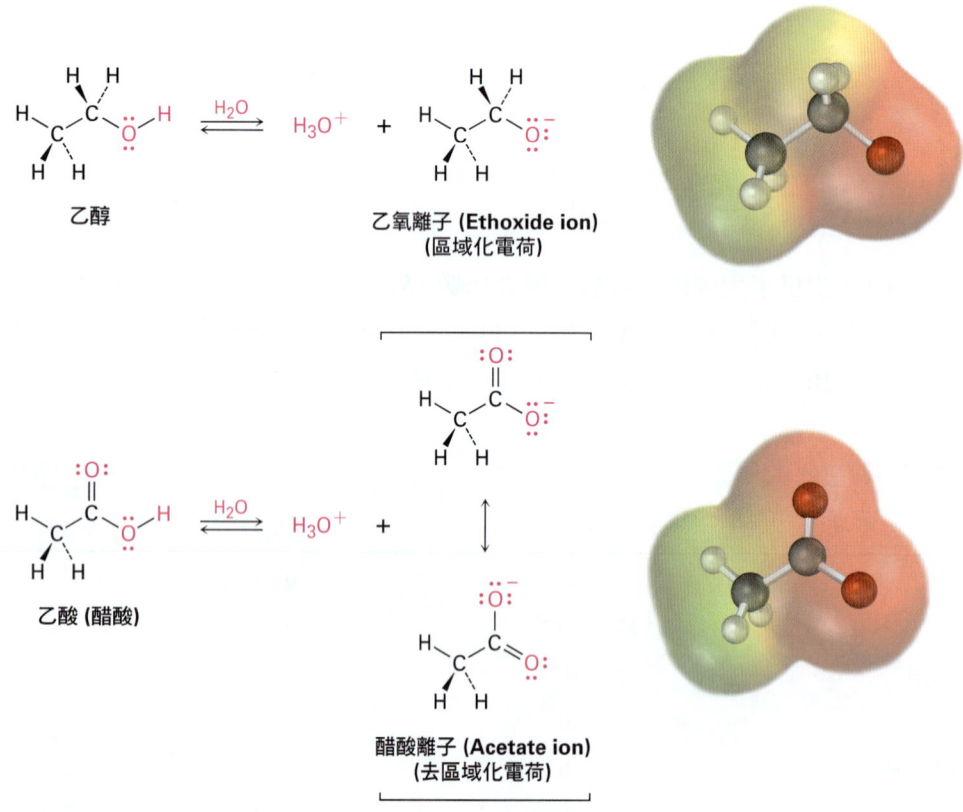

乙醇　　　　　　　　　乙氧離子 (Ethoxide ion)
　　　　　　　　　　　(區域化電荷)

乙酸 (醋酸)　　　　　　醋酸離子 (Acetate ion)
　　　　　　　　　　　(去區域化電荷)

圖 10-1　醇鹽離子的電荷位於一個氧原子上，穩定性較差，而羧酸根離子的電荷均等分布在兩個氧原子上，因此更穩定。

經過 X 射線晶體學實驗證實甲酸鈉相當於兩個羧酸氧，其 C−O 單鍵鍵長為 127 pm，介於甲酸中 C=O (120 pm) 雙鍵和 C−O (134 pm) 單鍵之間，靜電能勢圖可知甲酸鹽離子帶負電荷 (紅色) 平均散布在氧原子上。

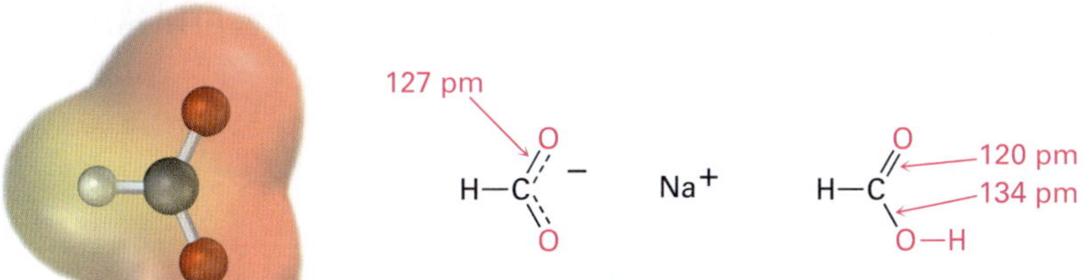

甲酸鈉
(Sodium formate)

甲酸
(Formic acid)

習題 10-5 假設存在萘和苯酸的混合物，若要將其分離，你將如何利用酸性來有效分離此混合物？

習題 10-6 已知二氯醋酸的 $K_a = 3.32 \times 10^{-2}$，在 0.1 M 的水溶液中有接近多少比例的酸被解離？

10-4　羧酸的製備

讓我們快速的複習在前面章節中提到的一些製備羧酸的方法。

用過錳酸鉀 (KMnO$_4$) 或重鉻酸鈉 (Na$_2$Cr$_2$O$_7$) 氧化取代的烷基苯可得到取代的苯甲酸。一級烷基和二級烷基都可以被氧化，但是三級不受影響。

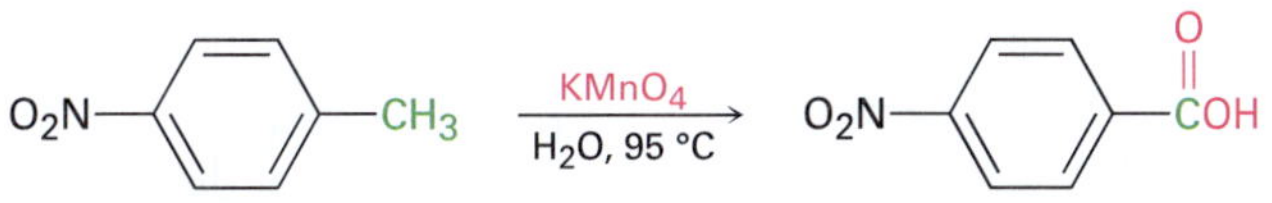

對-硝基甲苯
(p-Nitrotoluene)

對-硝基苯甲酸 (88%)
(p-Nitrobenzoic acid)

一級醇或是醛類的氧化反應可產生羧酸，一級醇通常在含水酸中被三氧化鉻 (CrO$_3$) 氧化，醛也在此條件下被氧化。

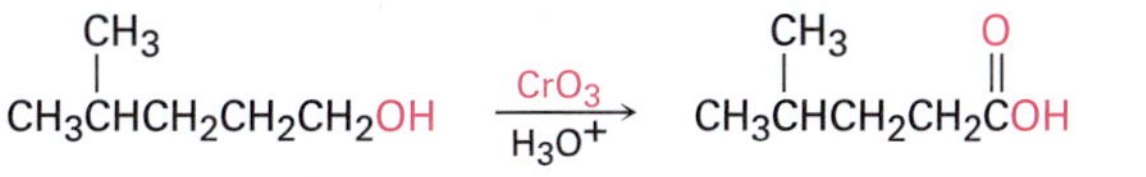

4-甲基-1-戊醇
(4-Methyl-1-pentanol)

4-甲基戊酸
(4-Methylpentanoic acid)

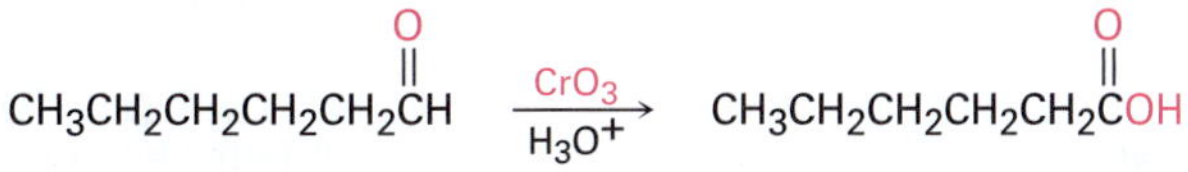

己醛
(Hexanal)

己酸
(Hexanoic acid)

10-5　羧酸及其反應

　　羧酸的親核醯基取代反應較困難，因為其具有較差的離去基 –OH (第 6.6 節)，因此我們要藉由酸催化來使羰基質子化成為較好的接受者，或是將 –OH 轉換成更好的離去基來提高酸的反應性。然而在正常的情況下，醯胺、醯氯、酸酐和酯皆可以藉由羧酸經由親核醯基取代製備。

羧酸轉化為醯氯

　　在實驗室中，羧酸藉由亞硫醯氯 (SOCl$_2$) 反應形成醯氯。

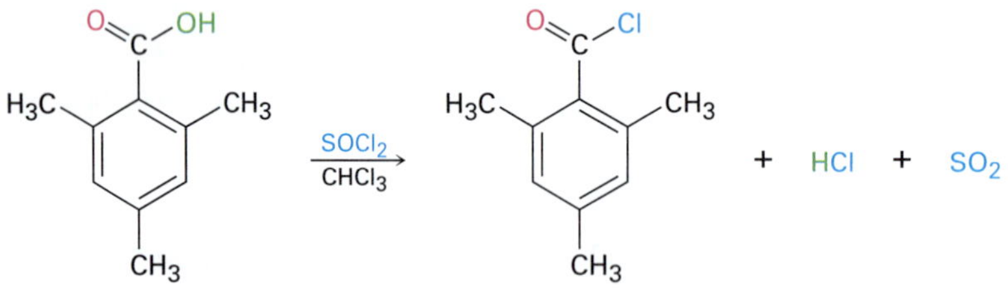

2,4,6-三甲基苯甲酸
(2,4,6-Trimethylbenzoic acid)

2,4,6-三甲基苯甲醯氯
(2,4,6-Trimethylbenzoyl chloride)

　　此親核醯基取代反應是先將羧酸轉換成醯基氯亞硫酸鹽中間體，並將 –OH 官能基置換成較好的離去基，再來氯亞硫酸鹽會和親核氯離子反應。正如同先前所提到，上述反應類似於醇類和氯亞硫酸鹽反應產生氯化烷。

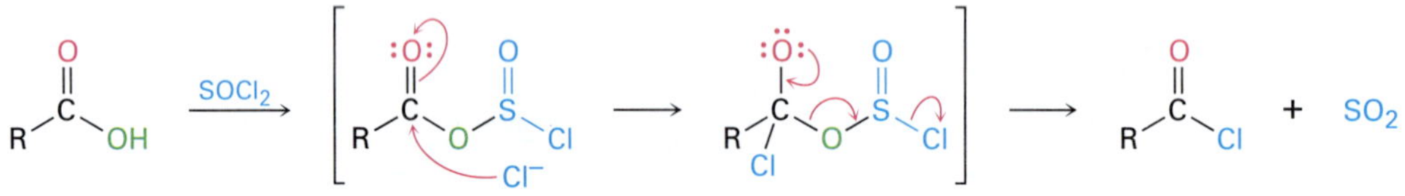

羧酸
(Carboxylic acid)

醯基氯亞硫酸鹽
(A chlorosulte)

醯氯
(Acid chloride)

羧酸轉化為酯

　　最有效果的反應是將羧酸轉換成酯，此反應需要多個步驟去完成，羧酸陰離子會經由 S$_N$2 和鹵烷化反應。

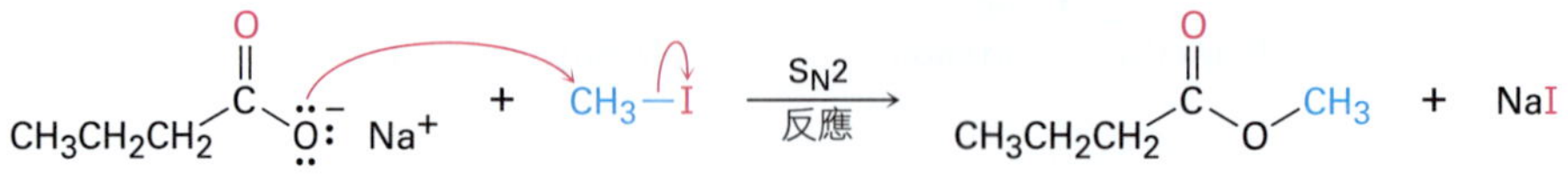

丁酸鈉
(Sodium butanoate)

丁酸甲酯 (97%)
(Methyl butanoate)

酯類也可以經由羧酸和醇結合產生酸催化親核醯基取代反應，此過程稱為**費歇爾酯化反應 (Fischer esterification reaction)**，不幸的是，需要過量的液態醇作為溶劑有效地限制了對甲酯、乙酯、丙酯和丁酯的合成。

　　在圖 10-2 可見費歇爾酯化反應機制，羧酸的反應性不足以直接進行親核加成反應，但若是像鹽酸和硫酸這樣的強酸可以增加其反應性。無機酸將羰基上的氧質子化，使羧酸上帶一個正電荷提升其反應性，再從四面體中間物脫去 H_2O 後得到酯類產物。費歇爾酯化反應的淨反應就是將 −OH 置換成 −OR 官能基，此反應具有可逆性且其反應的反應常數皆接近 1，因此反應受到濃度控制，酯化反應偏好以液態的醇作為溶劑下進行，而羧酸則偏好在以水為溶劑的反應下進行。

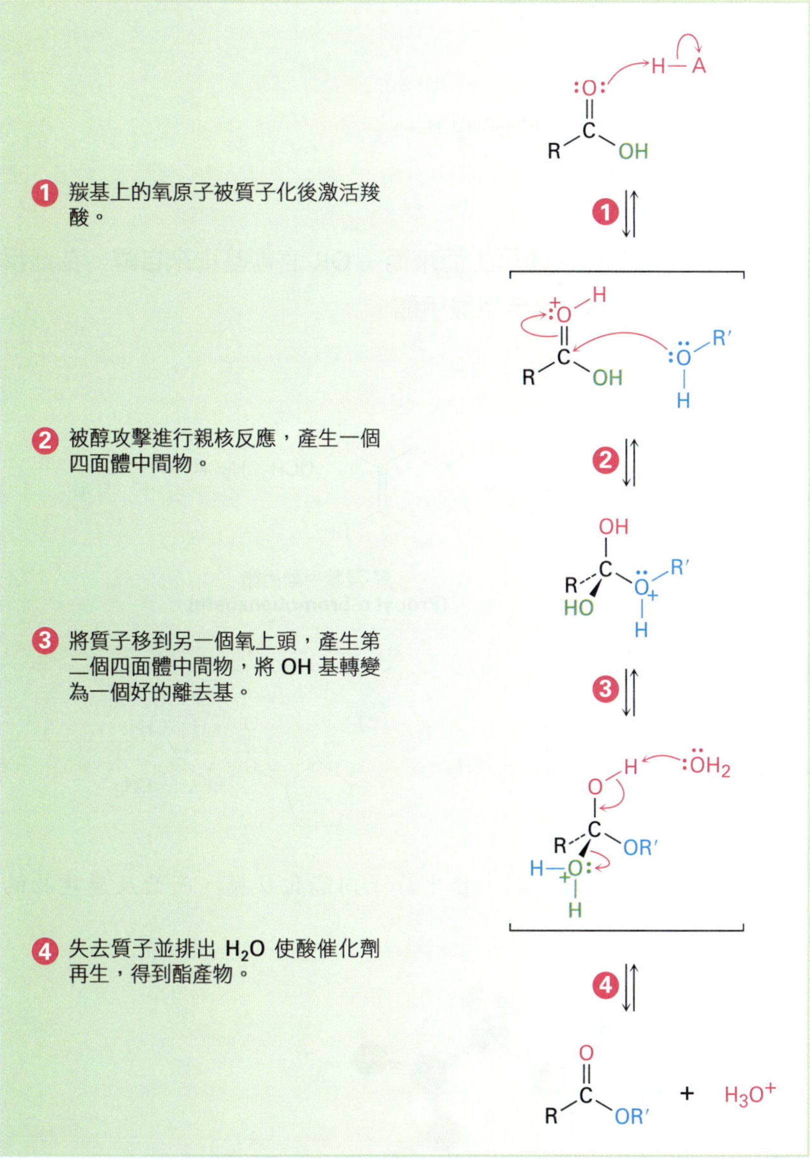

① 羰基上的氧原子被質子化後激活羧酸。

② 被醇攻擊進行親核反應，產生一個四面體中間物。

③ 將質子移到另一個氧上頭，產生第二個四面體中間物，將 OH 基轉變為一個好的離去基。

④ 失去質子並排出 H_2O 使酸催化劑再生，得到酯產物。

圖 **10-2** 費歇爾酯化反應的反應機制。此反應是羧酸在一個酸催化下進行的親核取代／脫去去酯化反應。

在圖 10-2 中顯示出其反應機制當中進行一同位素實驗，當 ^{18}O 的甲醇分子與苯甲酸反應生成苯甲酸甲酯，此產物可偵測到 ^{18}O，而在以水為溶劑的反應下是偵測不到 ^{18}O 的，因此比起苯甲酸的 CO–H 鍵結，其結構上的 C–OH 鍵結反而會在反應中斷裂；比起醇的 R–OH 鍵結，其結構上的 RO–H 鍵結反而會在反應中斷裂。

練習題 10-1　用酸合成酯

如何用費歇爾酯化反應將下圖化合物製備為酯。

策略　先確定酯類結構的兩個部分，醯基從羧酸衍生而來而 –OR 官能基則來自醇。在此反應中，用鄰-溴苯甲酸和 1-丙醇會反應形成鄰-溴苯甲酸甲酯。

解答

鄰-溴苯甲酸　　　1-丙醇　　　　　　鄰-溴苯甲酸丙酯
(o-Bromobenzoic acid)　(1-Propanol)　(Propyl o-bromobenzoate)

習題 10-7　如何將酸製備成相對應的產物酯？

(a)　　　　　　　(b)　　　　　　　(c)

習題 10-8　如果下列分子在反應中加入酸催化劑，發生分子內酯化反應，而此反應產物的結構為何？(分子內是指同一分子的意思)

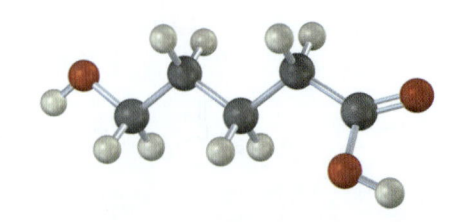

羧酸轉化為醯胺

醯胺難以透過羧酸與胺的直接反應來製備，因為胺是將酸性羧基轉化成其未反應羧酸根陰離子的鹼，因此 –OH 官能基必須被更好的非酸性離去基取代。實際上，通常透過二環己基碳二亞胺 (dicyclohexylcarbodiimide, DCC) 活化羧酸，然後加入胺來製備醯胺，如圖 10-3 所示，首先將酸加到 DCC 的 C═N 雙鍵上，然後進行胺的親核醯基取代，或者是反應溶劑而定，具反應性的醯基中間體也可以與第二當量的羧酸根離子反應以生成酸酐，然後該酸酐與胺反應產生醯胺，此兩種途徑的產物都是相同的。

DCC 誘導醯胺的形成方法是實驗室合成小蛋白質或肽的關鍵步驟，例如，胺基酸與其胺不產生反應時，用 DCC 處理其 –CO$_2$H 失去反應性的第二個胺基酸，形成二肽。

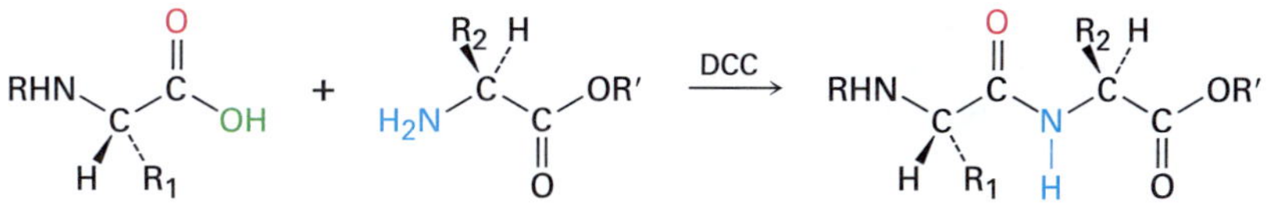

胺基酸 1 + **胺基酸 2** $\xrightarrow{\text{DCC}}$ **二肽**

羧酸轉化為醇

LiAlH$_4$ 還原羧酸可得到一級醇，而親核醯基取代反應為還原反應，–H 取代 –OH 產生醛進一步經由親核加成還原為一級醇，其產生的醛中間物比起始物的酸更具有反應性，故此反應快速且獨立。

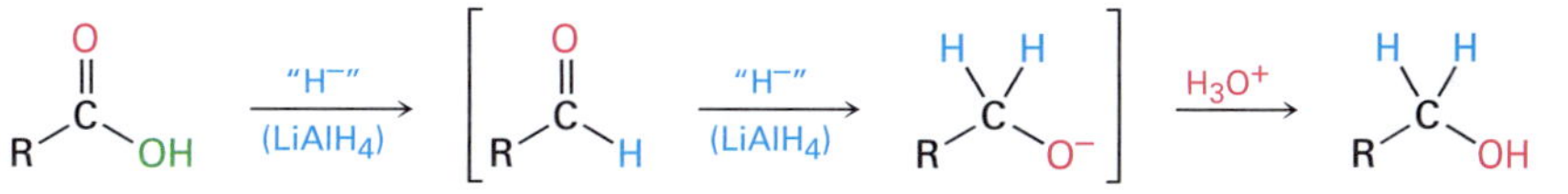

羧酸 (A carboxylic acid) $\xrightarrow[\text{(LiAlH}_4\text{)}]{\text{"H}^-\text{"}}$ [**醛** (An aldehyde) (不分離出來) $\xrightarrow[\text{(LiAlH}_4\text{)}]{\text{"H}^-\text{"}}$ **烷氧陰離子** (An alkoxide ion)] $\xrightarrow{\text{H}_3\text{O}^+}$ **一級醇** (A 1° alcohol)

氫化物離子可當作鹼和親核試劑，實際上的親核醯基取代反應是發生在羧酸鹽離子上頭，而不是在羧酸上反應，反應後形成高能量的雙陰離子中間物。此中間物的兩個氧上毫無疑問地產生錯合形成路易士酸，酸還原需要更高的溫度和延長反應時間，因此反應是相對具有難度的。

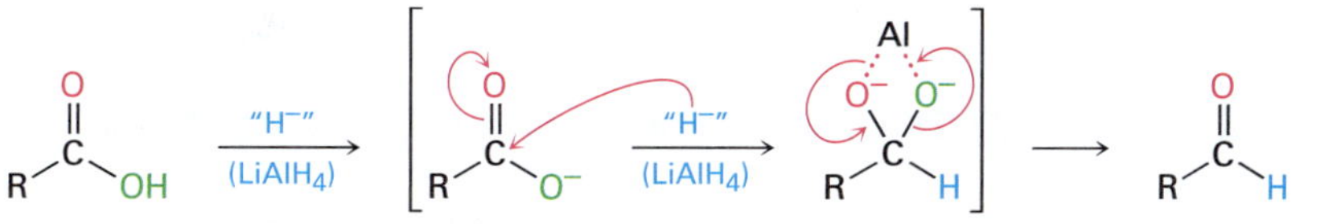

羧酸 (A carboxylic acid) $\xrightarrow[\text{(LiAlH}_4\text{)}]{\text{"H}^-\text{"}}$ [**羧酸鹽** (A carboxylate) $\xrightarrow[\text{(LiAlH}_4\text{)}]{\text{"H}^-\text{"}}$ **二陰離子** (A dianion)] $\longrightarrow$ **醛** (An aldehyde)

232　10　羧酸與其衍生物

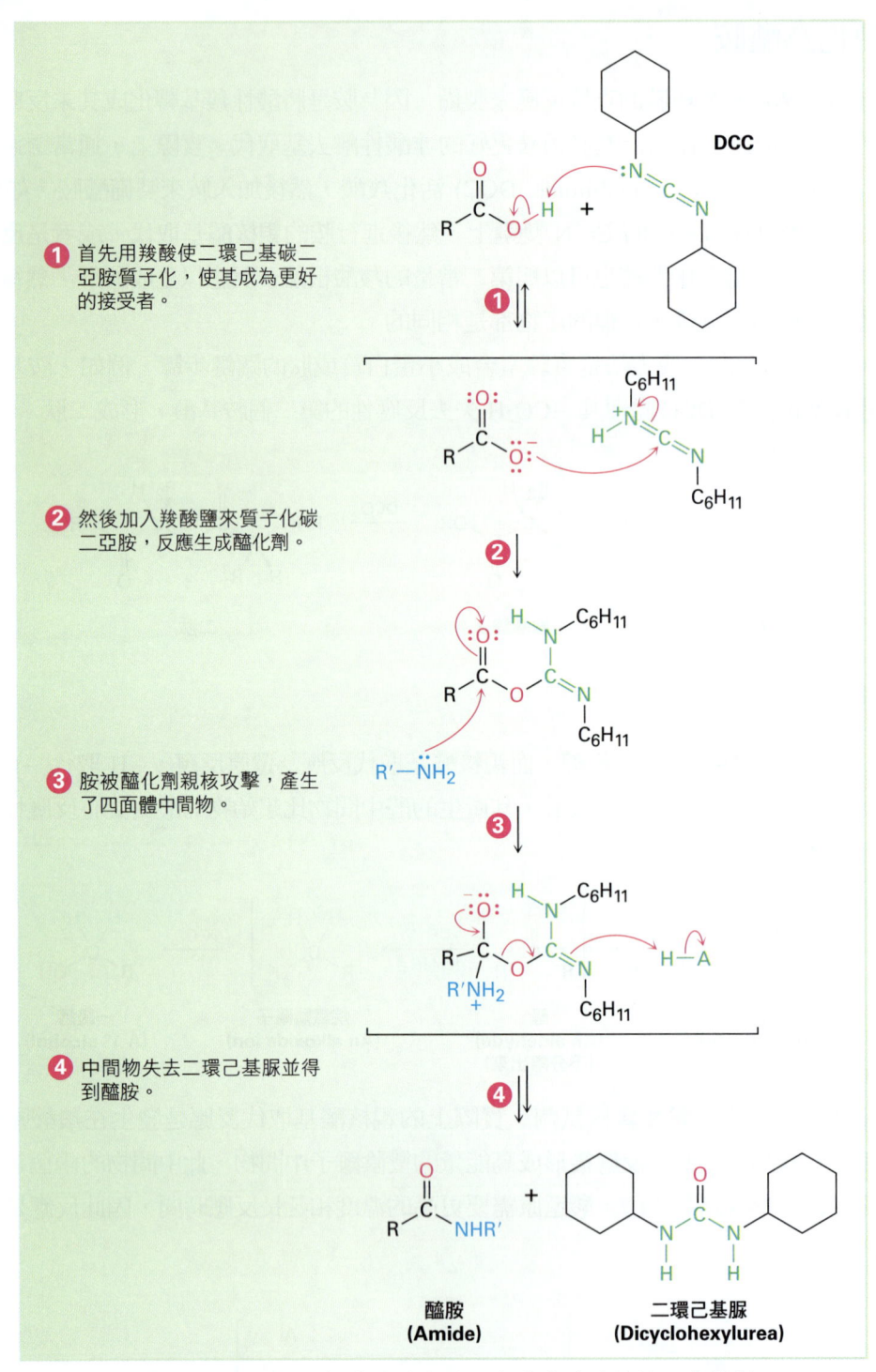

① 首先用羧酸使二環己基碳二亞胺質子化，使其成為更好的接受者。

② 然後加入羧酸鹽來質子化碳二亞胺，反應生成醯化劑。

③ 胺被醯化劑親核攻擊，產生了四面體中間物。

④ 中間物失去二環己基脲並得到醯胺。

圖 10-3 以二環己基碳二亞胺 (DCC) 促成羧酸和胺反應來生成醯胺的反應機制。

可將溶於四氫呋喃的硼烷 (BH$_3$/THF) 作為試劑在反應中扮演還原劑，還原羧酸形成一級醇產物、酸和四氫呋喃的硼烷 (BH$_3$/THF) 在室溫下快速反應，且其過程偏好用鋁氫化鋰 (LiAlH$_4$) 還原，因為其快速又簡易。和其他官能基相比，硼烷和酸反應的速度最快從而允許

選擇性轉換，例如：對-硝基苯乙酸若經 LiAlH₄ 反應，其結構上的硝基和羧基皆會被還原。

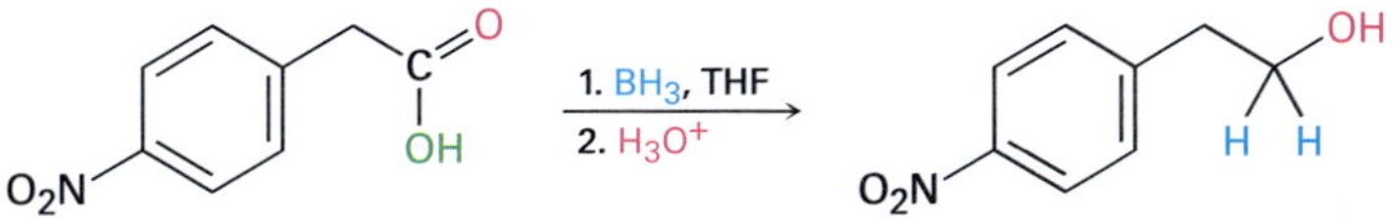

對硝基苯乙酸
(p-Nitrophenylacetic acid)
→ 1. BH₃, THF 2. H₃O⁺ →
2-(對硝基苯) 乙醇 (94%)
[2-(p-Nitrophenyl) ethanol]

10-6　醯鹵化合物的反應

醯基鹵化物的製備

在前些章節可見，醯氯是羧酸經由亞硫醯氯 (SOCl₂) 所得的產物，相似於此反應，羧酸和三溴化磷 (PBr₃) 反應產生醯基溴化物。

醯基鹵化物的反應

醯基鹵化物是羧酸衍生物中反應性最好且可經由親核醯基取代反應形成其他各種官能基化合物，鹵素可被 −OH 官能基置換掉形成酸；可被 −OCOR 官能基置換掉形成酸酐；可被 −OR 官能基置換掉形成酯；可被 −NH₂ 官能基置換掉形成醯胺；可被 R′ 官能基置換掉形成酸。此外，醯基鹵化物經還原形成一級醇，若經由格林納試劑反應則形成四級醇，但相似的反應皆會在醯基鹵化物上發生。

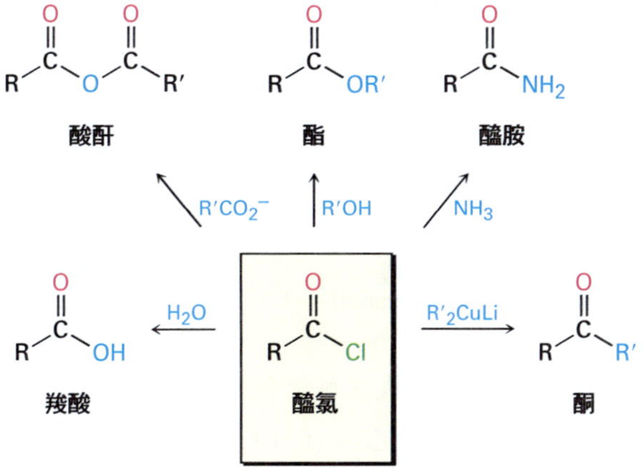

酸酐　　　　　酯　　　　　醯胺

　　　　↖R′CO₂⁻　↑R′OH　↗NH₃

羧酸　　←H₂O　　醯氯　　R′₂CuLi→　　酮

醯基鹵化物轉化為酸：水解

醯氯和水反應形成羧酸，此水解反應是醯氯典型的親核醯基取代反應，且其醯氯羰基被

水攻擊形成四面體中間物，再經由脫去反應脫去 Cl⁻ 並失去 H⁺ 從而得到羧酸和副產物氯化氫。

醯氯 → 羧酸

醯基鹵化物轉化為酸酐

醯氯和羧酸鹽離子經由親核醯基取代反應得到酸酐產物，不論是對稱或不對稱的酸酐結構皆可由此方式製備。

甲酸鈉 (Sodium formate) + 乙醯基氯化物 (Acetyl chloride) → 醋甲酸酐 (64%) (Acetic formic anhydride)
(乙醚 25 °C)

醯基鹵化物轉化為酯：醇解

醯氯和醇反應產生酯，製備方式類似於其和水反應產生酸的反應機制，事實上，此方法在實驗室中是最為常見的。當水解、醇解時，在鹼的存在下進行以與反應中所形成的氯化氫反應。

醇和醯氯反應受到強烈的立體障礙影響，在任何一個原子上若接上大基團會使其反應變慢，導致醇的反應性順序：一級醇 > 二級醇 > 三級醇。結果，通常可以在立體障礙較大的醇存在下選擇性的酯化立體障礙較小的醇。在錯合合成上，需要區分兩個相似的官能基，舉例來說。

苯甲醯氯 (Benzoyl chloride) + 環己醇 (Cyclohexanol) → 苯甲酸環己酯 (97%) (Cyclohexyl benzoate)
(吡啶)

習題 10-9 如何用醯氯經由親核醯基加成反應製備下列不同的酯。
(a) 乙酸乙酯 ($CH_3CH_2CO_2CH_3$)　(b) 乙酸乙酯 ($CH_3CO_2CH_2CH_3$)
(c) 苯甲酸乙酯 (Ethyl benzoate)

習題 10-10 你會用何種方法合成苯甲酸環己酯 (cyclohexyl)，費歇爾酯化反應或是醯氯和醇反應？請解釋之。

10-7　生物羧酸衍生物：硫酯與乙醯磷酸鹽

如同前言所提到的，親核醯基取代反應的基質在有機生命體內一般為硫酯 (RCOSR′) 或醯基磷酸 (RCO$_2$PO$_3^{2-}$ 或 RCO$_2$PO$_3$R′$^-$) 物質，兩者均不像醯氯或酸酐那樣具有反應性，但兩者都可穩定存在有機生命體中並可進行醯基取代反應。

像是乙醯輔酶 A (CoA)，醯基輔酶 A (CoA) 是自然界中最常見的硫酯化合物，輔酶 A 又簡稱為 CoA，由磷酸泛硫醇和腺苷 3′,5′-雙磷酸酯之間的磷酸酐鍵結 (O=P−O−P=O) 所形成的硫醇 (前綴 bis- 表示「兩個」而 3′,5′-二磷酸腺苷表示有兩個磷酸基，一個在 C3′ 上另一個在 C5′ 上)。

輔酶 A 與醯基磷酸酯或醯基腺苷酸反應生成醯基輔酶 A (圖10-4)，正如我們在圖 10-5 中所見，醯基腺苷酸的形成是透過羧酸與 ATP 的反應而發生的，其本身就是在磷上發生的親核醯基取代反應。

形成醯基後，醯基 CoA 將成為進一步親核醯基取代反應的基質，例如，透過葡萄糖胺和乙醯輔酶 A 之間的胺解反應合成了 N-乙醯葡萄糖胺，此化合物是軟骨和其他結締組織的成分。

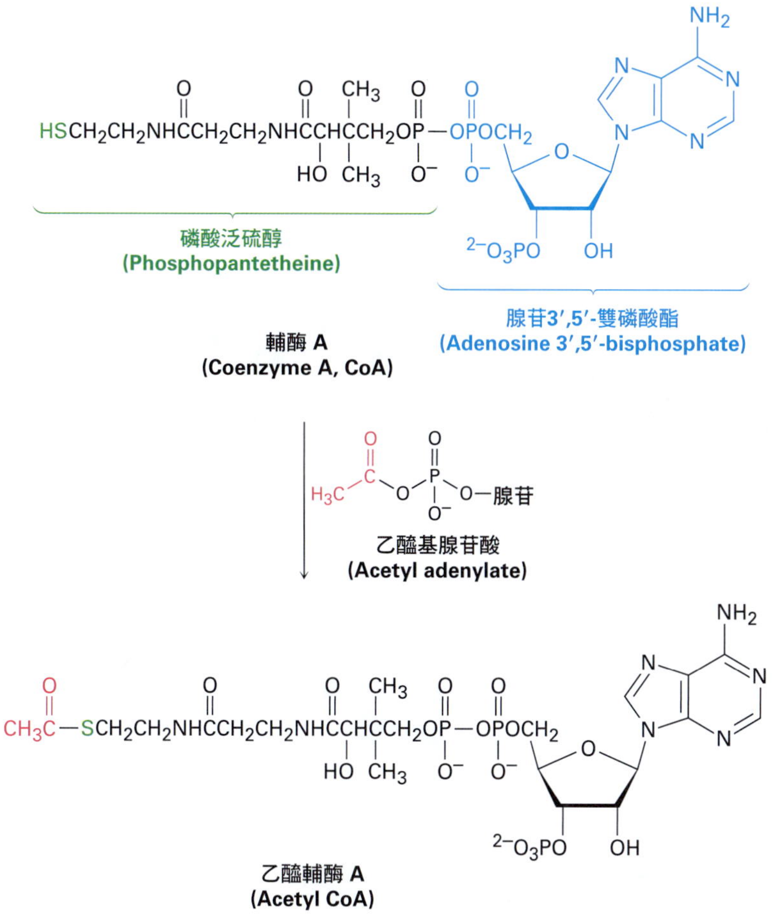

圖 **10-4**　利用輔酶 A 與乙醯基腺苷酸進行醯基親核取代，反應形成乙醯輔酶 A。

硫酯上親核醯基取代反應的另一個例子，是一個氫離子取代作用，在甲醛的生物合成中可將硫酯部分還原為醛，而戊醛是萜類 (terpenoid) 化合物合成的中間物。在下方反應中 (3S)-3-羥基-3-甲基戊二醯基輔酶 A 透過菸鹼醯胺腺嘌呤二核苷酸磷酸 (NADPH) 提供氫化物而還原。

(3S)-3-羥基-3-甲基戊二醯基輔酶 A
[(3S)-3-Hydroxy-3-methylglutaryl CoA]

(R)-甲醛
[(R)-Mevaldehyde]

習題 10-11 寫出圖 10.4 中所示的輔酶 A 與乙醯基腺苷酸 (acetyl adenylate) 之間產生乙醯輔酶 A 的反應機制。

附加習題

結構化學

10-12 請將下列羧酸用 IUPAC 方法命名 (紅棕色 = Br)。

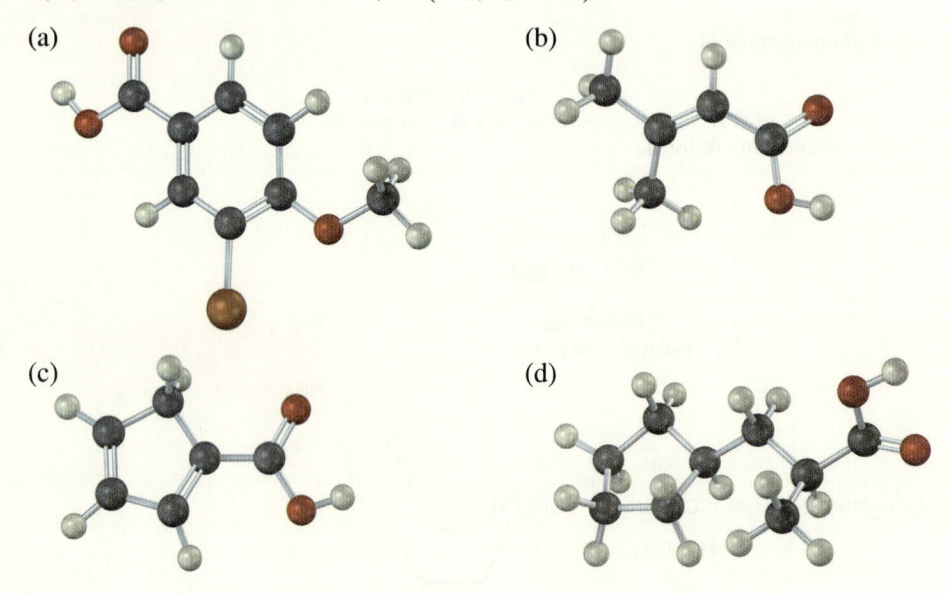

(a)

(b)

(c)

(d)

10-13 請預測並比較下方結構和苯甲酸的酸性大小 (紅棕色 = Br)。

(a)　　　　　　　　(b)

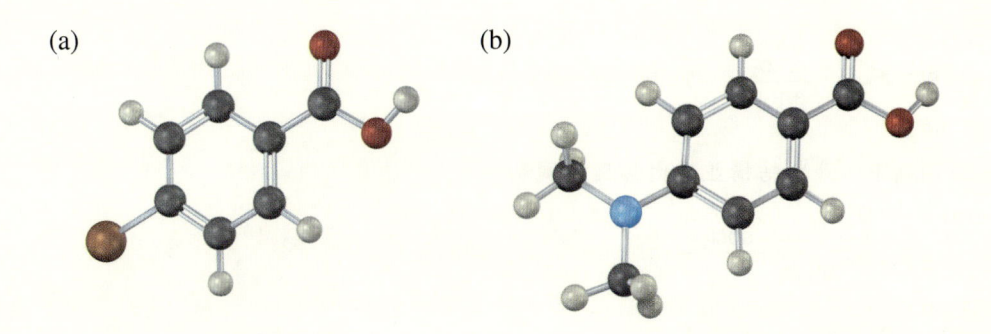

10-14 下列此羧酸結構為什麼不能經由鹵化烷製備、腈水解製備或格林納試劑羧化製備呢？請解釋。

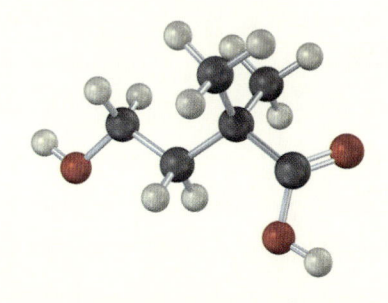

10-15 下方顯示出苯甲醚和硫代苯甲醚的靜電能勢圖，請比較對-甲氧基苯甲酸 (p-methoxybenzoic acid) 和對-甲硫基苯甲酸 [p-(methylthio) benzoic acid]，何者為較強的酸？請解釋。

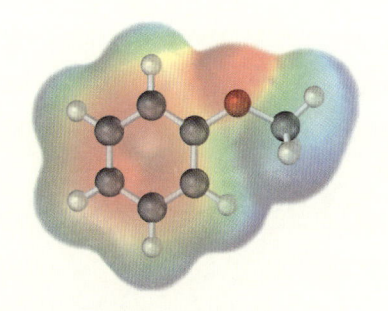

苯甲醚 (anisole)($C_6H_5OCH_3$) 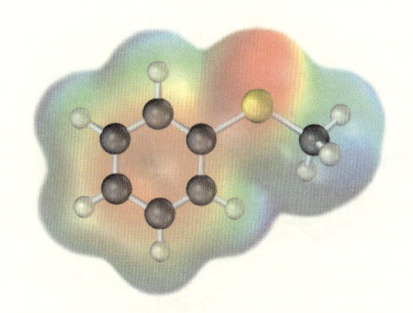　　　　硫代苯甲醚 (thioanisde)($C_6H_5SCH_3$)

反應機制問題

10-16 請預測下方產物結構並寫出其反應機制。

(a) PhBr $\xrightarrow{\text{1. Mg} \\ \text{2. CO}_2 \\ \text{3. H}_3\text{O}^+}$?

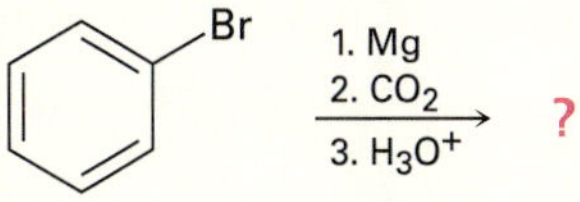

(b) sec-BuBr $\xrightarrow{\text{1. Mg} \\ \text{2. CO}_2 \\ \text{3. H}_3\text{O}^+}$?

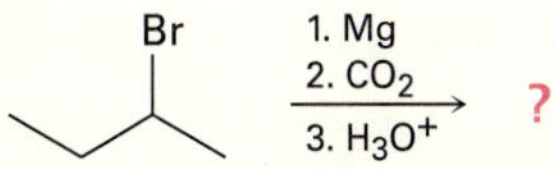

(c) Br—△ $\xrightarrow[\text{3. H}_3\text{O}^+]{\text{1. Mg}\\ \text{2. CO}_2}$?

10-17 請預測下方產物結構並寫出其反應機制。

(a) CH₃CH₂C(O)NH₂ $\xrightarrow{\text{SOCl}_2}$?

(b) 環戊基-C(O)NH₂ $\xrightarrow{\text{SOCl}_2}$?

(c) C₆H₅C(O)NH₂ $\xrightarrow{\text{SOCl}_2}$?

(d) H₂N-C(O)-CH=CH-CH₃ $\xrightarrow{\text{SOCl}_2}$?

10-18 請預測下方產物結構並寫出其反應機制。

(a) CH₃CH₂CH₂CH₂C≡N $\xrightarrow[\text{H}_2\text{O}]{\text{NaOH}}$?

(b) N≡C-CH(CH₃)CH₂CH₃ $\xrightarrow[\text{H}_2\text{O}]{\text{NaOH}}$?

(c) 3-甲基苯甲腈 (m-CH₃-C₆H₄-C≡N) $\xrightarrow[\text{H}_2\text{O}]{\text{NaOH}}$?

(d) 環丁基-C≡N $\xrightarrow[\text{H}_2\text{O}]{\text{NaOH}}$?

10-19 請預測下方產物結構並寫出其反應機制。

(a) 鄰甲氧基苯甲腈 + CH₃MgBr $\xrightarrow[\text{2. H}_3\text{O}^+]{\text{1. 乙醚}}$?

(b) (CH₃)₂CHCH₂C≡N + (CH₃)₂CHCH₂MgBr $\xrightarrow[\text{2. H}_3\text{O}^+]{\text{1. 乙醚}}$?

(c) [cyclopropyl-C≡N] + [PhMgBr] $\xrightarrow{\text{1. 乙醚} \\ \text{2. H}_3\text{O}^+}$?

(d) [CH₃CH₂CH(Et)-C≡N] + CH₃CH₂MgBr $\xrightarrow{\text{1. 乙醚} \\ \text{2. H}_3\text{O}^+}$?

10-20 腈可以經品納反應 (Pinner reaction) 直接轉換成酯，其過程分離出亞胺基酯鹽 (imino ester salt)，再經水處理後得到產物。請用彎曲箭號代表電子流向，寫出品納反應的機制。

[PhC≡N] $\xrightarrow{\text{HCl} \\ \text{CH}_3\text{OH}}$ [Ph-C(=NH₂⁺Cl⁻)-OCH₃] $\xrightarrow{\text{H}_2\text{O}}$ [Ph-C(=O)-OCH₃]

10-21 當用酸水溶液處理時，一種天然存在的化合物生氰苷 (cyanogenic glycoside)，例如勞妥斯特林 (lotaustralin)，會釋放出氰化氫 (HCN)，該反應透過縮醛鍵的水解形成氰醇而發生，然後該氰醇排出氰化氫 (HCN) 並得到羰基化合物。(a) 請寫出縮醛水解的機制和所產生的氰醇結構。(b) 寫出失去氰化氫 (HCN) 的反應機制，並畫出形成的羰基化合物結構。

勞妥斯特林

10-22 2-溴-6,6-二甲基環己酮 (2-Bromo-6,6-dimethylcyclohexanone) 可先由氫氧化鈉 (NaOH) 水溶液處理後，再經酸化 [稱為法沃爾斯基反應 (Favorskii reaction) 的過程]，生成 2,2-二甲基環戊烷羧酸 (2,2-dimethylcyclopentane carboxylic acid)。請寫出其反應機制。

[2,2-dimethyl-6-bromocyclohexanone] $\xrightarrow{\text{1. NaOH, H}_2\text{O} \\ \text{2. H}_3\text{O}^+}$ [1,1-dimethyl-2-carboxycyclopentane]

10-23 在里特反應 (Ritter reaction) 中，烯烴在濃硫酸水溶液中與腈反應，生成醯胺，寫出其反應機制。

[1-methylcyclohexene] $\xrightarrow{\text{CH}_3\text{C}\equiv\text{N} \\ \text{H}_2\text{O, H}_2\text{SO}_4}$ [N-(1-methylcyclohexyl)acetamide]

羧酸和腈及其衍生物的命名

10-24 請將下列結構用 IUPAC 規則命名。

(a) CH₃CH(CO₂H)CH₂CH(CO₂H)CH₃

(b) CH₃CH(CH₃)CO₂H 中間碳另接 CH₃ (即 (CH₃)₂CHCO₂H 類似結構，中心碳上有 CH₃ 與 CH₃)

(c) 間位苯環，NC 與 CO₂H

(d) 環上帶 CO₂H 的環烯結構

(e) (CH₃)₂C(CH₃)CN 類結構：CH₃—C(CN)(CH₃)—CH₃

(f) CH₃CH₂CH₂CH(CH₂CO₂H)CH₃

(g) BrCH₂CH(Br)CH₂CH₂CO₂H

(h) 環戊烯基-CN

10-25 請寫出下方結構的 IUPAC 名稱。

(a) 對甲基苯甲醯胺 (H₃C–C₆H₄–C(O)NH₂)

(b) CH₃CH₂CH(CH₂CH₃)CH=CHC(O)Cl

(c) CH₃OC(O)CH₂CH₂C(O)OCH₃

(d) C₆H₅CH₂CH₂C(O)OCH(CH₃)CH₃

(e) CH₃CH(Br)CH₂C(O)NHCH₃

(f) 環戊烯基-C(O)OCH₃

(g) 苯甲酸苯酯 (C₆H₅C(O)O–C₆H₅)

(h) C₆H₅C(O)SCH(CH₃)₂

10-26 請畫出下列結構並以 IUPAC 規則命名。

(a) 順-1,2-環己二酸 (cis-1,2-Cyclohexanedicarboxylic acid)

(b) 庚二酸 (Heptanedioic acid)

(c) 2-己烯-4-炔酸 (2-Hexen-4-ynoic acid)

(d) 4-乙基-2-丙基辛酸 (4-Ethyl-2-propyloctanoic acid)

(e) 3-氯鄰苯二甲酸 (3-Chlorophthalic acid)

(f) 三苯基乙酸 (Triphenylacetic acid)

(g) 二-環丁烯腈 (2-Cyclobutenecarbonitrile)

(h) 間-苯甲醯苯甲腈 (m-Benzoylbenzonitrile)

10-27 繪製與以下名稱對應的結構：

(a) 對-溴苯基乙醯胺 (p-Bromophenylacetamide)

(b) 間-苯甲醯苯甲醯胺 (*m*-Benzoylbenzamide)

(c) 2,2-二甲基己醯胺 (2,2-Dimethylhexanamide)

(d) 環己基環己烷羧酸酯 (Cyclohexyl cyclohexanecarboxylate)

(e) 2-環丁烯甲酸乙酯 (Ethyl-2-cyclobutenecarboxylate)

(f) 琥珀酸酐 (Succinic anhydride)

10-28 請畫出化學式 $C_6H_{12}O_2$ 的羧酸結構並命名。

10-29 計算以下酸的並比較 Ka 值：(a) 檸檬酸，$pK_a = 3.14$ (b) 酒石酸，$pK_a = 2.98$。

10-30 依酸性大小排列以下結構：(a) 乙酸、草酸、甲酸 (b) 對-溴苯甲酸、對-硝基苯甲酸、2,4-二硝基苯甲酸 (c) 氟乙酸、3-氟丙酸、碘乙酸

親核醯基取代反應

10-31 皂化的 NaOH 水溶液其製造烷基酸的反應順序為下列之排列，請說明其原因。
$CH_3CO_2CH_3 > CH_3CO_2CH_2CH_3 > CH_3CO_2CH(CH_3)_2 > CH_3CO_2C(CH_3)_3$。

10-32 用 DCC (二環己基碳二亞胺) 和 5-胺基戊酸反應可產生內醯胺，請寫出其產物的結構和反應機制。

10-33 解釋使費歇爾酯化方法，嘗試用甲醇和 HCl 與 2,4,6-三甲基苯甲酸反應未獲得酯，將該酸原樣回收，請問哪種酯化方法可能會成功？

10-34 請預測下方產物結構並寫出其反應機制。

(a) (CH₃)₂CHCH₂COOH + SOCl₂ → ?

(b) cyclopentanecarboxylic acid + SOCl₂ → ?

(c) indane-2-carboxylic acid + SOCl₂ → ?

(d) CH₃CH=CHCOOH + SOCl₂ → ?

(e) CH₃CH₂O-CO-CH₂CH(CH₃)₂ + HCl 催化劑 / H₂O → ?

(f) methyl benzoate + HCl 催化劑 / CH₃CH₂OH → ?

(g) CH₃CH=CHCOOH + HCl 催化劑 / CH₃OH → ?

(h) γ-butyrolactone + HCl 催化劑 / CH₃CH₂OH → ?

10-35 預測丙醯氯與以下試劑反應後，是否有產物形成和其產物為何？

(a) 乙醚中的 Li(Ph)₂Cu

(b) 先用 LiAlH₄，然後 H₃O⁺

(c) 先用 CH₃MgBr，然後 H₃O⁺

(d) H₃O⁺

(e) 環己醇 (Cyclohexanol)

(f) 苯胺 (Aniline)

(g) CH₃CO₂⁻Na⁺

一般問題

10-36 用三氟乙酸酐處理羧酸，會導致不對稱酸酐迅速與醇反應生成酯。

$$R-\overset{O}{\underset{}{C}}-OH \xrightarrow{(CF_3CO)_2O} R-\overset{O}{\underset{}{C}}-O-\overset{O}{\underset{}{C}}-CF_3 \xrightarrow{R'OH} R-\overset{O}{\underset{}{C}}-OR' + CF_3CO_2H$$

(a) 提出形成不對稱酸酐的反應機制。

(b) 為什麼不對稱酸酐產生異常反應？

(c) 為什麼不對稱酸酐會按指示反應，而不是生成三氟乙酸酯和羧酸？

10-37 當將羧酸溶解在同位素標記的水中時，被標記的氧迅速結合到羧酸的兩個氧原子中，請解釋其原因。

$$R-\overset{O}{\underset{}{C}}-OH \xrightarrow{H_2O} R-\overset{\color{red}O}{\underset{}{C}}-\color{red}{OH}$$

羰基 α- 取代反應及縮合反應

11

- 11-1 酮-烯醇互變異構性
- 11-2 烯醇離子的反應性
- 11-3 烯醇離子的烷基化反應
- 11-4 羰基縮合反應：醛醇縮合反應
- 11-5 生物的羰基反應

© justasc/Shutterstock.com

如親核加成反應和親核醯基取代反應，許多實驗室方案、藥物合成和生化途徑經常使用羰基 α 取代反應，其巨大的價值在於構成少數通用的 C–C 鍵生成方法，使得利用小型前驅物來構建大型分子變得可行。

我們在羰基化學的預習中提到過多數羰基分子可以用下列四種基本的反應所解釋：親核加成、親核醯基取代、α-取代和羰基縮合。

α-取代反應發生在羰基旁—α 位置上—且涉及親電子基 (E) 取代 α 氫形成烯醇或烯醇離子兩者之一的中間物。讓我們開始學習這兩種不同的類型。

11-1 酮-烯醇互變異構性

碳原子上帶有氫原子的羰基化合物與其相應的**烯醇** (enol)

243

異構物處於平衡狀態，通常在氫的位置變化的情況下，兩個異構物之間的這種自發相互轉化被稱為互變異構物。**互變異構物** (tautomers) 的英文來自希臘字的「tautomerism」，其意為「相同」而「meros」則意思是「一部分」，單獨的酮和烯醇異構物稱為互變異構物。

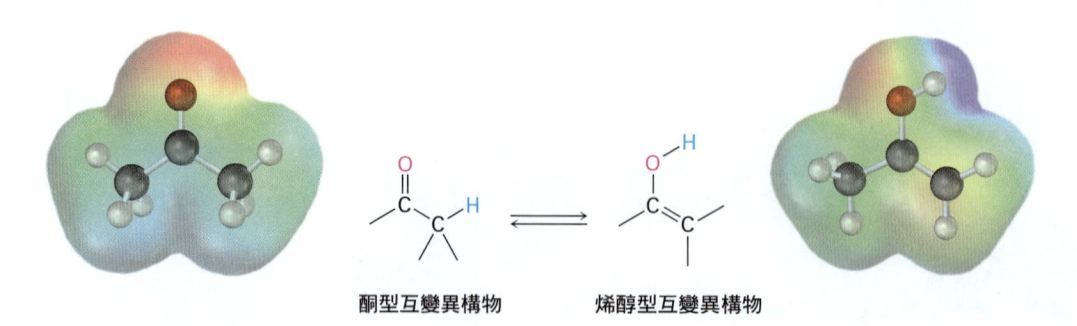

酮型互變異構物　　　烯醇型互變異構物

注意，互變異構物和共振形式之間的差異，互變異構物是結構異構物—具有不同結構的不同化合物；而共振形式是單個化合物的不同表示。互變異構物的原子排列不同，而共振形式僅在其 π 鍵和非鍵結電子的位置不同。

大多數單羰基化合物在平衡時幾乎完全以其酮形式存在，通常很難分離出純烯醇。例如，環己酮在室溫下僅包含約 0.0001% 的烯醇互變異構物，對於羧酸、酯和醯胺，烯醇互變異構物的百分比甚至更低。烯醇只能透過共軛或分子內氫鍵穩定時，這種反應才占主導地位，因此，2,4-戊二酮是約 76% 的烯醇互變異構物。儘管烯醇在平衡狀態下很稀少，但它們參與了羰基化合物的大部分化學反應，因為它們的反應性強。

99.999 9%　　　0.000 1%　　　99.999 999 9%　　　0.000 000 1%
環己酮 (Cyclohexanone)　　　丙酮 (Acetone)

酸和鹼都會催化羰基化合物的酮-烯醇互變異構物，其中酸催化作用是透過羰基氧原子的質子化作用產生的，其中間物陽離子從碳上失去 H^+，生成中性烯醇 (圖 11.1a)，陽離子中間物產生的質子損失類似於 E1 反應中碳陽離子損失 H^+ 形成烯烴時所發生的質子損失反應。

另外，發生鹼催化的烯醇形成是因為羰基的存在使碳上的氫呈弱酸性，因此羰基化合物可充當酸，並將其氫提供給足夠強的鹼，然後共振穩定的陰離子 (烯醇離子) 質子化，進而得到中性化合物，如果烯醇離子的質子化發生在 α 碳上，則酮互變異構物會再生，並且不會發生淨變化。但是如果質子化發生在氧原子上，則會形成烯醇互變異構物 (圖 11.1 b)。

注意，只有羰基化合物的 α 位置上的氫是酸性的，其餘 β、γ、δ 等處的氫不是酸性的，也不能被鹼去除，因為所得的陰離子無法被羰基共振，為不穩定的存在。

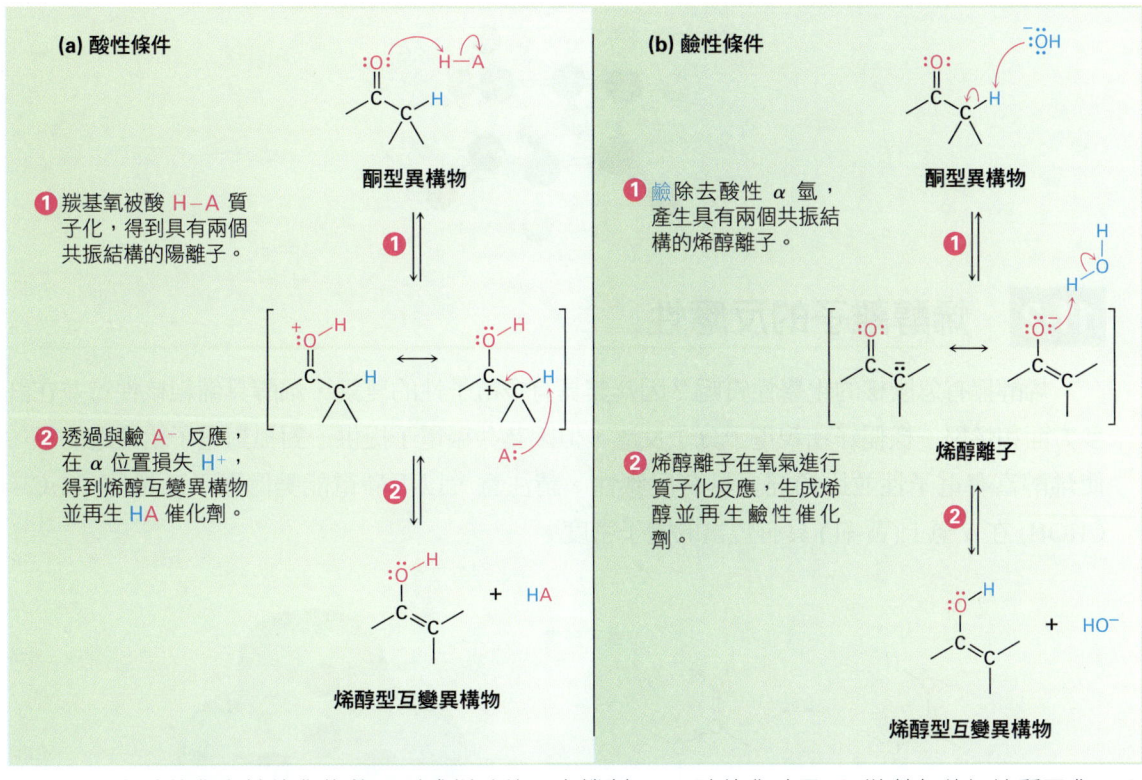

圖 11-1 在酸催化和鹼催化條件下形成烯醇的反應機制。(a) 酸催化涉及 ❶ 羰基氧的初始質子化，❷ 然後從 α 位置除去 H⁺；(b) 鹼催化作用包括 ❶ 對該位置進行初始去質子化以生成烯醇離子，❷ 然後在氧氣上進行質子化。

習題 11-1 請畫出下列烯醇互變異構物的結構：

(a) 環戊酮 (Cyclopentanone)　　(b) 乙酸甲酯 (Methyl thioacetate)
(c) 乙酸乙酯 (Ethyl acetate)　　(d) 丙醛 (Propanal)
(e) 醋酸 (Acetic acid)　　(f) 苯基丙酮 (Phenylacetone)

習題 11-2 請標示出習題 11.1 的結構有多少個酸性 α 氫，並列出。

習題 11-3 請畫出下列結構的單烯醇構型，並判斷何種分子較穩定存在。

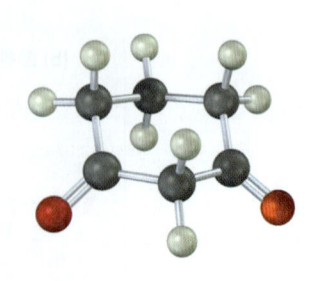

11-2 烯醇離子的反應性

烯醇擁有怎麼樣的化學性質呢？因為其具有多電子性的雙鍵，烯醇具備親核性質並在許多方面和烯烴一樣偏好和親電子分子反應，但因為共振電子提供一對孤對電子給旁邊的氧，使烯醇富有電子性並比烯烴更具有反應性。請注意，以下靜電能勢圖顯示乙烯醇 ($H_2C=CHOH$) 在 α 氫上(黃-紅) 具有豐富的電子密度。

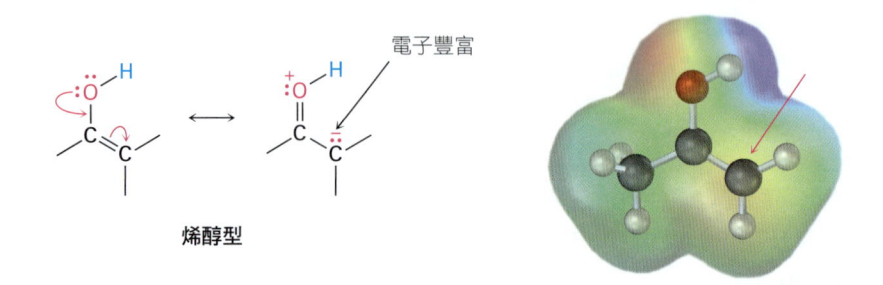

烯醇型

烯醇離子比烯醇有用，主要分為兩個原因。首先，通常無法分離出純烯醇分子，只能以低濃度的短壽命中間物存在；反之，透過與強鹼反應，很容易從大多數羰基化合物製備純淨的烯醇離子的穩定溶液。其次，烯醇離子比烯醇具有更高的反應性，並且會發生烯醇沒有的許多反應。烯醇是中性的，而烯醇離子則帶負電荷，使其成為更好的親核試劑。

因為它們是兩種非等價形式的共振錯合體，所以烯醇離子可以看作是乙烯基醇鹽 ($C=C-O^-$) 或看作是 α-酮碳陰離子 ($^-C-C=O$)。因此，烯醇離子可以與親電子在氧或碳上反應。與氧反應生成烯醇衍生物，而與碳反應生成 α-取代的羰基化合物 (圖 11-2)，這兩種反應性都是已知的，但在碳上的反應是更為常見的。

作為烯醇離子反應性的一個例子，醛和酮經歷鹼催化的 α-鹵化。即使是相對較弱的鹼 (例如：氫氧根離子) 也可以有效地鹵化，因為不必將酮完全轉化為烯醇離子。一旦生成少量的烯醇化物，鹵素立即與其反應，將其從反應中除去，並推動平衡趨向形成烯醇離子。

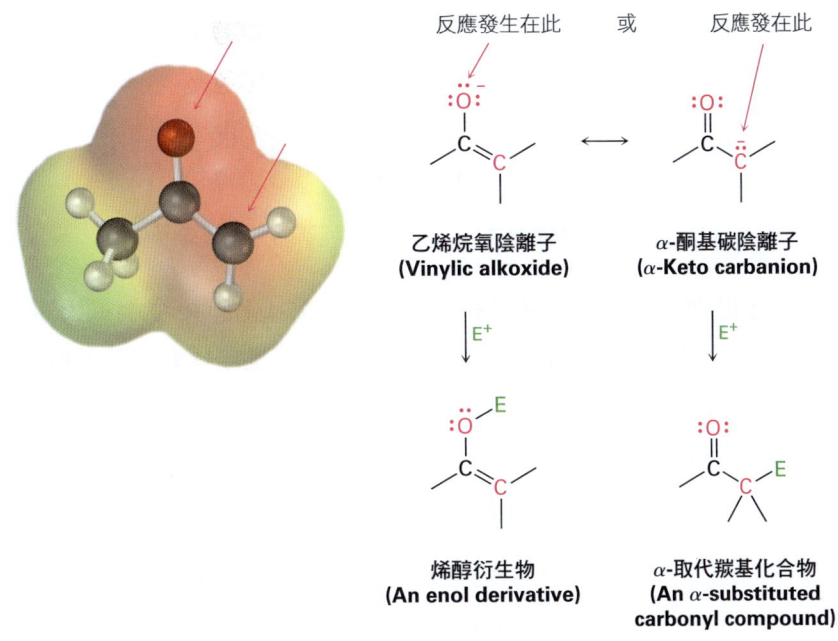

圖 11-2 丙酮的靜電能勢圖。烯醇離子可與親電子基在其氧或 α 碳上反應，但在其 α 碳上的反應較為常見。

實際上，很少使用鹼催化的醛和酮去做鹵化反應，因為很難在單取代的產物上終止反應。由於鹵素原子的拉電子誘導作用，α-鹵代酮通常比初始的未取代的酮更具有酸性，因此單鹵代產物本身迅速變成烯醇離子後才進一步被鹵化。

如果加入過量的鹼和鹵素，則甲基酮會進行三鹵化 (triply halogenated)，然後在鹵仿反應中被鹼裂解，其產物是羧酸加上所謂的鹵仿 (氯仿，$CHCl_3$；溴仿，$CHBr_3$；或碘仿，CHI_3)。請注意，第二步反應是 $^-CX_3$ 被 ^-OH 親核醯基取代，即鹵素穩定的碳陰離子在此被當作離去基。

其中 X = Cl, Br, I

11-3 烯醇離子的烷基化反應

烯醇離子最有用的反應可能是透過用鹵代烷或甲苯磺酸根處理，使其進行烷基化，從而形成新的 C–C 鍵並將兩個較小的片段連接為一個較大的分子。當親核性烯醇離子在 S_N2 反

應中與親電子性鹵烷反應，並透過後方攻擊取代離去基時，就會發生烷基化。

$$\text{烯醇離子} \xrightarrow{S_N2 \text{反應}} + X^-$$

烷基化反應受到影響所有 S_N2 反應的約束，因此，烷基化劑 R–X 中的離去基 X 可以是氯化物、溴化物、碘化物或甲苯磺酸鹽，其中烷基 R 應該是一級或甲基，最好是烯丙基或苯基，因為二級鹵化物反應性不佳，三級鹵化物根本不反應，因為發生了 E2 脫去反應，在反應中 HX 的競爭性消除。此外乙烯基和芳香基鹵化物也不反應，因為在空間上阻止了後方的反應進行。

$$R-X \begin{cases} -X: \text{甲苯磺酸鹽} > -I > -Br > -Cl \\ R-: \text{烯丙基} \approx \text{苄基} > H_3C- > RCH_2- \end{cases}$$

丙二酸酯合成法

丙二酸酯合成 (Malonic ester synthesis) 是最古老和最廣為人知的羰基烷基化反應之一，丙二酸酯合成是一種由鹵烷製備羧酸同時將碳鏈延長兩個原子的方法。

$$R-X \xrightarrow[\text{合成}]{\text{丙二酸酯}} \underset{H\;\;H}{\overset{R}{C}}-CO_2H$$

丙二酸二乙酯，通常稱為丙二酸酯，其相對酸性 ($pK_a = 13$)，因為其氫的側翼是兩個羰基，因此丙二酸酯透過與乙醇鈉在乙醇中的反應而容易地轉化為其烯醇離子，在此烯醇化物離子作為良好的親核試劑，與鹵化烷迅速反應生成 α-取代的丙二酸酯產物。請注意，在以下示例中，縮寫詞「Et」代表乙基 $-CH_2CH_3$。

丙二酸二乙酯
(Diethyl propanedioate)

丙二酸二乙酯鈉
(Sodio malonic ester)

烷基丙二酸二乙酯
(An alkylated malonic ester)

丙二酸酯烷基化的產物具有一個酸性氫殘留，因此可以重複烷基化過程以產生二烷基化的丙二酸酯。

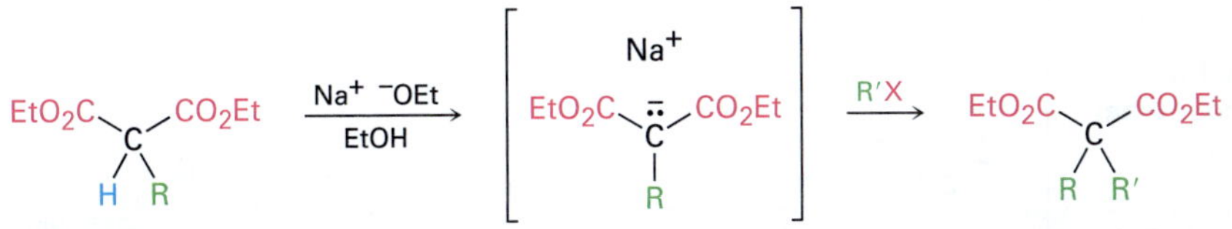

11-3 烯醇離子的烷基化反應

烷基丙二酸二乙酯
(An alkylated malonic ester)

二烷基丙二酸二乙酯
(A dialkylated malonic ester)

再經由鹽酸水溶液一起加熱後，烷基化 (或二烷基化) 的丙二酸酯經歷兩個酯基的水解反應，然後脫羧 (CO_2 損失)，生成取代的單羧酸。

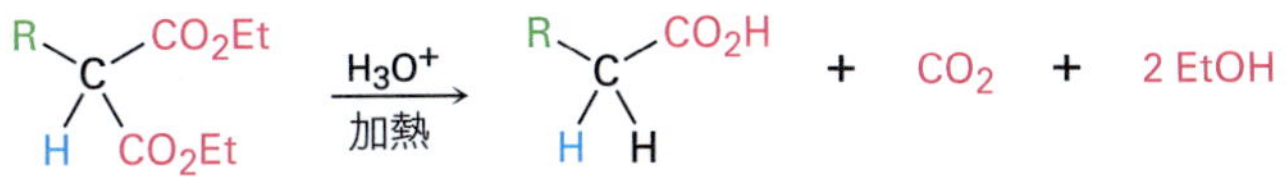

烷基丙二酸二乙酯
(An alkylated malonic ester)

羧酸
(A carboxylic acid)

脫羧不是羧酸的一般反應，而是對於具有第二個羰基的化合物，該化合物距離 $-CO_2H$ 官能基的兩個原子是特別的。舉例來說，被取代的丙二酸和 β-酮酸在加熱時經歷 CO_2 的損失。脫羧反應是透過循環反應機制所發生的，並且涉及烯醇的初始形成，從而說明了需要適當地定位第二羰基。

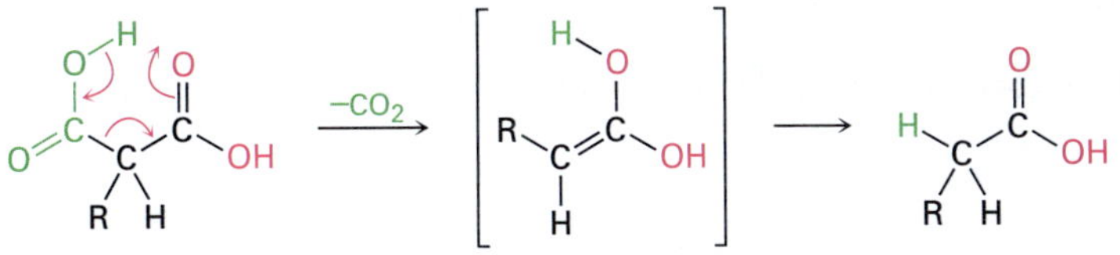

α-雙羧酸
(A diacid)

酸烯醇
(An acid enol)

羧酸化合物
(A carboxylic acid)

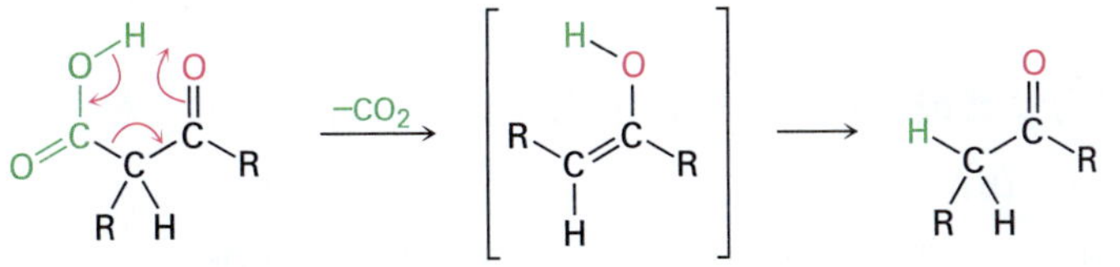

β-酮酸
(A β-keto acid)

烯醇
(An enol)

酮類化合物
(A ketone)

如前所述，丙二酸酯合成的整體效果是將鹵化烷轉化為羧酸，同時將碳鏈延長為兩個原子 ($RX \rightarrow RCH_2CO_2H$)。

11 羰基 α-取代反應及縮合反應

$$CH_3CH_2CH_2CH_2Br \;\; \text{1-溴丁烷 (1-Bromobutane)} \;\; + \;\; \underset{H\;\;H}{\overset{EtO_2C\;\;CO_2Et}{C}} \xrightarrow[EtOH]{Na^+ \; ^-OEt} \underset{CH_3CH_2CH_2\;\;H}{\overset{EtO_2C\;\;CO_2Et}{C}} \xrightarrow[\text{加熱}]{H_3O^+} CH_3CH_2CH_2CH_2CH_2\overset{O}{\underset{}{C}}OH$$

己酸 (75%) (Hexanoic acid)

經由 1. Na⁺ ⁻OEt, 2. CH₃I 得到：

$$\underset{CH_3CH_2CH_2\;\;CH_3}{\overset{EtO_2C\;\;CO_2Et}{C}} \xrightarrow[\text{加熱}]{H_3O^+} CH_3CH_2CH_2\overset{O}{\underset{CH_3}{CH}}-C-OH$$

2-甲基己酸 (74%) (2-Methylhexanoic acid)

丙二酸酯的合成也可用於製備環烷羧酸，例如當在兩當量的乙醇鈉鹼存在下用丙二酸二乙酯處理 1,4-二溴丁烷時，第二個烷基化步驟發生在分子內以生成環狀產物，再經水解和脫羧得到環戊烷羧酸。可以用這種方法製備三元、四元、五元和六元環，但是對於較大的環其產率會降低。

> **練習題 11-1** 使用丙二酸酯合成製備羧酸

如何利用丙二酸酯合成製備庚酸？

策略 丙二酸酯的合成是將鹵化烷轉化為具有兩個以上碳的羧酸。因此，七碳酸鏈必須衍生自五碳鹵化烷—1-溴戊烷。

解答

$$CH_3CH_2CH_2CH_2CH_2Br \;\; + \;\; CH_2(CO_2Et)_2 \xrightarrow[\text{2. } H_3O^+, \text{加熱}]{\text{1. Na}^+ \; ^-OEt} CH_3CH_2CH_2CH_2CH_2CH_2\overset{O}{\underset{}{C}}OH$$

習題 11-4 如何使用丙二酸酯合成來製備以下化合物？請寫出所有步驟。

(a) PhCH₂CH₂COOH (benzyl)
(b) CH₃CH₂CH₂CH(CH₃)COOH
(c) (CH₃)₂CHCH₂COOH

習題 11-5 可以透過丙二酸酯合成製備單烷基化和二烷基化的乙酸，但不能製備三烷基化的乙酸 (R_3CCO_2H)，請說明其原因。

習題 11-6 如何使用丙二酸酯合成來製備以下化合物？

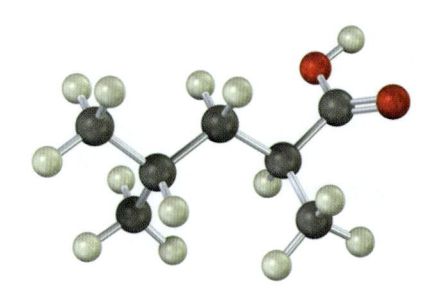

11-4 羰基縮合反應：醛醇縮合反應

我們會先提出四種基本羰基反應中的三種方式，已經提到過其中兩種行為，第一種是在親核加成和醯基取代反應中，羰基化合物扮演親電子性分子並被多電子試劑加成；第二種是在 α 碳上的取代反應，然而在其中羰基化合物扮演親電子性分子並轉換成烯醇或烯醇離子。在此章節中我們會學習到羰基縮合反應，在此羰基化合物具有作為親電子試劑和親核試劑兩種性質。

親電子性的羰基與
親核試劑反應

親核性的烯醇離子與
親電子試劑反應

羰基縮合反應發生在兩個羰基結構之間，涉及親核加成和 α 取代步驟的組合，其化合物上親核的部分進行 α 取代反應，親電子的部分進行親核加成，該過程的一般反應機制如圖 11.3 所示。

醛和酮具有 α 氫原子，經由鹼催化的羰基縮合稱作**醛醇反應** (adol reaction)。例如，在質子溶劑中用像是用乙醇鈉或氫氧化鈉之類的鹼來處理乙醛，會快速的形成逆反應產物 3-羥基丁醛，通常被稱為醛醇 (醛 + 醇) 反應。

乙醛
(Acetaldehyde)

烯醇離子
(Enolate ion)

3-羥基丁醛
(3-Hydroxybutanal)
(醛醇-β-羥基羰基化合物)

醛醇平衡的確切位置取決於反應條件和基質結構，對於沒有 α-取代基的醛

11 羰基 α-取代反應及縮合反應

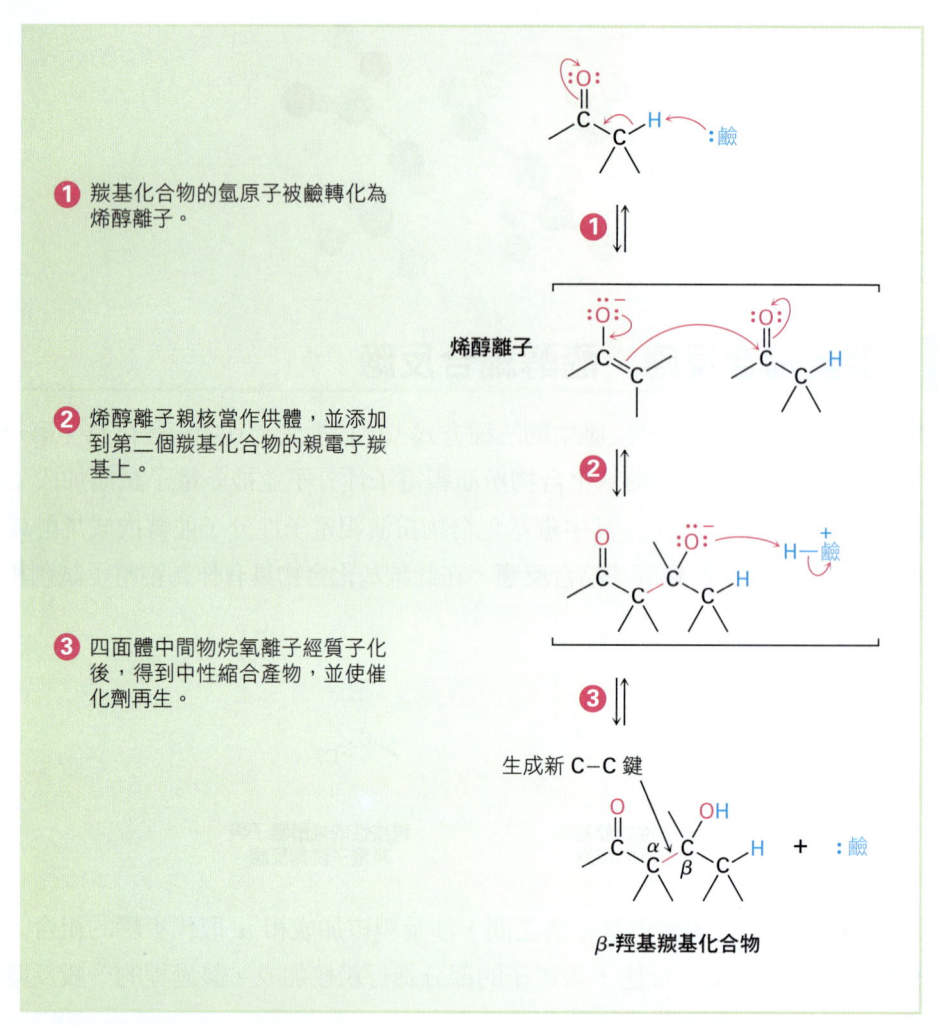

① 羰基化合物的氫原子被鹼轉化為烯醇離子。

② 烯醇離子親核當作供體，並添加到第二個羰基化合物的親電子羰基上。

③ 四面體中間物烷氧離子經質子化後，得到中性縮合產物，並使催化劑再生。

生成新 C–C 鍵

β-羥基羰基化合物

圖 11-3 羰基縮合反應的一般反應機制，化合物的其中一個部分形成親核供體，並作為親電子受體添加到化合物的另一部分上，再經質子化後，最終產物是 β-羥基羰基化合物。

(RCH₂CHO)，平衡通常趨向形成縮合產物，但對於二取代醛 (R₂CHCHO) 和大多數酮而言，平衡有利於形成反應物，在此立體因素可能是造成這些趨勢的原因，因為反應位點附近增加取代，會增加醛醇產物的空間障礙。

醛 (Aldehydes)

苯乙醛
(Phenylacetaldehyde)
(10%)

$\xrightarrow[\text{乙醇}]{\text{NaOH}}$

(90%)

酮 (Ketones)

$$2 \text{ 環己酮} \xrightleftharpoons[\text{乙醇}]{\text{NaOH}} \text{產物 (22\%)}$$

環己酮 (Cyclohexanone) (78%)

練習題 11-2　預測醛醇縮合反應的產物

丙醛的醛醇產物結構為何？

策略　醛醇縮合反應透過在化合物中的碳與化合物上第二個羰基上的碳，兩兩之間形成鍵結，因而形成兩個反應物分子，其產物是 β-羥基醛或酮，意味著產物中的兩個氧原子具有 1,3 位置關係。

解答

$$\text{CH}_3\text{CH}_2\text{CHO} + \text{CH}_3\text{CHO} \xrightarrow{\text{NaOH}} \text{CH}_3\text{CH}_2\text{CH(OH)CH(CH}_3\text{)CHO}$$

在此處形成鍵

習題 11-7　預測以下化合物進行醛醇反應所得之產物。

(a) CH₃CH₂CH₂CHO　(b) C₆H₅COCH₃　(c) 環戊酮

11-5　生物的羰基反應

　　醛醇縮合反應發生在許多生物學途徑中，在碳水化合物代謝中尤為常見，其中稱為醛醇縮酶 (aldolases) 的酶催化。將酮烯醇離子添加到醛中，醛醇縮酶存在於所有生物中，並且具有兩種類型：I 型醛醇縮酶主要存在於動物和高等植物中，II 型醛醇縮酶主要存在於真菌和細菌中。兩種類型都催化相同類型的反應，但 I 型醛醇縮酶透過烯胺作用；而 II 型醛醇縮酶需要添加類似路易士酸那樣的金屬離子 (通常為 Zn^{2+})，並透過烯醇酸根離子起作用。

　　當二羥丙酮磷酸與 3-磷酸甘油醛反應生成果糖 1,6-雙磷酸時，在葡萄糖的生物合成中發生醛醇縮酶催化反應，在動物和高等植物中，二羥丙酮磷酸首先與離胺酸上的 $-NH_2$ 基反應轉化為烯胺，然後烯胺添加到 3-磷酸甘油醛中，水解得到亞胺離子。在細菌和真菌中，醛醇縮合反應直接發生，甘油 3-磷酸甘油醛的酮羰基與 Zn^{2+} 離子錯合，使其成為更好的受

第 I 型　醛醇縮酶

二羥基丙酮磷酸鹽 (Dihydroxyacetone) → 烯胺 (Enamine) + 3-磷酸甘油醛 (Glyceraldehyde 3-phosphate) → 亞胺離子 (Iminium ion) → 果糖 1,6-雙磷酸 (Fructose 1,6-bisphosphate)

第 II 型　醛醇縮酶

二羥基丙酮磷酸鹽 (Dihydroxyacetone) → 3-磷酸甘油醛 (Glyceraldehyde 3-phosphate) → 果糖 1,6-雙磷酸 (Fructose 1,6-bisphosphate)

注意，醛縮酶催化的反應是混合的醛醇縮合反應，其發生在兩個不同的分子之間，這與通常在實驗室中進行的相同配偶體之間的對稱醛醇縮合反應相反。混合的醇醛縮合反應通常在實驗室中產生混合物的產物，但由於酶催化劑的選擇性，在生命系統中是可行的。

附加習題

羰基化合物的酸度與烯醇互變異構物

11-8　請判斷以下分個子中所有的酸性氫原子（$pK_a < 25$）：

(a) $CH_3CH_2CHCCH_3$ 的 CH_3 取代結構，含 $C=O$

(b) 環戊烷-1,3-二酮

(c) $HOCH_2CH_2CC \equiv CCH_3$，含 $C=O$

(d) 2-methylbenzoate with CH₂CN substituent: methyl 2-(cyanomethyl)benzoate

(e) cyclopentanecarbonyl chloride (cyclopentyl-COCl)

(f) CH₃CH₂C(=CH₂)CH₃ — 不，結構為 CH₃CH₂C(CH₃)=CH₂ 旁邊有羰基：CH₃CH₂C(O)C(CH₃)=CH₂

11-9 請將以下化合物按酸度增加程度進行排序：

(a) CH₃CH₂CO₂H (b) CH₃CH₂OH (c) (CH₃CH₂)₂NH

(d) CH₃COCH₃ (e) CH₃C(O)CH₂C(O)CH₃ (f) CCl₃CO₂H

11-10 請寫出以下陰離子的共振結構：

(a) CH₃C(O)CH⁻C(O)CH₃

(b) CH₃CH=CHC⁻HC(O)CH₃

(c) N≡CC⁻HC(O)OCH₃

(d) PhC⁻HC(O)CH₃

(e) 2-(methoxycarbonyl)-1,3-indandione 陰離子

11-11 根據下列反應，請寫出其相對應的酮/烯醇互變異構體物，並提供完整的反應機制。

(a) CH₃C(OH)=CHCH₃ $\xrightarrow[\text{H}_2\text{O}]{\text{H}_3\text{O}^+ \text{催化劑}}$?

(b) cyclohexanone $\xrightarrow[\text{H}_2\text{O}]{\text{H}_3\text{O}^+ \text{催化劑}}$?

(c) CH₃CH₂CH=CHOH $\xrightarrow[\text{H}_2\text{O}]{\text{OH}^- \text{催化劑}}$?

(d) (CH₃)₃CC(O)CH₃ $\xrightarrow[\text{H}_2\text{O}]{\text{OH}^- \text{催化劑}}$?

反應機制

11-12 請根據下列反應，預測其產物，並提供完整的反應機制。

(a) CH₃CH₂CO₂CH₃ $\xrightarrow[\text{2. CH}_3\text{CH}_2\text{Br}]{\text{1. LDA}}$?

(b) PhCH₂C≡N $\xrightarrow[\text{2. CH}_3\text{Br}]{\text{1. LDA}}$?

(c) [結構圖:戊-3-酮] $\xrightarrow{\text{1. LDA} \atop \text{2. PhCH}_2\text{Br}}$?

(d) [結構圖:丁醛] $\xrightarrow{\text{1. LDA} \atop \text{2. CH}_3\text{CH}_2\text{I}}$?

11-13 非共軛的 β,γ-不飽和酮 (例如：3-環己烯酮) 與其共軛的 α, β-不飽和異構物在酸催化下處於一平衡狀態，請提出其反應機制。

[結構圖:3-環己烯酮 ⇌ 2-環己烯酮，H₃O⁺]

11-14 兩種異構物—順式和反式 4-第三-丁基-2-甲基環己酮，透過鹼反應相互轉化。請判斷哪種異構物更穩定並解釋其原因？

11-15 2-取代的 2-環戊烯酮可以與 5-取代的 2-環戊烯酮相互轉化，請提出其反應機制。

[結構圖:2-甲基-2-環戊烯酮 ⇌ 5-甲基-2-環戊烯酮，⁻OH]

α-取代反應

11-16 預測以下反應的產物。

(a) [結構圖:1,1-環己烷二甲酸] $\xrightarrow{\text{加熱}}$?

(b) [結構圖:1,3-環戊二酮] $\xrightarrow{\text{1. Na}^+ \ ^-\text{OEt} \atop \text{2. CH}_3\text{I}}$?

(c) $\text{CH}_3\text{CH}_2\text{CH}_2\text{COH}$ $\xrightarrow{\text{Br}_2, \text{PBr}_3}$? $\xrightarrow{\text{H}_2\text{O}}$?

(d) [結構圖:苯乙酮] $\xrightarrow{\text{NaOH, H}_2\text{O} \atop \text{I}_2}$?

11-17 下列哪些物質會發生鹵仿反應？

(a) CH_3COCH_3 (b) 苯乙酮 (Acetophenone)   (c) CH_3CH_2CHO

(d) CH_3CO_2H (e) $CH_3C\equiv N$

11-18 丙二酸酯合成反應可以製備以下哪些化合物？各情況下都需使用鹵烷進行。

(a) 戊酸乙酯 (Ethyl pentanoate)

(b) 3-甲基丁酸乙酯 (Ethyl 3-methylbutanoate)

(c) 2-甲基丁酸乙酯 (Ethyl 2-methylbutanoate)

(d) 2,2-二甲基丙酸乙酯 (Ethyl 2,2-dimethylpropanoate)

11-19 該如何將香葉草醇轉化為香葉酸乙酸乙酯或香葉基丙酮？

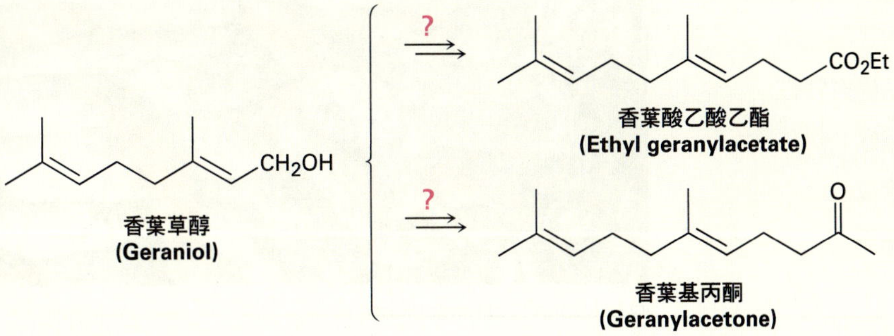

香葉草醇 (Geraniol)

香葉酸乙酸乙酯 (Ethyl geranylacetate)

香葉基丙酮 (Geranylacetone)

一般問題

11-20 肉桂醛是肉桂油的芳香成分，可以透過混合醇醛縮合反應合成。請寫出要使用的起始材料，並寫下反應。

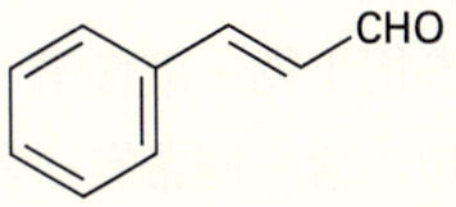

肉桂醛 (Cinnamaldehyde)

11-21 下列 α, β-不飽和羰基化合物經由鹼處理，從 γ 碳上除去 H^+ 產生陰離子。請解釋為何 γ 碳原子上的氫呈酸性？

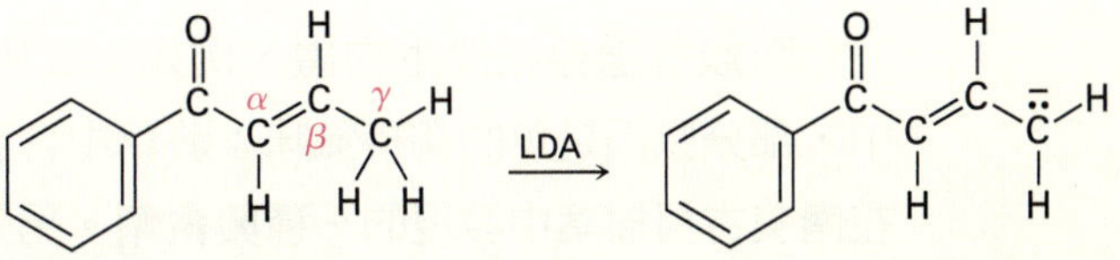

11-22 下方是胺基酸酪胺酸生物合成中的步驟之一，請使用彎曲箭號來表示其反應機制。

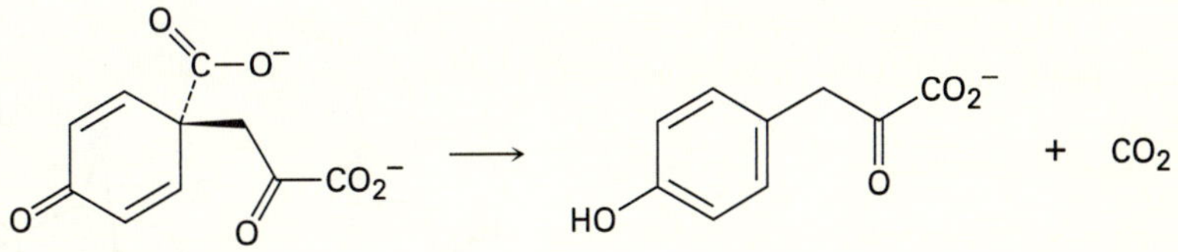

12 胺類

12-1 胺類的命名
12-2 胺類的結構與特性
12-3 胺類的鹼性
12-4 胺類的合成
12-5 雜環胺類

© Mikadun/Shutterstock.com

此章節中我們將會探討所有常見的官能基，在這個族群中，胺類與羰基是最多的且擁有最多的化學多樣性。除了蛋白質和核酸，大多數藥劑都包含胺類官能團，生物催化所需的常見輔酶也是胺類。

胺類是氨的有機衍生物，就像醇和醚是水的有機衍生物一樣。像氨一樣，胺類包含一個帶有一對孤對電子的氮原子，使胺類同時帶有鹼的特性和親核性。實際上，我們很快就會知道，這對孤對電子的存在對大多數胺的化學反應有很大的影響。

胺類普遍存在於生物體，例如，三甲胺存在於動物組織中，部分原因是魚的獨特氣味；菸草中含有尼古丁；古柯鹼是在南美古柯樹葉中發現的一種興奮劑。另外，胺基酸是製造所有蛋白質的基礎，而環胺鹼基 (cyclic amine bases) 是組成核酸的一部分。

三甲胺
(Trimethylamine)

尼古丁
(Nicotine)

古柯鹼
(Cocaine)

12-1 胺類的命名

胺可以是烷基取代的 (烷基胺) 或芳基取代的 (芳基胺)，儘管這兩類化合物大部分的化學性質相似，但也存在實質性差異。胺類根據與氮連接的有機取代基的數量分為**一級胺** (RNH_2, primary amine)、**二級胺** (R_2NH, secondary amine) 或**三級胺** (R_3N, tertiary amine)。甲胺 (CH_3NH_2) 是一級胺；二甲胺 [$(CH_3)_2NH$] 是二級胺；三甲胺 [$(CH_3)_3N$] 是三級胺。請注意，術語「primary amine」、「secondary amine」和「tertiary amine」的用法與我們以前的用法不同。當我們說三級醇 (tertiary alcohol) 或鹵化烷 (alkyl halide) 時，我們指的是烷基碳原子的取代度，但是當我們說三級胺 (tertiary amine) 時，我們指的是氮原子的取代度。

第三-丁基醇
(三級醇)

三甲基胺
(三級胺)

第三-丁基胺
(一級胺)

也存在含有連接四個基團的氮原子化合物，但是氮原子必須帶有正的形式電荷。這樣的化合物稱為**四級銨鹽** (quaternary ammonium salts)。

$$R-\overset{+}{N}(R)(R)-R \quad X^-$$ 四級銨鹽

在 IUPAC 系統中，一級胺有幾種命名方法。對於簡單的胺，在烷基取代基的名稱字尾加上 -amine。你可回想一下第 7 章，$C_6H_5NH_2$ 的俗名是苯胺 (aniline)。

第三-丁基胺
(***tert*-Butylamine**)

環己胺
(**Cyclohexylamine**)

苯胺
(**Aniline**)

或者，可以使用後綴 -amine 代替取代母體化合物的字尾 -e。

4,4-二甲基環己胺
(**4,4-Dimethylcyclohexanamine**)

1,4-丁二胺
(**1,4-Butanediamine**)

透過將母體分子上的 $-NH_2$ 命名為 *amino* 來命名具有多個官能基的胺。

$CH_3CH_2\underset{4\ 3\ 2\ 1}{CHCO_2H}$ with NH_2 at position 2

2-胺基丁酸
(2-Aminobutanoic acid)

2,4-二胺基苯甲酸 (benzoic acid with CO_2H, and NH_2 groups at positions 2 and 4)

2,4-二胺基苯甲酸
(2,4-Diaminobenzoic acid)

$H_2N\underset{4\ \ \ 3}{CH_2CH_2}\underset{2\ 1}{CCH_3}$ with =O

4-胺基-2-丁酮
(4-Amino-2-butanone)

對稱的二級胺和三級胺透過在烷基字首加上 di- 或 tri-。

二苯基胺
(Diphenylamine)

三乙基胺
(Triethylamine)

不對稱取代的二級胺和三級胺以 N-取代的一級胺命名。以最大的烷基為母體命名，其他烷基被視為母體上的 N-取代基 (因為它們與氮相連)。

N,N-二甲基丙胺
(N,N-Dimethylpropylamine)

N-乙基-N-甲基環己胺
(N-Ethyl-N-methylcyclohexylamine)

雜環胺類化合物也十分常見，氮原子作為環的一部分存在於化合物中，並且每個不同的雜環系統都有自己的母體名稱 (parent name)。雜環氮原子在命名時須被固定編號為 1 號的位子。

吡啶
(Pyridine)

吡咯
(Pyrrole)

喹啉
(Quinoline)

咪唑
(Imidazole)

吲哚
(Indole)

嘧啶
(Pyrimidine)

吡咯啶
(Pyrrolidine)

哌啶
(Piperidine)

習題 12-1 為下列化合物命名：

(a) CH₃NHCH₂CH₃

(b) 三個環己基連接到 N

(c) 環己基-N(CH₂CH₃)(CH₃)

(d) N-甲基吡咯烷

(e) (iPr)₂NH

(f) H₂NCH₂CH₂CH(CH₃)NH₂

習題 12-2 畫出下列 IUPAC 命名的化合物結構：

(a) 三異丙基胺 (Triisopropylamine)

(b) 三丙烯基胺 (Triallylamine)

(c) N-甲基苯胺 (N-Methylaniline)

(d) N-乙基-N-甲基環戊胺 (N-Ethyl-N-methylcyclopentylamine)

(e) N-異丙基環己胺 (N-Isopropylcyclohexylamine)

(f) N-乙基吡咯 (N-Ethylpyrrole)

習題 12-3 畫出下列雜環胺類化合物的結構：

(a) 5-甲氧基吲哚 (5-Methoxyindole)

(b) 1,3-二甲基吡咯 (1,3-Dimethylpyrrole)

(c) 4-(N,N-二甲基胺吡啶) [4-(N,N-Dimethylamino)pyridine]

(d) 5-胺基嘧啶(5-Aminopyrimidine)

12-2 胺類的結構與特性

烷基胺類的鍵結與氨相似，氮原子為 sp^3 混成，它的三個取代基占據四面體的三個角，而孤對的電子占據第四個角。正如預期的，C−N−C 鍵角接近 109° 四面體的值。三甲胺的 C−N−C 鍵角為 108°，C−N 鍵長為 147 pm。

三甲基胺 (Trimethylamine)

四面體幾何結構的結果是，在氮上具有三個不同取代基的胺類具有對掌性性質

(chirality)。但是，與對掌性碳化合物不同，對掌性胺化合物通常無法分離，因為兩種鏡像異構物形式透過金字塔型反轉快速相互轉化，就像烷基鹵化物在 S_N2 反應中轉換一樣。金字塔形反轉發生的過程是：將氮原子瞬間重新混成為平面 sp^2 幾何形狀，然後將平面中間產物重新混成為四面體 sp^3 幾何形狀 (圖 12-1)。反轉的障礙約為 25 kJ/mol (6 kcal/mol)，這個能量僅為 C–C 單鍵旋轉能量的兩倍。

圖 12-1 胺類的金字塔型快速轉換成鏡像異構物。

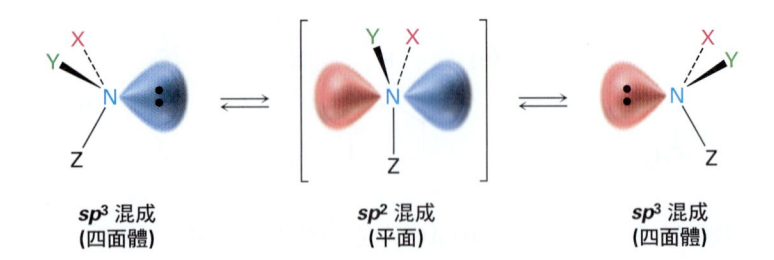

sp^3 混成
(四面體)

sp^2 混成
(平面)

sp^3 混成
(四面體)

烷基胺在化學工業中具有多種應用，像是用於製備殺蟲劑和藥物的原料。如：拉貝洛爾 (Labetalol) 是所謂的 B 型交感神經受體阻斷劑，這是一種用於治療高血壓的藥物，透過環氧化物與一級胺的 S_N2 反應製備而成。市售藥物的物質是四種可能的立體異構體的混合物，但其生物活性主要來自 (R, R) 異構體。

拉貝洛爾 (Labetalol)

像醇一樣，碳原子少於五個的胺通常是水溶性的，也像醇一樣，一級胺和二級胺形成氫鍵並有高度連結。結論是，胺具有比相似分子量的烷烴更高的沸點。例如，二乙胺 (分子量 = 73 amu) 的沸點為 56.3 °C，而戊烷 (分子量 = 72 amu) 的沸點為 36.1 °C。

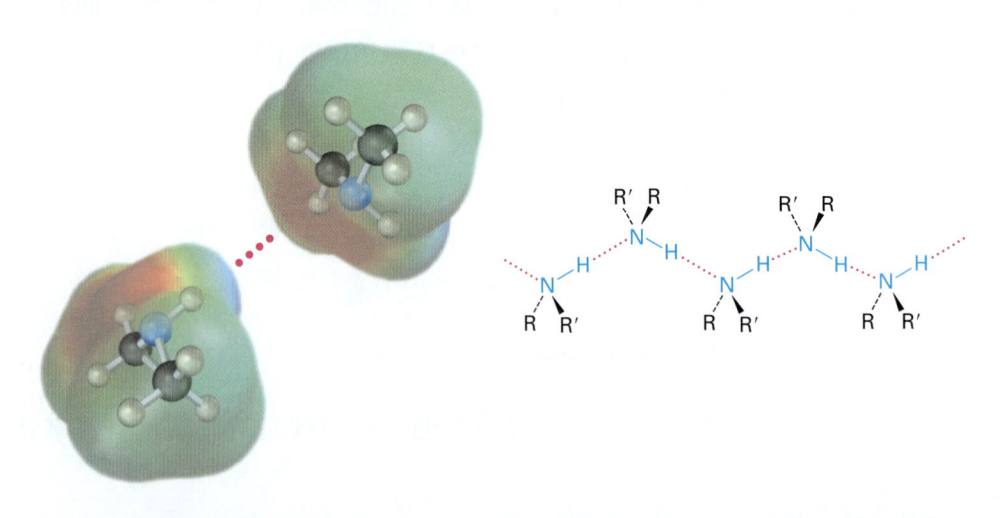

胺的另一特徵是它們的氣味。小分子量胺 (例如：三甲基胺) 具有獨特的魚腥味，而二胺類如屍胺 (1,5-戊二胺)、腐胺 (1,4-丁烷-二胺) 則具有令人討厭的氣味，可以從它們的俗名中看出。這兩種二胺都來自蛋白質的分解。

12-3　胺類的鹼性

胺類的化學性質決定於氮原子上的孤對電子，它使胺類既具有鹼性又具有親核性。它們與酸反應形成酸鹼鹽，且這些胺類在前述章節的許多極性反應中與親電子試劑反應。值得一提的是，在下述三甲基胺的靜電能勢圖中，負電荷 (紅色區域) 是如何對應於氮上的孤對電子。

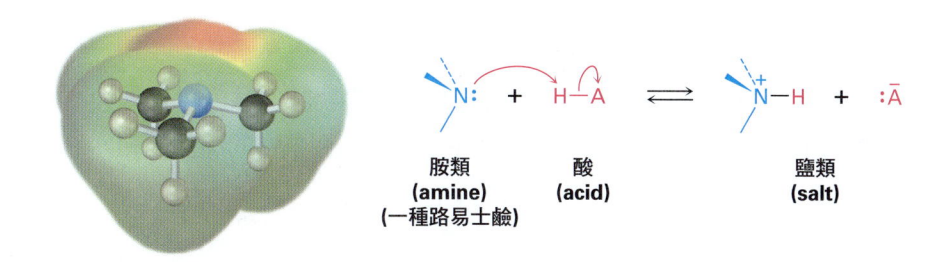

胺類
(amine)
(一種路易士鹼)　　　酸
(acid)　　　鹽類
(salt)

胺的鹼性比醇和醚 (它們的含氧類似物) 還要強得多。當胺溶解在水中時，會建立一個平衡使水作為酸並將質子轉移到胺上。正如可以透過定義酸度常數 K_a 來測量羧酸的酸強度一樣，可以透過定義類似的鹼度常數 K_b 來測量胺的鹼強度。K_b 的值越大，pK_b 的值就越小，質子傳遞平衡越良好，鹼就越強。

$$RNH_2 + H_2O \rightleftharpoons RNH_3^+ + OH^-$$

$$K_b = \frac{[RNH_3^+][OH^-]}{[RNH_2]}$$

$$pK_b = -\log K_b$$

實際上，不常使用 K_b 值。相反的，測量胺 (RNH_2) 鹼度最方便的方法是查看相對應銨離子 (RNH_3^+) 的酸度。

$$RNH_3^+ + H_2O \rightleftharpoons RNH_2 + H_3O^+$$

$$K_a = \frac{[RNH_2][H_3O^+]}{[RNH_3^+]}$$

因為

$$K_a \cdot K_b = \left[\frac{[RNH_2][H_3O^+]}{[RNH_3^+]}\right]\left[\frac{[RNH_3^+][OH^-]}{[RHN_2]}\right]$$

$$= [H_3O^+][OH^-] = K_w = 1.00 \times 10^{-14}$$

所以 　　　$K_a = \dfrac{K_w}{K_b}$　和　$K_b = \dfrac{K_w}{K_a}$

和 　　　$pK_a + pK_b = 14$

這些方程式表明，胺的 K_b 乘以相對應銨離子的 K_a 等於水的離子積常數 K_w (1.00×10^{-14})。因此，如果我們知道一個銨離子的 K_a，那麼我們也能知道相應的胺的 K_b，因為 $K_b = K_w/K_a$。銨離子酸性越高，質子就越不易移動，相應的鹼就越弱。也就是說，較弱的鹼的銨離子 pK_a 較小，而較強的鹼的銨離子 pK_a 較大。

弱鹼　　銨離子的 pK_a 較小
強鹼　　銨離子的 pK_a 較大

表 12-1 列出了來自各種胺的銨離子的 pK_a 值，並表明胺的鹼度存在很大的範圍。大多數簡單的烷基胺類的鹼度相似，銨離子的 pK_a 在 10~11 這個狹窄的範圍內。然而，芳香胺的鹼度比烷基胺類低得多，雜環胺類如吡啶和吡咯也是如此。

表 12-1 常見胺類的鹼度

名稱	結構	銨鹽的 pK_a 值	名稱	結構	銨鹽的 pK_a 值
氨 (Ammonia)	NH_3	9.26	雜環胺類		
1 級烷胺			吡啶 (Pyridine)		5.25
甲基胺 (Methylamine)	CH_3NH_2	10.64			
乙基胺 (Ethylamine)	$CH_3CH_2NH_2$	10.75	嘧啶 (Pyrimidine)		1.3
2 級烷胺					
二乙基胺 (Diethylamine)	$(CH_3CH_2)NH$	10.98	吡咯 (Pyrrole)		0.4
吡咯啶 (Pyrrolidine)		11.27			
3 級烷胺 (Tertiary alkylamine)			咪唑 (Imidazole)		0.95
三乙基胺 (Triethylamine)	$(CH_3CH_2)_3N$	10.76			
芳香胺 (Arylamine)					
苯胺 (Aniline)		4.63			

與胺相比，醯胺 ($RCONH_2$) 是非鹼性的。醯胺不會被水中解離的酸質子化，它們不是好的親核試劑。胺和醯胺之間鹼度差異的主要原因是因為後者透過羰基與氮的孤對電子軌域互相重疊穩定而不是透過非定域化來穩定。

在共振方面，醯胺比胺更穩定且反應性更低，因為它們是兩種共振形式的混成體。當氮原子被質子化時，醯胺的共振穩定會喪失，因此質子化是不利的。下面靜電能勢圖清楚地表明醯胺分子中氮上的電子密度下降。

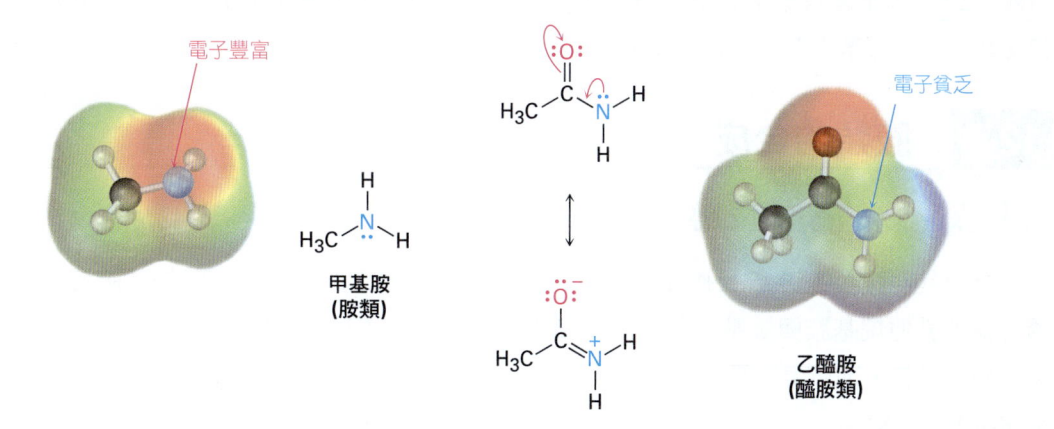

甲基胺
(胺類)

乙醯胺
(醯胺類)

電子豐富

電子貧乏

為了純化胺類，通常可以利用它們的鹼性。例如，將鹼性胺類和酮／醇等中性化合物混合並將此混合物溶解在有機溶劑中，然後加入酸性水溶液，接著鹼性胺類會以質子化鹽的形式溶解在水層中，而中性化合物溶解於有機溶劑層中。然後通過添加氫氧化鈉分離水層並中和銨離子，從而得到純的胺 (圖 12-2)。

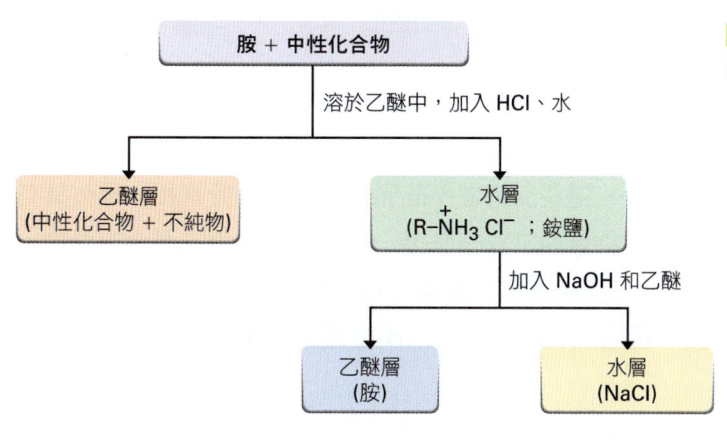

胺 + 中性化合物

溶於乙醚中，加入 HCl、水

乙醚層
(中性化合物 + 不純物)

水層
(R-$\overset{+}{N}H_3$ Cl$^-$；銨鹽)

加入 NaOH 和乙醚

乙醚層
(胺)

水層
(NaCl)

圖 12-2 利用萃取將銨鹽溶進水中，藉此分離、純化胺類混合物。

除了它們作為鹼的性質外，一級胺和二級胺還可以作為非常弱的酸，因為 N–H 的質子可以被夠強的鹼移除。例如，我們已經知道二異丙基胺 (pK_a 大約是 36) 與丁基鋰反應生成二異丙基胺基鋰 (LDA)。二烷基胺陰離子 (如 LDA) 是非常強的鹼，常用於實驗室有機化學中從羰基化合物生成烯醇離子 (第 11.3 節)。但是，它們在生物化學中不曾遇到。

C_4H_9Li + H—N(CH(CH$_3$)$_2$)$_2$ $\xrightarrow{\text{THF 溶劑}}$ Li$^+$ $^-$:N(CH(CH$_3$)$_2$)$_2$ + C_4H_{10}

丁基鋰
(Butyllithium)

二異丙基胺
(Diisopropylamine)

二異丙基胺基鋰
(Lithium diisopropylamide, LDA)

習題 12-4 比較各組化合物哪個的鹼度較高？
(a) $CH_3CH_2NH_2$ 或 $CH_3CH_2CONH_2$　(b) NaOH 或 CH_3NH_2　(c) CH_3NHCH_3 或吡啶

習題 12-5 苯甲基銨離子 ($C_6H_5CH_2NH_3^+$) 的 $pK_a = 9.33$，丙基銨離子的 $pK_a = 10.71$。哪一個是較強的鹼，苯甲基胺或丙胺？苯甲基胺和丙胺的 pK_b 是多少？

12-4　胺類的合成

烷基鹵化物的 S_N2 反應

氨及其他胺類在 S_N2 反應中扮演良好的親核試劑，因此，最簡單的烷基胺合成方法是透過氨或其他烷基胺與烷基鹵化物的 S_N2 烷基化反應。如果使用氨，就會產生一級胺。如果使用一級胺，則產生二級胺，以此類推。連三級胺也可以與烷基鹵化物迅速反應，生成四級銨鹽 $R_4N^+\ X^-$。

$$\text{氨}\quad \ddot{N}H_3 + R-X \xrightarrow{S_N2} R\overset{+}{N}H_3\ X^- \xrightarrow{NaOH} RNH_2 \quad \text{一級胺}$$

$$\text{一級胺}\quad R\ddot{N}H_2 + R-X \xrightarrow{S_N2} R_2\overset{+}{N}H_2\ X^- \xrightarrow{NaOH} R_2NH \quad \text{二級胺}$$

$$\text{二級胺}\quad R_2\ddot{N}H + R-X \xrightarrow{S_N2} R_3\overset{+}{N}H\ X^- \xrightarrow{NaOH} R_3N \quad \text{三級胺}$$

$$\text{三級胺}\quad R_3\ddot{N} + R-X \xrightarrow{S_N2} R_4\overset{+}{N}\ X^- \quad\quad\quad\quad\quad \text{四級銨鹽}$$

不幸的是，在發生單個烷基化反應後，這些反應並不能完全停止。由於氨和一級胺具有相似的反應性，因此最初形成的單烷基化物質通常會經歷進一步的反應而生成混合的產物。儘管程度較小，二級胺和三級胺也會進一步烷基化。例如，用兩倍過量的氨處理 1-溴辛烷會導致混合物僅包含 45% 的正辛胺。透過兩次烷基化可以產生幾乎相等量的二辛胺，以及較少量的三辛胺和四辛基溴化銨。

$$CH_3(CH_2)_6CH_2Br + :NH_3 \longrightarrow CH_3(CH_2)_6CH_2\ddot{N}H_2 + [CH_3(CH_2)_6CH_2]_2\ddot{N}H$$

1-溴辛烷　　　　　　　　　　　　　　辛基胺　　　　　　　　　二辛胺
(1-Bromooctane)　　　　　　　　　(Octylamine)　　　　　(Dioctylamine)
　　　　　　　　　　　　　　　　　　　　(45%)　　　　　　　　　　(43%)

$$+\ [CH_3(CH_2)_6CH_2]_3N: +\ [CH_3(CH_2)_6CH_2]_4\overset{+}{N}\ \bar{Br}$$

　　　　　　　　　　　　微量　　　　　　　　　微量

製備一級胺的一種更好的方法是使用疊氮化合物離子 N_3^- 而不是使用氨，使其作為親核試劑，與一級或二級烷基鹵化物進行 S_N2 反應。該產物是烷基疊氮化物，它不具親核特性，因此不會發生過烷基化 (overalkylation) 現象。隨後用 $LiAlH_4$ 還原烷基疊氮化物，最後

得到所需的一級胺。雖然此方法效果很好，但低分子量的烷基疊氮化物具有爆炸性，必須小心處理。

1-溴-2-苯基乙烷
(1-Bromo-2-phenylethane)
→ (NaN₃, 乙醇) →
2-苯基乙基疊氮
(2-Phenylethyl azide)
→ (1. LiAlH₄，醚；2. H₂O) →
2-苯基乙基胺
(2-Phenylethylamine)
(89%)

醛和酮的還原胺化

胺可通過在還原劑的存在下用氨或胺與醛或酮反應來進行一步合成，這個過程稱為**還原胺化反應**。例如，苯丙胺是一種中樞神經系統興奮劑，是透過在氫氣中以鎳催化劑為還原劑，將苯基-2-丙酮與氨進行胺化還原反應製備而成。在實驗室中，通常使用 $NaBH_4$ 或相關的 $NaBH(OAc)_3$(OAc = 醋酸鹽)。

苯基-2-丙酮
(Phenyl-2-propanone)
→ (NH_3, H_2/Ni (或 $NaBH_4$)) →
安非他命
(Amphetamine)
+ H_2O

還原胺化反應由圖 12-4 所示的路徑進行。首先透過親核加成反應形成亞胺中間物 (第 9.7 節)，然後將亞胺的 C=N 鍵還原為胺，就像將酮的 C=O 鍵還原為醇一樣。

氨、一級胺和二級胺都可以用於還原胺化反應，分別生成一級胺、二級胺和三級胺。

R-CO-R'
→ (NH_3, $NaBH_4$) → 一級胺 (Primary amine)
→ ($R''NH_2$, $NaBH_4$) → 二級胺 (Secondary amine)
→ (R''_2NH, $NaBH_4$) → 三級胺 (Tertiary amine)

還原胺化也發生在各種生物途徑中。例如，在胺基酸脯胺酸的生物合成中，麩胺酸 5-半醛經過亞胺形成產生 1-吡咯啉-5-羧酸根離子 (1-pyrrolinium-5-carboxylate)，然後透過氫負離子進行親核加成還原產生 C–N 鍵。其中，被還原的菸鹼醯胺腺嘌呤二核苷酸 (NADH)，

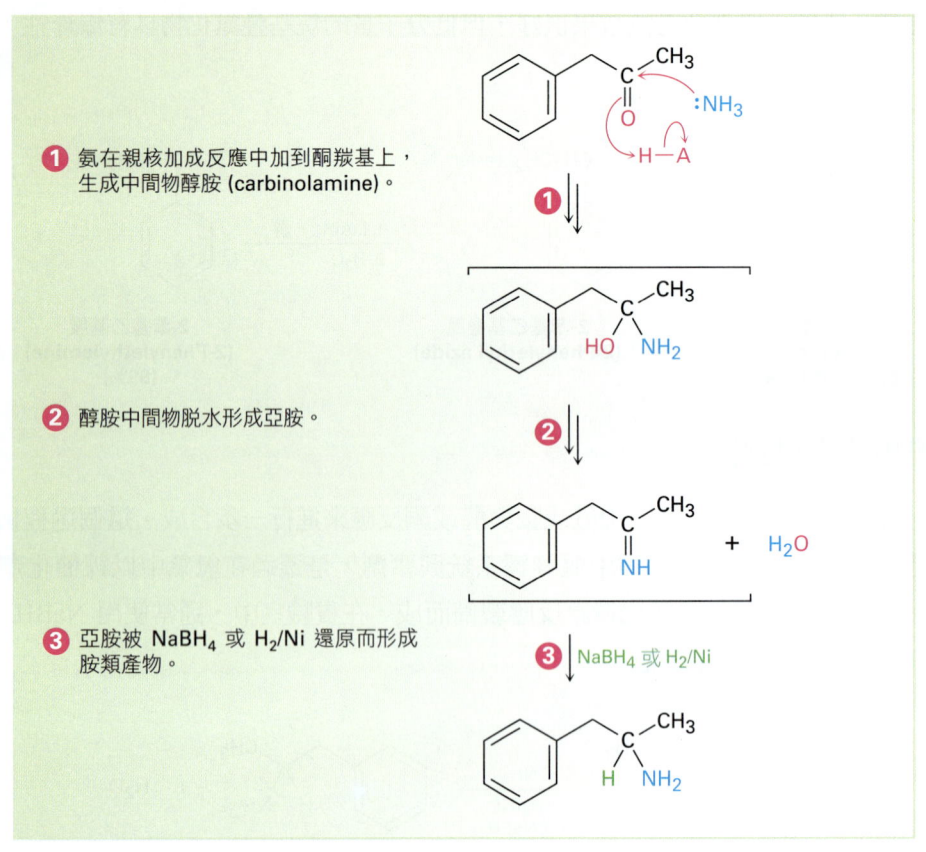

圖 12-4 酮類還原胺化生成胺的反應機制。

① 氨在親核加成反應中加到酮羰基上，生成中間物醇胺 (carbinolamine)。

② 醇胺中間物脫水形成亞胺。

③ 亞胺被 NaBH₄ 或 H₂/Ni 還原而形成胺類產物。

扮演生物還原劑的角色。

麩胺酸 5-半醛
(Glutamate 5-semialdehyde)

1-吡咯啉-5-羧酸根離子
(1-pyrrolinium 5-carboxylate)

脯胺酸
(Proline)

練習題 12-1　還原胺化反應實例

如何使用還原胺化反應製備 N-甲基-2-苯基乙基胺？

N-甲基-2-苯基乙基胺
(N-Methyl-2-phenylethylamine)

策略　查看目標分子，並確定與氮連接的基團。這些基團其中一個必須衍生自醛或酮，另一個必須衍生自胺。在使用 N-甲基-2-苯基乙基胺的情況下，有兩種組合可產生該產物：苯乙

醛加甲基胺或甲醛加 2-苯乙胺。通常最好選擇組成分較簡單的胺 (此處選擇甲基胺)，並使用過量的胺作為反應物。

解答

PhCH₂CHO + CH₃NH₂ →(NaBH₄) PhCH₂CH₂NHCH₃ ←(NaBH₄) PhCH₂CH₂NH₂ + CH₂O

習題 12-6 多巴胺是一種參與調節中樞神經系統的神經傳遞物質，請寫出兩種合成多巴胺的方法。可使用任何所需的烷基鹵化物。

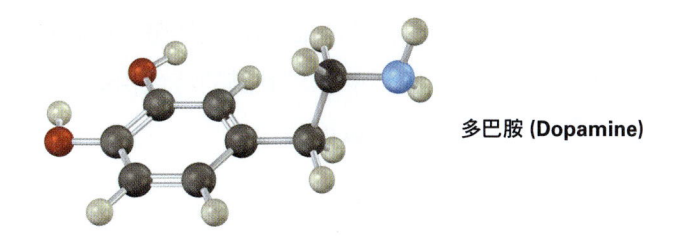

多巴胺 (Dopamine)

習題 12-7 下列胺類如何透過還原胺化反應製備而成？如果前驅物超過一個，請寫出所有可能。

(a) CH₃CH₂NHCHCH₃ 的結構 (中間碳帶 CH₃)

(b) PhNHCH₂CH₃

(c) 環戊基-NHCH₃

習題 12-8 下列胺類如何透過還原胺化反應製備而成？

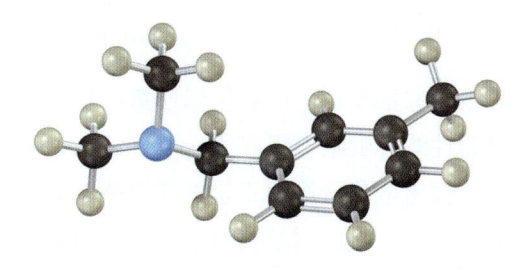

12-5　雜環胺類

　　如同第 7.6 節中有關芳香性的討論所述，在其環中包含兩個或多個元素的環狀有機化合物稱為雜環。雜環胺是特別常見的，並且具有許多重要的生物學特性。例如：磷酸吡哆醛，是一種輔酶；西地那非 [Sildenafil，商品名：威而剛 (Viagra)]，是一種著名的藥物；血中的氧氣載體血基質這些都是常見的例子。

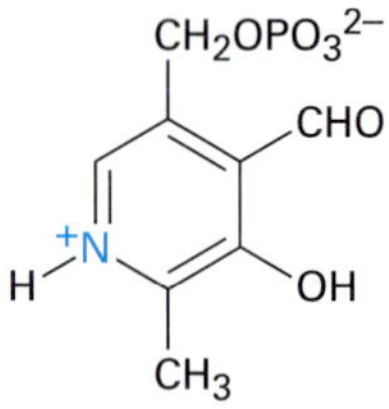

270 | 12 胺類

磷酸吡哆醛
(Pyridoxal phosphate)
(輔酶)

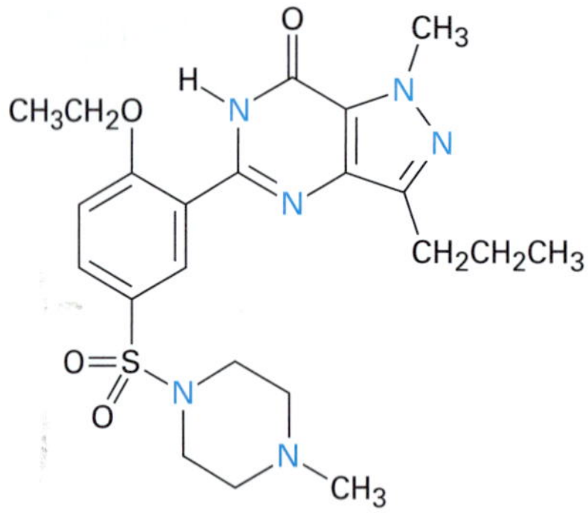

西地那非
(Sildenafil)
(威而剛)

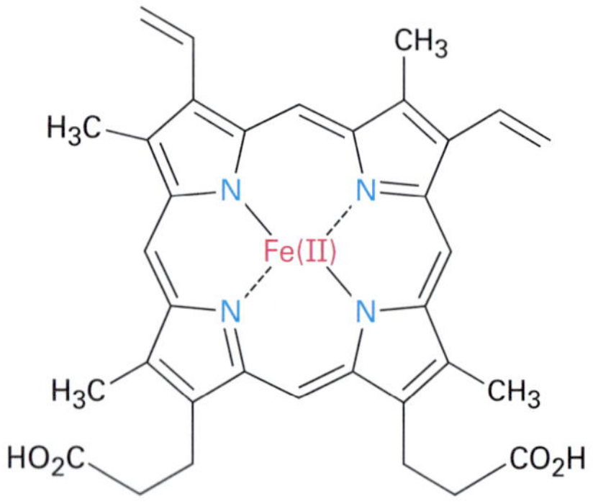

血基質
(Heme)

大多數雜環與它們的直鏈型相對應物具有相同的化學性質。內酯和非環狀酯類的特性相似，內醯胺和非環狀胺類的特性相似。環狀和非環狀醚的特性相似，但是，在某些情況下，尤其當環為不飽和環時，雜環具有獨特且有趣的特性。

吡咯和咪唑

吡咯是最簡單的五元不飽和雜環胺，可透過在 400 °C 的氧化鋁催化劑下使用氨與呋喃反應來獲得。呋喃是吡咯的含氧類似物，是透過對燕麥殼和玉米芯中發現的五碳糖進行酸催化脫水而獲得的。

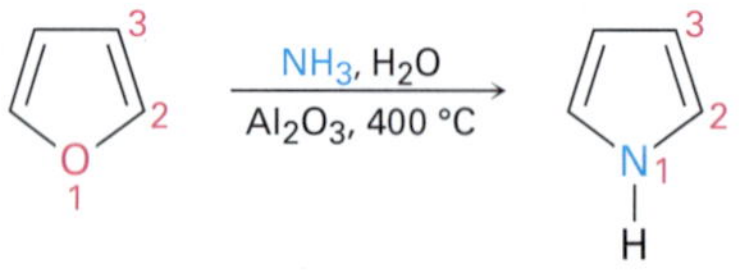

呋喃
(Furan)

$\xrightarrow{\text{NH}_3,\ \text{H}_2\text{O}}_{\text{Al}_2\text{O}_3,\ 400\ °\text{C}}$

吡咯
(Pyrrole)

儘管吡咯的結構是胺類也是共軛雙烯，但其化學性質和這兩種結構特徵都不一樣。與大多數其他胺不同，吡咯不是鹼性的，吡咯啉陽離子 (pyrrolinium ion) 的 pK_a 為 0.4。與大多數其他共軛雙烯不同，吡咯進行親電取代反應而不是加成反應。如第 7.6 節所述，呈現這兩種特性的原因是吡咯具有 6 個 π 電子，並且是芳香族的，四個碳原子各自貢獻一個 π 電子，而 sp^2 混成的氮從它的孤對電子中貢獻另外兩個 π 電子。

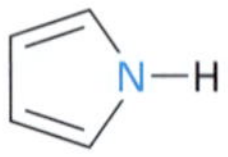

吡咯

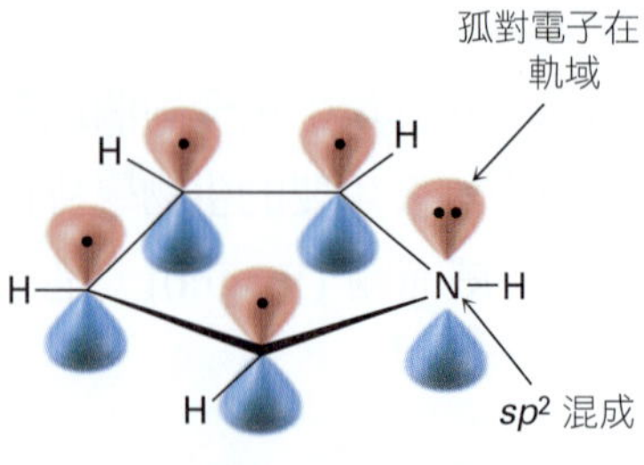

孤對電子在 p 軌域

sp^2 混成

六個 π 電子

由於氮的孤對電子是芳香族六聚體的一部分，在氮上的質子化會破壞環的芳香性。因此，吡咯中的氮原子比脂肪族胺類中的氮原子多電子特性還要少，鹼性較弱，親核性較弱。同樣，吡咯的碳原子比典型雙鍵碳原子更多電子，親核性更強。

因此，吡咯環對親電子試劑具有反應性，與烯胺相同。靜電能勢圖說明了吡咯的氮與其相對應飽和吡咯啶 (pyrrolidine) 中的氮相比是缺乏電子的 (紅色較少)，而吡咯的碳原子與1,3-環戊二烯中的碳原子相比是較多電子 (紅色較多)。

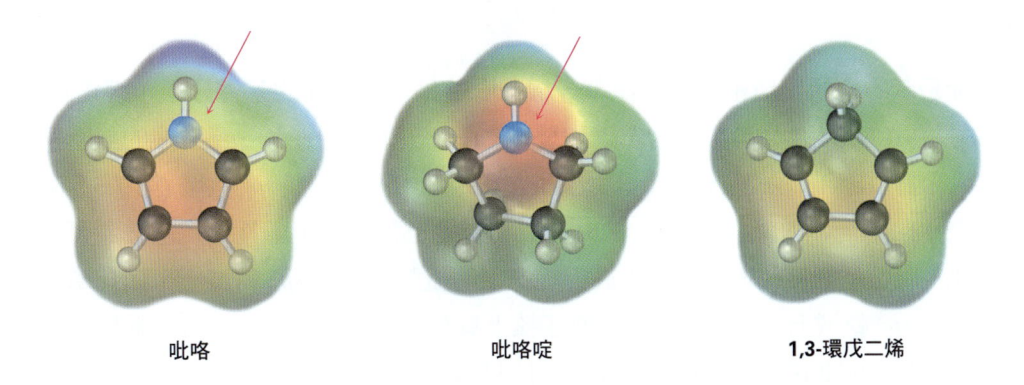

吡咯　　　　　　　　吡咯啶　　　　　　　　1,3-環戊二烯

吡咯的化學性質類似於活化的苯環。但是，一般而言，雜環對親電子試劑的反應性比苯環還要高，通常需要低溫條件來控制反應。鹵化、硝化、磺化和傅-克醯化反應均可達成。例如：

吡咯　　　　2-溴吡咯 (92%)
(Pyrrole)　　(2-Bromopyrrole)

其他常見的五元雜環胺類包括咪唑和噻唑。咪唑是胺基酸組胺酸的組成成分之一，它具有兩個氮原子，只有其中一個是鹼性的。噻唑是組成五元環系統硫胺 (維生素 B_1) 的基礎，它包含了在硫胺中烷基化形成四級銨離子的鹼性氮。

$pK_a = 6.95$

咪唑
(Imidazole)

$pK_a = 6.00$

組胺酸
(Histidine)

噻唑
(Thiazole)

噻胺 (維生素 B₁)
(Thiamin)

吡啶

　　吡啶是苯的含氮雜環相似物。像苯一樣，吡啶是一種平面的芳香分子，鍵角為 120°，C–C 鍵長為 139 pm，介於典型的單鍵和雙鍵之間。五個碳原子和 sp^2 混成的氮原子分別為芳香族六聚體貢獻 1 個 π 電子，而孤對電子在環平面中占據一個 sp^2 軌域 (第 7.6 節)。

　　如表 12-1 所示，吡啶 (pKa = 5.25) 是比吡咯更強的鹼，但鹼性比烷基胺還要弱。與烷基胺相比，吡啶的鹼度較弱，這是由於吡啶氮上的孤對電子在 sp^2 軌域上，而烷基胺氮上的孤對電子在 sp^3 軌域上。由於 s 軌域在原子核上具有最大的電子密度，而 p 軌域在原子核上具有一個節點，因此電子在具有較多 s 軌域所具備的特性的軌域中與帶正電的原子核之間的結合更緊密，更難與其他物質鍵結。結果，吡啶中的 sp^2-混成的氮原子 (33% s 特性) 比烷基胺中的 sp^3 混成的氮原子 (25% s 特性) 的鹼性還要弱。

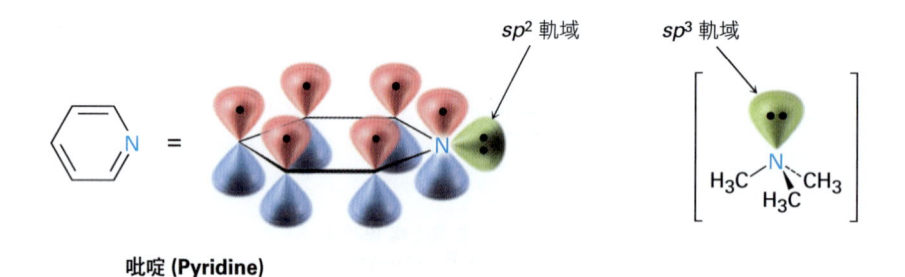

吡啶 (Pyridine)

多環雜環化合物

　　正如我們在第 7.6 節中看到的，喹啉、異喹啉、吲哚和嘌呤是常見的多環雜環化合物。前三個同時包含苯環和雜環芳香環，而嘌呤包含兩個連接在一起的雜環。所有四個環系統在自然界中普遍存在，許多包含這些環的化合物具有明顯的生理活性。例如，喹啉的生物鹼形式奎寧被廣泛用作抗瘧藥；色胺酸是一種常見的胺基酸；腺嘌呤是嘌呤的一種，為核酸的組成成分。

喹啉
(Quinoline)

異喹啉
(Isoquinoline)

吲哚
(Indole)

嘌呤
(Purine)

奎寧
(Quinine)
(治療瘧疾)

色胺酸
(Tryptophan)
(一種胺基酸)

腺嘌呤
(Adenine)
(核酸 DNA 的成分)

習題 12-9 請畫出噻唑的軌域圖，假設氮原子和硫原子都是 sp^2 混成，並標示出孤對電子占據的軌域。

習題 12-10 在生理 pH 值為 7.3 時，組胺酸中咪唑的氮原子的質子化百分比是多少？

習題 12-11 吲哚生物鹼二甲基色胺是一種迷幻藥，其中哪個氮原子的鹼性較強？請說明。

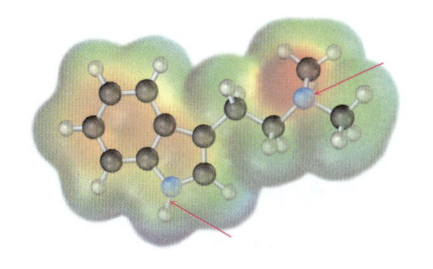

N, N-二甲基色胺
(N, N-dimethyltryptamine)

附加習題

胺類的命名

12-12 請將以下物質中的每個胺氮原子分類為一級、二級或三級。

(a) pyrrolidine N–H

(b) tryptamine derivative with NHCH₃

(c) 麥角醯二乙胺
(Lysergic acid diethylamide)

12-13 請畫出下列 IUPAC 名稱的化合物結構。
(a) *N,N*-二甲基苯胺 (*N,N*-Dimethylaniline)
(b) (環己基甲基) 胺 [(Cyclohexylmethyl)amine]
(c) *N*-甲基環己基胺 (*N*-Methylcyclohexylamine)
(d) (2-甲基環己基) 胺 [(2-Methylcyclohexyl)amine]
(e) 3-(*N,N*-二甲基丙酸) [3-(*N,N*-Dimethylamino)propanoic acid]

12-14 請為下列化合物命名。

(a) 2,4-dibromoaniline

(b) cyclopentyl-CH₂CH₂NH₂

(c) cyclopentyl-NHCH₂CH₃

(d) cyclopentyl-N(CH₃)₂

(e) pyrrolidine-N–CH₂CH₂CH₃

(f) H₂NCH₂CH₂CH₂CN

胺類製備與反應

12-15 請預測下列各反應的產物並寫出完整反應機制。

(a) PhCO-CH(CH₃)₂ + (CH₃)₂NH $\xrightarrow{\text{NaBH}_4 / \text{CH}_3\text{CH}_2\text{OH}}$?

(b) CH₃CH₂COCH₂CH₃ + CH₃CH₂CH₂NH₂ $\xrightarrow{\text{NaBH}_4 / \text{CH}_3\text{CH}_2\text{OH}}$?

(c) α-tetralone + cyclopentyl-NH₂ $\xrightarrow{\text{NaBH}_4 / \text{CH}_3\text{CH}_2\text{OH}}$?

(d) [norcamphor structure] + [pyrrolidine with NH] $\xrightarrow{\text{NaBH}_4 / \text{CH}_3\text{CH}_2\text{OH}}$ **?**

12-16 膽鹼是細胞膜中磷脂的一種成分，可以透過三甲基胺與環氧乙烷的 S_N2 反應製備而成。試畫出膽鹼的結構，並寫出這個反應的反應機制。

$(CH_3)_3N$ + [環氧乙烷 $H_2C\text{—}CH_2$ with O] $\longrightarrow$ **膽鹼 (Choline)**

12-17 下述的轉變涉及共軛親核加成反應 (第 9.8 節)，接著是分子內親核醯基取代反應。請寫出它的反應機制。

[structure with CO₂CH₃, methylene, ketone] + CH_3NH_2 $\longrightarrow$ [N-methyl pyrrolidinone with acetyl group] + CH_3OH

12-18 儘管吡咯是比其他大多數胺還要弱很多的鹼，但它是強很多的酸 (吡咯為 pK_a 約為 15，而二乙胺的 pK_a 為 35)。N–H 質子很容易被鹼帶走，生成吡咯陰離子 ($C_4H_4N^-$)。請說明。

12-19 組織胺具有三個氮原子，其在體內的釋放會觸發鼻腔分泌物和氣道狹窄。請按照這三個氮原子的鹼性由小到大排列，並解釋你的答案。

[histamine structure] **組織胺 (Histamine)**

12-20 請解釋為何對硝基苯胺 ($pK_a = 1.0$) 的鹼性比間硝基苯胺 ($pK_a = 2.5$) 弱 30 倍。請畫出共振結構來支持你的論點 (pK_a 值是指相應的銨離子)。

12-21 請用 1-丁醇來製備下列每種物質。

(a) 丁胺 (Butylamine)   (b) 二丁胺 (Dibutylamine)
(c) 丙胺 (Propylamine)   (d) 戊胺 (Pentylamine)
(e) *N,N*-二甲基丁胺 (*N,N*-Dimethyl butylamine)   (f) 丙烯 (Propene)

12-22 請畫出間-甲苯胺與下列化合物反應產生的主要產物的結構。

(a) 溴 (1 當量)   (b) 碘甲烷 (CH_3I) (過量)
(c) 乙烯氯 (CH_3COCl) 在吡啶中   (d) (c) 的產物和氯磺酸 (HSO_3Cl)

一般問題

12-23 使用強酸使醯胺質子化發生在氧上而不是氮上。將共振列入考慮，請說明這種現象的原因。

$$\underset{R}{\text{R}}-\overset{:\!\ddot{\text{O}}\!:}{\underset{\ddot{\text{N}}\text{H}_2}{\text{C}}} \underset{}{\overset{H_2SO_4}{\rightleftharpoons}} \underset{R}{\text{R}}-\overset{\overset{+}{\text{O}}-\text{H}}{\underset{\ddot{\text{N}}\text{H}_2}{\text{C}}}$$

名詞釋義

縮醛類 (Acetal；9.6 節)：在同一個碳上接兩個醚類官能基的化合物，$R_2C(OR')_2$。縮醛常被用來當作酮類或醛類在反應過程中的保護基。

乙醯基 (Acetyl group；9.2 節)：結構為 CH_3CO- 的官能基。

非對掌性 (Achiral；9.6 節)：若一分子具有對稱面與其鏡像結構重疊，因此此分子為非對掌性。

酸酐 (Acid anhydride；10.1 節)：兩個醯基接在同一個氧原子上所形成的官能基，結構為 RCO_2COR'。

醯鹵 (Acid halide；10.1 節)：通式為 RCOX 的化合物，其中的 X 為鹵素。

醯基 (Acyl group；7.5 及 9.2 節)：結構為 –COR 的官能基。

醯磷酸酯 (Acyl phosphate；10.7 節)：磷酸根接在醯基上所形成的官能基，結構為 $RCO_2PO_3^{2-}$。

醯化反應 (Acylation；7.5 節)：將分子中的官能基轉換成醯基的反應。

1,2 加成 (1,2-Addition；5.7 及 9.8 節)：將反應物加成到雙鍵的 1 和 2 號碳上。

1,4 加成 (1,4-Addition；5.7 及 9.8 節)：將親電子基加成到共軛雙鍵的 1 和 4 號碳上。

醇類 (Alcohol；第 8 章簡介)：具有 –OH 官能基的化合物。

醛類 (Aldehyde；第 9 章簡介)：具有 –CHO 官能基的化合物。

醛醇反應 (Aldol reaction；11.4 節)：醛類和酮類化合物中的羰基縮合，而產生 β-羥基酮或醛類的反應。

脂環 (Alicyclic；2.7 節)：飽和的環狀碳氫化合物，如環烷類。

脂肪族 (Aliphatic；2.2 節)：非芳香族的碳氫化合物，如單純的烷類、烯類和炔類。

烷類 (Alkane；2.2 節)：只有碳-碳單鍵的碳氫化合物。

烯類 (Alkene；第 4 章簡介)：含有碳-碳雙鍵的碳氫化合物。

烷氧陰離子 (Alkoxide ion；8.2 節)：醇類失去一個 H^+ 所形成的離子，通式為 RO^-。

烷基 (Alkyl group；2.2 節)：烷類移去一個氫原子所形成的官能基。

鹵烷類 (Alkyl halide；6.1 節)：鹵素原子鍵結到烷類碳原子所形成的化合物。

烷基胺 (Alkylamine；12.1 節)：有烷基取代的胺類，RNH_2、R_2NH 或 R_3N。

烷化反應 (Alkylation；7.5 及 11.6 節)：在分子上引入烷基的反應。

炔類 (Alkyne；第 4 章簡介)：含有碳-碳參鍵的碳氫化合物。

烯丙基 (Allylic；5.7 節)：雙鍵旁邊的碳原子位置。

α-位置 (α-position；第 11 章簡介)：羰基旁邊的碳原子位置。

α-取代反應 (α-substitution reaction；第 11 章簡介)：α-位置上的碳進行氫原子取代的反應。

醯胺 (Amide；第 10 章簡介)：具有 $-CONR_2$ 官能基的化合物。

胺類 (Amine；第 12 章簡介)：通式 RNH_2、R_2NH 或 R_3N 的胺基化合物。

角張力 (Angle strain；2.8 節)：當鍵角偏離所造成的分子內張力。

芳香族 (Aromatic；7.1 節)：環狀化合物上的雙鍵都是共軛的，且 π 電子數量符合 4n+2 規則。

芳香基 (Aryl group；7.1 節)：芳香族取代的官能基，通式為 Ar-。

芳香胺 (Arylamine；12.1 節)：胺基取代的芳香族化合物，通式為 $ArNH_2$。

軸向位置 (Axial position；2.10 節)：椅式的環己烷與環平面互相垂直的化學鍵位置。

鹼解離常數 (Basicity constant，K_b；12.3 節)：用來表示鹼在水溶液中的強度，K_b 愈大，鹼性愈強。

APPENDIX

苯甲醯基 (Benzoyl group；9.2 節)：結構為 C_6H_5CO- 的官能基。

苄基 (Benzyl group；7.1 節)：結構為 $C_6H_5CH_2^-$ 的官能基。

苄基位置 (Benzylic group；7.1 節)：與苯環相鄰的碳原子位置。

鍵角 (Bond angle；1.4 節)：兩個相鄰化學鍵之間的角度。

鍵長 (Bond length；1.3 節)：兩個鍵結原子之間的長度。

鍵結強度 (Bond strength；2.2 節)：將化學鍵打斷所需要的能量。

支鏈烷類 (Branched-chain alkane；2.2 節)：含有支鏈的烷類。

溴鎓離子 (Bromonium ion；5.4 節)：有兩個鍵結，帶正電荷的溴離子，R_2Br^+。

布忍斯特-洛瑞酸 (Brønsted-Lowry Acid；1.8 節)：可提供氫離子 (H^+) 的物質。

布忍斯特-洛瑞鹼 (Brønsted-Lowry Base；1.8 節)：可接受氫離子 (H^+) 的物質。

序列法則 (Cahn-Ingold-Prelog rules；3.4 節)：用來決定對掌性中心和雙鍵上取代基相關序位的規則。

碳陰離子 (Carbanion；11.2 節)：陰離子含有帶負電的三價碳原子 ($R_3C:^-$)。

碳陽離子 (Carbocation；4.6 及 5.3 節)：陽離子含有帶正電的三價碳原子 (R_3C^+)。

羰基 (Carbonyl group；9.1 節)：結構為 C=O 的官能基。

羧基 (Carboxyl group；10.1 節)：結構為 $-CO_2H$ 的官能基。

羧酸根離子 (Carboxylate ion；10.3 節)：由羧酸形成的陰離子，RCO_2^-。

羧酸 (Carboxylic acid；第 10 章簡介)：含有 $-CO_2H$ 的官能基的化合物。

椅型 (Chair conformation；2.9 節)：環己烷為了減少張力所採用的三維的立體構型，此構型形狀類似於躺椅，有椅背、座位和腳凳。

對掌性 (Chiral；3.2 節)：當分子無法和其鏡像結構重疊時，此分子稱為對掌性。

對掌性中心 (Chirality Center；3.2 節)：分子中的碳原子四面體中心接了四個不同的取代基。

順反異構物 (Cis-trans isomers；2.8 節)：雙鍵或環上的取代基位置不同所形成的立體異構物。

濃縮結構 (Condensed structures；1.10 節)：碳-氫和碳-碳單鍵省略不畫的一種化學結構畫法。

組態 (Configuration；3.4 節)：可呈現分子中每個立體中心的取代基在三度空間中排列方式的分子表達方式。

構型 (Conformation；2.6 節)：分子因為鍵的旋轉而造成的不同原子排列方式。

構型異構物 (Conformers；2.6 節)：分子因為構型的不同產生的不同分子結構。

結構異構物 (Constitutional isomers；2.2 節)：化合物有相同數量和種類的原子，但排列的方式不同，此類化合物彼此稱為結構異構物。

共價鍵 (Covalent bond；2.2 節)：兩個原子共用電子生成的化學鍵。

環烷 (Cycloalkane；2.7 節)：飽和的環狀碳氫化合物。

脫水反應 (Dehydration；8.4 節)：醇類脫水生成烯烴類的反應。

右旋 (Dextrorotatory；3.3 節)：光學活性分子會將平面偏極光朝右邊 (順時鐘方向) 旋轉。

非鏡像異構物 (Diastereomers；3.5 節)：兩個異構物彼此互為立體異構物，但不是鏡像異構物。

1,3-雙軸作用力 (1,3-Diaxial interaction；2.10 節)：有取代基的椅型環己烷中，間隔三個碳的兩個軸向取代基所產生的排斥作用力。

雙硫化物 (Disulfide；8.7 節)：通式為 RSSR′ 的化合物。

雙鍵 (Double bond；1.5 節)：兩個原子共用兩對電子生成的共價鍵。

E 構型 (*E* geometry；4.3 節)：有取代基的雙鍵分子中，較高排序的取代基在雙鍵的不同兩側。

E1 反應 (E1 reaction；6.6 節)：脫去反應中，C–X 鍵會先斷裂生成碳陽離子為中間物，隨後鹼抓取 H^+ 後產生烯類。

E1cB 反應 (E1cB reaction；6.6 節)：脫去反應中，C–H 鍵先斷裂生成碳陰離子為中間物，隨後脫去 X^- 產生烯類。

E2 反應 (E2 reaction；6.6 節)：脫去反應中，C−H 鍵和 C−X 鍵在一個步驟中不經由中間物同時斷裂後產生烯類。

電負度 (Electronegativity；1.7 節)：原子在共價鍵中吸引共用電子的能力。

親電子基 (Electrophile；4.5 節)：缺電子的物質，喜歡與電子結合。在極性共價鍵生成的反應中，親電子基會從親核基接受電子對。

親電子加成反應 (Electrophilic addition reaction；4.6 節)：親電子基加成至烯類雙鍵上，生成飽和碳氫化合物。

脫去反應 (Elimination reaction；6.6 節)：鹵烷脫去鹵化氫 HX 並生成烯類產物的反應。

鏡像異構物 (Enantiomers；3.1 節)：當分子與鏡像結構不同時，此分子所代表的立體異構物稱為鏡像異構物。

烯醇 (Enol；11.1 節)：雙鍵上有 −OH 官能基的化合物，通式為 C=C−OH。

赤道位置 (Equatorial position；2.9 節)：椅式的環己烷與環平面互相平行的化學鍵位置。

酯類 (Ester；第 10 章簡介)：具有 −CO$_2$R 官能基的化合物。

醚類 (Ether；第 8 章簡介)：具有 R−O−R′ 官能基的化合物。

費歇爾酯化反應 (Fischer esterification reaction；10.5 節)：在酸催化下，醇與羧酸作用生成酯類的反應。

甲醯基 (Formyl group；9.2 節)：結構為 −CHO 的官能基。

傅-克反應 (Friedel-Crafts Reaction；7.5 節) 在芳香環上引入烷基或醯基的親電子取代反應。

官能基 (Functional group；2.1 節)：一個分子中可以展現出其化學特性的原子團。

基態電子組態 (Ground-state electron configuration；1.1 節)：原子或分子最低能量的電子組態。

鹵化作用 (Hologenation；5.4 節)：鹵素與烯類或芳香族化合物進行加成反應得到鹵烷的反應。

半縮醛 (Hemiacetal；9.6 節)：−OR 和 −OH 鍵結在同一個碳上的化合物，也就是羥基醚化合物。

雜環 (Heterocycle；7.6 節)：環狀化合物，環中包含兩個或多個元素的原子，通常是碳、氮、氧或硫。

混成軌域 (Hybrid orbital；1.5 節)：一種由原子軌域相互混成的軌域。碳的混成軌域有 sp^3、sp^2、sp。這些混成軌域具有方向性，能彼此連結形成共價鍵結。

水合反應 (Hydration；5.3 節)：將水分子加成到起始物分子內的反應。

烴類 (Hydrocarbon；2.2 節)：只含碳原子跟氫原子的有機化合物。

氫鍵 (Hydrogen bond；8.2 節)：與離子鍵相同，都屬於非共價鍵結。主要透過氫原子與高陰電性之元素彼此之間產生的吸引作用而形成。

氫化反應 (Hydrogenation；5.5 節)：將氫加成到雙鍵或三鍵上以生成飽和產物的反應。

亞胺 (Imine；9.7 節)：具有 R$_2$C=NR′ 官能基的化合物；在生物化學中亦稱為席夫鹼 (Schiff base)。

誘導效應 (Inductive effect；1.8 節)：經由 σ 鍵傳遞的電子供給或拉取所造成的效應。

離子鍵 (Ionic bond；1.3 節)：一種由相反電性離子之間透過靜電吸引所形成的鍵結。

異構物 (Isomers；2.2 節)：不同化合物雖然具有相同的分子式，但是具有不同的結構者。

同位素 (Isotope；1.1 節)：有相同原子序但具有不同的質量數的原子。

國際純粹及應用化學聯合會命名法則 (IUPAC system of nomenclature；2.3 節)：由國際純粹及應用化學聯合會發展出來的化合物命名法則。

克古列結構 (Kekule's structure；1.3 節)：一種以線來表示分子內，原子之間共價鍵結構的表示方式。

酮烯醇異構物互變 (Keto-enol tautomerism；1.1 節)：描述一個在羰基形式 (keto form) 與乙烯基醇 (enol form) 結構之間相互轉變的過程。

酮類 (Ketone; 第 9 章簡介)：由兩個有機的取代基鍵結到一個羰基上所形成的化合物稱之為酮類，經常以 R$_2$C=O 表示。

離去基 (Leaving group；6.4 節)：在取代反應中被取代掉的基團可稱為離去基。

左旋 (Levorotatory；3.3 節)：指一個具有有光學活性的物質將平面偏極光的偏極平面朝左手 (逆時針) 方向偏轉的現象。

路易士酸 (Lewis's acid；1.10 節)：一個具有空的低

能階軌域，可以接受來自於路易士鹼之電子對的物質。

路易士鹼 (Lewis' base；1.10 節)：一個可以提供一對電子給缺電子的路易士酸的物質。

路易士結構式 (Lewis' structure；1.3 節)：將鍵結電子以點的方式來代表原子間之共價鍵的表示方式。

林德勒催化劑 (Lindler catalyst；5.7 節)：用來將炔轉化成烯，所使用的氫化反應觸媒。

線-鍵結構式 (Line-bond structure；1.3 節)：以線來代表原子間共價鍵的分子結構表示方式。

位標 (Locant；2.3 節)：在 IUPAC 命名系統中，用來標示側基在主鏈或環狀主結構上所接的位置的數字，用以精準描述化合物的結構特徵。

未共用電子對 (Lone-pair electrons；1.3 節)：泛指一對在軌域中未鍵結的電子。

丙二酸酯合成法 (Malonic ester synthesis；11.3 節)：一種藉由丙二酸二乙酯與鹵烷反應後，再進行水解及去羧基作用，從而生成 α 取代之乙酸衍生物的方法。

馬可尼可夫法則 (Markovnikov's rule；5.1 節)：一種對於親電子加成反應的位向選擇法則。例如：烯類的 HX 加成反應裡，氫原子會加成到雙鍵中有較少烷基取代的碳上。

氫硫基 (Mercapto group；8.7 節)：一種硫醇基，經常簡寫為 $-SH$。

內消旋化合物 (Meso compound；3.6 節)：一個具有超過兩個立體中心但是卻沒有旋光性的化合物。

間 (Meta, *m-*；7.1 節)：用來表示苯環上有 1,3-雙取代的結構。

分子 (Molecule；1.3 節)：一群經由共價鍵結結合在一起的原子，所形成的化合物稱之為分子。

天然氣 (Natural gas；2.4 節)：一種天然產生的碳氫混合物，其主要成分主要為甲烷，並含有小量的乙烷、丙烷及丁烷。

紐曼投影法 (Newman projection；2.5 節)：一種從碳-碳鍵的末端，來觀察分子內原子空間排列的表示方式。

腈 (Nitrile；10.1 節)：一種具有碳-氮三鍵官能基的化合物，通常表示為：$-C\equiv N$。

節點 (Node；1.1 節)：軌域中一個電子密度為零的平面，例如：在 *p* 軌域中會有一個穿過原子核而與軌域軸垂直的節點平面。

非鍵結電子 (Nonbonding electron；1.3 節)：用以描述非參與鍵結的價層電子。

正烷類 (Normal alkane；2.2 節)：一種直鏈結構的烷類。

親核試劑 (Nucleophile；4.5 節)：在一個極性鍵形成的反應裡，能提供電子對給親電子基來形成鍵結的物質稱之為親核試劑。

親核性加成反應 (Nucleophilic addition reaction；6.3 節)：用來描述親核基被加成到酮或醛的羰基上，從而產生醇的反應。

親核性取代反應 (Nucleophilic substitution reaction；6.3 節)：用來描述飽和碳上的離去基，被另一個親核基所取代的反應 (請參考 S_N1、S_N2 反應)。

光學活性 (Optical activity；3.3 節)：用來描述對掌性物質在溶液中旋轉平面偏極光的能力。

軌域 (Orbital；1.1 節)：一個或一對電子在空間中所占有的特定區域稱之為軌域。

有機化學 (Organic chemistry；第一章簡介)：一個討論與碳化合物相關的化學。

有機鹵化物 (Organohalide；第六章簡介)：一個有一或多個鹵素的有機化合物。

鄰- (Ortho-, *o-*；7.1 節)：用來表示苯環上有 1,2-雙取代的結構。

氧化作用 (Oxidation；9.3 節)：在一個分子內加入氧原子或移去氫原子的作用。

對- (Para-, *p-*；5.2 節)：用來表示苯環上有 1,4-雙取代的結構。

酚 (Phenol；第八章簡介)：一個具有 $-OH$ 鍵結到芳香環上結構的化合物。

酚氧陰離子 (Phenoxide ion；8.2 節)：由酚結構上的 $-OH$ 官能基失去了 H^+ 所生成的陰離子稱之為酚氧陰離子，經常簡寫為 ArO^-。

苯基 (Phenyl group；7.1 節)：指 C_6H_5 官能基，經常簡寫為 -Ph。

π 鍵 [Pi (π) bond；1.7 節]：由兩個 *p* 軌域以平行重疊的方式形成的共價鍵稱之為 π 鍵。

pK_a 值 (pK_a 1.9 節)：將 K_a 經對數運算後，再取負值，用來表示酸的強度。

對稱平面 (Plane of symmetry；3.2 節)：一個能將分子中分的平面，中分後，分子其中的一半與另一半會互呈鏡像。

偏極光 (Plane-polarized light；3.3 節)：一種電子向量在同一平面上，而非在散漫的平面上的光線。

極性共價鍵 (Polar covalent bond；1.8 節)：兩個原子因為彼此之間的電負度不同，導致所形成的共價鍵電子不均勻分配。此鍵結稱之為極性共價鍵。

極性反應 (Polar reaction；4.5 節)：一個多電子的親核攻擊基提供兩個電子給較缺電子的親電子被攻擊基，最後形成鍵的反應。

極性 (Polarity；1.8 節)：分子內的原子因為彼此電負度的差異而造成分子結構中的電子密度不同的現象。

多環芳香族化合物 (Polycyclic aromatic compound；7.6 節)：一個分子內，擁有兩個或兩個以上的苯環結構融合為一，則此類化合物可稱之為多環芳香族化合物。

一級、二級、三級、四級 (Primary, secondary, tertiary, quaternary；2.2 節)：一個用來描述取代類型的用詞。一級是指有一個取代；二級，有兩個取代；三級，有三個取代；四級，有四個取代。

四級 (Quaternary)：請見一級。

四級銨鹽 (Quaternary ammonium salt；12.1 節)：描述一個胺類化合物在其帶正電的氮原子上有四個烷基取代 ($R_4N^+X^-$)。

R 組態 (*R* configuration；3.4 節)：一種應用 Cahn-Ingold-Prelog sequence rules，描述出順時鐘方向之特別的對掌中心的組態。

R 官能基 (R grouop；2.2 節)：泛指有機化合物之部分結構的符號。

外消旋混合物 (Racemic mixture；3.4 節)：泛指由某光學活性物質的兩個鏡相異構物，以 50:50 的比例混合產生的混合物。

自由基 (Radical；4.5 節)：一種擁有奇數電子的物種。

自由基反應 (Radical reaction；4.5 節)：經由自由基來達成鍵之形成或破壞的反應稱之為自由基反應。

反應機制 (Reaction mechanism；4.5 節)：一個利用電子流動來描述反應發生過程的方式。

還原反應 (Reduction；5.5 節)：能夠在分子內加入氫原子或去除氧原子的反應。

還原性胺化 (Reductive amination；12.4 節)：一種將醛或酮，以氨或胺在還原劑存在下處理最終產生胺化合物的反應。

位向選擇性 (Regiospecific；5.1 節)：一個用來描述反應只偏好形成某一位向產物而不會形成混合產物的用詞。

環翻轉 (Ring-flip；2.10 節)：一種將環己烷從一個椅子構型轉換成另一個椅子構型的轉變過程。

S 組態 (S configuration；3.4 節)：一種應用 Cahn-Ingold-Prelog sequence rules，描述出逆時鐘方向之特別的對掌中心的組態。

飽和 (Saturated；2.2 節)：完全由單鍵所構成的化合物，可稱之為飽和。

鋸木架表示法 (Sawhorse representation；2.5 節)：一種觀察單鍵相關構型的立體化學表示方式。

二級 (Secondary)：請見一級。

順序法則 (Sequence rules；3.4 及 4.3 節)：用來決定雙鍵的碳原子或立體中心上取代基相關順位的規則。

σ 鍵 (Sigma (σ) bond；1.7 節)：電子軌域以頭對頭的方式重疊，從而形成的共價鍵結稱之為 σ 鍵。

骨架結構 (Skeleton structure；1.11 節)：一種只畫出鍵結，不畫出原子之精要結構表示方式。

S_N1 反應 (S_N1 reaction；6.5 節)：中間物為離子的兩步驟親核性取代反應。

S_N2 反應 (S_N2 reaction；6.4 節)：一種單步驟親核攻擊的取代反應。其親核攻擊基團與離去基團必須經由背面攻擊，脫去離去基的親核性取代反應。

sp 混成軌域 (*sp* Hybrid orbital；1.7 節)：一種由一個 *s* 及一個 *p* 軌域混成的原子軌域。這兩個混成所產生的軌域稱為 *sp* 混成軌域。此混成軌域將以 180° 的角度分別朝向直線頂點的相反方向。

sp^2 混成軌域 (sp^2 Hybrid orbital；1.7 節)：一種由一個 *s* 及兩個 *p* 軌域混成的原子軌域。這三個混成所產生的軌域稱為 sp^2 混成軌域。此混成軌域將以 120° 的角度分別朝向平面三角型頂點的方向。

sp^3 混成軌域 (sp^3 Hybrid orbital；1.5 節)：一種由一個 *s* 及三個 *p* 軌域混成的原子軌域。這四個混成

所產生的軌域稱為 sp^3 混成軌域。此混成軌域將以 109° 的角度分別朝向四面體頂點的方向。

比旋光度，$[α]_D$ (Specific rotation；3.3 節)：光學活性物質在標準狀況下，能將平面偏極光旋轉的角度。

相錯構型 (Staggered conformation；2.5 節)：一種以一個鍵夾在第二個鍵的鍵角中心的方式，來表示出碳-碳單鍵的環繞原子之三度空間的排列方式。

立體中心 (Stereocenter；3.2 節)：一個在分子結構中會導致分子產生光學活性的原子；亦稱對掌中心。

立體化學 (Stereochemistry；第 2 及第 3 章)：一種討論分子內之原子三度空間排列方式及其衍生之化學。

立體異構物 (Stereoisomers；2.7 節)：兩個分子彼此所組成的原子其連接順序相同，但卻呈現不同的三度空間特性，則可互稱為彼此的立體異構物。這類異構物包括鏡像異構物及非鏡像異構物。

立體張力 (Steric strain；2.10 節)：分子內因為兩個官能基 (或取代基) 太過靠近所造成的張力，稱之為立體張力。

直鏈烷類 (Straight-chain alkane；2.2 節)：一個碳原子排成同一排而沒有分支的烷類化合物。

取代反應 (Substitution reaction；6.3 節)：一種由兩個反應物所進行的取代基交換反應，稱之為取代反應。

硫醚 (Sulfide；8.7 節)：化合物擁有兩個有機官能基同時鍵結到同一個硫原子則可稱之為硫醚，通常表示為：R-S-R。

對稱平面 (Symmetry plane；3.2 節)：一個可以將分子結構 (非對掌性分子) 分割成對稱兩部分的平面稱之為對稱平面。

同邊立體化學 (Syn stereochemistry；5.5 節)：意指發生在雙鍵兩端同側的加成反應。

互變異構物 (Tautomers；11.1 節)：會自發進行結構互相轉換的異構物。

三級 (Tertiary) 參見一級：請參考一級。

硫酯類 (Thioester；10.5 節)：一種由硫取代產生的酯的類似化合物。

硫醇類 (Thiol；8.7 節)：一個擁有 –SH 官能基的化合物。

參鍵 (Triple bond；1.7 節)：兩個原子之間共用三對電子所形成的共價鍵。

單分子反應 (Unimolecular reaction；6.5 節)：描述一個只牽涉單一分子的反應步驟。

不飽和的 (Unsaturated；4.1 節)：相較於同碳數的烷類，一個分子內含有一個以上的雙鍵或三鍵即可稱之不飽和。

價鍵理論 (Valence bond theory；1.4 節)：一種描述電子軌域的重疊而形成化學鍵結的理論。

價層 (Valence shell；1.3 節)：意指原子中處於最外層的電子軌域。

乙烯基；乙烯性 (Vinylic；4.1 節)：意指取代基直接接到雙鍵的碳上。

Z 幾何構型 (Z geometry；4.3 節)：意指兩個雙鍵碳上之高優先性取代基位皆位在雙鍵同側的構型。

賽式法則 (Zaitsev's rule；6.6 節)：此法則在說明進行 E2 反應之後，通常會生成高取代烯的結果。

同側，Z (Zusammen, Z；4.3 節)：用於描述兩個高優先性取代基在雙鍵同側的方式。

習題解答

Chapter 1

1-1 (a) $1s^2 2s^2 2p^4$ (b) $1s^2 2s^2 2p^3$
(c) $1s^2 2s^2 2p^6 3s^2 3p^4$

1-2 (a) 2 (b) 2 (c) 6

1-3

1-4

1-5 (a) CCl_4 (b) AlH_3 (c) CH_2Cl_2
(d) SiF_4 (e) CH_3NH_2

1-6 (a)

(b)

(c)

(d)

1-7 兩個相連碳原子上最多只能接 6 個氫，C_2H_7 有 7 個氫太多了，故不存在。

1-8

所有鍵角都接近 109°

1-9

1-10 CH_3 的碳是 sp^3 混成；參鍵的碳是 sp^2 混成；$C=C-C$ 和 $C=C-H$ 鍵角是 120°；其他鍵角接近 109°。

1-11 所有碳原子均為 sp^2 混成，所有鍵角均接近 120°。

1-12 除 CH_3 之外的所有碳均為 sp^2 混成。

1-13 CH_3 的碳是 sp^3 混成；參鍵的碳是 sp 混成；及 $C\equiv C-C$ 及 $H-C\equiv C$ 之鍵角接近 180°。

1-14 (a) H (b) Br (c) Cl (d) C

1-15 (a) $\overset{\delta+}{H_3C}-\overset{\delta-}{Cl}$ (b) $\overset{\delta+}{H_3C}-\overset{\delta-}{NH_2}$

APPENDIX

(c) $\overset{\delta-}{H_2N}-\overset{\delta+}{H}$ (d) H_3C-SH 碳和硫具有相同的電負度

(e) $\overset{\delta-}{H_3C}-\overset{\delta+}{MgBr}$ (f) $\overset{\delta+}{H_3C}-\overset{\delta-}{F}$

1-16 $H_3C-OH < H_3C-MgBr < H_3C\text{-}Li = H_3C-F < H_3C-K$

1-17 氯原子電子較多，碳原子電子較少。

$\begin{array}{c} H \\ | \\ H-C-\ddot{\underset{\cdot\cdot}{Cl}}: \\ | \\ H \end{array}$

1-18 HNO_3 + NH_3 ⟶ NH_4^+ + NO_3^-
    Acid   Base   Conjugate acid   Conjugate base

1-19 (a) $CH_3CH_2\ddot{O}H$ + $H-Cl$ ⇌ $CH_3CH_2\overset{+}{O}H_2$ + Cl^-

$H\ddot{N}(CH_3)_2$ + $H-Cl$ ⇌ $H_2\overset{+}{N}(CH_3)_2$ + Cl^-

$\ddot{P}(CH_3)_3$ + $H-Cl$ ⇌ $H-\overset{+}{P}(CH_3)_3$ + Cl^-

(b) $H\ddot{O}:^-$ + $^+CH_3$ ⇌ $H\ddot{O}-CH_3$

$H\ddot{O}:^-$ + $B(CH_3)_3$ ⇌ $H\ddot{O}-\bar{B}(CH_3)_3$

$H\ddot{O}:^-$ + $MgBr_2$ ⇌ $H\ddot{O}-\bar{M}gBr_2$

1-20 (a) More basic (red) ← N, Most acidic (blue) → N–H, Imidazole

(b) Imidazole tautomer/resonance structures (A–H proton transfer and :B deprotonation equilibria)

1-21 (a) 腎上腺素 — $C_9H_{13}NO_3$ (with labeled H counts: 0H, 1H, 0H, 1H, 1H, 2H, 1H on the catechol–NHCH₃ structure)

(b) 雌酮 — $C_{18}H_{22}O_2$ (with labeled H counts on the steroid structure)

1-22 有很多可能性，例如：
(a) C_5H_{12} $CH_3CH_2CH_2CH_2CH_3$

$\underset{}{CH_3CH_2\overset{\overset{CH_3}{|}}{C}HCH_3}$ $CH_3\overset{\overset{CH_3}{|}}{\underset{\underset{CH_3}{|}}{C}}CH_3$

附錄 B　習題解答　285

(b) C_2H_7N　$CH_3CH_2NH_2$　CH_3NHCH_3

(c) C_3H_6O　$CH_3CH_2\overset{O}{\overset{\|}{C}}H$

　　$H_2C=CHCH_2OH$　$H_2C=CHOCH_3$

(d) C_4H_9Cl　$CH_3CH_2CH_2CH_2Cl$

　　$CH_3CH_2\underset{Cl}{CH}CH_3$　$CH_3\underset{CH_3}{CH}CH_2Cl$

1-23

4-aminobenzoic acid (H₂N–C₆H₄–COOH)

Chapter 2

2-1 (a) 硫化物、羧酸、胺
(b) 芳香環、羧酸
(c) 醚、醇、芳香環、醯胺

2-2 (a) CH_3OH　(b) 甲苯 (C₆H₅CH₃)

(c) $CH_3\overset{O}{\overset{\|}{C}}OH$　(d) CH_3NH_2

(e) $CH_3\overset{O}{\overset{\|}{C}}CH_2NH_2$　(f) $CH_2=CH-CH=CH_2$

2-3 酯、胺、雙鍵；$C_8H_{13}NO_2$

2-4 $CH_3CH_2CH_2CH_2CH_3$　$CH_3\underset{CH_3}{CH}CH_2CH_2CH_3$

$CH_3CH_2\underset{CH_3}{CH}CH_2CH_3$　$CH_3\underset{CH_3}{CH}\underset{CH_3}{CH}CH_3$

$CH_3\underset{CH_3}{\underset{|}{C}}CH_3$ (with extra CH₃)

2-5 (a) 小題有九種可能的答案。

$CH_3CH_2CH_2\overset{O}{\overset{\|}{C}}OCH_3$　$CH_3CH_2\overset{O}{\overset{\|}{C}}OCH_2CH_3$

$CH_3\overset{O}{\overset{\|}{C}}O\underset{CH_3}{CH}CH_3$

(b) $CH_3\underset{CH_3}{CH}C\equiv N$　$CH_3CH_2CH_2C\equiv N$

(c) $CH_3CH_2SSCH_3$　$CH_3SSCH_2CH_3$

$CH_3SS\underset{CH_3}{CH}CH_3$

2-6 (a) 2 (b) 4 (c) 4

2-7 $CH_3CH_2CH_2CH_2$‡　$CH_3CH_2\underset{CH_3}{CH}$‡

$CH_3CH_2\underset{CH_2CH_3}{CH}$‡　$CH_3\underset{CH_3}{CH}CH_2$‡

$CH_3\underset{CH_3}{CH}CH_2$‡　$CH_3CH_2\underset{CH_3}{\overset{CH_3}{C}}$‡

$CH_3\underset{CH_3}{\overset{CH_3}{C}}CH$‡　$CH_3\underset{CH_3}{\overset{CH_3}{C}}CH_2$‡

2-8 (a) $\underset{p\ t\ s\ s\ p}{CH_3CH\underset{CH_3}{}CH_2CH_3}$
(b) $\underset{p\ s\ t\ s\ p}{CH_3CH_2\underset{CH_3CHCH_3}{CH}CH_2CH_3}$

(c) $\underset{p\ t\ s}{CH_3CH_2}-\underset{\underset{CH_3}{|}\ p}{\overset{\overset{p}{CH_3}}{\underset{|}{C}}}-CH_3$ (q)

2-9 接一級碳的氫即為一級氫；接二級碳的氫即為二級氫；接三級碳的氫即為三級氫。

2-10 (a) $CH_3\underset{CH_3}{CH}\underset{CH_3}{CH}CH_3$　(b) $CH_3\underset{}{CH}CH_3\ CH_3CH_2\underset{CH_3}{CH}CH_3$

(c) $CH_3\underset{CH_3}{\overset{CH_3}{C}}CH_2CH_3$

APPENDIX

2-11 (a) Pentane, 2-methylbutane, 2,2-dimethylpropane
(b) 2,3-Dimethylpentane
(c) 2,4-Dimethylpentane
(d) 2,2,5-Trimethylhexane

2-12 (a) CH₃CH₂CH₂CH₂CH₂CH(CH₃)CH₂CH₃ with CH₃ branch

(b) CH₃CH₂CH₂C(CH₃)(CH₂CH₃)—CH(CH₃)CH₂CH₃

(c) CH₃CH₂CH₂CH₂CH(CH₂CH₂CH₃)C(CH₃)₃

(d) CH₃CH(CH₃)CH₂C(CH₃)₂CH₃

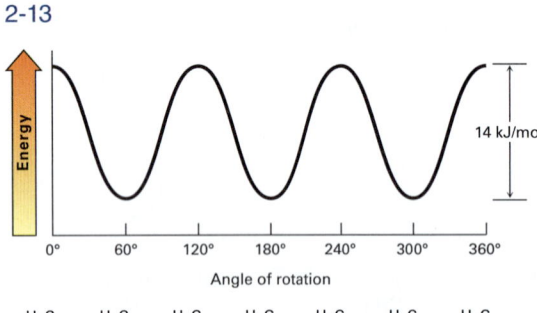

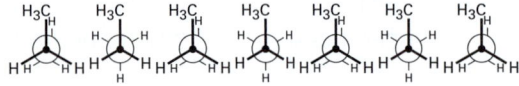

2-13

14 kJ/mol, Angle of rotation 0°–360°

2-14 (a) 1,4-Dimethylcyclohexane
(b) 1-Methyl-3-propylcyclopentane
(c) 3-Cyclobutylpentane
(d) 1-Bromo-4-ethylcyclodecane
(e) 1-Isopropyl-2-methylcyclohexane
(f) 4-Bromo-1-*tert*-butyl-2-methylcycloheptane

2-15 (a), (b)

2-16 (a) *trans*-1-Chloro-4-methylcyclohexane
(b) *cis*-1-Ethyl-3-methylcycloheptane

2-17 (a), (b), (c)

2-18 (a) *cis*-1,2-Dimethylcyclopentane
(b) *cis*-1-Bromo-3-methylcyclobutane

2-19

2-20

Chapter 3

3-1 對掌性：螺絲、鞋。

3-2 (a), (b), (c) CH₃O–

3-3 (structures of two alanine enantiomers)

3-4 (a) (structure with HO, H, OH groups showing chiral centers)

(b) (structure with F, Cl showing chiral center)

3-5 左旋。

3-6 +16.1°

3-7 (a) −Br (b) −Br
   (c) −CH$_2$CH$_3$ (d) −OH
   (e) −CH$_2$OH (f) −CH=O

3-8 (a) −OH, −CH$_2$CH$_2$OH, −CH$_2$CH$_3$, −H
   (b) −OH, −CO$_2$CH$_3$, −CO$_2$H, −CH$_2$OH
   (c) −NH$_2$, −CN, −CH$_2$NHCH$_3$, −CH$_2$NH$_2$
   (d) −SSCH$_3$, −SH, −CH$_2$SCH$_3$, −CH$_3$

3-9 (a) S (b) R (c) S

3-10 (a) S (b) S (c) R

3-11 (structure: HO−C(H)(CH$_3$)−CH$_2$CH$_2$CH$_3$)

3-12 S

3-13 五個對掌性中心，$2^5 = 32$ 立體異構物。

3-14 S,S

3-15 化合物 (a) 和 (b) 為內消旋。

3-16 化合物 (a) 和 (b) 有內消旋形式

3-17 (cyclopentane structure with H$_3$C, CH$_3$, OH)

Chapter 4

4-1 (a) 3,4,4-Trimethyl-1-pentene
   (b) 3-Methyl-3-hexene
   (c) 4,7-Dimethyl-2,5-octadiene
   (d) 6-Ethyl-7-methyl-4-nonene

4-2 (a) H$_2$C=CHCH$_2$C(CH$_3$)=CH$_2$
   (b) CH$_3$CH$_2$CH$_2$CH=CC(CH$_3$)$_3$ with CH$_2$CH$_3$
   (c) CH$_3$CH=CHCH=CHC(CH$_3$)(CH$_3$)C(CH$_3$)=CH$_2$
   (d) (tetrasubstituted alkene structure)

4-3 (a) 1,2-Dimethylcyclohexene
   (b) 4,4-Dimethylcycloheptene
   (c) 3-Isopropylcyclopentene

4-4 (a) 2,5,5-Trimethylhex-2-ene
   (b) 2,3-Dimethylcyclohexa-1,3-diene

4-5 (a) 2,5-Dimethyl-3-hexyne
   (b) 3,3-Dimethyl-1-butyne
   (c) 3,3-Dimethyl-4-octyne
   (d) 2,5,5-Trimethyl-3-heptyne
   (e) 6-Isopropylcyclodecyne
   (f) 2,4-Octadiene-6-yne

4-6 1-Hexyne, 2-hexyne, 3-hexyne, 3-methyl-1-pentyne, 4-methyl-1-pentyne, 4-methyl-2-pentyne, 3,3-dimethyl-1-butyne

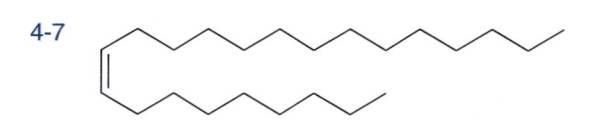

4-7 (long chain alkene structure)

4-8 化合物 (c)、(e) 和 (f) 具有順反異構物。

4-9 (a) *cis*-4,5-Dimethyl-2-hexene

(b) *trans*-6-Methyl-3-heptene

4-10 (a) −CH₃ (b) −Cl (c) −CH═CH₂
(d) −OCH₃ (e) −CH═O (f) −CH═O

4-11 (a) −Cl, −OH, −CH₃, −H
(b) −CH₂OH, −CH═CH₂, −CH₂CH₃, −CH₃
(c) −CO₂H, −CH₂OH, −C≡N, −CH₂NH₂
(d) −CH₂OCH₃, −C≡N, −C≡CH, −CH₂CH₃

4-12 (a) Z (b) E (c) Z (d) E

4-13
structure with CO₂CH₃ and CH₂OH groups, Z

4-14 (a) 碳具有親電子性。
(b) 硫具有親核性。
(c) 氮具有親電子性。
(d) 氧具有親核性，碳具有親電子性。

4-15 BF₃; 親電子性；有空的 p 軌域

4-16 Bromocyclohexane; chlorocyclohexane

4-17 (CH₃)₃C⁺

4-18 (a) Cl−Cl + :NH₃ ⇌ ClNH₃⁺ + Cl⁻
(b) CH₃O:⁻ + H₃C−Br ⟶ CH₃OCH₃ + Br⁻
(c) mechanism showing C with Cl, OCH₃ → C═O with OCH₃ + Cl⁻

Chapter 5

5-1 (a) Chlorocyclohexane
(b) 2-Bromo-2-methylpentane
(c) 4-Methyl-2-pentanol
(d) 1-Bromo-1-methylcyclohexane

5-2 (a) Cyclopentene
(b) 1-Ethylcyclohexene or ethylidenecyclohexane
(c) 3-Hexene
(d) Vinylcyclohexane (cyclohexylethylene)

5-3 (a) CH₃CH₂CCH₂CHCH₃ with CH₃, CH₃ groups (b) cyclopentyl cation with −CH₂CH₃

5-4 *trans*-1,2-Dichloro-1,2-dimethylcyclohexane

5-5 two cyclohexane structures 和

5-6 (a) 2-Methylpentane
(b) 1,1-Dimethylcyclopentane
(c) *tert*-Butylcyclohexane

5-7 1-Chloro-2-pentene, 3-chloro-1-pentene, 4-chloro-2-pentene

5-8 (a) 1,1,2,2-Tetrachloropentane
(b) 1-Bromo-1-cyclopentylethylene
(c) 2-Bromo-2-heptene and 3-bromo-2-heptene

Chapter 6

6-1 (a) 1-Iodobutane
(b) 1-Chloro-3-methylbutane
(c) 1,5-Dibromo-2,2-dimethylpentane
(d) 1,3-Dichloro-3-methylbutane
(e) 1-Chloro-3-ethyl-4-iodopentane
(f) 2-Bromo-5-chlorohexane

6-2 (a) CH₃CH₂CH₂C(CH₃)₂CH(Cl)CH₃
(b) CH₃CH₂CH₂C(Cl)₂CH(CH₃)₂
(c) CH₃CH₂C(Br)(CH₂CH₃)₂
(d) cyclohexane with two Br on one carbon and isopropyl substituent

(e) CH₃CH₂CH₂CH₂CH₂CHCH₃ with CH₃CHCH₂CH₃ branch and Cl

(f) 1,1-dibromo-4-tert-butylcyclohexane structure

6-3 (a) 2-Methyl-2-propanol + HCl
(b) 4-Methyl-2-pentanol + PBr₃
(c) 5-Methyl-1-pentanol + PBr₃
(d) 3,3-Dimethyl-cyclopentanol + HF, pyridine

6-4 (S)-2-Butanol

6-5 (S)-2-Bromo-4-methylpentane ⟶ (R) CH₃CHCH₂CHCH₃ 帶 CH₃ 和 SH

6-6 (a) 1-Iodobutane
(b) 1-Butanol
(c) 1-Hexyne
(d) Butylammonium bromide

6-7 外消旋的 1-ethyl-1-methylhexyl acetate

6-8 H₂C=CHCH(Br)CH₃ > CH₃CH(Br)CH₃ > CH₃CH₂Br > H₂C=CHBr

6-9 (a) 主要產物：2-methyl-2-pentene；次要產物：4-methyl-2-pentene。
(b) 主要產物：2,3,5-trimethyl-2-hexene；次要產物：2,3,5-trimethyl-3-hexene 和 2-isopropyl-4-methyl-1-pentene。
(c) 主要產物：ethylidenecyclohexane；次要產物：cyclohexylethylene。

6-10 (a) 1-Bromo-3,6-dimethylheptane
(b) 4-Bromo-1,2-dimethylcyclopentane

6-11 (a) S_N2 (b) E2 (c) S_N1 (d) E1cB

Chapter 7

7-1 (a) 間位 (b) 對位 (c) 鄰位

7-2 (a) m-Bromochlorobenzene
(b) (3-Methylbutyl)benzene
(c) p-Bromoaniline
(d) 2,5-Dichlorotoluene
(e) 1-Ethyl-2,4-dinitrobenzene
(f) 1,2,3,5-Tetramethylbenzene

7-3 (a) 4-bromo-chlorobenzene (b) 4-bromotoluene (c) 3-chloroaniline (d) 3-chloro-5-methyltoluene

7-4 吡啶具有 6 個可以共振的 π 電子芳香族系統

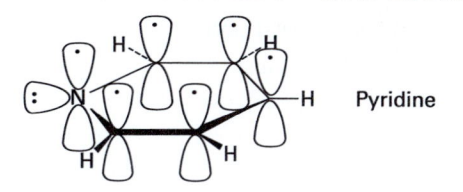

Pyridine orbital diagram

7-5 o-、m- 和 p-Bromotoluene

7-6 無重排：(a)、(b)、(e)

7-7 tert-Butylbenzene

7-8 雙鍵上的氮原子每一個提供 1 個電子，另一個氮原子則提供 2 個電子。

Chapter 8

8-1 (a) 5-Methyl-2,4-hexanediol
(b) 2-Methyl-4-phenyl-2-butanol
(c) 4,4-Dimethylcyclohexanol
(d) trans-2-Bromocyclopentanol
(e) 4-Bromo-3-methylphenol
(f) 2-Cyclopenten-1-ol

8-2 (a) H₃C\C=C/CH₂OH with H and CH₂CH₃ (b) cyclohexenol with OH

APPENDIX

(c) [structure: cycloheptane with OH (wedge H) and Cl (wedge H)]

(d) OH
CH₃CHCH₂CH₂CH₂OH

(e) [2,6-dimethylphenol structure] H₃C—(phenol)—CH₃ with OH

(f) [phenol with CH₂CH₂OH ortho substituent]

8-3 (a) Diisopropyl ether
(b) Cyclopentyl propyl ether
(c) *p*-Bromoanisole or 4-bromo-1-methoxybenzene
(d) 1-Methoxycyclohexene
(e) Ethyl isobutyl ether
(f) Allyl vinyl ether

8-4 (a) $CH_3CH_2CH_2O^-$ + CH_3Br
(b) PhO^- + CH_3Br
(c) $(CH_3)_2CHO^-$ + $PhCH_2Br$
(d) $(CH_3)_3CCH_2O^-$ + CH_3CH_2Br

8-5 立體阻礙大的醇類，較難生成氫鍵。

8-6 硝基為拉電子基可穩定烷氧陰離子。相反地，甲氧基為推電子基，會使陰離子變得不穩定。

8-7 [acetone + 1. CN⁻ / 2. H₃O⁺ → cyanohydrin NC—C(CH₃)₂—OH]

8-8 (a) Benzaldehyde or benzoic acid (or ester)
(b) Acetophenone
(c) Cyclohexanone
(d) 2-Methylpropanal or 2-methylpropanoic acid (or ester)

8-9 [Mechanism scheme showing POCl₃ with pyridine elimination, and separately: protonation, elimination, rearrangement, rearrangement, deprotonation sequence for cyclobutyl carbinol to methylcyclopentene]

8-10

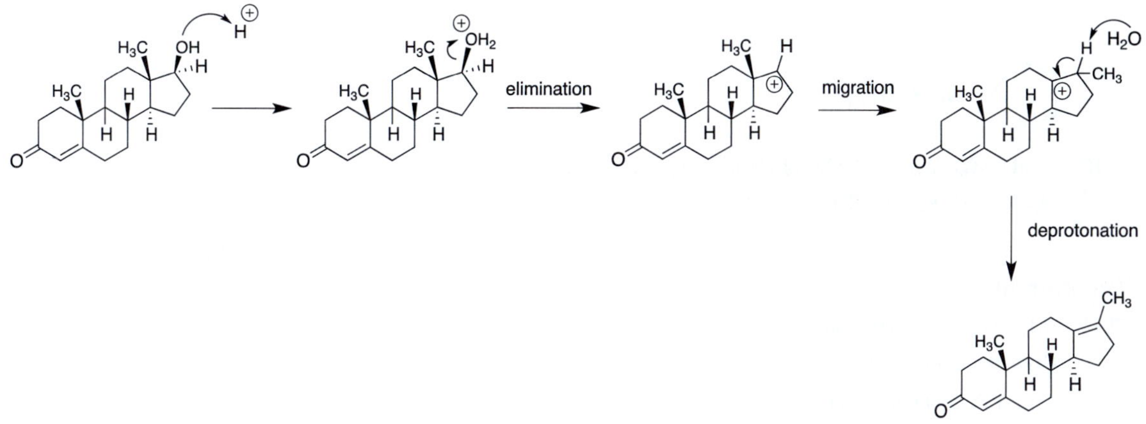

[Mechanism scheme: protonation of OH, elimination, migration, deprotonation of steroid-like structure]

8-11 (a) 1-Phenylethanol
(b) 2-Methyl-1-propanol
(c) Cyclopentanol

8-12 (a) Hexanoic acid, hexanal
(b) 2-Hexanone
(c) Hexanoic acid, no reaction

Chapter 9

9-1 (a) 2-Methyl-3-pentanone
(b) 3-Phenylpropanal
(c) 2,6-Octanedione
(d) *trans*-2-Methylcyclohexanecarbaldehyde
(e) 4-Hexenal
(f) *cis*-2,5-Dimethylcyclohexanone

9-2 (a) $(CH_3)_2CHCH_2CHO$

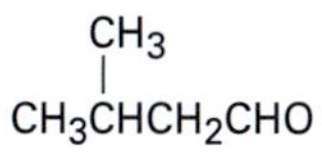

(b) $CH_3CH(Cl)CH_2C(=O)CH_3$

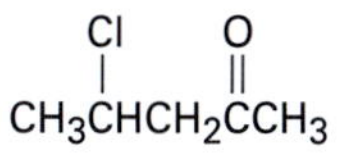

(c) PhCH$_2$CHO

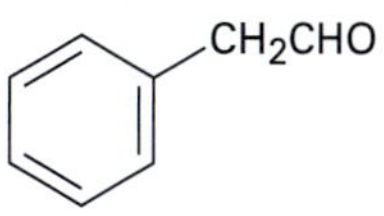

(d) (CH$_3$)$_3$C— and —CHO on cyclohexane (both H wedged up, trans)

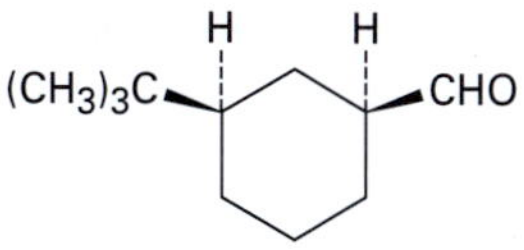

(e) $H_2C=C(CH_3)CH_2CHO$

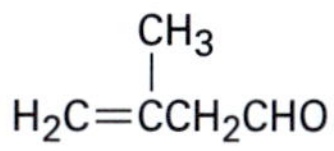

(f) $CH_3CH_2CH(CH_3)CH_2CH_2CH(CH_2Cl)CHO$

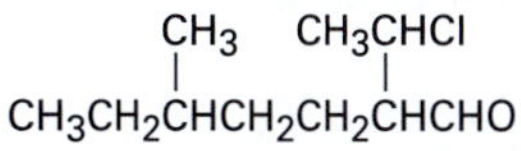

9-3 (a) Dess-Martin periodinane
(b) 1. O_3; 2. Zn
(c) DIBAH
(d) 1. BH_3, then H_2O_2, NaOH;
2. Dess-Martin periodinane

9-4 [1-hydroxycyclohexanecarbonitrile: cyclohexane with CN and OH]

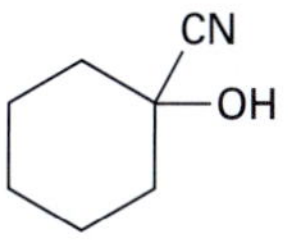

9-5 被標記的水分子以可逆地加成到羰基上。

9-6 其作用機制與酮和 2 當量一元醇之間的作用機制相同，如圖 9-5 所示。

9-7 [methyl 3-(1-formylethyl)benzoate: CH$_3$O$_2$C–C$_6$H$_4$–CH(CH$_3$)CHO] + CH$_3$OH

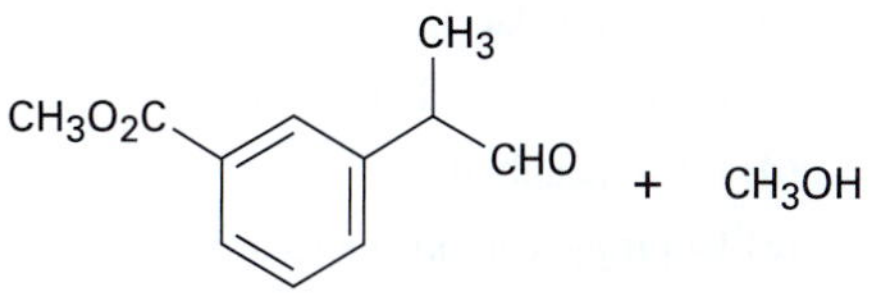

9-8 [cyclohexanone N-ethylimine: cyclohexane=NCH$_2$CH$_3$] 和 [1-(diethylamino)cyclohexene: cyclohexene–N(CH$_2$CH$_3$)$_2$]

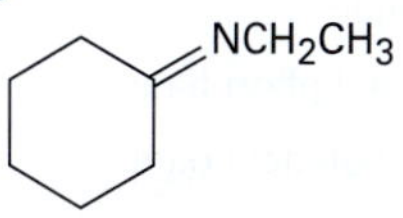

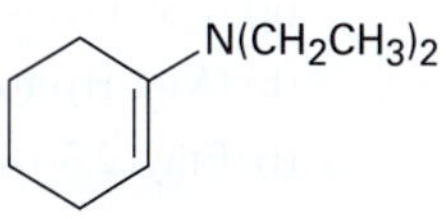

9-9

[structure: cyclopentanone + (CH₃CH₂)₂NH ⟶ 1-(N,N-diethylamino)cyclopentene]

9-10　−OH 官能基加成至 C2 的 *Re* 面，而 −H 加成至 C3 的 *Re* 面，生成 (2*R*, 3*S*)-isocitrate。

Chapter 10

10-1　(a) 3-Methylbutanoic acid
(b) 4-Bromopentanoic acid
(c) 2-Ethylpentanoic acid
(d) *cis*-4-Hexenoic acid
(e) 2,4-Dimethylpentanenitrile
(f) *cis*-1,3-Cyclopentanedicarboxylic acid

10-2　(a) CH₃CH₂CH₂CH(CH₃)CH(CH₃)CO₂H

(b) (CH₃)₂CHCH₂CH₂CO₂H

(c) *cis*-1,2-cyclobutanedicarboxylic acid (H, CO₂H; H, CO₂H)

(d) 2-hydroxybenzoic acid (salicylic acid)

(e) [long chain diene carboxylic acid structure]

(f) CH₃CH₂CH=CHCN

10-3　(a) 4-Methylpentanoyl chloride
(b) Cyclohexylacetamide
(c) Isopropyl 2-methylpropanoate
(d) Benzoic anhydride
(e) Isopropyl cyclopentanecarboxylate
(f) Cyclopentyl 2-methylpropanoate
(g) *N*-Methyl-4-pentenamide
(h) (*R*)-2-Hydroxypropanoyl phosphate
(i) Ethyl 2,3-Dimethyl-2-butenethioate

10-4　(a) C₆H₅CO₂C₆H₅
(b) CH₃CH₂CH₂CON(CH₃)CH₂CH₃
(c) (CH₃)₂CHCH₂CH(CH₃)COCl
(d) methyl 1-methylcyclohexanecarboxylate

(e) CH₃CH₂CCH₂COCH₂CH₃ (with two C=O)

(f) 4-bromophenyl methanethioate (S-methyl 4-bromobenzothioate)

(g) HC(O)OC(O)CH₂CH₃ (mixed anhydride)

(h) *trans*-2-methylcyclopentyl carbonyl bromide (COBr and CH₃)

10-5　將混合物溶於乙醚後，用 NaOH 水溶液進行萃取。過程中，搜集有機層並保留所得之水層以酸中和後，再以乙醚萃取並再次蒐集有機層。

10-6　43%

10-7　(a) Acetic acid + 1-butanol
(b) Butanoic acid + methanol
(c) Cyclopentanecarboxylic acid + isopropyl alcohol

10-8　[δ-valerolactone structure]

10-9　(a) Propanoyl chloride + methanol
(b) Acetyl chloride + ethanol
(c) Benzoyl chloride + ethanol

10-10　Benzoyl chloride + cyclohexanol

10-11

[Mechanism showing acetyl phosphate reacting with RS-H and base, proceeding through a tetrahedral intermediate to form Acetyl CoA and phosphate-O-Adenosine]

Chapter 11

11-1
(a) cyclopentenol with OH
(b) H₂C=C(OH)SCH₃
(c) H₂C=C(OH)OCH₂CH₃
(d) CH₃CH=CHOH
(e) H₂C=C(OH)OH
(f) PhCH=C(OH)CH₃ 或 PhCH₂C(OH)=CH₂

11-2 (a) 4 (b) 3 (c) 3 (d) 2 (e) 4 (f) 5

11-3

[1,3-cyclohexanedione ⇌ enol ⇌ enol — Equivalent; more stable]

[Enone tautomers — Equivalent; less stable]

11-4
(a) 1. Na⁺ ⁻OEt; 2. PhCH₂Br; 3. H₃O⁺
(b) 1. Na⁺ ⁻OEt; 2. CH₃CH₂CH₂Br;
    3. Na⁺ ⁻OEt; 4. CH₃Br; 5. H₃O⁺
(c) 1. Na⁺ ⁻OEt; 2. (CH₃)₂CHCH₂Br; 3. H₃O⁺

11-5 丙二酸酯只有二個 α 位置的酸性氫可以被取代。

11-6 1. Na⁺ ⁻OEt; 2. (CH₃)₂CHCH₂Br;
3. Na⁺ ⁻OEt; 4. CH₃Br; 5. H₃O⁺

11-7
(a) CH₃CH₂CH₂CH(OH)CH(CH₂CH₃)CHO
(b) PhC(O)CH₂C(OH)(CH₃)Ph
(c) 1-hydroxycyclopentyl cyclopentyl ketone

Chapter 12

12-1
(a) N-Methylethylamine
(b) Tricyclohexylamine
(c) N-Ethyl-N-methylcyclohexylamine
(d) N-Methylpyrrolidine
(e) Diisopropylamine
(f) 1,3-Butanediamine

12-2
(a) [(CH₃)₂CH]₃N
(b) (H₂C=CHCH₂)₃N
(c) PhNHCH₃

APPENDIX

(d) cyclopentyl-N(CH₃)(CH₂CH₃)

(e) cyclohexyl-NHCH(CH₃)₂

(f) N-ethylpyrrole

12-3 (a) 5-methoxyindole

(b) 3-methyl-1-methylpyrrole (H₃C on 3-position, N—CH₃)

(c) 4-(dimethylamino)pyridine

(d) 5-aminopyrimidine

12-4 (a) $CH_3CH_2NH_2$ (b) NaOH (c) CH_3NHCH_3

12-5 丙胺較強；苄胺 $pK_b = 4.67$；丙胺 $pK_b = 3.29$

12-6

3,4-dihydroxybenzyl— $CH_2CH_2Br \xrightarrow{NH_3}$

or

3,4-dihydroxybenzyl—$CH_2Br \xrightarrow{\text{1. NaCN} \atop \text{2. LiAlH}_4}$

12-7 (a) Ethylamine + acetone 或 isopropylamine + acetaldehyde
(b) Aniline + acetaldehyde
(c) Cyclopentylamine + formaldehyde 或 methylamine + cyclopentanone

12-8

3-methylbenzaldehyde + $(CH_3)_2NH \xrightarrow{NaBH_4}$

12-9 (orbital diagram of N–S ring with H atoms)

12-10 4.1% 質子化

12-11 支鏈上氮比環上氮更具鹼性；因為環上氮的共用電子對會參與環共振，因此較不具鹼性。

索引

中文索引

1,2-加成　1,2-addition　122
1,3-雙軸作用力　1,3-diaxial interaction　61
1,4-加成　1,4-addition　122
E1cB 反應　E1cB reaction　148

一劃
一級反應　first-order reaction　140
一級胺　RNH_2, primary amine　259
乙烯基　vinyl group　91

二劃
二級反應　second-order reaction　134
二級胺　R_2NH, secondary amine　259
三級胺　R_3N, tertiary amine　259

四劃
不飽和的　unsaturated　90
互變異構物　tautomers　244
分子的構型　conformations　49
反立體化學　anti stereochemistry　118
反芳香族　antiaromatic　160
反應動力學　kinetics　134
反應機制　reaction mechanism　98
支鏈烷類　branched-chain alkanes　38
比旋光度　specific rotation, $[\alpha]_D$　73

五劃
半縮醛　hemiacetal　208
右旋　dextrorotatory　73
四級銨鹽　quaternary ammonium salts　259
左旋　levorotatory　73
布忍斯特-洛瑞酸　Brønsted-Lowry acid　19
布忍斯特-洛瑞鹼　Brønsted-Lowry base　19
立體化學　stereochemistry　49, 56
立體異構物　stereoisomers　56

六劃
休克爾 $4n+2$ 規則　Hückel $4n+2$ rule　159

光學活性　optically active　72
共軛　conjugated　122
共價鍵　covalent bond　7
同位素　isotopes　4
有機鹵化物　organohalides　129
自由基　radical　99
自由基反應　radical reactions　99

七劃
位向選擇性　regiospecific　111
希夫鹼　Schiff bases　210
序列法則　Cahn-Ingold-Prelog rules　74
扭轉張力　torsional strain　50
角張力　angle strain　57
赤道位置　equatorial position　60

八劃
亞甲基　methylene group　91
亞胺　imine　210
孤對電子　lone-pair electrons　8
官能基　functional group　30
直鏈烷類　straight-chain alkanes　38
非對掌性　achiral　70
非鏡像異構物　diastereomers　80

九劃
相錯　staggered　50
相疊　eclipsed　50
軌域　orbital　4

十劃
芳香族　aromatic　154

十一劃
苯醌　quinone　190
紐曼投影法　Newman projection　49
脂肪族　aliphatic　37
脂環　alicyclic compounds　52

INDEX

馬可尼可夫法則　Markovnikov's rule　112
骨架結構　skeletal structures　24
基態電子組態　ground-state electron configuration　5
氫醌　hydroquinone　191
烯丙基　allyl group　91
烯胺　enamines　210
烯醇　enol　243
烯類　alkenes　89
烴類　hydrocarbons　37
烷氧陰離子　alkoxide ion, RO⁻　179
烷基　alkyl group　40
烷基化　alkylation　165
烷類　alkanes　36
酚氧陰離子　phenoxide ion, ArO⁻　179

十二劃
異構物　isomers　38
椅型　chair conformation　59
結構異構物　constitutional isomers　38
腈類　nitriles　219
費歇爾酯化反應　Fischer esterification reaction　229
軸向位置　axial position　60
間位　meta, *m*　156
順-反異構物　*cis*-trans isomers　56

十三劃
傅-克反應　The Friedel-Crafts Reaction　165
巰基　mercapto group　192
極性反應　polar reactions　99
溴陽離子　bromonium ion　118
路易士酸　Lewis acid　20
路易士鹼　Lewis base　20
酮類　R₂CO　197
電子殼層　electron shells　4
電子點結構　electron-dot structures　7
電負度　electronegativity, EN　17

十四劃
飽和　saturated　37
對位　para, *p*　156

對苯二酚　*p*-dihydroxybenzene　191
對掌性　chiral　69
對掌性中心　chirality center　70
構型　configuration　74
構型異構物　conformers　49

十五劃
價鍵理論　valance bond theory　9
線-鍵結構　line-bond structures　7
鄰位　ortho, *o*　156

十六劃
濃縮結構　condensed structures　24
親核取代反應　nucleophilic substitution reactions　133
親核基　nucleophile　100
親電子芳香取代反應　electrophilic aromatic substitution　160
親電子基　electrophile　100
鋸木架表示法　sawhorse representation　49

十七劃
環烷　cycloalkanes　52
環翻轉　ring-flip　60
縮醛　acetal　208
薄荷腦　menthol　58
賽氏法則　Zaitsev's rule　145
還原　reduced　119
醛醇反應　adol reaction　251
醛類　RCHO　197
鍵長　bond length　10
鍵結強度　bond strength　10

十八劃
雙硫化物　disulfides, RSSR　192

十九劃
醯化　acylated　167
醯基官能基　−COR, acyl group　168
鏡像異構物　enantiomers　68

英文索引

−COR, acyl group　醯基官能基　168
1,2-addition　1,2-加成　122
1,3-diaxial interaction　1,3-雙軸作用力　61
1,4-addition　1,4-加成　122

A

acetal　縮醛　208
achiral　非對掌性　70
acylated　醯化　167
adol reaction　醛醇反應　251
alicyclic compounds　脂環　52
aliphatic　脂肪族　37
alkanes　烷類　36
alkanes　酚氧陰離子　179
alkenes　烯類　89
alkoxide ion, RO⁻　烷氧陰離子　179
alkyl group　烷基　40
alkylation　烷基化　165
allyl group　烯丙基　91
angle strain　角張力　57
anti stereochemistry　反立體化學　118
antiaromatic　反芳香族　160
aromatic　芳香族　154
axial position　軸向位置　60

B

bond length　鍵長　10
bond strength　鍵結強度　10
branched-chain alkanes　支鏈烷類　38
bromonium ion　溴陽離子　118
Brønsted-Lowry acid　布忍斯特-洛瑞酸　19
Brønsted-Lowry base　布忍斯特-洛瑞鹼　19

C

Cahn-Ingold-Prelog rules　序列法則　74
chair conformation　椅型　59
chiral　對掌性　69
chirality center　對掌性中心　70
cis-trans isomers　順-反異構物　56
condensed structures　濃縮結構　24
configuration　構型　74
conformations　分子的構型　49
conformers　構型異構物　49

conjugated　共軛　122
constitutional isomers　結構異構物　38
covalent bond　共價鍵　7
cycloalkanes　環烷　52

D

dextrorotatory　右旋　73
diastereomers　非鏡像異構物　80
disulfides, RSSR　雙硫化物　192

E

E1cB reaction　E1cB 反應　148
eclipsed　相疊　50
electron shells　電子殼層　4
electron-dot structures　電子點結構　7
electronegativity, EN　電負度　17
electrophile　親電子基　100
electrophilic aromatic substitution　親電子芳香取代反應　160
enamines　烯胺　210
enantiomers　鏡像異構物　68
enol　烯醇　243
entgegen　E 構型 (源自於德文)　95
equatorial position　赤道位置　60

F

first-order reaction　一級反應　140
Fischer esterification reaction　費歇爾酯化反應　229
functional group　官能基　30

G

ground-state electron configuration　基態電子組態　5

H

hemiacetal　半縮醛　208
Hückel $4n + 2$ rule　休克爾 $4n + 2$ 規則　159
hydrocarbons　烴類　37
hydroquinone　氫　191

I

imine　亞胺　210
isomers　異構物　38
isotopes　同位素　4

INDEX

K
kinetics　反應動力學　134

L
levorotatory　左旋　73
Lewis acid　路易士酸　20
Lewis base　路易士鹼　20
line-bond structures　線-鍵結構　7
lone-pair electrons　孤對電子　8

M
Markovnikov's rule　馬可尼可夫法則　112
menthol　薄荷腦　58
mercapto group　巰基　192
meta, *m*　間位　156
methylene group　亞甲基　91

N
Newman projection　紐曼投影法　49
nitriles　腈類　219
nucleophile　親核基　100
nucleophilic substitution reactions　親核取代反應　133

O
optically active　光學活性　72
orbital　軌域　4
organohalides　有機鹵化物　129
ortho, *o*　鄰位　156

P
para, *p*　對位　156
p-dihydroxybenzene　對苯二酚　191
polar reactions　極性反應　99

Q
quaternary ammonium salts　四級銨鹽　259
quinone　苯醌　190

R
R_2CO　酮類　197
R_2NH, secondary amine　二級胺　259
R_3N, tertiary amine　三級胺　259
radical reactions　自由基反應　99
radical　自由基　99
RCHO　醛類　197
reaction mechanism　反應機制　98
rectus　*R* 構型 (拉丁字)　76
reduced　還原　119
regiospecific　位向選擇性　111
ring-flip　環翻轉　60
RNH_2, primary amine　一級胺　259

S
saturated　飽和　37
sawhorse representation　鋸木架表示法　49
Schiff bases　希夫鹼　210
second-order reaction　二級反應　134
sinister　*S* 構型 (拉丁字)　76
skeletal structures　骨架結構　24
specific rotation, $[\alpha]_D$　比旋光度　73
staggered　相錯　50
stereochemistry　立體化學　49, 56
stereoisomers　立體異構物　56
straight-chain alkanes　直鏈烷類　38

T
tautomers　互變異構物　244
The Friedel-Crafts Reaction　傅-克反應　165
torsional strain　扭轉張力　50

U
unsaturated　不飽和的　90

V
valance bond theory　價鍵理論　9
vinyl group　乙烯基　91

Z
Zaitsev's rule　賽氏法則　145
zusammen　*Z* 構型 (源自於德文)　95

一些常見官能基的結構

名稱	結構*	英文命名字尾	實例
烯 (Alkene) (雙鍵)	C=C	-ene	$H_2C=CH_2$ 乙烯 (Ethene)
炔 (Alkyne) (參鍵)	—C≡C—	-yne	$HC≡CH$ 乙炔 (Ethyne)
芳烴 (Arene) (芳香環)	(六角形苯環)	無特定	苯 (Benzene)
鹵化物 (Halide)	C—X (X = F, Cl, Br, I)	無特定	CH_3Cl 氯甲烷 (Chloromethane)
醇 (Alcohol)	C—OH	-ol	CH_3OH 甲醇 (Methanol)
醚 (Ether)	C—O—C	ether	CH_3OCH_3 二甲醚 (Dimethyl ether)
單磷酸鹽 (Monophosphate)	C—O—P(=O)(O⁻)(O⁻)	phosphate	$CH_3OPO_3^{2-}$ 甲基磷酸鹽 (Methyl phosphate)
雙磷酸鹽 (Diphosphate)	C—O—P(=O)(O⁻)—O—P(=O)(O⁻)(O⁻)	diphosphate	$CH_3OP_2O_6^{3-}$ 甲基二磷酸鹽 (Methyl diphosphate)
胺 (Amine)	C—N:	-amine	CH_3NH_2 甲基胺 (Methylamine)
亞胺 (Imine) 席夫鹼 (Schiff base)	C=N—C	無特定	CH_3CCH_3 (NH 雙鍵) 丙酮亞胺 (Acetone imine)

*有些原子未指明所連接原子，係假設它與結構中其他的碳或氫原子相接。

一些常見官能基的結構 (續)

名稱	結構*	英文命名字尾	實例
腈 (Nitrile)	—C≡N	-nitrile	CH₃C≡N 乙腈 (Ethanenitrile)
硫醇 (Thiol)	C—SH	-thiol	CH₃SH 甲硫醇 (Methanethiol)
硫化物 (Sulfide)	C—S—C	sulfide	CH₃SCH₃ 硫化二甲基 (Dimethyl sulfide)
二硫化物 (Disulfide)	C—S—S—C	disulfide	CH₃SSCH₃ 二硫化二甲基 (Dimethyl disulfide)
亞碸 (Sulfoxide)	C—S⁺(O⁻)—C	sulfoxide	CH₃S⁺(O⁻)CH₃ 二甲亞碸 (Dimethyl sulfoxide)
醛 (Aldehyde)	C(=O)H	-al	CH₃CHO 乙醛 (Ethanal)
酮 (Ketone)	C—C(=O)—C	-one	CH₃COCH₃ 丙酮 (Propanone)
羧酸 (Carboxylic acid)	C—C(=O)OH	-oic acid	CH₃COOH 乙酸 (Ethanoic acid)
酯 (Ester)	C—C(=O)—O—C	-oate	CH₃COOCH₃ 乙酸甲酯 (Methyl ethanoate)
硫酯 (Thioester)	C—C(=O)—S—C	-thioate	CH₃C(=O)SCH₃ 乙酸甲硫醇酯 (Methyl ethanethioate)

*有些原子未指明所連接原子，係假設它與結構中其他的碳或氫原子相接。

一些常見官能基的結構 (續)

名稱	結構*	英文命名字尾	實例
醯胺 (Amide)	R-C(=O)-N(-)(-)	-amide	CH_3CNH_2 (含 C=O) 乙醯胺 (Ethanamide)
醯氯 (Acid chloride)	R-C(=O)-Cl	-oyl chloride	CH_3CCl (含 C=O) 乙醯氯 (Ethanoyl chloride)
羧酸酐 (Carboxylic acid anhydride)	R-C(=O)-O-C(=O)-R	-oic anhydride	CH_3COCCH_3 (含兩個 C=O) 乙酸酐 (Ethanoic anhydride)

*有些原子未指明所連接原子，係假設它與結構中其他的碳或氫原子相接。

元素週期表